Planung Bauteile, Apparate, Werkstoffe

# Jetzt diesen Titel zusätzlich als E-Book downloaden und 70 % sparen!

Als Käufer dieses Buchtitels haben Sie Anspruch auf ein besonderes Kombi-Angebot: Sie können den Titel zusätzlich zum Ihnen vorliegenden gedruckten Exemplar für nur 30 % des Normalpreises als E-Book beziehen.

Der BESONDERE VORTEIL: Im E-Book recherchieren Sie in Sekundenschnelle die gewünschten Themen und Textpassagen. Denn die E-Book-Variante ist mit einer komfortablen Volltextsuche ausgestattet!

**Deshalb: Zögern Sie nicht. Laden Sie sich am besten gleich Ihre persönliche E-Book-Ausgabe dieses Titels herunter.**

### In 3 einfachen Schritten zum E-Book:

❶ Rufen Sie die Website **www.beuth.de/e-book** auf.

❷ Geben Sie hier Ihren persönlichen, nur einmal verwendbaren E-Book-Code ein:

**23148CB95K6501K**

❸ Klicken Sie das „Download-Feld" an und gehen dann weiter zum Warenkorb. Führen Sie den normalen Bestellprozess aus.

Hinweis: Der E-Book-Code wurde individuell für Sie als Erwerber dieses Buches erzeugt und darf nicht an Dritte weitergegeben werden. Mit Zurückziehung dieses Buches wird auch der damit verbundene E-Book-Code für den Download ungültig.

**Planung**

Franz-Josef Heinrichs, Martin Coerdt, Jürgen Klement, Jakob Köllisch,
Ottmar Lunemann, Burkhard Maier, Ulrich Petzolt, Heinrich Rausch,
Peter Reichert, Tino Reinhard, Bernd Rickmann, Heinz Rötlich,
Werner Schulte, Rolf Werner

# Planung

Bauteile, Apparate, Werkstoffe

Kommentar zu DIN EN 806-2 und
DIN 1988-200

1. Auflage 2012

Herausgeber:
DIN Deutsches Institut für Normung e. V.
Zentralverband Sanitär Heizung Klima

Beuth Verlag GmbH · Berlin · Wien · Zürich

Herausgeber: DIN Deutsches Institut für Normung e. V.
Zentralverband Sanitär Heizung Klima

© 2012 Beuth Verlag GmbH
Berlin · Wien · Zürich
Am DIN-Platz
Burggrafenstraße 6
10787 Berlin

Telefon: +49 30 2601-0
Telefax: +49 30 2601-1260
Internet: www.beuth.de
E-Mail: info@beuth.de

Das Werk einschließlich aller seiner Teile ist urheberrechtlich geschützt.
Jede Verwertung außerhalb der Grenzen des Urheberrechts ist ohne schriftliche Zustimmung des Verlages unzulässig und strafbar. Das gilt insbesondere für Vervielfältigungen, Übersetzungen, Mikroverfilmungen und die Einspeicherung in elektronischen Systemen.

© für DIN-Normen   DIN Deutsches Institut für Normung e. V., Berlin.

Die im Werk enthaltenen Inhalte wurden vom Verfasser und Verlag sorgfältig erarbeitet und geprüft. Eine Gewährleistung für die Richtigkeit des Inhalts wird gleichwohl nicht übernommen. Der Verlag haftet nur für Schäden, die auf Vorsatz oder grobe Fahrlässigkeit seitens des Verlages zurückzuführen sind. Im Übrigen ist die Haftung ausgeschlossen.

Bei Fragen zur Produktsicherheit wenden Sie sich bitte an DIN Media GmbH, Kundenservice, Burggrafenstraße 6, 10787 Berlin.

Titelbild mit freundlicher Genehmigung der Firma Geberit, Pfullendorf

Satz: B & B Fachübersetzergesellschaft mbH, Berlin
Druck: PRINT GROUP Sp. z o.o., ul. Cukrowa 22, PL-71-004 Szczecin
Gedruckt auf säurefreiem, alterungsbeständigem Papier nach DIN EN ISO 9706.

ISBN 978-3-410-23148-6

# Autoren

| | |
|---|---|
| **Franz-Josef Heinrichs** | Stv. Geschäftsführer Technik und Referent Sanitärtechnik ZVSHK Zentralverband Sanitär Heizung Klima Sankt Augustin www.wasserwaermeluft.de |
| **Martin Coerdt** | Dipl.-Ing. Produktentwicklung Oventrop GmbH u. Co. KG Olsberg www.oventrop.de |
| **Jürgen Klement** | Dipl.-Ing. Versorgungstechnik Ingenieurbüro Klement Gummersbach www.klement-gm.de |
| **Jakob Köllisch** | Meister Landesfachgruppenleiter Fachbetrieb Sanitär Heizung Elektro Neustadt www.jakob-koellisch.de |
| **Ottmar Lunemann** | Technischer Leiter Hausinstallationssysteme Corporate – Bereich Gebäudetechnik REHAU AG + Co Erlangen www.rehau.de |
| **Burkhard Maier** | Dipl.-Ing. Marketingmanager August Brötje GmbH Rastede www.broetje.de |
| **Ulrich Petzolt** | Dipl.-Ing. Versorgungstechnik Produktmanager Gebrüder Kemper GmbH & Co. KG Olpe-Biggesee www.kemper-olpe.de |
| **Heinrich Rausch** | Dipl.-Ing. Leiter Produktentwicklung Hausinstallationsrohre KME Germany AG & Co. KG Osnabrück www.kme.com |
| **Peter Reichert** | Dipl.-Ing. Leiter Produktmanagement, Rohrleitungssysteme Geberit Vertriebs GmbH Pfullendorf www.geberit.de |
| **Tino Reinhard** | Dipl.-Ing. Qualitätsmanagement & Leiter Normungswesen Hans Sasserath & Co. KG Korschenbroich www.syr.de |
| **Bernd Rickmann** | Prof. Dipl.-Ing. Fachhochschule Münster Fachbereich Energie Gebäude Umwelt Münster www.fh-muenster.de/fb4 |
| **Heinz Rötlich** | Dr.-Ing. Grünbeck Wasseraufbereitungs GmbH Höchstädt www.gruenbeck.de |
| **Werner Schulte** | Dipl.-Ing. Leiter Technisches Marketing Viega GmbH & Co. KG Attendorn www.viega.de |
| **Rolf Werner** | Dipl.-Ing. (BA) Dipl.-Wirtsch.-Ing. (FH) Leiter Technisches Marketing Haustechnik Wieland Werke AG Ulm www.wieland.de |

# Inhalt

## nach DIN EN 806-2

Seite

**Einleitung**

| | | |
|---|---|---|
| **1** | **Anwendungsbereich** | 12 |
| **2** | **Normative Verweisungen** | 13 |
| **3** | **Allgemeine Anforderungen** | 23 |
| 3.1 | Wasserversorgung | 23 |
| 3.2 | Grundlagen | 26 |
| 3.2.1 | Allgemeines | 26 |
| 3.2.2 | Wasser- und Energieeinsparung | 29 |
| 3.3 | Erdverlegte Leitungen | 29 |
| 3.4 | Werkstoffe, Bauteile und Apparate | 31 |
| 3.4.1 | Allgemeines | 31 |
| 3.4.2 | Druck und Temperatur | 33 |
| 3.5 | Berechnungsdurchflüsse | 35 |
| 3.6 | Betriebstemperatur | 36 |
| **4** | **Private Eigenwasserversorgung** | 49 |
| **5** | **Zugelassene Werkstoffe** | 51 |
| 5.1 | Werkstoffwahl | 51 |
| 5.2 | Rohrverbindungen | 53 |
| 5.3 | Werkstoffe für Rohrverbindungen | 53 |
| **6** | **Bauteile** | 59 |
| 6.1 | Absperrarmaturen | 59 |
| 6.2 | Kompensatoren | 60 |
| 6.3 | Schläuche | 62 |

## nach DIN 1988-200

Seite

Einleitung ... 1

| | | |
|---|---|---|
| **1** | **Anwendungsbereich** | 12 |
| **2** | **Normative Verweisungen** | 16 |
| **3** | **Allgemeine Anforderungen** | 23 |
| 3.1 | Wasserversorgung | 23 |
| 3.1.1 | Allgemeines | 23 |
| 3.1.2 | Öffentliche Wasserversorgung | 25 |
| 3.2 | Grundlagen | 26 |
| 3.2.1 | Allgemeines | 26 |
| 3.2.2 | Wasser- und Energieeinsparung | 29 |
| 3.3 | Erdverlegte Leitungen | 29 |
| 3.4 | Werkstoffe, Bauteile und Apparate | 32 |
| 3.4.1 | Allgemeines | 32 |
| 3.4.2 | Druck und Temperatur | 34 |
| 3.4.3 | Druckstoß | 34 |
| 3.4.4 | Kennzeichnung | 35 |
| 3.4.5 | Transport und Lagerung | 35 |
| 3.5 | Berechnungsdurchflüsse | 35 |
| 3.6 | Betriebstemperatur | 36 |
| 3.7 | Trinkwasserhygiene | 38 |
| 3.8 | Planungs- und Ausführungsunterlagen | 40 |
| 3.8.1 | Allgemeines | 40 |
| 3.8.2 | Art der Unterlagen | 41 |
| 3.9 | Probenahmestellen | 43 |
| 3.10 | Technikzentralen, Installationsschächte und -kanäle | 46 |
| **4** | **Private Eigenwasserversorgung** | 49 |
| **5** | **Werkstoffe** | 52 |
| 5.1 | Werkstoffwahl | 52 |
| 5.2 | Rohrverbindungen | 53 |
| 5.3 | Werkstoffe für Rohrverbindungen | 58 |
| 5.4 | Hilfsstoffe | 58 |
| **6** | **Bauteile** | 59 |
| 6.1 | Absperrarmaturen | 59 |
| 6.2 | Kompensatoren | 60 |
| 6.3 | Schläuche | 62 |
| 6.4 | Zirkulationsregulierventile | 63 |
| 6.5 | Entnahmearmaturen | 64 |
| 6.6 | Sicherungsarmaturen | 65 |
| 6.7 | Sicherheitsarmaturen | 66 |
| 6.8 | Leckagedetektoren | 67 |
| 6.9 | Apparate | 67 |

## nach DIN EN 806-2

Seite

| | | |
|---|---|---|
| **7** | **Innenleitungen** | 73 |
| 7.1 | Absperrbereiche | 73 |
| 7.2 | Einbauort | 75 |
| 7.3 | Vorwandinstallation | 78 |
| 7.4 | Schutz vor Rückfließen | 80 |
| **8** | **Verteilung von kaltem Trinkwasser** | 81 |
| 8.1 | Trinkwasserentnahmestellen | 81 |
| 8.2 | Unterscheidung und Identifizierung von Rohren und Bauteilen | 82 |
| 8.3 | Verbrauchs- und Verteilungsleitungen | 86 |
| 8.4 | Elektrische Isolierstücke | 88 |
| **9** | **Verteilung von erwärmtem Trinkwasser** | 91 |
| 9.1 | Allgemeines | 91 |
| 9.2 | Bauteile | 92 |
| 9.2.1 | Allgemeines | 92 |
| 9.2.2 | Kaltwasseranschluss | 98 |
| 9.3 | Entnahmearmaturen und Mischbatterien | 99 |
| 9.3.1 | Allgemeines | 99 |
| 9.3.2 | Vermeiden von Verbrühungen | 100 |
| 9.4 | Oberflächentemperaturen | 101 |
| 9.5 | Verbindungen zwischen kalten und warmen Trinkwasserleitungen | 101 |
| 9.6 | Zusätzliche Anforderungen für offene Systeme (Installationstyp B) | 102 |

## nach DIN 1988-200

Seite

| | | |
|---|---|---|
| 6.10 | Ausdehnungsgefäße | 68 |
| 6.10.1 | Allgemeines | 68 |
| 6.10.2 | Geschlossene Ausdehnungsgefäße mit Membrane für Trinkwassererwärmungsanlagen | 69 |
| 6.10.3 | Einbau von geschlossenen Ausdehnungsgefäßen mit Membrane in Druckerhöhungsanlagen | 71 |
| **7** | **Innenleitungen** | 74 |
| 7.1 | Absperrbereiche | 74 |
| 7.2 | Wand- und Deckendurchführung | 76 |
| **8** | **Verteilung von Trinkwasser kalt** | 81 |
| 8.1 | Trinkwasserentnahmestellen | 81 |
| 8.2 | Unterscheidung und Identifizierung von Rohren und Bauteilen | 82 |
| 8.3 | Verbrauchs- und Verteilungsleitungen | 86 |
| 8.4 | Elektrische Isolierstücke | 89 |
| **9** | **Verteilung von Trinkwasser warm** | 91 |
| 9.1 | Allgemeines | 91 |
| 9.2 | Bauteile | 93 |
| 9.2.1 | Allgemeines | 93 |
| 9.2.2 | Kaltwasseranschluss | 98 |
| 9.3 | Entnahmearmaturen und Mischbatterien | 99 |
| 9.3.1 | Allgemeines | 99 |
| 9.3.2 | Vermeiden von Verbrühungen | 100 |
| 9.4 | Oberflächentemperaturen | 101 |
| 9.5 | Verbindungen zwischen kalten und warmen Trinkwasserleitungen | 101 |
| 9.6 | Zusätzliche Anforderungen | 102 |
| 9.7 | Trinkwassererwärmung | 102 |
| 9.7.1 | Bauliche Anforderungen | 102 |
| 9.7.2 | Hygienische Anforderungen | 103 |
| 9.7.3 | Ermittlung des Wärmebedarfs für zentrale Trinkwassererwärmer | 116 |
| 9.7.4 | Aufstellung von offenen Trinkwassererwärmern | 117 |

## nach DIN EN 806-2

Seite

**10 Maßnahmen zur Verhinderung von Drucküberschreitungen** .......... 118
10.1 Allgemeines ....................... 118
10.2 Kontrolle der Energiezufuhr ........... 120
10.2.1 Überwachung der Heizquellen mit Temperaturanstieg über 95 °C ......... 120
10.2.2 Überwachung für Heizquellen, bei denen eine Temperatur über 95 °C nicht erreicht werden kann ...................... 121
10.2.3 Überwachungsgruppen für Temperatur und Hydraulik ..................... 121
10.2.4 Sicherheitsventile, Sicherheitsgruppen .......................... 122
10.2.5 Entlastungsleitungen ................ 125
10.2.6 Nicht-mechanische Sicherheitseinrichtungen ...................... 126
10.3 Kontrolle des Druckes ................ 126
10.3.1 Allgemeines ....................... 126
10.3.2 Sicherheitsventil .................... 127
10.4 Ausdehnungswasser ................. 128

**11 Leitlinien für Wasserzähleranlagen** .......................... 136
11.1 Allgemeines ....................... 136
11.2 Auswahl .......................... 136
11.3 Einbauort – Zugänglichkeit ........... 138
11.4 Risiko des Einfrierens ................ 141

**12 Behandlung von Trinkwasser** ...... 143
12.1 Allgemeines ....................... 143
12.2 Grundanforderungen ................ 144
12.3 Verfahren der Wasserbehandlung ...... 145

## nach DIN 1988-200

Seite

**10 Maßnahmen zur Verhinderung von Drucküberschreitungen** .......... 119
10.1 Allgemeines ....................... 119
10.2 Kontrolle der Energiezufuhr ........... 120
10.2.1 Überwachung der Heizquellen mit Temperaturanstieg über 95 °C ......... 120
10.2.2 Überwachung für Heizquellen, bei denen eine Temperatur über 95 °C nicht erreicht werden kann ...................... 121
10.2.3 Überwachungsgruppen für Temperatur und Hydraulik ..................... 121
10.2.4 Sicherheitsventile, Sicherheitsgruppen .......................... 122
10.2.5 Entlastungsleitungen ................ 125
10.2.6 Nicht-mechanische Sicherheitseinrichtungen ...................... 126
10.3 Kontrolle des Druckes ................ 126
10.3.1 Allgemeines ....................... 126
10.3.2 Sicherheitsventile ................... 127
10.4 Ausdehnungswasser ................. 129
10.5 Leitungsanlagen .................... 130
10.5.1 Allgemeines ....................... 130
10.5.2 Zirkulationssysteme ................. 130
10.5.3 Selbstregelnde Temperaturhaltebänder .......................... 132
10.5.4 Anforderungen an Durchgangsmischarmaturen und nachgeschaltete Rohrleitungen ..................... 133
10.5.5 Hydraulischer Abgleich .............. 134
10.5.6 Bemessung der Rohrleitungen ........ 135

**11 Leitlinien für Wasserzähleranlagen** .......................... 136
11.1 Allgemeines ....................... 136
11.2 Auswahl .......................... 136
11.3 Einbauort – Zugänglichkeit ........... 138
11.4 Wohnungswasserzähler ............. 141

**12 Behandlung von Trinkwasser** ...... 143
12.1 Allgemeines ....................... 143
12.2 Grundanforderungen ................ 145
12.3 Aspekte zur Behandlung von Trinkwasser ....................... 145
12.3.1 Korrosion ......................... 145
12.3.2 Steinbildung ...................... 146
12.3.3 Feststoffpartikel ................... 147
12.3.4 Desinfektion ...................... 148

## nach DIN EN 806-2

| | | Seite |
|---|---|---|
| **13** | **Schallschutz** | 155 |
| **14** | **Schutz der Trinkwasseranlage vor äußerer Temperatureinwirkung auf Rohre, Rohrleitungsteile und Geräte** | 163 |
| 14.1 | Frosteinwirkung | 163 |
| 14.1.1 | Anordnung von Rohren, Rohrleitungsteilen und Geräten | 163 |
| 14.1.2 | Erdverlegte Leitungen | 165 |
| 14.1.3 | Rohreintritt in Gebäude | 165 |
| 14.1.4 | Rohre und Zubehör über Boden und außerhalb von Gebäuden | 165 |
| 14.1.5 | Rohre und Zubehör innerhalb von Gebäuden | 166 |
| 14.1.6 | Isolierung | 166 |
| 14.1.7 | Raum- und Begleitheizung | 167 |
| 14.1.8 | Entleeren | 168 |
| 14.2 | Wärmeeinwirkung | 168 |
| 14.3 | Tauwasserbildung | 168 |

## nach DIN 1988-200

| | | Seite |
|---|---|---|
| 12.4 | Mechanische Filter | 148 |
| 12.5 | Chemikaliendosierung | 150 |
| 12.6 | Enthärtung durch Ionenaustausch | 151 |
| 12.7 | Kalkschutzgeräte | 152 |
| 12.8 | Desinfektion durch ultraviolette Strahlung (UV) | 154 |
| 12.8.1 | Allgemeines | 154 |
| 12.8.2 | Anwendungsbereich | 154 |
| 12.8.3 | Bedingungen für Auswahl und Größe | 155 |
| 12.8.4 | Bedingungen für den Einbau und Betrieb | 155 |
| **13** | **Schallschutz, Brandschutz, Feuchteschutz** | 156 |
| 13.1 | Schallschutz | 156 |
| 13.2 | Brandschutz | 157 |
| 13.3 | Feuchteschutz | 159 |
| **14** | **Schutz der Trinkwasseranlage vor äußerer Temperatureinwirkung auf Rohre, Rohrleitungsteile und Geräte** | 163 |
| 14.1 | Frosteinwirkung | 163 |
| 14.2 | Weitere Anforderungen an Dämmungen und Umhüllungen | 169 |
| 14.2.1 | Allgemeines | 169 |
| 14.2.2 | Wärmedämmung | 174 |
| 14.2.3 | Dämmung bei Brandschutzanforderungen | 174 |
| 14.2.4 | Umhüllung zum Korrosionsschutz | 176 |
| 14.2.5 | Verträglichkeit mit Rohrwerkstoffen | 178 |
| 14.2.6 | Dämmung und Umhüllung von Trinkwasserleitungen kalt | 179 |
| 14.2.7 | Dämmung von Trinkwasserleitungen warm sowie Armaturen | 182 |
| 14.2.8 | Mindestabstände zwischen den Dämmungen | 185 |

| nach DIN EN 806-2 | | nach DIN 1988-200 | |
|---|---|---|---|
| | Seite | | Seite |
| **15 Druckerhöhung** | 186 | **15 Druckerhöhungsanlagen** | 192 |
| **16 Druckminderer** | 193 | **16 Druckminderer** | 193 |
| 16.1 Allgemeines | 193 | 16.1 Allgemeines | 193 |
| 16.2 Einbau | 194 | 16.2 Einbau | 194 |
| | | 16.3 Bestimmung der Nennweite | 194 |
| **17 Kombinierte Trinkwasser- und Feuerlöschanlagen** | 196 | **17 Feuerlösch- und Brandschutzanlagen** | 197 |
| **18 Vermeiden von Schäden durch Korrosion** | 198 | **18 Vermeiden von Schäden durch Korrosion** | 198 |
| 18.1 Allgemeines | 199 | 18.1 Kombination verschiedener Werkstoffe (Mischinstallationen) | 201 |
| 18.2 Werkstoffauswahl | 205 | 18.2 Kathodischer Korrosionsschutz | 205 |
| 18.3 Planung | 205 | 18.3 Vermeidung von Schäden durch Außenkorrosion | 210 |
| | | 18.3.1 Allgemeines | 210 |
| | | 18.3.2 Erdverlegte Rohrleitungen | 211 |
| | | 18.3.3 Freiverlegte Außenleitungen | 213 |
| 18.4 Wasserbehandlung | 215 | 18.3.4 Rohrleitungen in Gebäuden | 214 |
| 18.5 Lagerung und Montage | 216 | | |
| 18.6 Rohrverbindung | 217 | | |
| 18.7 Schutz vor Schäden durch Außenkorrosion | 217 | | |
| **19 Zusätzliche Anforderungen für offene Systeme für kaltes und erwärmtes Wasser** | 217 | | |
| 19.2 Anlagen für erwärmtes Trinkwasser | 222 | | |
| **Anhang A** (informativ) **Verzeichnis zugelassener Werkstoffe (nicht vollständig)** | 225 | **Anhang A** (normativ) **Verzeichnis geeigneter Werkstoffe** | 228 |
| **Anhang B** (informativ) **Aspekte zur Behandlung von Trinkwasser** | 230 | **Anhang B** (normativ) **Begriffe** | 236 |
| **Literaturhinweise** | 237 | **Literaturhinweise** | 238 |

**Beteiligungen** ............ 239

# Einleitung

Das Europäische Komitee für Normung CEN hat vom Rat der Europäischen Union die Aufgabe erhalten, ein umfassendes und modernes System europäischer Normen für die Regelung des Binnenmarktes innerhalb der Mitgliedsstaaten der Union zu erstellen.

Von Seiten der EU-Kommission wird der europäischen Normung ein hoher Stellenwert beim Erreichen der vorgegebenen Ziele, wie einheitliche Rechtsordnungen, gleichwertige Lebensbedingungen und Angleichung der industriellen Entwicklung in den Mitgliedsstaaten zugewiesen.

Bei der Erarbeitung der technischen Regeln für die Trinkwasserinstallation zeigte sich jedoch, dass die Experten aus den verschiedenen Mitgliedsstaaten daran interessiert waren, möglichst viel von ihren eigenen nationalen Bestimmungen in die europäischen Normen einzubringen, um ihre Fachkreise vor zu starken Veränderungen zu bewahren. Dieses Verhalten führte zu vielen Kompromissen und zahlreichen Verweisungen auf nationale Regelungen, womit die europäischen Normen der ersten Generation nur einen unvollkommenen Ansatz zur Angleichung der technischen Regeln für Trinkwasserinstallationen in Europa darstellen.

Deshalb ist es notwendig, zu den europäischen Planungs- und Ausführungsnormen der Trinkwasserinstallation ergänzende nationale Regeln zu erstellen, damit das in Deutschland etablierte Sicherheitsniveau erhalten bleibt. Der Anwender der Normen muss sowohl die europäischen Grundlagennormen als auch die nationalen normativen Ergänzungen einhalten.

Zu den Normen für die Planung und Ausführung von Trinkwasserinstallationen gehören die nachfolgend aufgeführten europäischen Grundlagennormen und die zugehörigen nationalen Ergänzungsnormen.

In Tabelle 1 sind die thematisch zusammengehörenden europäischen und nationalen Normen aufgeführt. Es wird jeweils die europäische Grundlagennorm mit nationaler Ergänzung zusammenfassend kommentiert.

In dieser Ausgabe werden **DIN EN 806-2** und **DIN 1988-200** „Planung" behandelt.

**Tabelle 1:** Europäische Grundlagennormen mit nationalen Ergänzungsnormen für die Planung und Ausführung von Trinkwasserinstallationen

| Europäische Grundlagennormen | | Nationale Ergänzungsnormen |
|---|---|---|
| DIN EN 1717 Schutz des Trinkwassers | | DIN 1988-100 Schutz des Trinkwassers |
| DIN EN 806 | Teil 1: Allgemeines | – |
| | Teil 2: Planung | DIN 1988-200 Planung |
| | Teil 3: Berechnung | DIN 1988-300 Berechnung |
| | Teil 4: Installation | – |
| | Teil 5: Betrieb und Wartung | – |
| | | DIN 1988-500 Druckerhöhung mit drehzahlgeregelten Pumpen |
| | | DIN 1988-600 Feuerlöschanlagen |

Juni 2005

**DIN EN 806-2**

ICS 91.140.60

Teilweiser Ersatz für
DIN 1988-2:1988-12 und
DIN 1988-5:1988-12

**Technische Regeln für Trinkwasser-Installationen –
Teil 2: Planung;
Deutsche Fassung EN 806-2:2005**

Specification for installations inside buildings conveying water for human consumption –
Part 2: Design;
German version EN 806-2:2005

Spécifications techniques relatives aux installations pour l'eau destinée à la consommation humaine à l'intérieur des bâtiments –
Partie 2: Conception;
Version allemande EN 806-2:2005

Gesamtumfang 55 Seiten

Normenausschuss Wasserwesen (NAW) im DIN

Diese Norm wurde im Einvernehmen mit dem DVGW Deutsche Vereinigung des Gas- und Wasserfaches e.V. aufgestellt. Sie ist als Technische Regel des DVGW in das Regelwerk Wasser des DVGW einbezogen worden.

## Nationales Vorwort

Diese Europäische Norm wurde vom Technischen Komitee TC 164 „Wasserversorgung" (Sekretariat: AFNOR, Frankreich) des Europäischen Komitees für Normung (CEN) ausgearbeitet.

Die Arbeiten wurden von der Arbeitsgruppe 2 „Systeme innerhalb von Gebäuden" (WG 2) des CEN/TC 164 durchgeführt, deren Federführung beim DIN liegt. Für Deutschland war der Arbeitsausschuss IV 7 „Häusliche Wasserversorgung" des Normenausschusses Wasserwesen (NAW) an der Bearbeitung beteiligt.

Für die in den Literaturhinweisen zitierte Internationale Norm wird im Folgenden auf die entsprechende Deutsche Norm hingewiesen:

ISO 6509 siehe DIN EN ISO 6509.

Die Aufnahme des Installationstyps B „offenes System" war notwendig, um die technischen Gegebenheiten und Traditionen in einigen CEN-Mitgliedsländern zu berücksichtigen und somit die Akzeptanz der Norm in diesen Ländern sicherzustellen. An vielen Stellen der EN 806-2, insbesondere aber im Abschnitt 19 werden die Grundlagen, Anforderungen und technischen Details für das offene System beschrieben, insgesamt Festlegungen, die den deutschen Anwendern der Normenreihe DIN 1988 – TRWI unbekannt bzw. kaum vertraut sind.

Das deutsche Fachgremium NAW IV 7 „Häusliche Wasserversorgung" weist darauf hin, dass für die Anwendung der EN 806-2 in Deutschland der Installationstyp A „geschlossenes System" die Standardausführung ist und insofern die in DIN 1988 – TRWI aufgeführten Grundsätze und Prinzipien weiterhin gelten. Damit werden die technischen Voraussetzungen geschaffen, die Anforderungen der deutschen Trinkwasserverordnung TrinkwV sicher in jedem Punkt zu erfüllen.

### Änderungen

Gegenüber DIN 1988-2:1988-12 und DIN 1988-5:1988-12 wurden folgende Änderungen vorgenommen:

a) Inhalt neu geordnet und vollständig überarbeitet;

b) Einführung von 2 Installationstypen A (geschlossen) und B (offen);

c) Einführung von 3 Druckklassen;

d) Einführung von 2 Temperaturklassen für Rohrsysteme aus Kunststoff;

e) Benennung aller für die Trinkwasser-Installation geeigneten Rohre und Rohrleitungsteilen für die europäische Produktnormen vorliegen;

f) Aufnahme von informativen Anhängen A mit Auflistung der verwendbaren Werkstoffe und B mit Aspekten zur Trinkwasserbehandlung.

### Frühere Ausgaben

DIN 1988: 1930-08, 1940-09, 1955-03, 1962-01
DIN 1988-2: 1988-12
DIN 1988-5: 1982-12

# EUROPÄISCHE NORM
# EUROPEAN STANDARD
# NORME EUROPÉENNE

**EN 806-2**

März 2005

ICS 91.140.60

Deutsche Fassung

## Technische Regeln für Trinkwasser-Installationen — Teil 2: Planung

| Specification for installations inside buildings conveying water for human consumption — Part 2: Design | Spécifications techniques relatives aux installations pour l'eau destinée à la consommation humaine à l'intérieur des bâtiments — Partie 2: Conception |
|---|---|

Diese Europäische Norm wurde vom CEN am 3. Februar 2005 angenommen.

Die CEN-Mitglieder sind gehalten, die CEN/CENELEC-Geschäftsordnung zu erfüllen, in der die Bedingungen festgelegt sind, unter denen dieser Europäischen Norm ohne jede Änderung der Status einer nationalen Norm zu geben ist. Auf dem letzten Stand befindliche Listen dieser nationalen Normen mit ihren bibliographischen Angaben sind beim Management-Zentrum oder bei jedem CEN-Mitglied auf Anfrage erhältlich.

Diese Europäische Norm besteht in drei offiziellen Fassungen (Deutsch, Englisch, Französisch). Eine Fassung in einer anderen Sprache, die von einem CEN-Mitglied in eigener Verantwortung durch Übersetzung in seine Landessprache gemacht und dem Management-Zentrum mitgeteilt worden ist, hat den gleichen Status wie die offiziellen Fassungen.

CEN-Mitglieder sind die nationalen Normungsinstitute von Belgien, Dänemark, Deutschland, Estland, Finnland, Frankreich, Griechenland, Irland, Island, Italien, Lettland, Litauen, Luxemburg, Malta, den Niederlanden, Norwegen, Österreich, Polen, Portugal, Schweden, der Schweiz, der Slowakei, Slowenien, Spanien, der Tschechischen Republik, Ungarn, dem Vereinigten Königreich und Zypern.

EUROPÄISCHES KOMITEE FÜR NORMUNG
EUROPEAN COMMITTEE FOR STANDARDIZATION
COMITÉ EUROPÉEN DE NORMALISATION

**Management-Zentrum: rue de Stassart, 36    B-1050 Brüssel**

© 2005 CEN   Alle Rechte der Verwertung, gleich in welcher Form und in welchem Verfahren, sind weltweit den nationalen Mitgliedern von CEN vorbehalten.

Ref. Nr. EN 806-2:2005 D

# Inhalt

Seite

Vorwort ..................................................................................................................................... 3
1 Anwendungsbereich ......................................................................................................... 4
2 Normative Verweisungen .................................................................................................. 4
3 Allgemeine Anforderungen ............................................................................................... 8
4 Private Eigenwasserversorgung ..................................................................................... 10
5 Zugelassene Werkstoffe .................................................................................................. 11
6 Bauteile ............................................................................................................................. 16
7 Innenleitungen .................................................................................................................. 16
8 Verteilung von kaltem Trinkwasser ................................................................................ 18
9 Verteilung von erwärmtem Trinkwasser ........................................................................ 20
10 Maßnahmen zur Verhinderung von Drucküberschreitungen ...................................... 21
11 Leitlinien für Wasserzähleranlagen ................................................................................ 24
12 Behandlung von Trinkwasser .......................................................................................... 25
13 Schallschutz ..................................................................................................................... 26
14 Schutz der Trinkwasseranlage vor äußerer Temperatureinwirkung auf Rohre, Rohrleitungsteile und Geräte .......................................................................................... 26
15 Druckerhöhung ................................................................................................................. 28
16 Druckminderer .................................................................................................................. 33
17 Kombinierte Trinkwasser- und Feuerlöschanlagen ...................................................... 34
18 Vermeiden von Schäden durch Korrosion ..................................................................... 35
19 Zusätzliche Anforderungen für offene Systeme für kaltes und erwärmtes Wasser .... 36
Anhang A (informativ) Verzeichnis zugelassener Werkstoffe (nicht vollständig) ........... 43
Anhang B (informativ) Aspekte zur Behandlung von Trinkwasser .................................. 47
Literaturhinweise .................................................................................................................. 54

# Vorwort

Dieses Dokument (EN 806-2:2005) wurde vom Technischen Komitee CEN/TC 164 „Wasserversorgung" erarbeitet, dessen Sekretariat vom AFNOR gehalten wird.

Diese Europäische Norm muss den Status einer nationalen Norm erhalten, entweder durch Veröffentlichung eines identischen Textes oder durch Anerkennung bis September 2005, und etwaige entgegenstehende nationale Normen müssen bis September 2005 zurückgezogen werden.

Dieses Dokument wurde im CEN/TC 164 erstellt und dient der Anwendung durch Ingenieure, Architekten, Bauaufsicht, Vertragspartner, Installateure, Versorgungsunternehmen, Verbraucher und Prüfinstitutionen.

Diese Norm wurde in Form einer Praxisanleitung geschrieben. Sie ist der zweite Teil einer Europäischen Norm bestehend aus folgenden fünf Teilen:

— Teil 1: Allgemeines

— Teil 2: Planung

— Teil 3: Ermittlung der Rohrinnendurchmesser

— Teil 4: Bau

— Teil 5: Betrieb und Instandhaltung

ANMERKUNG   Produkte für den Einbau in Wasserversorgungssysteme müssen soweit vorhanden die nationalen Regelungen und Prüfanforderungen erfüllen, die ihre Eignung für den Kontakt mit Trinkwasser bestätigen. Die für die Mitgliedsstaaten zuständigen Regulatoren und die EU-Kommission haben sich auf die Prinzipien eines zukünftigen einheitlichen Europäischen Zulassungssystems (EAS) geeinigt, welches eine gemeinsame Prüf- und Zulassungsregelung auf europäischer Basis bietet. Falls und sobald EAS eingeführt ist, werden die Europäischen Produktnormen um einen Anhang Z/EAS unter dem Mandat M136 ergänzt, in welchem formale Verweise auf die Anforderungen für die Prüfung, die Zertifizierung und die Produktkennzeichnung im Rahmen des EAS gegeben werden. Bis das EAS in Kraft tritt, bleiben die einschlägigen nationalen Regelungen gültig.

Entsprechend der CEN/CENELEC-Geschäftsordnung sind die nationalen Normungsinstitute der folgenden Länder gehalten, diese Europäische Norm zu übernehmen: Belgien, Dänemark, Deutschland, Estland, Finnland, Frankreich, Griechenland, Irland, Island, Italien, Lettland, Litauen, Luxemburg, Malta, Niederlande, Norwegen, Österreich, Polen, Portugal, Schweden, Schweiz, Slowakei, Slowenien, Spanien, Tschechische Republik, Ungarn, Vereinigtes Königreich und Zypern.

Mai 2012

DIN 1988-200

ICS 93.025

Ersatzvermerk
siehe unten

**Technische Regeln für Trinkwasser-Installationen –
Teil 200: Installation Typ A (geschlossenes System) –
Planung, Bauteile, Apparate, Werkstoffe; Technische Regel des DVGW**

Codes of practice for drinking water installations –
Part 200: Installation Type A (closed system) –
Planning, components, apparatus, materials; DVGW code of practice

Directives techniques pour installations d'eau potable –
Partie 200: Installation Type A (système fermé) –
Planification, éléments de construction, appareils, matériaux; Directive technique DVGW

**Ersatzvermerk**

Mit DIN EN 806-2:2005-06 Ersatz für DIN 1988-2:1988-12 und DIN 1988-5:1988-12;
Ersatz für DIN 1988-7:2004-12

Gesamtumfang 51 Seiten

Normenausschuss Wasserwesen (NAW) im DIN
Normenausschuss Heiz- und Raumlufttechnik (NHRS) im DIN

PLANUNG

# Inhalt

Seite

Vorwort ............................................................................................................................................ 4
1 Anwendungsbereich ............................................................................................................. 6
2 Normative Verweisungen ..................................................................................................... 6
3 Allgemeine Anforderungen ................................................................................................. 13
3.1 Wasserversorgung .............................................................................................................. 13
3.2 Grundlagen .......................................................................................................................... 14
3.3 Erdverlegte Leitungen ........................................................................................................ 15
3.4 Werkstoffe, Bauteile und Apparate ................................................................................... 15
3.5 Berechnungsdurchflüsse ................................................................................................... 16
3.6 Betriebstemperatur ............................................................................................................. 16
3.7 Trinkwasserhygiene ............................................................................................................ 17
3.8 Planungs- und Ausführungsunterlagen ........................................................................... 17
3.9 Probenahmestellen ............................................................................................................. 17
3.10 Technikzentralen, Installationsschächte und -kanäle .................................................... 18
4 Private Eigenwasserversorgung ....................................................................................... 18
5 Werkstoffe ............................................................................................................................. 18
5.1 Werkstoffwahl ...................................................................................................................... 18
5.2 Rohrverbindungen .............................................................................................................. 19
5.3 Werkstoffe für Rohrverbindungen .................................................................................... 19
5.4 Hilfsstoffe ............................................................................................................................. 19
6 Bauteile ................................................................................................................................. 19
6.1 Absperrarmaturen ............................................................................................................... 19
6.2 Kompensatoren ................................................................................................................... 19
6.3 Schläuche ............................................................................................................................. 19
6.4 Zirkulationsregulierventile ................................................................................................. 20
6.5 Entnahmearmaturen ........................................................................................................... 20
6.6 Sicherungsarmaturen ......................................................................................................... 20
6.7 Sicherheitsarmaturen ......................................................................................................... 20
6.8 Leckagedetektoren ............................................................................................................. 20
6.9 Apparate ............................................................................................................................... 21
6.10 Ausdehnungsgefäße ........................................................................................................... 21
7 Innenleitungen ..................................................................................................................... 22
7.1 Absperrbereiche .................................................................................................................. 22
7.2 Wand- und Deckendurchführung ..................................................................................... 22
8 Verteilung von Trinkwasser kalt ........................................................................................ 22
8.1 Trinkwasserentnahmestellen ............................................................................................ 22
8.2 Unterscheidung und Identifizierung von Rohren und Bauteilen .................................. 23
8.3 Verbrauchs- und Verteilungsleitungen ............................................................................ 24
8.4 Elektrische Isolierstücke .................................................................................................... 25
9 Verteilung von Trinkwasser warm .................................................................................... 25
9.1 Allgemeines ......................................................................................................................... 25
9.2 Bauteile ................................................................................................................................. 25
9.3 Entnahmearmaturen und Mischbatterien ........................................................................ 27
9.4 Oberflächentemperaturen .................................................................................................. 28
9.5 Verbindungen zwischen kalten und warmen Trinkwasserleitungen ........................... 28
9.6 Zusätzliche Anforderungen ............................................................................................... 28
9.7 Trinkwassererwärmung ..................................................................................................... 28

# Inhalt

Seite

| | | |
|---|---|---|
| **10** | **Maßnahmen zur Verhinderung von Drucküberschreitungen** | 30 |
| 10.1 | Allgemeines | 30 |
| 10.2 | Kontrolle der Energiezufuhr | 30 |
| 10.3 | Kontrolle des Druckes | 31 |
| 10.4 | Ausdehnungswasser | 32 |
| 10.5 | Leitungsanlagen | 33 |
| **11** | **Leitlinien für Wasserzähleranlagen** | 34 |
| 11.1 | Allgemeines | 34 |
| 11.2 | Auswahl | 34 |
| 11.3 | Einbauort – Zugänglichkeit | 34 |
| 11.4 | Wohnungswasserzähler | 35 |
| **12** | **Behandlung von Trinkwasser** | 35 |
| 12.1 | Allgemeines | 35 |
| 12.2 | Grundanforderungen | 35 |
| 12.3 | Aspekte zur Behandlung von Trinkwasser | 36 |
| 12.4 | Mechanische Filter | 37 |
| 12.5 | Chemikaliendosierung | 37 |
| 12.6 | Enthärtung durch Ionenaustausch | 38 |
| 12.7 | Kalkschutzgeräte | 38 |
| 12.8 | Desinfektion durch ultraviolette Strahlung (UV) | 39 |
| **13** | **Schallschutz, Brandschutz, Feuchteschutz** | 39 |
| 13.1 | Schallschutz | 39 |
| 13.2 | Brandschutz | 40 |
| 13.3 | Feuchteschutz | 40 |
| **14** | **Schutz der Trinkwasseranlage vor äußerer Temperatureinwirkung auf Rohre, Rohrleitungsteile und Geräte** | 40 |
| 14.1 | Frosteinwirkung | 40 |
| 14.2 | Weitere Anforderungen an Dämmungen und Umhüllungen | 40 |
| **15** | **Druckerhöhung** | 43 |
| **16** | **Druckminderer** | 43 |
| 16.1 | Allgemeines | 43 |
| 16.2 | Einbau | 43 |
| 16.3 | Bestimmung der Nennweite | 44 |
| **17** | **Feuerlösch- und Brandschutzanlagen** | 45 |
| **18** | **Vermeiden von Schäden durch Korrosion** | 45 |
| 18.1 | Kombination verschiedener Werkstoffe (Mischinstallation) | 45 |
| 18.2 | Kathodischer Korrosionsschutz | 45 |
| 18.3 | Vermeidung von Schäden durch Außenkorrosion | 46 |
| **Anhang A** (normativ) **Verzeichnis geeigneter Werkstoffe** | | 48 |
| **Anhang B** (normativ) **Begriffe** | | 50 |
| **Literaturhinweise** | | 51 |

## Vorwort

Diese Norm ist vom Arbeitsausschuss NA 119-04-07 AA „Häusliche Wasserversorgung" im Normenausschuss Wasserwesen (NAW) erarbeitet worden.

Nachdem zum Thema „Trinkwasser-Installation" im Technischen Komitee CEN/TC 164 „Wasserversorgung" eine Reihe Europäischer Normen erarbeitet und als DIN EN in das Deutsche Normenwerk übernommen worden sind, stellte sich für den Ausschuss die Aufgabe, die Normenreihe DIN 1988 über „Technische Regeln für Trinkwasser-Installationen (TRWI)" inhaltlich zu überprüfen und ein Konzept für ein umfassendes, in sich geschlossenes und widerspruchsfreies Nachfolgewerk zu entwickeln.

Die europäischen Arbeitsergebnisse erreichen nicht die für die deutschen Anwenderkreise erforderliche Normungstiefe und somit ergab sich die Notwendigkeit, deutsche Ergänzungsfestlegungen, die aus Gründen der Kontinuität wieder unter der Nummer DIN 1988 laufen, unter Berücksichtigung europäischer Terminstellungen zeitversetzt zu erarbeiten.

Um der Fachöffentlichkeit deutlich aufzuzeigen, dass es sich hier um die „neue" Reihe DIN 1988 handelt, wurden die Teilnummern nunmehr dreistellig gewählt.

Mit dem Ziel, für diese Norm eine breite Akzeptanz in der Fachöffentlichkeit zu erlangen, erfolgte die Erarbeitung in mehreren Schritten. Damit unterstreicht der Arbeitsausschuss die Bedeutung dieses Teiles der neuen Normen-Reihe, die ihm bereits jetzt von den Anwendern beigemessen wird.

Es wird darauf hingewiesen, dass diese Norm auf der Gliederung der entsprechenden Europäischen Norm DIN EN 806-2:2005-06 aufbaut. Dazu wurden die Überschriften der Abschnitte in der Europäischen Norm übernommen, die Nummerierung der Abschnitte in dieser Norm kann sich jedoch von derjenigen in der Europäischen Norm geringfügig unterscheiden. Es werden nur diejenigen zusätzlichen Anforderungen, die sich aus den bestehenden DIN 1988-2, DIN 1988-5 und DIN 1988-7 und mit weiteren, in der Zwischenzeit sich ergebenden, dem Stand der Technik entsprechenden Kenntnissen festgelegt.

Die neue Normen-Reihe DIN 1988 besteht zum jetzigen Zeitpunkt aus den folgenden Teilen:

— Teil 100: *Schutz des Trinkwassers, Erhaltung der Trinkwassergüte; Technische Regel des DVGW*

— Teil 200: *Installation Typ A (geschlossenes System) — Planung, Bauteile, Apparate, Werkstoffe; Technische Regel des DVGW*

— Teil 300: *Ermittlung der Rohrdurchmesser; Technische Regel des DVGW*

— Teil 500: *Druckerhöhungsanlagen mit drehzahlgeregelten Pumpen; Technische Regel des DVGW*

— Teil 600: *Trinkwasser-Installationen in Verbindung mit Feuerlösch- und Brandschutzanlagen; Technische Regel des DVGW*

**Änderungen**

Gegenüber DIN 1988-2:1988-12, DIN 1988-5:1988-12 und DIN 1988-7:2004-12 wurden folgende Änderungen vorgenommen:

a) Begriffsbestimmungen wurden aufgenommen;

b) soweit in DIN EN 806-2:2005-06 nicht berücksichtigt, wurden die entsprechenden Festlegungen aus DIN 1988-2:1988-12, DIN 1988-5:1988-12 und DIN 1988-7:2004-12 übernommen und dem aktuellen Stand der Technik angepasst.

**Frühere Ausgaben**

DIN 1988: 1930-08, 1940-09, 1955-03, 1962-01

DIN 1988-2: 1988-12

DIN 1988-5: 1988-12

DIN 1988-7: 1988-12, 2004-12

## 1 Anwendungsbereich DIN EN 806-2

Dieses Dokument gibt Empfehlungen und beschreibt die Anforderungen an die Planung von Trinkwasser-Installationen innerhalb von Gebäuden und für Leitungsteile außerhalb von Gebäuden, aber innerhalb von Grundstücken (siehe EN 806-1) und ist anwendbar für Neuinstallationen, Umbau und Reparaturen.

## 1 Anwendungsbereich DIN 1988-200

Diese Norm gilt in Verbindung mit DIN EN 806-2 für die Planung von Trinkwasser-Installationen, Installation Typ A (geschlossenes System) in Gebäuden und auf Grundstücken. Sie benennt die Planungsgrundlagen und die für die Errichtung der Anlagen geeigneten Bauteile, Apparate und Werkstoffe. Sie ergänzt DIN EN 806-2 und trifft zusätzliche Festlegungen zur Berücksichtigung nationaler Gesetze, Verordnungen und des deutschen technischen Regelwerks.

Für Kleinanlagen gilt DIN 2001-1. Für nicht ortsfeste Trinkwasseranlagen gilt DIN 20012.

Für die Anwendung dieser Norm gelten die Begriffe nach Anhang B.

ANMERKUNG   Mit der Aufnahme der Begriffe in Anhang B wird die direkte Gegenüberstellung der folgenden Abschnitte in dieser Norm mit jenen mit gleichem Titel und Nummer in DIN EN 806-2 ermöglicht.

Die Grundlagennorm DIN EN 806-2 „Planung" legt für die beiden Installationstypen A – geschlossenes System – und Installationstyp B – offenes System – die Anforderungen fest.

Die nationalen Ergänzungen in DIN 1988-200 „Planung" zur DIN EN 806-2 beziehen sich ausschließlich auf den Installationstyp A.

Der Installationstyp B – offenes System – ist aus trinkwasserhygienischen Gründen bedenklich und sollte in Deutschland nur in begründeten Ausnahmefällen eingesetzt werden.

Die nationale Ergänzungsnorm wurde erforderlich, weil viele nationale Planungs- und Verwendungsregeln in der europäischen Grundlagennorm im ersten Schritt nicht aufgenommen werden konnten.

Die bewährten Regelungen aus DIN 1988-2 „Planung und Ausführung" wurden überarbeitet und fortgeschrieben. Weitere Planungsregeln, die sich wegen des europäischen „Stillhalteabkommens" (wenn eine europäische Norm erstellt wird, darf zur gleichen Thematik keine nationale Normung erfolgen) in anderen Regelwerken, z. B. vom DVGW oder vom VDI, entwickelt und bewährt haben, wurden ebenfalls überarbeitet und in DIN 1988-200 aufgenommen.

Alle Anforderungen aus DIN 1988-7 „Vermeidung von Korrosionsschäden und Steinbildung" sind in den Normen DIN EN 806-2 und DIN 1988-200 vollständig enthalten. Damit wird DIN 1988-7 ersatzlos zurückgezogen.

Die Dämmungen von Trinkwasserleitungen warm sind komplett in dieser Norm geregelt, mit der politischen Zielsetzung, dass die Energieeinsparverordnung zukünftig auf die Norm DIN 1988-200 verweist.

Die Planung von Druckerhöhungsanlagen ist nicht nach DIN EN 806-2 Abschnitt 15, sondern nach der nationalen Norm DIN 1988-500 vorzunehmen.

Feuerlösch- und Brandschutzanlagen sind nach DIN 1988-600 zu planen.

Zum besseren Verständnis werden die jeweiligen Abschnitte der europäischen Grundlagennorm DIN EN 806-2 mit den entsprechenden nationalen Ergänzungen in DIN 1988-200 thematisch zusammengeführt und kommentiert.

## 2 Normative Verweisungen DIN EN 806-2

Die folgenden zitierten Dokumente sind für die Anwendung dieses Dokuments erforderlich. Bei datierten Verweisungen gilt nur die in Bezug genommene Ausgabe. Bei undatierten Verweisungen gilt die letzte Ausgabe des in Bezug genommenen Dokuments (einschließlich aller Änderungen).

EN 26, *Gasbeheizte Durchlauf-Wasserheizer für den sanitären Gebrauch mit atmosphärischen Brennern*

EN 89, *Gasbeheizte Vorrats-Wasserheizer für den sanitären Gebrauch*

EN 545, *Rohre, Formstücke, Zubehörteile aus duktilem Gusseisen und ihre Verbindungen für Wasserleitungen — Anforderungen und Prüfverfahren*

EN 625, *Heizkessel für gasförmige Brennstoffe — Spezielle Anforderungen, an die trinkwasserseitige Funktion von Kombi-Kesseln mit einer Nennwärmebelastung kleiner als oder gleich 70 kW*

EN 805, *Wasserversorgung — Anforderungen an Wasserversorgungssysteme und deren Bauteile außerhalb von Gebäuden*

EN 806-1:2000, *Technische Regeln für Trinkwasser-Installationen — Teil 1: Allgemeines*

prEN 806-3, *Technische Regeln für Trinkwasser-Installationen — Teil 3: Berechnung der Rohrinnendurchmesser*

EN 973, *Produkte zur Aufbereitung von Wasser für den menschlichen Gebrauch — Natriumchlorid zum Regenerieren von Ionentauschern*

EN 1057, *Kupfer und Kupferlegierungen — Nahtlose Rundrohe aus Kupfer für Wasser- und Gasleitungen für Sanitärinstallationen und Heizungsanlagen*

EN 1254-1, *Kupfer und Kupferlegierungen — Fittings — Teil 1: Kapillarlötfittings für Kupferrohre (Weich- und Hartlöten)*

EN 1254-2, *Kupfer und Kupferlegierungen — Fittings — Teil 2: Klemmverbindungen für Kupferrohre*

EN 1254-3, *Kupfer und Kupferlegierungen — Fittings — Teil 3: Klemmverbindungen für Kunststoffrohre*

EN 1254-4, *Kupfer und Kupferlegierungen — Fittings — Teil 4: Fittings zum Verbinden anderer Ausführungen von Rohrenden mit Kapillarlötverbindungen oder Klemmverbindungen*

EN 1254-5, *Kupfer und Kupferlegierungen — Fittings — Teil 5: Fittings mit geringer Einstecktiefe zum Verbinden mit Kupferrohren durch Kapillar-Hartlöten*

prEN 1254-7, *Kupfer und Kupferlegierungen — Fittings — Teil 7: Pressfittings für metallische Rohre*

EN 1452-1, *Kunststoff-Rohrleitungssysteme für die Wasserversorgung — Weichmacherfreies Polyvinylchlorid (PVC-U) — Teil 1: Allgemeines*

EN 1452-2, *Kunststoff-Rohrleitungssysteme für die Wasserversorgung — Weichmacherfreies Polyvinylchlorid (PVC-U) — Teil 2: Rohre*

EN 1452-3, *Kunststoff-Rohrleitungssysteme für die Wasserversorgung — Weichmacherfreies Polyvinylchlorid (PVC-U) — Teil 3: Formstücke*

EN 1452-5, *Kunststoff-Rohrleitungssysteme für die Wasserversorgung — Weichmacherfreies Polyvinylchlorid (PVC-U) — Teil 5: Gebrauchstauglichkeit des Systems*

ENV 1452-7, *Kunststoff-Rohrleitungssysteme für die Wasserversorgung — Weichmacherfreies Polvinylchlorid (PVC-U) — Teil 7: Empfehlungen für die Beurteilung der Konformität*

EN 1487, *Gebäudearmaturen — Hydraulische Sicherheitsgruppen — Prüfungen und Anforderungen*

EN 1488, *Gebäudearmaturen — Sicherheitsgruppen für Expansionswasser — Prüfungen und Anforderungen*

EN 1489, *Gebäudearmaturen — Sicherheitsventile — Prüfungen und Anforderungen*

EN 1490, *Gebäudearmaturen — Kombinierte Druck-Temperaturventile — Prüfungen und Anforderungen*

EN 1491, *Gebäudearmaturen — Sicherheitsventile für Expansionswasser — Prüfungen und Anforderungen*

EN 1717, *Schutz des Trinkwassers vor Verunreinigungen in Trinkwasserinstallationen und allgemeine Anforderungen an Sicherheitseinrichtungen zur Verhütung von Trinkwasserverunreinigungen durch Rückfließen*

EN 10226-1, *Rohrgewinde für im Gewinde dichtende Verbindungen — Teil 1: Kegelige Außengewinde und zylindrische Innengewinde — Maße, Toleranzen und Bezeichnung*

EN 10240, *Innere und/oder äußere Schutzüberzüge für Stahlrohre — Festlegungen für durch Schmelztauchverzinken in automatisierten Anlagen hergestellte Überzüge*

EN 10242, *Gewindefittings aus Temperguss*

EN 10255, *Rohre aus unlegiertem Stahl mit Eignung zum Schweißen und Gewindeschneiden — Technische Lieferbedingungen*

EN 10284, *Tempergussfittings mit Klemmanschlüssen für Polyethylen (PE)-Rohrleitungssysteme*

EN 12201-1, *Kunststoff-Rohrleitungssysteme für die Wasserversorgung — Polyethylen (PE) — Teil 1: Allgemeines*

EN 12201-2, *Kunststoff-Rohrleitungssysteme für die Wasserversorgung — Polyethylen (PE) — Teil 2: Rohre*

EN 12201-3, *Kunststoff-Rohrleitungssysteme für die Wasserversorgung — Polyethylen (PE) — Teil 3: Formstücke*

EN 12201-5, *Kunststoff-Rohrleitungssysteme für die Wasserversorgung — Polyethylen (PE) — Teil 5: Gebrauchstauglichkeit des Systems*

CEN/TS 12201-7, *Kunststoff-Rohrleitungssysteme für die Wasserversorgung — Polyethylen (PE) — Teil 7: Empfehlungen für die Beurteilung der Konformität*

EN 12502-1, *Korrosionsschutz metallischer Werkstoffe — Korrosionswahrscheinlichkeit in Wasserleitungssystemen — Teil 1: Allgemeines*

EN 12502-2, *Korrosionsschutz metallischer Werkstoffe — Korrosionswahrscheinlichkeit in Wasserleitungssystemen — Teil 2: Übersicht über die Einflussfaktoren für Kupfer und Kupferlegierungen*

EN 12502-3, *Korrosionsschutz metallischer Werkstoffe — Korrosionswahrscheinlichkeit in Wasserleitungssystemen — Teil 3: Übersicht über die Einflussfaktoren für feuerverzinkte Eisenwerkstoffe*

EN 12502-4, *Korrosionsschutz metallischer Werkstoffe — Korrosionswahrscheinlichkeit in Wasserleitungssystemen — Teil 4: Übersicht über die Einflussfaktoren für nichtrostende Stähle*

EN 12502-5, *Korrosionsschutz metallischer Werkstoffe — Korrosionswahrscheinlichkeit in Wasserleitungssystemen — Teil 5: Übersicht über die Einflussfaktoren für Gusseisen, unlegierte und niedriglegierte Stähle*

EN 12842, *Duktile Gussformstücke für PVC-U- oder PE-Rohrleitungssysteme — Anforderungen und Prüfverfahren*

EN 13443-1, *Anlagen zur Behandlung von Trinkwasser innerhalb von Gebäuden — Mechanisch wirkende Filter — Teil 1: Filterfeinheit 80 µm bis 150 µm — Anforderungen an Ausführung und Sicherheit*

EN 14095, *Anlagen zur Behandlung von Trinkwasser innerhalb von Gebäuden — Elektrolytische Dosierungsanlagen mit Aluminiumanoden — Anforderungen an Ausführung und Sicherheit, Prüfung*

EN 14525, *Großbereichskupplungen und -flanschadapter aus duktilem Gusseisen zur Verbindung von Rohren aus unterschiedlichen Werkstoffen: duktiles Gusseisen, Gusseisen mit Lamellengraphit, Stahl, PVC-U, PE, Faserzement*

prEN 14743, *Anlagen zur Behandlung von Trinkwasser innerhalb von Gebäuden — Enthärter — Anforderungen an Ausführung, Sicherheit und Prüfung*

EN 29453, *Weichlote — Chemische Zusammensetzung und Lieferformen (ISO 9453:1990)*

EN 60335-2-21, *Sicherheit elektrischer Geräte für den Hausgebrauch und ähnliche Zwecke — Teil 2: Besondere Anforderungen für Wassererwärmer (IEC 60335-2-21: 2002, modifiziert)*

EN 60335-2-35, *Sicherheit elektrischer Geräte für den Hausgebrauch und ähnliche Zwecke — Teil 2: Besondere Anforderungen für Durchflusserwärmer (IEC 60335-2-35: 2002)*

EN 60534-8-4, *Stellventile für die Prozessregelung — Teil 8: Geräuschemission — Hauptabschnitt 4: Vorausberechnung für flüssigkeitsdurchströmte Stellventile (IEC 60534-8-4:1994)*

EN 60730-1, *Automatische elektrische Regel- und Steuergeräte für den Hausgebrauch und ähnliche Anwendungen — Teil 1: Allgemeine Anforderungen (IEC 60730-1:1999, modifiziert)*

EN 60730-2-8, *Automatische elektrische Regel- und Steuergeräte für den Hausgebrauch und ähnliche Anwendungen — Teil 2: Besondere Anforderungen an elektrisch betriebene Wasserventile, einschließlich mechanischer Anforderungen (IEC 60730-2-8: 2000, modifiziert)*

EN ISO 3822-1, *Akustik — Prüfung des Geräuschverhaltens von Armaturen und Geräten der Wasserinstallation im Laboratorium — Teil 1: Messverfahren (ISO 3822-1:1999)*

EN ISO 3822-2, *Akustik — Prüfung des Geräuschverhaltens von Armaturen und Geräten der Wasserinstallation im Laboratorium — Teil 2: Anschluss- und Betriebsbedingungen für Auslaufventile und für Mischbatterien (ISO 3822-2:1995)*

EN ISO 3822-3, *Akustik — Prüfung des Geräuschverhaltens von Armaturen und Geräten der Wasserinstallation im Laboratorium — Teil 3: Anschluss- und Betriebsbedingungen für Durchgangsarmaturen (ISO 3822-3:1997)*

EN ISO 3822-4, *Akustik — Prüfung des Geräuschverhaltens von Armaturen und Geräten der Wasserinstallation im Laboratorium — Teil 4: Anschluss- und Betriebsbedingungen für Sonderarmaturen (ISO 3822-4:1997)*

EN ISO 6509, *Korrosion von Metallen und Legierungen — Bestimmung der Entzinkungsbeständigkeit von Kupfer-Zink-Legierungen (ISO 6509:1981)*

EN ISO 15874-1, *Kunststoff-Rohrleitungssysteme für die Warm- und Kaltwasserinstallation — Polypropylen (PP) — Teil 1: Allgemeines (ISO 15874-1:2003)*

EN ISO 15874-2, *Kunststoff-Rohrleitungssysteme für die Warm- und Kaltwasserinstallation — Polypropylen (PP) — Teil 2: Rohre (ISO 15874-2:2003)*

EN ISO 15874-3, *Kunststoff-Rohrleitungssysteme für die Warm- und Kaltwasserinstallation — Polypropylen (PP) — Teil 3: Formstücke (ISO 15874-3:2003)*

EN ISO 15874-5, *Kunststoff-Rohrleitungssysteme für die Warm- und Kaltwasserinstallation — Polypropylen (PP) — Teil 5: Gebrauchstauglichkeit des Systems (ISO 15874-5:2003)*

EN ISO/TS 15874-7, *Kunststoff-Rohrleitungssysteme für Heiß- und Kaltwasser — Polypropylen (PP) — Teil 7: Beurteilung der Konformität (ISO/TS 15874-7:2003)*

EN ISO 15875-1, *Kunststoff-Rohrleitungssysteme für die Warm- und Kaltwasserinstallation — Vernetztes Polyethylen (PE-X) — Teil 1: Allgemeines (ISO 15875-1:2003)*

EN ISO 15875-3, *Kunststoff-Rohrleitungssysteme für die Warm- und Kaltwasserinstallation — Polyethylen (PE-X) — Formstücke (ISO 15875-3:2003)*

EN ISO 15875-5, *Kunststoff-Rohrleitungssysteme für die Warm- und Kaltwasserinstallation — Polyethylen (PE-X) — Gebrauchstauglichkeit des Systems (ISO 15875-5:2003)*

EN ISO/TS 15875-7, *Kunststoff-Rohrleitungssysteme für Heiß- und Kaltwasser — Vernetztes Polyethylen (PE-X) — Teil 7: Beurteilung der Konformität (ISO/TS 15875-7:2003)*

EN ISO 15876-1, *Kunststoff-Rohrleitungssysteme für die Warm- und Kaltwasserinstallation — Polybuten (PB) — Teil 1: Allgemeines (ISO 15876-1:2003)*

EN ISO 15876-2, *Kunststoff-Rohrleitungssysteme für die Warm- und Kaltwasserinstallation — Polybuten (PB) — Teil 2: Rohre (ISO 15876-2:2003)*

EN ISO 15876-3, *Kunststoff-Rohrleitungssysteme für die Warm- und Kaltwasserinstallation — Polybuten (PB) — Teil 3: Formstücke (ISO 15876-3:2003)*

EN ISO 15876-5, *Kunststoff-Rohrleitungssysteme für die Warm- und Kaltwasserinstallation — Polybuten (PB) — Teil 5: Gebrauchstauglichkeit des Systems (ISO 15876-5: 2003)*

EN ISO/TS 15876-7, *Kunststoff-Rohrleitungssysteme für Heiß- und Kaltwasser — Polybutylene (PB) —Teil 7: Beurteilung der Konformität (ISO/TS 15876-7:2003)*

EN ISO 15877-1, *Kunststoff-Rohrleitungssysteme für die Warm- und Kaltwasserinstallation — Chloriertes Polyvinylchlorid (PVC-C) — Teil 1: Allgemeines (ISO 15877-1:2003)*

EN ISO 15877-2, *Kunststoff-Rohrleitungssysteme für die Warm- und Kaltwasserinstallation — Chloriertes Polyvinylchlorid (PVC-C) — Teil 2: Rohre (ISO 15877-2:2003)*

EN ISO 15877-3, *Kunststoff-Rohrleitungssysteme für die Warm- und Kaltwasserinstallation — Chloriertes Polyvinylchlorid (PVC-C) — Teil 3: Formstücke (ISO 15877-3:2003)*

EN ISO 15877-5, *Kunststoff-Rohrleitungssysteme für die Warm- und Kaltwasserinstallation — Chloriertes Polyvinylchlorid (PVC-C) — Teil 5: Gebrauchstauglichkeit des Systems (ISO 15877-5:2003)*

EN ISO 15877-7, *Kunststoff-Rohrleitungssysteme für Heiß- und Kaltwasser — Chloriertes Polyvinylchlorid (PVC-C) — Teil 7: Beurteilung der Konformität (ISO/TS 15877-7: 2003)*

ISO 15875-2, *Kunststoff-Rohrleitungssysteme für die Warm- und Kaltwasserinstallation — Vernetztes Polyethylen (PE-X) — Teil 2: Rohre*

IEC 60064-5-54, *Electrical installations of buildings — Part 5-54: Selection and erection of electrical equipment — Earthing arrangements, protective conductors and protective bonding conductors*

## 2 Normative Verweisungen  DIN 1988-200

Die folgenden zitierten Dokumente sind für die Anwendung dieses Dokuments erforderlich. Bei datierten Verweisungen gilt nur die in Bezug genommene Ausgabe. Bei undatierten Verweisungen gilt die letzte Ausgabe des in Bezug genommenen Dokuments (einschließlich aller Änderungen).

DIN 1053-1, *Mauerwerke — Teil 1: Berechnung und Ausführung*

DIN 1988-100, *Technische Regeln für die Trinkwasser-Installation — Teil 100: Schutz des Trinkwassers, Erhaltung der Trinkwassergüte; Technische Regel des DVGW*

# Normative Verweisungen

DIN 1988-300, *Technische Regeln für die Trinkwasser-Installation — Teil 300: Ermittlung der Rohrdurchmesser*

DIN 1988-500, *Technische Regeln für die Trinkwasser-Installation — Teil 500: Druckerhöhungsanlagen mit drehzahlgeregelten Pumpen*

DIN 1988-600, *Technische Regeln für die Trinkwasser-Installation — Teil 600: Feuerlösch- und Brandschutzanlagen*

DIN 2000, *zentrale Trinkwasserversorgung — Leitsätze für Anforderungen an Trinkwasser, Planung, Bau. Betrieb und Instandhaltung der Versorgungsanlagen — Technische Regel des DVGW*

DIN 2001-1, *Trinkwasserversorgung aus Kleinanlagen und nicht ortsfesten Anlagen — Teil 1: Kleinanlagen — Leitsätze für Anforderungen an Trinkwasser, Planung, Bau, Betrieb und Instandhaltung der Anlagen; Technische Regel des DVGW*

DIN 2001-2, *Trinkwasserversorgung aus Kleinanlagen und nicht ortsfesten Anlagen — Teil 2: Nicht ortsfeste Anlagen — Leitsätze für Anforderungen an Trinkwasser, Planung, Bau, Betrieb und Instandhaltung der Anlagen; Technische Regel des DVGW*

DIN 2403, *Kennzeichnung von Rohrleitungen nach dem Durchflussstoff*

DIN 3389, *Einbaufertige Isolierstücke für Hausanschlussleitungen in der Gas- und Wasserversorgung — Anforderungen und Prüfungen*

DIN 4109 (alle Teile), *Schallschutz im Hochbau*

DIN 4708-1, *Zentrale Wassererwärmungsanlagen — Begriffe und Berechnungsgrundlagen*

DIN 4708-2, *Zentrale Wassererwärmungsanlagen — Regeln zur Ermittlung des Wärmebedarfs zur Erwärmung von Trinkwasser in Wohngebäuden*

DIN 4753 (alle Teile), *Wassererwärmer und Wassererwärmungsanlagen für Trink- und Betriebswasser*

DIN 4807-5, *Ausdehnungsgefäße — Teil 5: Geschlossene Ausdehnungsgefäße mit Membrane für Trinkwasser — Installationen — Anforderung, Prüfung, Auslegung und Kennzeichnung; Technische Regel des DVGW*

DIN 8077, *Rohre aus Polypropylen (PP) — PP-H, PP-B, PP-R, PP-RCT — Maße*

DIN 8078, *Rohre aus Polypropylen (PP) — PP-H, PP-B, PP-R, PP-RCT — Allgemeine Güteanforderungen, Prüfung*

DIN 8079, *Rohre aus chloriertem Polyvinylchlorid (PVC-C) — PVC-C 250 — Maße*

DIN 8080, *Rohre aus chloriertem Polyvinylchlorid (PVC-C) — PVC-C 250 — Allgemeine Güteanforderungen, Prüfung*

DIN 14462, *Löschwassereinrichtungen — Planung und Einbau von Wandhydrantenanlagen und Löschwasserleitungen*

DIN 16831 (alle Teile), *Rohrverbindungen und Formstücke für Druckrohrleitungen aus Polybuten (PB) — PB 125*

DIN 16832 (alle Teile), *Rohrverbindungen und Formstücke für Druckrohrleitungen aus chloriertem Polyvinylchlorid (PVC-C) – PVC-C 200*

DIN 16833, *Rohre aus Polyethylen erhöhter Temperaturbeständigkeit (PE-RT) — Allgemeine Güteanforderungen, Prüfungen*

DIN 16834, *Rohre aus Polyethylen erhöhter Temperaturbeständigkeit (PE-RT) — Maße*

DIN 16836, *Mehrschichtverbundrohre — Polyolefin-Aluminium-Verbundrohre — Allgemeine Anforderungen und Prüfungen*

DIN 16892, *Rohre aus vernetztem Polyethylen hoher Dichte (PE-X) — Allgemeine Güteanforderungen, Prüfung*

DIN 16893, *Rohre aus vernetztem Polyethylen hoher Dichte (PE-X) — Maße*

DIN 16894, *Rohre aus vernetztem Polyethylen mittlerer Dichte (PE-MDX) — Allgemeine Qualitätsanforderungen, Prüfung*

DIN 16895, *Rohre aus vernetztem Polyethylen mittlerer Dichte (PE-MDX) — Maße*

DIN 16962 (alle Teile), *Rohrverbindungen und Rohrleitungsteile für Druckrohrleitungen aus Polypropylen (PP)*

DIN 16968, *Rohre aus Polytuben (PB) — Allgemeine Qualitätsanforderungen, Prüfung*

DIN 16969, *Rohre aus Polytuben (PB) — Maße*

DIN 19628, *Mechanisch wirkende Filter in der Trinkwasserinstallation — Anwendung von mechanisch wirkenden Filtern nach DIN EN 13443-1*

DIN 19635-100, *Dosiersysteme in der Trinkwasserinstallation — Teil 100: Anforderungen zur Anwendung von Dosiersystemen nach DIN EN 14812*

DIN 19636-100, *Enthärtungsanlagen (Kationenaustauscher) in der Trinkwasserinstallation — Teil 100: Anforderungen zur Anwendung von Enthärtungsanlagen nach DIN EN 14743*

DIN 30660, *Dichtungsmittel für die Gas- und Wasserversorgung sowie für Wasserheizungsanlagen — Nichtaushärtende Dichtmittel aus Polytetrafluoroethylen (PTFE) — Bänder für metallene Gewindeverbindungen der Hausinstallation*

DIN 30670, *Umhüllung von Stahlrohren und -formstücken mit Polyethylen*

DIN 30672, *Organische Umhüllungen von in Böden und Wässern verlegten Rohrleitungen für Dauerbetriebstemperaturen bis 50 °C ohne katodischen Korrosionsschutz — Bänder und schrumpfende Materialien*

DIN 30674-3, *Umhüllung von Rohren aus duktilem Gusseisen — Teil 3: Zink-Überzug mit Deckbeschichtung*

DIN 30674-5, *Umhüllung von Rohren aus duktilem Gusseisen — Teil 5: Polyethylen-Folienumhüllung*

DIN 30675-1, *Äußerer Korrosionsschutz von erdverlegten Rohrleitungen — Schutzmaßnahmen und Einsatzbereiche bei Rohrleitungen aus Stahl*

DIN 30675-2, *Äußerer Korrosionsschutz von erdverlegten Rohrleitungen — Schutzmaßnahmen und Einsatzbereiche bei Rohrleitungen aus duktilem Gusseisen*

DIN 50930-6, *Korrosion der Metalle — Korrosion metallischer Werkstoffe im Inneren von Rohrleitungen, Behältern und Apparaten bei Korrosionsbelastung durch Wasser — Teil 6: Beeinflussung der Trinkwasserbeschaffenheit*

DIN EN 200, *Sanitärarmaturen — Auslaufventile und Mischbatterien für Wasserversorgungssysteme vom Typ 1 und Typ 2 — Allgemeine technische Spezifikation*

DIN EN 805, *Wasserversorgung — Anforderungen an Wasserversorgungssysteme und deren Bauteile außerhalb von Gebäuden*

DIN EN 806-1, *Technische Regeln für Trinkwasser-Installationen — Teil 1: Allgemeines*

DIN EN 806-2, *Technische Regeln für Trinkwasser-Installationen — Teil 2: Planung*

DIN EN 806-4, *Technische Regeln für Installationen innerhalb von Gebäuden für Trinkwasser für den menschlichen Gebrauch — Teil 4: Installation*

DIN EN 806-5, *Technische Regeln für Trinkwasser-Installationen — Teil 5: Betrieb und Wartung*

DIN EN 816, *Sanitärarmaturen — Selbstschlussarmaturen PN 10*

DIN EN 817, *Sanitärarmaturen — Mechanisch einstellbare Mischer (PN 10) — Allgemeine technische Spezifikation*

DIN EN 973, *Produkte zur Aufbereitung von Wasser für den menschlichen Gebrauch — Natriumchlorid zum Regenerieren von Ionenaustauschern*

## Normative Verweisungen

DIN EN 1057, *Kupfer und Kupferlegierungen — Nahtlose Rundrohre aus Kupfer für Wasser- und Gasleitungen für Sanitärinstallationen und Heizungsanlagen*

DIN EN 1111, *Sanitärarmaturen — Thermostatische Mischer (PN 10) — Allgemeine technische Spezifikation*

DIN EN 1112, *Sanitärarmaturen — Brausen für Sanitärarmaturen für Wasserversorgungssysteme vom Typ 1 und Typ 2 — Allgemeine technische Spezifikation*

DIN EN 1213, *Gebäudearmaturen — Absperrventile aus Kupferlegierungen für Trinkwasseranlagen in Gebäuden — Prüfungen und Anforderungen*

DIN EN 1254 (alle Teile), *Kupfer und Kupferlegierungen — Fittings*

DIN EN 1488, *Gebäudearmaturen — Sicherheitsgruppen für Expansionswasser — Prüfungen und Anforderungen*

DIN EN 1567, *Kupfer und Kupferlegierungen — Druckminderer und Druckmindererkombinationen für Wasser — Anforderungen und Prüfverfahren*

DIN EN 1717, *Schutz des Trinkwassers vor Verunreinigungen in Trinkwasser-Installationen und allgemeine Anforderungen an Sicherheitseinrichtungen zur Verhütung von Trinkwasserverunreinigungen durch Rückfließen — Technische Regel des DVGW*

DIN EN 10226-1, *Rohrgewinde für im Gewinde dichtende Verbindungen — Teil 1: Kegelige Außengewinde und zylindrische Innengewinde — Maße, Toleranzen und Bezeichnung*

DIN EN 10240, *Innere und/oder äußere Schutzüberzüge für Stahlrohre — Festlegungen für durch Schmelztauchverzinken in automatischen Anlagen hergestellte Überzüge*

DIN EN 10241, *Stahlfittings mit Gewinde*

DIN EN 10242, *Gewindefittings aus Temperguss*

DIN EN 10255, *Rohre aus unlegiertem Stahl mit Eignung zum Schweißen und Gewindeschneiden — Technische Lieferbedingungen*

DIN EN 10289, *Stahlrohre und -formstücke für On- und Offshore-verlegte Rohrleitungen — Umhüllung (Außenbeschichtung) mit Epoxi- und epoxi-modifiierten Materialien*

DIN EN 10290, *Stahlrohre und -formstücke für On- und Offshore-verlegte Rohrleitungen — Umhüllung (Außenbeschichtung) mit Polyurethan und polyurethan-modifizierten Materialien*

DIN EN 10300, *Stahlrohre und -formstücke für erd- und wasserverlegte Rohrleitungen — Werksumhüllungen aus heiß aufgebrachtem Bitumen*

DIN EN 12502 (alle Teile), *Korrosionsschutz metallischer Werkstoffe — Hinweise zur Abschätzung der Korrosionswahrscheinlichkeit in Wasserverteilungs- und -speichersystemen*

DIN EN 12828, *Heizungssystem in Gebäuden — Planung von Warmwasser-Heizungsanlage*

DIN EN 12897, *Wasserversorgung — Bestimmung für mittelbar beheizte, unbelüftete (geschlossene) Speicher-Wassererwärmer*

DIN EN 12975 (alle Teile), *Thermische Solaranlagen und ihre Bauteile — Kollektoren*

DIN EN 12976, *Thermische Solaranlagen und ihre Bauteile — Vorgefertigte Anlagen*

DIN V ENV 12977 (alle Teile), *Thermische Solaranlagen und ihre Bauteile — Kundenspezifisch gefertigte Anlagen*

DIN EN 13349, *Kupfer und Kupferlegierungen — Vorummantelte Rohre aus Kupfer mit massivem Mantel*

DIN EN 13443-1, *Anlagen zur Behandlung von Trinkwasser innerhalb von Gebäuden — Mechanisch wirkende Filter — Teil 1: Filterfeinheit 80 µm bis 105 µm — Anforderungen an Ausführung, Sicherheit und Prüfung*

DIN EN 13501-1, *Klassifizierung von Bauprodukten und Bauarten zu ihrem Brandverhalten — Teil 1: Klassifizierung mit den Ergebnissen aus den Prüfungen zum Brandverhalten von Bauprodukten*

DIN EN 13618, *Flexible Anschlussschläuche in Trinkwasser-Installationen — Funktionsanforderungen und Prüfverfahren*

DIN EN 13828, *Gebäudearmaturen — Handbetätigte Kugelhähne auf Kupferlegierungen und nicht rostenden Stählen für Trinkwasseranlagen in Gebäuden — Prüfungen und Anforderungen*

DIN EN 14154 (alle Teile), *Wasserzähler*

DIN EN 14628, *Rohre, Formstücke und Zubehörteile aus duktilem Gusseisen — Polyethylenumhüllung von Rohren — Anforderungen und Prüfverfahren*

DIN EN 14743, *Anlagen zur Behandlung von Trinkwasser innerhalb von Gebäuden — Enthärter — Anforderungen an Ausführung, Sicherheit und Prüfung*

DIN EN 14812, *Anlagen zur Behandlung von Trinkwasser innerhalb von Gebäuden — Dosiersysteme — Nicht einstellbare Dosiersysteme — Anforderungen an Ausführung, Sicherheit und Prüfung*

DIN EN 14897, *Anlagen zur Behandlung von Trinkwasser innerhalb von Gebäuden — Geräte mit Quecksilberdampf-Niederdruckstrahlern — Anforderungen an Ausführung, Sicherheit und Prüfung*

DIN EN 15542, *Rohre, Formstücke und Zubehör aus duktilem Gusseisen — Zementmörtelumhüllung von Rohren — Anforderungen und Prüfverfahren*

DIN EN 60335-1 (VDE 0700-1), *Sicherheit elektrischer Geräte für den Hausgebrauch und ähnliche Zwecke — Teil 1: Allgemeine Anforderungen*

DIN EN 60335-2-15 (VDE 0700-15), *Sicherheit elektrischer Geräte für den Hausgebrauch und ähnliche Zwecke — Teil 2: Besondere Anforderungen für Geräte zur Flüssigkeitserhitzung*

DIN EN 60335-2-21 (VDE 0700-21), *Sicherheit elektrischer Geräte für den Hausgebrauch und ähnliche Zwecke — Teil 2-21: Besondere Anforderungen für Wassererwärmer (Warmwasserspeicher und Warmwasserboiler)*

DIN EN 60335-2-35 (VDE 0700-35), *Sicherheit elektrischer Geräte für den Hausgebrauch und ähnliche Zwecke — Teil 2-35: Besondere Anforderungen für Durchflusserwärmer*

DIN EN 61770 (VDE 0700-600), *Elektrische Geräte zum Anschluss an die Wasserversorgungsanlage — Vermeidung von Rücksaugung und des Versagens von Schlauchsätzen (IEC 61770:1998+A1:2004+A2:2006)*

DIN EN ISO 3822 (alle Teile), *Akustik — Prüfung des Geräuschverhaltens von Armaturen und Geräten der Wasserinstallation im Laboratorium*

DIN EN ISO 10052, *Akustik — Messung der Luftschalldämmung und Trittschalldämmung und des Schalls von haustechnischen Anlagen in Gebäuden (ISO 10052:2004); Deutsche Fassung EN ISO 10052:2004*

DIN EN ISO 16032, *Akustik — Messung des Schalldruckpegels von haustechnischen Anlagen in Gebäuden — Standardverfahren (ISO 16032:2004); Deutsche Fassung EN ISO 16032:2004*

DVGW GW 2, *Verbinden von Kupfer- und innenverzinkten Kupferrohren für Gas- und Trinkwasser-Installationen innerhalb von Grundstücken und Gebäuden*[1]

DVGW GW 6, *Löt-, Übergangs- und Gewindefittings aus Kupfer und Kupferlegierungen in der Gas- und Trinkwasser-Installation — Anforderungen und Prüfungen*[1]

---

[1] Zu beziehen durch: Wirtschafts- und Verlagsgesellschaft Gas und Wasser mbH, Postfach 14 01 51, 53066 Bonn

DVGW GW 7, *Lote und Flussmittel zum Löten von Kupferrohren in der Gas- und Trinkwasser-Installation — Anforderungen und Prüfungen*[1)]

DVGW GW 8, *Kapillarlötfittings aus Kupfer in der Gas- und Trinkwasser-Installation — Anforderungen und Prüfungen*[1)]

DVGW GW 354, *Wellrohrleitungen aus nichtrostendem Stahl für Gas- und Trinkwasser-Installationen — Anforderungen und Prüfungen*[1)]

DVGW GW 392, *Nahtlosgezogene Rohre aus Kupfer für Gas- und Trinkwasserinstallationen und nahtlosgezogene, innenverzinnte Rohre aus Kupfer für Trinkwasser-Installationen — Anforderungen und Prüfungen*[1)]

DVGW GW 541, *Rohre aus nichtrostenden Stählen für die Gas- und Trinkwasser-Installation — Anforderungen und Prüfungen*

DVGW VP 638, *Leckagedetektoren für den Einbau in Trinkwasser-Installationen — Anforderungen und Prüfungen*

DVGW VP 652, *Kupferrohrleitung mit fest haftendem Kunststoffmantel für die Trinkwasser-Installation*

DVGW VP 653, *Nichtrostende Stahlrohrleitung mit festanhaftendem Kunststoffmantel für die Trinkwasser-Installation*[1)]

DVGW W 270 (A), *Vermehrung von Mikroorganismen auf Werkstoffen für den Trinkwasserbereich — Prüfung und Bewertung (Arbeitsblatt)*[1)]

DVGW W 294 (alle Teile), *UV-Geräte zur Desinfektion in der Wasserversorgung*[1)]

DVGW W 400-1, *Technische Regeln Wasserverteilungsanlagen (TRWV) — Teil 1: Planung*[1)]

DVGW W 404, *Wasseranschlussleitungen*[1)]

DVGW W 406, *Volumen- und Durchflussmessung von kaltem Trinkwasser in Druckrohrleitungen*[1)]

DVGW W 407, *Messung der Wasserentnahme in Wohnungen — Wohnungswasserzähler*[1)]

DVGW W 421, *Wasserzähler — Anforderungen und Prüfungen*[1)]

DVGW W 510, *Kalkschutzgeräte zum Einsatz in Trinkwasser-Installationen — Anforderungen und Prüfungen*[1)]

DVGW W 517, *Trinkwassererwärmer — Anforderungen und Prüfungen*[1)]

DVGW W 521, *Gewindeschneidstoffe für die Trinkwasser-Installation — Anforderungen und Prüfung*[1)]

DVGW W 534, *Rohrverbinder und Rohrverbindungen in der Trinkwasser-Installation*[1)]

DVGW W 542, *Verbundrohre in der Trinkwasser-Installation — Anforderungen und Prüfungen*[1)]

DVGW W 543, *Druckfeste flexible Schlauchleitungen in Trinkwasser-Installationen — Anforderungen und Prüfungen*[1)]

DVGW W 544, *Kunststoffrohre in der Trinkwasser-Installation*[1)]

DVGW W 551, *Trinkwassererwärmungs- und Trinkwasserleitungsanlagen — Technische Maßnahmen zur Verminderung des Legionellenwachstums — Planung, Errichtung, Betrieb und Sanierung von Trinkwasser-Installationen*[1)]

DVGW W 553, *Bemessung von Zirkulationssystemen in zentralen Trinkwassererwärmungsanlagen*[1)]

DVGW W 554, *Geregelte Zirkulationsventile*[1)]

DVGW W 557, *Reinigung und Desinfektion in der Trinkwasser-Installation*[1)]

DVGW W 570-1, *Armaturen für die Trinkwasser-Installation — Teil 1: Anforderungen und Prüfungen für Gebäudearmaturen*[1)]

DVGW W 570-2, *Armaturen für die Trinkwasser-Installation — Teil 2: Anforderungen und Prüfungen für Sicherungsarmaturen*[1)]

DVGW W 574, *Sanitärarmaturen als Entnahmearmaturen für Trinkwasser-Installationen — Anforderungen und Prüfungen*[1)]

TRD 721, *Sicherheitseinrichtungen gegen Drucküberschreitung — Sicherheitsventile für Dampfkessel der Gruppe II*[2)] *VDI 4100, Schallschutz im Hochbau — Wohnungen — Beurteilung und Vorschläge für erhöhten Schallschutz*

VDI 6002 Blatt 1, *Solare Trinkwassererwärmung — Allgemeine Grundlagen, Systemtechnik und Anwendung im Wohnungsbau*

VDI 6023 Blatt 1, *Hygiene in Trinkwasser-Installationen — Anforderungen an Planung, Ausführung, Betrieb und Instandhaltung*

*TrinkwV Verordnung über die Qualität von Wasser für den menschlichen Gebrauch*[2)] [1]

*AVBWasserV Verordnung über Allgemeine Bedingungen für die Versorgung mit Wasser*[2)] [2]

*Empfehlung des Umweltbundesamtes: Leitlinie zur hygienischen Beurteilung von organischen Materialien im Kontakt mit Trinkwasser (KTW-Leitlinie)*[2) 3)] [3]

*Empfehlung des Umweltbundesamtes: Leitlinie zur hygienischen Beurteilung von organischen Beschichtungen im Kontakt mit Trinkwasser*[2) 3)] [4]

*Empfehlung des Umweltbundesamtes: Leitlinie zur hygienischen Beurteilung von Schmierstoffen im Kontakt mit Trinkwasser (Sanitärschmierstoffe)*[2) 3)] [5]

*KTW-Empfehlungen: Gesundheitliche Beurteilung von Kunststoffen und anderen nichtmetallischen Werkstoffen im Rahmen des Lebensmittel- und Bedarfsgegenständegesetzes für den Trinkwasserbereich, Teil 1.3.13 Gummi aus Natur- und Synthesekautschuk BundesgesundheitsBl. 20*[2)]*(1977) 10-13, 28(1985) 371-374, 30(1987) 178*[3)] [6]

*Richtlinie 2004/22/EG des Europäischen Parlaments und des Rates vom 31. März 2004 über Messgeräte*[2)] [7]

*Anlage 6 zur Eichordnung (EO) vom 15. Januar 1975; Anlage 6: Messgeräte für die Volumenmessung von strömenden Wasser*[2)] [8]

PTB-A 6.1, *PTB-Anforderungen: Volumenmessgeräte für strömendes Wasser — Volumenmessgeräte für Kaltwasser (November 2001)*[2)] [9]

*Musterbauordnung*[2)] [10]

*Muster-Richtlinie über brandschutztechnische Anforderungen an Leitungsanlagen (Muster-Leitungsanlagen – Richtlinie – M-LAR)*[2)] [11]

WRMG, *Gesetz über die Umweltverträglichkeit von Wasch- und Reinigungsmitteln*[2)] [12]

---

[2)] Zu beziehen durch: Buch-Express, Geranienweg 53 A, 22549 Hamburg

[3)] http://www.umweltbundesamt.de/wasser/themen/trinkwasser/verteilung.htm

Zu den normativen Verweisungen gehören Hinweise im Text der Norm auf andere Normen (Publikationen), ohne die Inhalte an dieser Stelle im Einzelnen zu beschreiben. In den normativen Verweisungen werden die Normen mit ihrer vollen Bezeichnung aufgeführt. Die meisten normativen Verweisungen in DIN EN 806-2 sind undatiert, das heißt, ohne Ausgabedatum. Damit gilt jeweils immer die letzte Ausgabe der Norm.

Meistens wird die Variante undatiert gewählt, damit die Norm nicht überarbeitet werden muss, nur weil der Verweis auf eine datierte Norm sich im Lauf der Jahre geändert hat.

Allerdings prüft der zuständige Arbeitsausschuss, ob die zitierte Norm noch das wiedergibt, worauf es in dem Verweis ankommt. Wenn Verweise auf datierte Normen (hier wird das Ausgabedatum angegeben) erfolgen, beabsichtigt der zuständige Arbeitsausschuss im DIN, dass speziell nur die dort aufgeführten Anforderungen oder Prüfungen im Rahmen dieser Norm angewendet werden und nicht etwa andere Kriterien Geltung bekommen, die bei einer zwischenzeitlichen Überarbeitung durch einen anderen Arbeitsausschuss festgelegt werden könnten.

Wenn datierte Verweise aufgenommen werden, ist bei Änderung der datierten Norm die Norm, in der der Verweis steht, zu überarbeiten.

**Fachbegriffe**

Die Verwendung einheitlicher Fachbegriffe für ein und dieselbe Sache ist die wichtigste Voraussetzung für eine klare und eindeutige Verständigung im Fachgebiet. Deshalb sollten alle Beteiligten, insbesondere die Lehrkräfte in Berufs-, Meister- und Hochschulen, aber auch die Mitarbeiter von Herstellern, Planungsbüros, ausführenden Fachbetrieben, Behörden usw. die europäisch einheitlich vorgegebenen Begriffe in der Fachsprache anwenden.

Auch in weiteren Normen der Reihen DIN EN 806 und DIN 1988 sind zusätzliche Begriffe enthalten und definiert, die verwendet werden sollten.

## 3 Allgemeine Anforderungen    DIN EN 806-2

### 3.1 Wasserversorgung    DIN EN 806-2

Dieses Dokument bezieht sich uneingeschränkt auf Wasser aus einer öffentlichen Versorgung oder einer privaten Einzel- oder Eigentrinkwasserversorgung. Nationale oder regionale Vorschriften oder Anforderungen sind zu beachten.

## 3 Allgemeine Anforderungen    DIN 1988-200

### 3.1 Wasserversorgung    DIN 1988-200

#### 3.1.1 Allgemeines    DIN 1988-200

In dieser Norm werden nicht nur Anlagenteile behandelt, die in praktisch jeder Trinkwasser-Installation zum Einsatz kommen, sondern auch solche, die nur in bestimmten Fällen Verwendung finden. Der Planer und Anlagenhersteller sollte darauf achten, dass nur die notwendigen Anlagenteile eingebaut werden (siehe z. B. Abschnitt 12).

Dies gilt insbesondere für Apparate, die einer regelmäßigen Inspektion und Wartung bedürfen. Werden diese nicht durchgeführt, so kann der Erfolg des Einsatzes dieser Apparate nicht nur ausbleiben, sondern es kann zu hygienischen Belastungen des Trinkwassers kommen, die zu einer gesundheitlichen Gefährdung des Verbrauchers führen können.

Der Beachtung der nachteiligen Beeinflussung des Trinkwassers durch hygienische und mikrobielle sowie chemische und physikalische Einflüsse kommt somit eine besondere Bedeutung zu (siehe Abschnitt 12). Verstärkte Beachtung ist auf die Verminderung der Risiken für die Vermehrung von Mikroorganismen, z. B. Legionellen, zu richten. Dies ist bereits bei der Anlagenplanung zu berücksichtigen.

Die Trinkwasser-Installation ist so zu planen und auszuführen, dass an allen Entnahmestellen (kalt und warm) Trinkwasserqualität nach der TrinkwV [1] eingehalten wird (siehe insbesondere 3.7 und 3.8) und eine sparsame Wasserverwendung möglich ist (siehe auch VDI 6024 Blatt 1 [20]). Für die Einhaltung der Hygiene in Trinkwasser-Installationen siehe VDI 6023 Blatt 1.

Neben den anerkannten Regeln der Technik sind auch die Angaben der Hersteller zu beachten.

Die Ausführung von Trinkwasser-Installationen darf nur durch ein in ein Installateurverzeichnis eines Wasserversorgungsunternehmens eingetragenes Installationsunternehmen vorgenommen werden (§ 12 (2) AVB WasserV [2]).

Mit der Begrifflichkeit „nationale Vorschriften" in DIN EN 806-2 sind in erster Linie die Trinkwasserverordnung, mit den Anforderungen an die Beschaffenheit des Trinkwassers und die AVBWasserV, mit der das Vertragsverhältnis zwischen Wasserversorgungsunternehmen und Kunden geregelt wird, gemeint.

Bei öffentlichen Wasserversorgungsanlagen beginnt die Trinkwasserinstallation hinter der Hauptabsperreinrichtung (HAE).

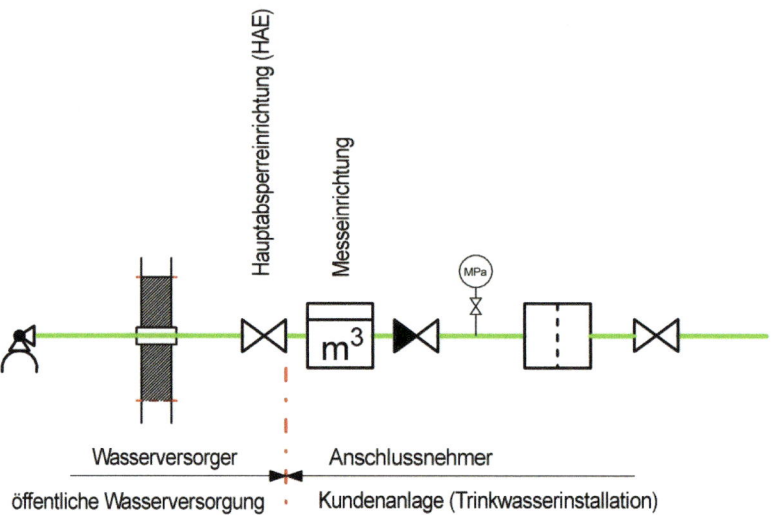

**Bild 1:** Beginn der Trinkwasserinstallation bei öffentlicher Wasserversorgung

Bei Eigenwasserversorgungsanlagen beginnt die Trinkwasserinstallation an der Stelle, an der Wasser in der Trinkwasserbeschaffenheit gemäß den Anforderungen der Trinkwasserverordnung und DIN 2001-1 in die Verbrauchsleitung gelangt.

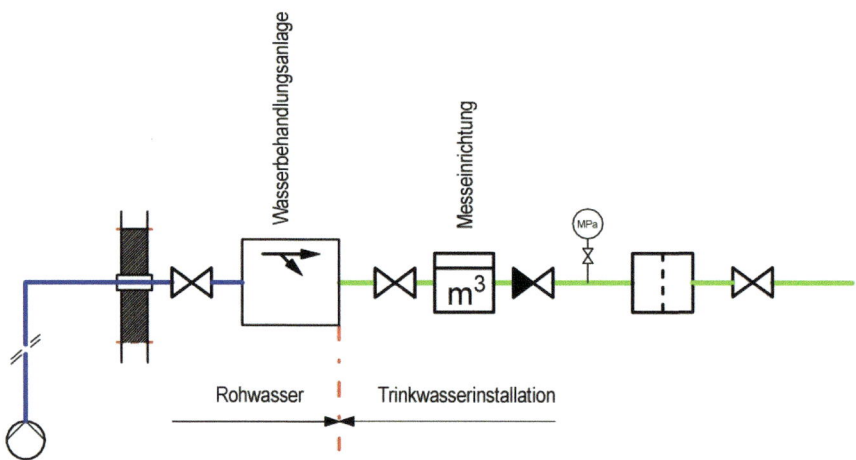

**Bild 2:** Beginn der Trinkwasserinstallation bei einer Eigenwasserversorgungsanlage

Die Stelle der Einhaltung der Anforderungen der Trinkwasserverordnung ist bei allen Entnahmestellen für Kalt- und Warmwasser festgelegt. Bei angeschlossenen Geräten oder Apparaten ist hinter der Sicherheitseinrichtung die Stelle der Einhaltung.

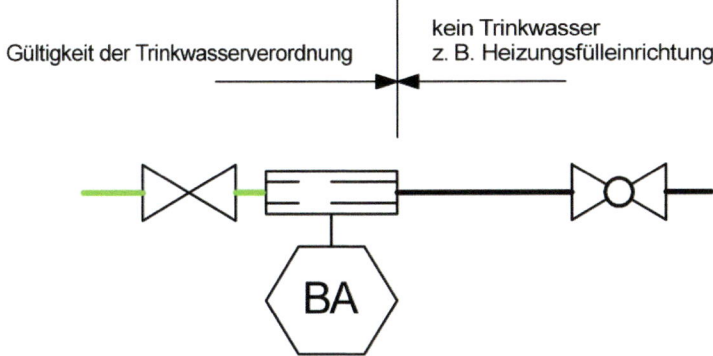

**Bild 3:** Geltung der Trinkwasserverordnung endet hinter der Sicherungseinrichtung

Die nationalen Anforderungen sind in den Ergänzungsnormen von DIN 1988, in DVGW-Arbeitsblättern und in ZVSHK-Merkblättern, wie z. B. zur Dichtheitsprüfung mit Luft, Inertgas und Wasser usw. enthalten.

### 3.1.2 Öffentliche Wasserversorgung    DIN 1988-200

> Trinkwasser-Installationen dürfen keine negative Rückwirkungen auf die öffentliche Trinkwasserversorgung, z. B. in Form von Verunreinigungen oder Druckstößen, hervorrufen.
>
> Die Inbetriebnahme einer Wasserversorgungsanlage, aus der Wasser für die Öffentlichkeit bereitgestellt wird, ist der Gesundheitsbehörde mindestens vier Wochen vorher anzuzeigen (§ 13 TrinkwV [1]).
>
> Ausnahmen zur Notversorgung, z. B. von Krankenhäusern, sind im Einzelfall mit dem Wasserversorgungsunternehmen und der Gesundheitsbehörde abzustimmen.
>
> Es sind die Anforderungen nach der TrinkwV [1], DIN EN 1717 und DIN 1988-100 zu beachten und dauernd einzuhalten.

Nach der Trinkwasserverordnung § 3 „Begriffsbestimmungen" werden die Verantwortungsbereiche des Unternehmers oder sonstigen Inhabers einer öffentlichen Wasserversorgungsanlage (Buchstaben a und b) von dem einer Wasserverteilungsanlage (Buchstabe e) eindeutig unterschieden.

Mit den Buchstaben a und b des § 3 der TrinkwV wird die Verantwortung an die klassischen zentralen oder dezentralen Wasserversorger delegiert. Die Verantwortung der Wasserversorgungsunternehmen endet nach AVBWasserV § 10 „Hausanschluss" an der Hauptabsperreinrichtung.

Hinter der Hauptabsperreinrichtung beginnt die Trinkwasserinstallation (ständige Wasserverteilung), die nach TrinkwV mit dem Buchstaben e bezeichnet wird.

Nach AVBWasserV ist der Anschlussnehmer für die ordnungsgemäße Errichtung, Erweiterung, Änderung und Unterhaltung dieser Anlage verantwortlich. Die Errichtung der Anlage und wesentliche Veränderungen dürfen allerdings nur durch das Wasserversorgungsunternehmen oder ein in ein Installateurverzeichnis eines Wasserversorgungsunternehmens eingetragenes Installationsunternehmen erfolgen.

## 3.2 Grundlagen  DIN EN 806-2

### 3.2.1 Allgemeines  DIN EN 806-2

Bei Planung und Bau einer Trinkwasser-Installation sind zwei Arten von Ausführungen zu beachten:

- Installation Typ A: Geschlossenes System, siehe EN 806-1:2000, 5.10 und Anhang A, Bild A.1.
- Installation Typ B: Offenes System, siehe EN 806-1:2000, 5.11 und Anhang A, Bild A.2.

Installationen Typ A und Typ B können miteinander kombiniert werden.

Die Trinkwasser-Installation ist so zu planen, dass:

a) Wasserverschwendung, übermäßiger Gebrauch, Missbrauch und Trinkwasserverunreinigung vermieden werden;

b) übermäßige Fließgeschwindigkeiten, geringe Entnahmearmaturendurchflüsse und stagnierendes Wasser vermieden werden;

c) an allen Entnahmestellen die Gebrauchstauglichkeit unter Berücksichtigung des Druckes, der Entnahmearmaturendurchflüsse, der Wassertemperatur und der Nutzung des Gebäudes ermöglicht wird;

d) Lufteinschlüsse während des Füllvorganges oder des Betriebes vermieden werden;

e) keine Gefahr oder Unannehmlichkeiten für Personen und Haustiere noch eine Gefährdung des Gebäudes oder seines Inhaltes gegeben ist;

f) Schaden (z. B. Steinbildung, Korrosion und Degradation) vermieden wird und die Trinkwasserqualität nicht durch örtliche Umgebungseinflüsse beeinträchtigt oder gefährdet wird;

g) Zugang und Wartung der Apparate ermöglicht wird;

h) Querverbindungen vermieden und

i) die Entstehung von Schall gering gehalten wird.

## 3.2 Grundlagen  DIN 1988-200

### 3.2.1 Allgemeines  DIN 1988-200

Bei Planung einer Trinkwasser-Installation ist grundsätzlich die Installation Typ A: Geschlossenes System, nach DIN EN 806-1 anzuwenden (siehe Bild 1). Umgehungsleitungen, die zu Stagnation führen, sind unzulässig.

# Allgemeine Anforderungen

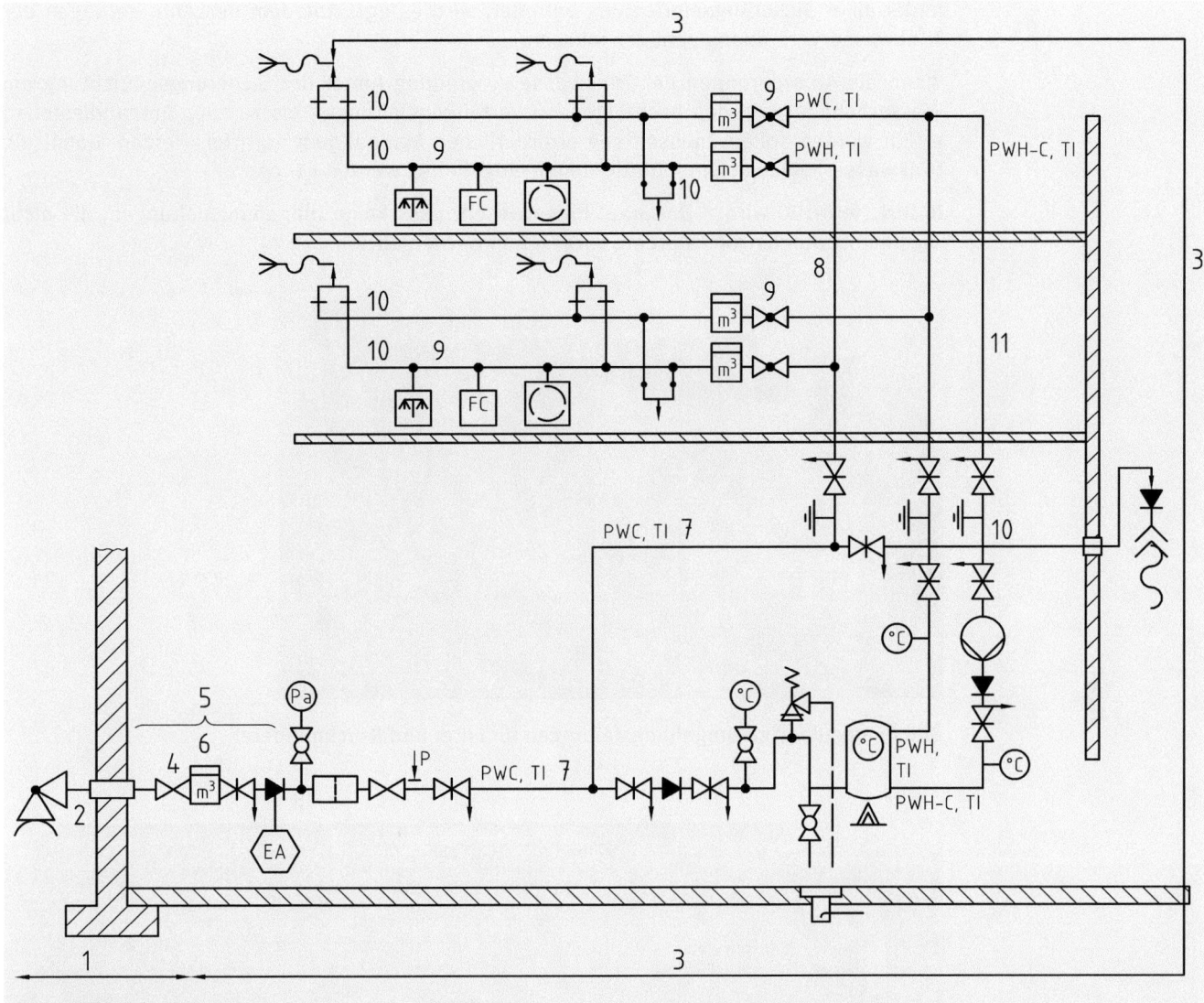

**Legende**

1. Anschlussleitung
2. Eintrittsstelle
3. Verbrauchsleitung
4. Hauptabsperrarmatur
5. Wasserzähleranlage
6. Wasserzähler
7. Sammelzuleitung
8. Steigleitung
9. Stockwerksleitung
10. Einzelzuleitung
11. Zirkulationsleitung

ANMERKUNG   Die Lage der Sicherungseinrichtungen ist in diesem Beispiel nur teilweise gezeigt, siehe DIN EN 1717.

**Bild 1 — Prinzipdarstellung für die Installation Typ A und die Anwendung der graphischen Symbole**

ANMERKUNG   Die Installation Typ B: Offenes System, nach DIN EN 806-1 ist unter dem Gesichtspunkt der Trinkwasserhygiene bedenklich und sollte nur in begründeten Ausnahmefällen eingesetzt werden.

Nach DIN EN 806-2 können sowohl der Installationstyp A – geschlossenes System – als auch der Installationstyp B – offenes System – und eine Kombination von beiden Installationstypen realisiert werden. Während in einigen EU-Mitgliedsstaaten (z. B. in England) überwiegend der Installationstyp B verwendet wird, ist in Deutschland auf Grundlage der Regelungen in DIN 1988-200 grundsätzlich der Installationstyp A vorgeschrieben.

Der Installationstyp B – offenes System – ist unter dem Gesichtspunkt der Trinkwasserhygiene bedenklich und sollte daher nur in begründeten Ausnahmefällen eingesetzt werden. Nach § 8 „Stelle der Einhaltung" enden die Anforderungen der TrinkwV an der notwendigen Sicherungseinrichtung, beim offenen Installationstyp B somit am freien Auslauf des offenen Wasserbehälters. Die Verteilungsleitungen, die vom Wasserbehälter abgehen und mit dem geodätischen Druck die darunterliegenden Entnahmearmaturen versorgen, enthalten somit kein Wasser, das den Anforderungen der TrinkwV entsprechen muss. Weil dieses Wasser aber in der Regel für den menschlichen Gebrauch genutzt wird, auch wenn es sich hinter einer Sicherungseinrichtung befindet, wird es ggf. trotzdem den Anforderungen der Trinkwasserverordnung genügen müssen.

Wenn die Anforderungen der Trinkwasserverordnung hinter der Sicherungseinrichtung am Wasserbehälter und den nachfolgenden Verteilungsleitungen bis zu allen Entnahmestellen erfüllt werden sollen, müssen alle erforderlichen Maßnahmen ergriffen werden, damit die trinkwasserhygienischen Anforderungen eingehalten werden können.

In DIN 1988-100 wird z. B. darauf hingewiesen, dass keine Umgehungsleitungen, die nicht regelmäßig durchströmt werden, vorgesehen werden dürfen.

**Bild 4:** unzulässige Umgehungsleitungen für Filter und Druckminderer

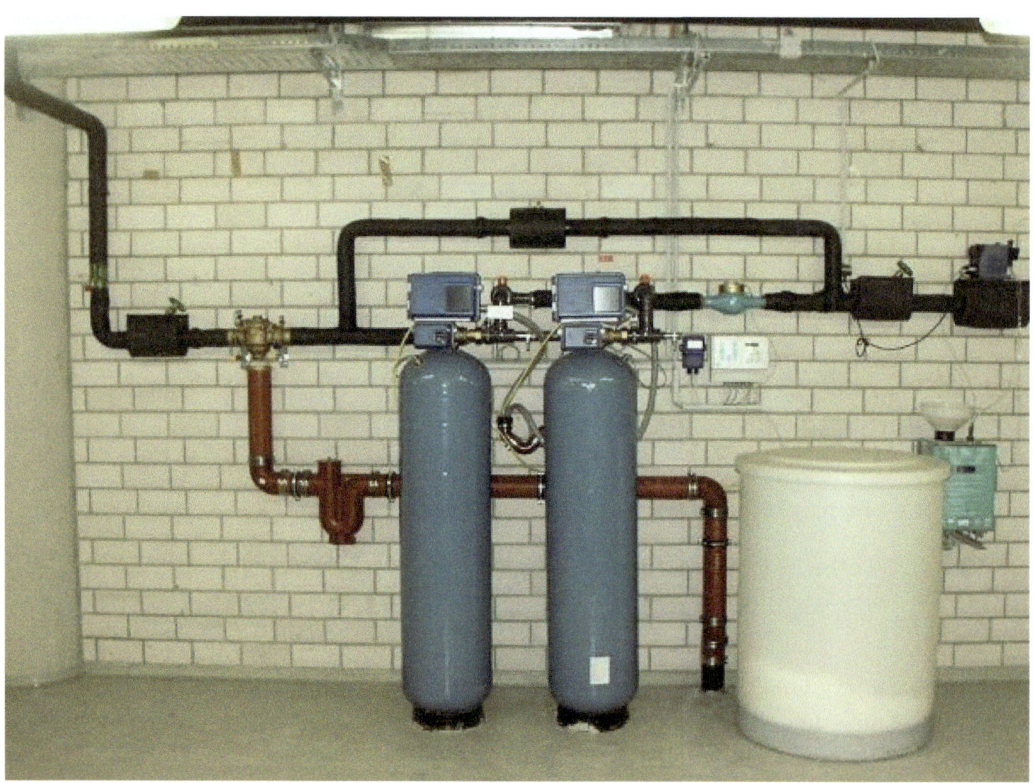

**Bild 5:** unzulässige Umgehungsleitung für eine Enthärtungsanlage

## 3.2.2 Wasser- und Energieeinsparung  DIN EN 806-2

> Der Planer hat den Wasser- und Energiebedarf der Trinkwasser-Installation zu berücksichtigen und ist gehalten, diese zu minimieren.

## 3.2.2 Wasser- und Energieeinsparung  DIN 1988-200

> Die Planung hat so zu erfolgen, dass bei bestimmungsgemäßem Betrieb ein für die Hygiene ausreichender Wasseraustausch stattfindet.

Aus Gründen des Umweltschutzes stehen heute verstärkt Maßnahmen des Wassersparens und der Energieeinsparung bei der Planung und der Errichtung von Gebäuden im Fokus.

Bauherren und Investoren haben aber auch die Betriebskosten während der gesamten geplanten Nutzungsdauer von immer komplexer werdenden technischen Gebäudeausrüstungen im Blick.

Deshalb ist der Hinweis in DIN EN 806-2, den Wasser- und Energiebedarf zu berücksichtigen und zu minimieren, durchaus richtig.

Zum Wassersparen gehören zum einen ein Betreiberverhalten, bewusster mit dem Trinkwassergebrauch umzugehen und zum anderen technische Möglichkeiten, wie z. B. Armaturen, Geräte und Apparate, die mit weniger Wasser den gleichen Effekt erzielen. Wenn erwärmtes Trinkwasser eingespart wird, kommt eine Regulierung des Energiebedarfs für die Wassererwärmung zu der Kostenersparnis für das eingesparte Trinkwasser hinzu.

Zum Wassersparen werden vielfältige technische Einrichtungen und Hilfsmittel auf dem Markt angeboten, die eine individuelle Planung ermöglichen.

In DIN 1988-200 wird der Hinweis gegeben, neben dem Wasser- und Energiesparen auch die Hygiene in der Trinkwasserinstallation zu berücksichtigen.

Aus hygienischen Gründen ist ein regelmäßiger vollständiger Wasseraustausch mindestens alle 7 Tage erforderlich (siehe Anhang A „Begriffe").

Damit sowohl das Wasser- und Energiesparen als auch die Trinkwasserhygiene bei Planung, Ausführung und im Betrieb berücksichtigt werden, sind die Anforderungen der Normen DIN EN 806, DIN EN 1717 und der Normen der Reihe DIN 1988 einzuhalten. Maßnahmen zum Wasser- und Energiesparen dürfen die Gesundheit der Nutzer der Trinkwasserinstallation nicht gefährden. Der Schutz der Gesundheit ist z. B. gegenüber Maßnahmen zur Energieeinsparung immer vorrangig.

## 3.3 Erdverlegte Leitungen  DIN EN 806-2

> Alle erdverlegten Leitungen, die in dieser Norm angesprochen werden, müssen die Anforderungen nach EN 805 erfüllen.

## 3.3 Erdverlegte Leitungen  DIN 1988-200

> Anschlussleitungen und erdverlegte Grundstücksleitungen müssen die Anforderungen nach DIN EN 805, DVGW W 400-1 und DVGW W 404 erfüllen.

Bild 6 zeigt prinzipiell, wo bei erdverlegten Leitungen zusätzlich die Regelungen in DIN EN 805 „Wasserversorgung – Anforderungen an Wasserversorgungssysteme und deren Bauteile außerhalb von Gebäuden" berücksichtigt werden müssen.

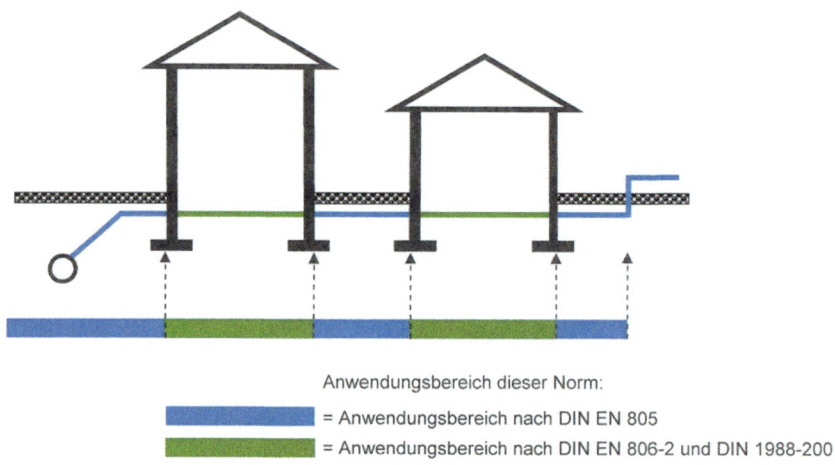

**Bild 6:** Anwendungsbereiche für außerhalb und innerhalb von Gebäuden verlegte Trinkwasserleitungen

Auch wenn die grundsätzlichen Anforderungen für Leitungen, die innerhalb von Gebäuden, aber im Erdreich unterhalb der Bodenplatte verlegt werden, nach der Normenreihe DIN EN 806 ausgeführt werden müssen, sind zusätzlich auch die Anforderungen, die speziell für erdverlegte Leitungen nach DIN EN 805 gelten, einzuhalten, wie z. B. die Rohrbettung in Gräben.

Als nationale Ergänzungsregeln sind die in DIN 1988-200 aufgeführten DVGW-Arbeitsblätter W 400-1 „Wasserverteilungsanlagen" und das DVGW-Arbeitsblatt W 404 „Wasseranschlussleitungen" benannt, die ebenfalls einzuhalten sind.

Die Anschlussleitung verbindet die Versorgungsleitung mit der Kundenanlage und gehört nach AVBWasserV zum Verantwortungsbereich des Wasserversorgungsunternehmens.

Planung, Bemessung und Errichtung der Anschlussleitung erfolgen durch das Wasserversorgungsunternehmen (WVU) oder durch von ihm Beauftragte. Soweit das WVU mit diesen Arbeiten Dritte beauftragt, müssen diese auf die Einhaltung der oben genannten Regeln der Technik verpflichtet werden.

Die vorsorgliche Verlegung von Anschlussleitungen zu unbebauten Grundstücken sollte – vor allem aus hygienischen, bautechnischen und rechtlichen Gründen – vermieden werden.

Die Herstellung von Anschlussleitungen ausschließlich zum Zweck der Löschwasserversorgung ist nur zulässig, wenn durch geeignete Maßnahmen für eine ausreichende Wassererneuerung gesorgt wird.

**Bild 7:** Anschlussleitung an die öffentliche Wasserversorgung

Bevor der Wasserzähler eingebaut und die Trinkwasserinstallation gefüllt wird, ist aus hygienischer Sicht auf das gründliche Spülen der Anschlussleitungen, unter Berücksichtigung des DVGW-Arbeitsblattes W 291 „Desinfektion von Wasserversorgungsanlagen", zu achten.

## 3.4 Werkstoffe, Bauteile und Apparate  DIN EN 806-2

### 3.4.1 Allgemeines  DIN EN 806-2

Alle für die Trinkwasser-Installation verwendeten Werkstoffe, Bauteile und Apparate müssen den einschlägigen Europäischen Produktnormen oder, wenn verfügbar, den Europäischen Zulassungen für Bauprodukte entsprechen. Ist beides nicht verfügbar, sollten nationale Normen oder örtliche Regelungen angewendet werden.

Bei Planung und Auswahl der Werkstoffe sind die Betriebsbedingungen und die Wasserbeschaffenheit zu berücksichtigen.

Angaben und Kriterien für die fachgerechte Auswahl von metallenen Rohrwerkstoffen unter Berücksichtigung der Korrosionswahrscheinlichkeit sind in EN 12502-1 bis -5 enthalten.

## 3.4 Werkstoffe, Bauteile und Apparate  DIN 1988-200

### 3.4.1 Allgemeines  DIN 1988-200

> Die mit Trinkwasser in Kontakt kommenden Werkstoffe und Materialien müssen hygienisch unbedenklich sein und dürfen die in der TrinkwV [1] festgelegte Qualität des Trinkwassers nicht beeinträchtigen. Sie dürfen Stoffe nicht in solchen Konzentrationen an das Trinkwasser abgeben, die höher sind als nach den allgemein anerkannten Regeln der Technik unvermeidbar, oder die den in der TrinkwV [1] vorgesehenen Schutz der menschlichen Gesundheit unmittelbar oder mittelbar mindern oder den Geruch oder den Geschmack des Trinkwassers beeinflussen.
>
> Organische Materialien müssen den aktuellen Leitlinien des Umweltbundesamtes zur hygienischen Beurteilung von Materialien im Kontakt mit Trinkwasser ([3], [4], [5]), Gummi aus Natur- und Synthesekautschuk der KTW-Empfehlung 1.3.13 [6] entsprechen. Zusätzlich müssen die mikrobiologischen Anforderungen in DVGW W 270 (A) erfüllt sein.
>
> Metallene Werkstoffe müssen den Anforderungen nach DIN 50930-6 entsprechen.
>
> Nach § 12 (4) AVBWasserV [2] dürfen nur Materialien (Bauteile und Werkstoffe) und Apparate verwendet werden, die entsprechend den anerkannten Regeln der Technik beschaffen sind. Das Zeichen eines anerkannten Zertifizierers, z. B. DIN/DVGW- oder DVGW-Zertifizierungszeichen, bekundet, dass diese Voraussetzungen erfüllt sind.
>
> Angaben und Kriterien für die fachgerechte Auswahl von metallenen Rohrwerkstoffen unter Berücksichtigung der Korrosionswahrscheinlichkeit sind zusätzlich in DIN 50930-6 enthalten.
>
> Werkstoffe für Trinkwasser-Installationen müssen so geplant und ausgewählt werden, dass der Einsatz von Anlagen zur Behandlung von Trinkwasser nicht erforderlich ist.

Für Produkte zum Einsatz in Trinkwasserinstallationen existieren derzeit keine europaweit einheitlichen Zulassungs- oder Zertifizierungsgrundlagen. Aus diesem Grund muss auf die bestehenden nationalen Vorschriften und damit auf die deutschen Regelwerke zurückgegriffen werden.

Der Nachweis der Eignung eines Bauteils oder Apparates für den Trinkwasserbereich wird in Deutschland z. B. mit der Kennzeichnung durch das Zeichen eines anerkannten Branchenzertifizierers geführt. Diese Forderung erheben gleich zwei Verordnungen: TrinkwV, §17 (1) und AVBWasserV, §12 (4). Zu den anerkannten Zeichen zählen z. B. das DIN/DVGW- und das DVGW-Zertifizierungszeichen.

**Die CE-Kennzeichnung genügt derzeit und in absehbarer Zukunft nicht zum allgemeinen Nachweis der hygienischen Eignung für den Trinkwasserbereich.**

Der einfachste Weg, die Einhaltung der „allgemein anerkannten Regeln der Technik" nachzuweisen, ist der Einsatz zertifizierter Verfahren und Produkte. Diese müssen durch einen nationalen oder gleichgestellten europäischen akkreditierten Branchenzertifizierer, wie z. B. DVGW oder DIN, zertifiziert sein.

**Bild 8:** DVGW- bzw. DIN/DVGW-Zertifizierungszeichen

Liegt kein Zertifikat eines akkreditierten Branchenzertifizierers vor, sollte der Anwender sich vom jeweiligen Produkthersteller bestätigen lassen, dass das betreffende Produkt die „allgemein anerkannten Regeln der Technik" und die Anforderungen der Trinkwasserverordnung erfüllt.

Produkthersteller haben darüber hinaus zusätzliche Anforderungen zur Erlangung eines Zertifizierungszeichens zu berücksichtigen (vgl. Liste der trinkwasserhygienisch geeigneten metallenen Werkstoffe des Umweltbundesamtes, KTW-Anforderungen, DVGW W 270, Epoxidharzleitlinie u. a.).

### 3.4.2 Druck und Temperatur      DIN EN 806-2

Um ausreichende Festigkeit sicherzustellen, sind alle Teile der Trinkwasseranlage so zu planen, dass sie den Anforderungen für Druckprüfungen nach den örtlichen und nationalen Gesetzen oder Vorschriften entsprechen. Der Prüfdruck hat dem 1,5-Fachen des höchsten Systembetriebsdruckes (PMA) zu entsprechen.

Rohre und Rohrverbindungen in der Trinkwasser-Installation sind unter der Berücksichtigung einer fachgerechten Wartung und angemessenen Betriebsbedingungen für eine Lebensdauer von 50 Jahren zu planen.

Sofern nicht in anderen Europäischen Normen festgelegt, müssen bei fehlerhaftem Betrieb Werkstoffe, Bauteile und Apparate für erwärmtes Trinkwasser Temperaturen bis zu 95 °C standhalten.

Die Mindestanforderungen für den Betrieb als Grundlage für die Berechnung von Rohren und Rohrverbindungen sind in Tabelle 1 und Tabelle 2 angegeben.

**Tabelle 1 — Klassen des höchsten Systembetriebsdruckes (PMA)**

| Klasse des höchsten Systembetriebsdrucks (PMA) | Druck kPa |
|---|---|
| PMA 1,0 | 1 000 |
| PMA 0,6 | 600 |
| PMA 0,25 | 250 |

**Tabelle 2 — Klassifizierung der Betriebsbedingungen für Rohrsysteme aus Kunststoff**

| Anwendungsklasse | Auslegungstemperatur $T_D$ °C | Zeit mit $T_D$ Jahre | Maximale Temperatur $T_{max}$ °C | Zeit mit $T_{max}$ Jahre | Temperatur für Fehlfunktion $T_{mal}$ °C | Zeit mit Fehlfunktion $T_{mal}$ h | Typischer Anwendungsbereich |
|---|---|---|---|---|---|---|---|
| 1 | 60 | 49 | 80 | 1 | 95 | 100 | Warmwasserversorgung (60 °C) |
| 2 | 70 | 49 | 80 | 1 | 95 | 100 | Warmwasserversorgung (70 °C) |

Alle Systeme, die die Bedingungen nach Tabelle 2 erfüllen, müssen ebenfalls geeignet sein, die Fortleitung von Kaltwasser für eine Zeitspanne von 50 Jahren bei einer Temperatur von 20 °C und einem Auslegungsdruck von 10 bar sicherzustellen.

Sofern nicht in nationalen oder örtlichen Regelungen vorgeschrieben, sollte die Summe aus Betriebsdruck und Druckstoß den Prüfdruck der Installation nicht überschreiten.

Feuerlösch- und Brandschutzanlagen, die nur einmal im Monat zu Prüfzwecken oder nur im Brandfalle betätigt werden, unterliegen nicht diesen Anforderungen an den Druckstoß.

### 3.4.2 Druck und Temperatur   DIN 1988-200

Alle Teile von Trinkwasseranlagen müssen aus Gründen der Festigkeit für einen zulässigen Betriebsüberdruck von 1 MPa bemessen sein, soweit nicht höhere zulässige Betriebsüberdrücke oder Temperaturen zu berücksichtigen sind (Klasse des höchsten Systembetriebsdruckes PMA 1,0 nach DIN EN 806-2).

Die Mindestanforderungen für den Betrieb als Grundlage für die Berechnung von Rohren und deren Rohrverbindungen sind in Tabelle 1 angegeben.

Tabelle 1 — Betriebsbedingungen für Rohrsysteme

| Auslegungs-temperatur | Zeit mit | Maximale Temperatur | Maximaler Druck | Zeit mit | Temperatur für Fehlfunktion | Zeit mit Fehlfunktion | Typischer Anwendungsbereich |
|---|---|---|---|---|---|---|---|
| $T_D$ | $T_D$ | $T_{max}$ | $p_{max}$ | $T_{max}$ | $T_{mal}$ | $T_{mal}$ | |
| °C | Jahre | °C | MPa | Jahre | °C | h | |
| 70 | 49 | 80 | 1 | 1 | 95 | 100 | Warmwasserversorgung (70 °C) |

Sofern nicht in europäischen oder nationalen Produktnormen anders festgelegt, müssen bei Fehlfunktionen die Werkstoffe, Bauteile und Apparate für erwärmtes Trinkwasser Temperaturen bis zu 95 °C über einen Zeitraum von 60 min standhalten.

Alle in Trinkwasserinstallationen eingesetzten Bauteile müssen einem zulässigen Betriebsdruck (nach DIN 1988-200: Betriebsüberdruck) von 1 MPa (10 bar) standhalten. Ausnahmen gelten für Trinkwassererwärmer. Sie müssen vom Hersteller konstruktiv auf eine Soll-Lebensdauer von mindestens 50 Jahren ausgelegt sein. Für die theoretische Bemessung von Wanddicken muss der Hersteller hierbei die Werkstoffkennwerte des eingesetzten Materials bei bestimmten Mindesttemperaturen berücksichtigen (z. B. 70 °C für 49 Jahre, 80 °C für 1 Jahr, 95 °C für 100 Stunden). Besonders bei Materialien mit eingeschränkter Zeitstandsfestigkeit (organische Werkstoffe: Elastomere, Kunststoffe) ist dies von Relevanz. In der praktischen Anwendung müssen Produkte auch aus diesen Materialien Störfällen bis 95 °C mit einer Dauer von 60 min (DIN 1988) standhalten, unabhängig vom Alter des Bauteils.

Diese Anforderungen sind Gegenstand der Produktzertifizierung: Das Zeichen einer anerkannten Zertifizierungsstelle bekundet i. d. R., dass die Konstruktion bzw. Bemessung der Wanddicken durch den Hersteller diese Vorgaben berücksichtigt.

Störfälle mit erhöhter Temperatur oder erhöhtem Druck, aber auch kontinuierliche oder regelmäßig wiederkehrende Maßnahmen zur Desinfektion können die Lebensdauer der Leitungen und Bauteile deutlich reduzieren.

### 3.4.3 Druckstoß   DIN 1988-200

Die Summe aus Druckstoß und Ruhedruck darf den zulässigen Betriebsüberdruck nicht übersteigen. Die Höhe des positiven Druckstoßes darf bei Betrieb von Armaturen oder Apparaten, unmittelbar vor diesen gemessen, 0,2 MPa nicht überschreiten. Der negative Druckstoß darf 50 % des sich einstellenden Fließdrucks nicht unterschreiten. Der Hersteller der Armaturen und Apparate hat durch deren Konstruktion sicherzustellen, dass bei bestimmungsgemäßem Betrieb diese Anforderungen eingehalten werden können.

Armaturen- und Apparatehersteller müssen konstruktiv sicherstellen, dass durch Betätigung der Armatur bzw. des Apparates keine unzulässigen Druckstöße entstehen nach DIN 1988-200 dürfen Druckstoß und Ruhedruck den zulässigen Betriebsdruck nicht übersteigen.

### 3.4.4 Kennzeichnung    DIN 1988-200

> Bauteile und Apparate müssen vom Hersteller mit dem Herstellerzeichen oder -namen gut lesbar und dauerhaft versehen sein, sodass eine Identifizierung des Produktes möglich ist. Soweit DIN EN- oder DIN-Normen bzw. DVGW-Arbeitsblätter, Prüfgrundlagen usw. bestehen, muss nach diesen vom Hersteller gekennzeichnet werden.

Die Kennzeichnungsvorgabe nach DIN 1988-200, 3.4.4 für Bauteile und Apparate richtet sich an den Produkthersteller, nicht an den Anlagenersteller. Leitungen für Trinkwasser werden nach DIN 2403 durch weiße Ringe oder Bänder auf grünem Grund gekennzeichnet.

### 3.4.5 Transport und Lagerung    DIN 1988-200

> Die Transportkette für die Anlagenteile ist so zu gestalten, dass
> - die Innenverschmutzung durch Erde, Schlamm, Schmutzwasser usw. vermieden wird und
> - die Transport- und Lageranleitungen der Hersteller eingehalten werden.

Komponenten für die Trinkwasserinstallation sind entsprechend den Herstellervorgaben zu lagern, zu transportieren und zu handhaben. Ziel ist es, Verschmutzungen zu vermeiden und negative Umwelteinflüsse (z. B. durch UV-Strahlung) zu vermeiden bzw. zu verringern.

**Bild 9:** Schutz gegen Verschmutzung der Rohrinnenoberfläche durch Kappen (Werkbild: Viega)

## 3.5 Berechnungsdurchflüsse    DIN EN 806-2

> Berechnungsdurchflüsse für Entnahmestellen finden sich in prEN 806-3.

## 3.5 Berechnungsdurchflüsse    DIN 1988-200

> Die Berechnungsdurchflüsse sind nach DIN 1988-300 anzunehmen.

Grundsätzlich ist für die Ermittlung der Rohrdurchmesser und zur Bemessung der Apparate das „differenzierte Verfahren" nach DIN 1988-300 anzuwenden. Ausnahmen bestehen für Normalinstallationen (Gebäude mit nicht mehr als 6 Wohnungen), die auch mit dem vereinfachten Verfahren nach DIN EN 806-3 (Belastungswerte), unter Berücksichtigung der dort festgelegten Randbedingungen, bemessen werden dürfen. Es ist zu erwähnen, dass das differenzierte Verfahren verlässlichere Ergebnisse liefert und damit auch funktionalen und hygienischen Anforderungen besser Rechnung trägt. Siehe hierzu auch Kommentar zu DIN EN 806-3/DIN 1988-300.

## 3.6 Betriebstemperatur  DIN EN 806-2

30 s nach dem vollen Öffnen einer Entnahmestelle sollte die Wassertemperatur nicht 25 °C für Kaltwasserstellen übersteigen und sollte nicht weniger als 60 °C für Warmwasserentnahmestellen betragen, sofern dem nicht örtliche oder nationale Regelungen entgegenstehen.

Zum Zwecke der thermischen Desinfektion sollte in Warmwassersystemen die Möglichkeit bestehen, auch an den entferntesten Entnahmestellen 70 °C zu erreichen (siehe 9.1).

## 3.6 Betriebstemperatur  DIN 1988-200

Bei bestimmungsgemäßem Betrieb darf maximal 30 s nach dem vollen Öffnen einer Entnahmestelle die Temperatur des Trinkwassers kalt 25 °C nicht übersteigen und die Temperatur des Trinkwassers warm muss mindestens 55 °C erreichen. Eine Ausnahme bilden die Trinkwassererwärmer mit hohem Wasseraustausch (siehe 9.7.2.3) und dezentrale Trinkwassererwärmer (siehe 9.7.2.4).

Mit den Vorgaben in DIN EN 806-2 werden erstmalig Festlegungen für sogenannte „Zapfzeiten" (Ausstoßzeiten) an Kaltwasser und Warmwasserentnahmestellen getroffen.

Für Kaltwasser gab es in DIN 1988-2 Abschnitt 2.2.3 die Vorgabe, dass die Wassertemperatur an den Entnahmestellen nach dem Ablaufen des Stagnationswassers 25 °C nicht übersteigen darf. Für Warmwasser gab es diesbezüglich bisher keine normativen Vorgaben.

In Gerichtsentscheidungen wurden bereits die unterschiedlichsten Urteile hinsichtlich akzeptabler Zapfzeiten gefällt.

So z. B. mit einem UrTeil vom 29.04.96 – 102c 55/94 des AG Schöneberg, das davon ausgeht, dass „nach dem üblichen Standard der Vermieter dafür zu sorgen hat, dass dem Mieter fließendes Warmwasser in der Küche und im Bad spätestens nach zehn Sekunden mit einer Temperatur von 45 °C zur Verfügung steht, wobei nicht mehr als fünf Liter abgezapft werden dürfen".

Die ungefähren Zapfzeiten in Sekunden für niedrig temperiertes Trinkwasser bei Entnahmen an der Dusche oder Badewanne (Berechnungsdurchfluss der Entnahmearmatur nach DIN 1988-300 $V_R$ = 0,15 l/s) können der Tabelle 1 entnommen werden.

**Tabelle 2:** Zapfzeiten von niedrig temperiertem Wasservolumen

| Fließdruck vor der Entnahmearmatur | Entnahme-volumenstrom | Niedrigtemperiertes Wasservolumen im Fließweg | | | | | |
|---|---|---|---|---|---|---|---|
| $p_{Fl}$ | $\dot{V}$ | 0,5 l | 1,0 l | 1,5 l | 2,0 l | 2,5 | 3,0 |
| bar | l/min | Zapfzeiten in Sekunden | | | | | |
| 1,0 | 6,6 | 4,5 | 9,1 | 13,6 | 18,2 | 22,7 | 27,3 |
| 1,5 | 8,1 | 3,7 | 7,4 | 11,1 | 14,8 | 18,6 | 22,3 |
| 2,0 | 9,3 | 3,2 | 6,4 | 9,6 | 12,9 | 16,1 | 19,3 |
| 2,5 | 10,4 | 2,9 | 5,7 | 8,6 | 11,5 | 14,4 | 17,2 |
| 3,0 | 11,4 | 2,6 | 5,2 | 7,9 | 10,5 | 13,1 | 15,7 |
| 3,5 | 12,3 | 2,3 | 4,9 | 7,3 | 9,7 | 12,1 | 14,6 |
| 4,0 | 13,2 | 2,1 | 4,5 | 6,8 | 9,1 | 11,4 | 13,6 |
| 4,5 | 14,0 | 2,0 | 4,3 | 6,4 | 8,6 | 10,7 | 12,9 |
| 5,0 | 14,8 | 2,0 | 4,1 | 6,1 | 8,1 | 10,2 | 12,2 |
| 5,5 | 15,5 | 1,9 | 3,9 | 5,8 | 7,8 | 9,7 | 11,6 |
| 6,0 | 16,2 | 1,9 | 3,7 | 5,6 | 7,4 | 9,3 | 11,1 |

## Kaltwasserbetriebstemperaturen

Gegenüber der Vorgabe in DIN EN 806-2 „ ... sollte die Kaltwassertemperatur 25 °C nicht übersteigen" wurden die Anforderungen zur Einhaltung der Kaltwassertemperatur in DIN 1988-200 mit der Formulierung „... darf die Kaltwassertemperatur 25 °C nicht übersteigen" aus trinkwasserhygienischen Gründen verschärft.

Die Erfüllung dieser Anforderung kann in der Regel nur sichergestellt werden, wenn der Betreiber für einen bestimmungsgemäßen Betrieb mit einem regelmäßigen Wasseraustausch sorgt. Ggf. sind Einrichtungen zu schaffen, die z. B. temperatur- oder zeitgesteuert bzw. in Abhängigkeit von der Nutzungsfrequenz sogenannte „Hygienespülungen" auslösen.

**Bild 10:** Dezentrale Spülstation zur Absicherung des bestimmungsgemäßen Betriebs bei zu erwartenden Nutzungsunterbrechungen (Werkbild: Viega)

Außerdem sind bei der Verlegung von Trinkwasserleitungen kalt in Technikzentralen sowie in Installationsschächten und -kanälen neben warmgehenden Leitungen die Vorgaben der entsprechenden Abschnitte 3.10 zu beachten.

## Warmwasser-Betriebstemperaturen

Abweichend von der Temperaturvorgabe für Warmwasser an der Entnahmestelle von 60 °C in DIN EN 806-2 wird für Deutschland (DIN 1988-200) eine Warmwassertemperatur von 55 °C gefordert. Diese Festlegung entspricht den in Deutschland bisher üblichen und bewährten Betriebsbedingungen gemäß DVGW-Arbeitsblatt W 551.

Mit den hier beschriebenen Planungsgrundlagen unter Berücksichtigung der Bemessungsregeln für Warmwasserverbrauchs- und Zirkulationsleitungen in DIN 1988-300 kann diese Anforderung erfüllt werden.

Eine Reduzierung der Warmwassertemperatur bei dezentraler Trinkwassererwärmung wird ermöglicht (s. a. DIN 1988-200 Abschnitt 9.7.2.4).

**Thermische Desinfektion**

Das Warmwasser- und Zirkulationssystem muss so geplant und gebaut werden, dass eine thermische Desinfektion mit 70 °C durchgeführt werden kann. Mit Zirkulationsregulierventilen, die dem DVGW-Arbeitsblatt W 554 entsprechen, ist grundsätzlich eine thermische Desinfektion möglich. Der Nachweis der Funktion im Desinfektionsfall sollte durch Rohrnetzberechnung geführt werden.

Bei umfangreichen und weitverzweigten Warmwassersystemen kann es vorkommen, dass die Heizleistung für die Trinkwassererwärmung nicht ausreicht, um nacheinander alle Warmwasserentnahmestellen mindestens 3 Minuten mit mindestens 70 °C zu desinfizieren.

Wenn trotz fehlender Heizleistung thermisch desinfiziert werden soll, sind in diesen Fällen mobile Heizungsgeräte einzubinden.

Kann trotzdem die Temperatur von 70 °C nicht an allen Entnahmestellen erreicht werden, müssen andere Sanierungsverfahren gewählt werden, wie z. B. chemische Desinfektionsverfahren.

## 3.7 Trinkwasserhygiene   DIN 1988-200

> Durch fach- und bedarfsgerechte Planung, bestimmungsgemäßem Betrieb und regelmäßige Instandhaltung von Trinkwasser-Installationen müssen die Anforderungen der TrinkwV [1] erfüllt werden.
>
> Im Trinkwasser dürfen keine Krankheitserreger oder chemische Stoffe enthalten sein, die eine Schädigung der menschlichen Gesundheit verursachen (§§ 5, 6 TrinkwV [1]). Die Konzentrationen von Mikroorganismen und chemischen Stoffen dürfen nicht die in Anlage 1 und 2 der TrinkwV [1] entsprechend festgelegten Konzentrationen übersteigen. Im Trinkwasser müssen die in Anlage 3 der TrinkwV [1] festgelegten Indikatorparameter eingehalten werden.

Anforderungen an die Trinkwasserhygiene sind in der Trinkwasserverordnung (TrinkwV) festgelegt.

Die Trinkwasserverordnung hat den Zweck, die menschliche Gesundheit vor nachteiligen Einflüssen zu schützen, die sich aus einer möglichen Verunreinigung des Wassers ergeben können. Trinkwasser sollte appetitlich sein und zum Genuss anregen. Es muss farblos, kühl sowie geruchlich und geschmacklich einwandfrei sein.

Die Anforderungen an die Grenz- und Richtwerte wurden so festgelegt, dass Trinkwasser unter allen Bedingungen und von allen Personen, auch von Säuglingen und Kleinkindern, lebenslang getrunken werden kann, ohne dass eine gesundheitliche Beeinträchtigung zu erwarten ist.

Für die Errichtung und Instandhaltung von Trinkwasserinstallationen dürfen aus gesundheitlichen und hygienischen Gründen nur Werkstoffe und Materialien verwendet werden, die in Kontakt mit Wasser keine Stoffe in Konzentrationen abgeben, die höher als nach den allgemein anerkannten Regeln der Technik unvermeidbar sind.

Deshalb sind nach § 17 der Trinkwasserverordnung bei der Planung, dem Bau und dem Betrieb von Trinkwasserinstallationen mindestens die allgemein anerkannten Regeln der Technik einzuhalten.

Die bei Planung, Bau und Betrieb der Trinkwasserinstallation einzuhaltenden **allgemein anerkannten Regeln der Technik** können insbesondere dadurch gewährleistet werden, dass Verfahren und Produkte zum Einsatz kommen, die durch einen akkreditierten Branchenzertifizierer zertifiziert sind.

Will ein Planer oder Anwender im Rahmen der Installation einer Trinkwasseranlage sicher sein, ob der vorgesehene Werkstoff oder das ausgewählte Material/Gerät den allgemein anerkannten Regeln der Technik entspricht, so sollte geprüft werden,

- ob der Hersteller für den Werkstoff oder das Material die Zertifizierung eines Branchenzertifizierers (z. B. DVGW) erhalten hat bzw. dies nachweisen kann.
- Liegt **keine** Zertifizierung eines Branchenzertifizierers zu diesem Werkstoff/Material vor, so sollte der Mitgliedsbetrieb in den **Produktunterlagen des Herstellers** nachsehen, ob der Hersteller für den bestimmten Werkstoff oder das bestimmte Material eine Erklärung abgegeben hat, dass der Werkstoff/das Material die allgemein anerkannten Regeln der Technik und die Anforderungen der Trinkwasserverordnung erfüllt. Diese Produktunterlage sollte aufbewahrt werden.
- Liegt auch keine Erklärung in Produktunterlagen vor, so steht es dem Planer oder Anwender frei, eine **individuelle Anfrage** an den Produkthersteller zu richten und sich von ihm für den Werkstoff/das Material die Einhaltung der allgemein anerkannten Regeln der Technik und die Einhaltung der Anforderungen der Trinkwasserverordnung schriftlich bestätigen zu lassen.

Weitere Informationen zur Werkstoff- und Materialwahl werden im Kommentar zu den Abschnitten 3.4.1 und 5.1 gegeben.

Aber nicht nur eine fachgerechte Planung und ordnungsgemäße Werkstoffwahl wird gefordert, sondern gleichermaßen auch ein bestimmungsgemäßer Betrieb. Dafür ist der Betreiber verantwortlich und er wird von der Trinkwasserverordnung auch in die Pflicht genommen.

**Mikrobielle Beeinträchtigungen**

Nach § 5 der Trinkwasserverordnung sollen die Konzentrationen von Mikroorganismen, die das Trinkwasser verunreinigen oder seine Beschaffenheit nachteilig beeinflussen können, so niedrig gehalten werden, wie dies nach den allgemein anerkannten Regeln der Technik mit vertretbarem Aufwand unter Berücksichtigung von Einzelfällen möglich ist **(Minimierungsgebot)**.

Für den Planer oder Fachbetrieb ist von besonderer Bedeutung, dass er bei der Erstellung einer Anlage den Auftraggeber bzw. Betreiber der Anlage darauf hinweisen muss, wenn Beeinträchtigungen des Trinkwassers zu befürchten sind und er dies aufgrund der Umstände und seiner besonderen Fachkenntnisse erkennt bzw. erkennen müsste.

Um nachteilige mikrobiologische Veränderungen im Verteilungsnetz des Wasserversorgers bis zur Übergabe an den Abnehmer auszuschließen, ergibt sich für den Planer und Fachbetrieb die Verpflichtung, nur Werkstoffe einzusetzen, die nicht zu einer Vermehrung von Mikroorganismen führen.

Außerdem muss eine fachgerechte Installation und Inbetriebnahme durchgeführt werden und der Betreiber muss für einen bestimmungsgemäßen Betrieb sorgen.

**Chemische Veränderungen des Trinkwassers**

Auch die Konzentrationen von chemischen Stoffen, die das Trinkwasser verunreinigen oder seine Beschaffenheit nachteilig beeinflussen können, sollen nach § 6 der Trinkwasserverordnung so niedrig gehalten werden, wie dies nach den allgemein anerkannten Regeln der Technik mit vertretbarem Aufwand unter Berücksichtigung von Einzelfällen möglich ist.

Die in der Anlage 2 der Trinkwasserverordnung aufgelisteten Stoffe dürfen nicht in höheren als den angegebenen Konzentrationen im Trinkwasser enthalten sein.

**Auszug aus der Trinkwasserverordnung:**

ANLAGE 2: CHEMISCHE PARAMETER

Teil II  Chemische Parameter, deren Konzentration im Verteilungsnetz einschließlich der Trinkwasserinstallation ansteigen kann

| Laufende Nummer | Parameter | Grenzwert mg/l | Bemerkungen |
|---|---|---|---|
| 1 | Antimon | 0,0050 | |
| 2 | Arsen | 0,010 | |
| 3 | Benzo-(a)-pyren | 0,000010 | |
| 4 | Blei | 0,010 | Grundlage ist eine für die durchschnittliche wöchentliche Trinkwasseraufnahme durch Verbraucher repräsentative Probe. Die zuständigen Behörden stellen sicher, dass alle geeigneten Maßnahmen getroffen werden, um die Bleikonzentration in Trinkwasser so weit wie möglich zu reduzieren. Maßnahmen zur Erreichung dieses Grenzwertes sind schrittweise und vorrangig dort durchzuführen, wo die Bleikonzentration in Trinkwasser am höchsten ist. |
| 5 | Cadmium | 0,0030 | Einschließlich der bei Stagnation von Trinkwasser in Rohren aufgenommenen Cadmiumverbindungen |
| 6 | Epichlorhydrin | 0,00010 | Der Grenzwert bezieht sich auf die Restmonomerkonzentration im Trinkwasser, berechnet auf Grund der maximalen Freisetzung nach den Spezifikationen des entsprechenden Polymers und der angewandten Polymerdosis. Der Nachweis der Einhaltung des Grenzwertes kann auch durch die Analyse des Trinkwassers erbracht werden. |
| 7 | Kupfer | 2,0 | Grundlage ist eine für die durchschnittliche wöchentliche Trinkwasseraufnahme durch Verbraucher repräsentative Probe. Auf eine Untersuchung im Rahmen der Überwachung nach § 19 Absatz 7 kann in der Regel verzichtet werden, wenn der pH-Wert im Wasserversorgungsgebiet größer oder gleich 7,8 ist. |
| 8 | Nickel | 0,020 | Grundlage ist eine für die durchschnittliche wöchentliche Trinkwasseraufnahme durch Verbraucher repräsentative Probe. |
| 9 | Nitrit | 0,50 | Die Summe der Beträge aus Nitratkonzentration in mg/l geteilt durch 50 und Nitritkonzentration in mg/l geteilt durch 3 darf nicht größer als 1 sein. Am Ausgang des Wasserwerks darf der Wert von 0,10 mg/l für Nitrit nicht überschritten werden. |

Um nachteilige chemische Veränderungen in der Trinkwasserinstallation bis zur Übergabe an den Abnehmer auszuschließen, ergibt sich für den Planer und Fachbetrieb die Verpflichtung, nur Werkstoffe einzusetzen, die keine Stoffe in gesundheitlich bedenklichen Konzentrationen abgeben.

## 3.8  Planungs- und Ausführungsunterlagen     DIN 1988-200

### 3.8.1  Allgemeines     DIN 1988-200

Die Planung von Trinkwasser-Installationen hat so zu erfolgen, dass die Bauteile aufeinander abgestimmt, die Betriebssicherheit gegeben, die hygienischen und korrosionschemischen Anforderungen erfüllt und ein wirtschaftlicher Betrieb sichergestellt ist.

Planungsanforderungen für Gebäude mit besonderer Nutzung, wie z. B. Krankenhäuser, Seniorenwohnheime, Kindergärten, Schulen und Gebäude mit gewerblicher Nutzung, sind mit dem Bauherrn bzw. Betreiber abzustimmen. Für diese Gebäude ist ein Raumbuch zu erstellen, das eine Nutzungsbeschreibung und eine Konzeption für

Trinkwasser-Installation enthalten muss. Die Auswahl der zu planenden Sicherungseinrichtungen muss entsprechend der Schutzmatrix nach DIN EN 1717 erfolgen. Angaben und Hinweise für die erforderlichen Instandhaltungsmaßnahmen, die Probenahmestellen und die notwendigen Maßnahmen bei Fehlfunktionen (Störungen) innerhalb der Trinkwasser-Installation für diese Gebäude muss ein Hygieneplan enthalten.

Der Einbezug von Bauherr und Betreiber bereits in die frühestmögliche Planungsphase der Trinkwasserinstallation ist Grundvoraussetzung für die Einhaltung des späteren bestimmungsgemäßen Betriebs und damit die Vermeidung möglicher hygienischer Probleme. Nur dieser Personenkreis hat frühzeitig Kenntnis von der späteren Gebäudenutzung und bestimmt somit die Trinkwasserhygiene maßgeblich mit. Für Unwägbarkeiten bezüglich der genauen Nutzung (z. B. noch fehlende Mieter) sind nach Rücksprache mit dem Bauherrn sinnvolle Annahmen zu treffen, die einerseits zwar Optionen offenlassen, andererseits aber keine „Ausbaureserven" darstellen dürfen. Dies kann z. B. mit dem Einschleifen von Entnahmestellen, deren Nutzung noch nicht endgültig feststeht, in bestimmungsgemäß genutzte Teile der Trinkwasserinstallation bzw. durch bauliche Trennung noch ungenutzter Leitungsteile (z. B. noch nicht erfolgte Einbindung eines Stranges in die Verteilleitungen) erfolgen. Auch während der Ausführungsphase sind entsprechende Kenntnisse bezüglich der Nutzung zu berücksichtigen, die Ausführungsunterlagen fortzuschreiben und ggf. auch die Leitungsführung, Leitungsdimensionen usw. nachträglich anzupassen.

Anlagenteile, die regelmäßig kontrolliert und gewartet werden müssen, z. B. Wasserzähler und sonstige Messeinrichtungen, Rückflussverhinderer, Filter, Hauswasserstationen, Sicherungseinrichtungen, Sicherheitsarmaturen, Absperr- und Regulierarmaturen, sind an zugänglichen Stellen vorzusehen, so dass im späteren Betrieb Instandhaltungsmaßnahmen durchgeführt werden können. Neben einer prinzipiellen Zugänglichkeit ist jedoch auch die Art des Einbaus der Anlagenteile in die Trinkwasserinstallation von Bedeutung, um Reinigungs- und Desinfektionsarbeiten zu ermöglichen. So sind, abhängig von der Art des Apparates und des Einbauorts, Verschraubungen häufig günstiger als dauerhaft dichte Verbindungsarten, da sie ein leichteres Austauschen gestatten.

Bei Nichtwohngebäuden, insbesondere bei Objekten mit erhöhten trinkwasserhygienischen Anforderungen (z. B. Krankenhaus, Pflegeheim, Schule, Kindergarten, Hotel), existiert häufig bereits ein Raumbuch, welches vom Architekten bezüglich. der Ausstattung (z. B. Art der Fußböden, Ausführung der Wände, Mobiliar usw.) erstellt wurde. Dieses Raumbuch kann auch als Grundlage für die sanitärtechnische Ausstattung verwendet und z. B. bezüglich. Absperreinrichtungen, Sicherungseinrichtungen, angenommener Nutzungsfrequenz der Entnahmearmaturen entsprechend ergänzt werden. In Zusammenhang mit einer Beschreibung der Konzeption der Trinkwasserinstallation und den Planunterlagen erhöht ein solches, mit dem Bauherrn bzw. Betreiber abgestimmtes, Raumbuch auch die rechtliche Sicherheit von Planer und Installateur bei eventuell auftretenden späteren hygienischen Problemen, die z. B. durch nicht bestimmungsgemäß betriebene Anlagen entstanden sind.

### 3.8.2 Art der Unterlagen   DIN 1988-200

Die Planungs- und Ausführungsunterlagen sollten mindestens bestehen aus:
- einem verbindlichen Lageplan des Grundstücks;
- dem Keller- und den Geschossgrundrissen mit den eingezeichneten Leitungen sowie Schnittdarstellungen und Strangschemata;
- einer Ermittlung der Rohrdurchmesser;
- der schematischen Darstellung der Leitungsführungen mit eingetragenen Längen der Teilstrecken, Nennweiten oder Innendurchmesser der Rohre, Werkstoffarten, Armaturen, Apparate und Sicherungseinrichtungen, den Entnahmestellen nach Art, Anzahl, Nennweite oder Innendurchmesser und Verwendungszweck und dem erforderlichen Mindestfließdruck und erforderlichenfalls der Armaturengruppe nach den Normen der Reihe DIN 4109.

Für die zeichnerische Darstellung der Leitungspläne sind die graphischen Symbole nach DIN EN 806-1 anzuwenden.

> ANMERKUNG Bei mehrgeschossigen Wohngebäuden und im Nichtwohnungsbau können detailliertere Angaben zu den Planungs- und Ausführungsunterlagen der VDI 6026 (siehe [21]) entnommen werden.

Die VOB DIN 18381 fordert, dass der Auftragnehmer dem Auftraggeber vor Beginn der Montagearbeiten alle Angaben zu machen hat, die für den ungehinderten Einbau und ordnungsgemäßen Betrieb der Anlagen notwendig sind. Der Auftragnehmer hat nach den Planungsunterlagen und Berechnungen des Auftraggebers die für die Ausführung erforderliche Montage- und Werkstattplanung zu erbringen und, soweit erforderlich, mit dem Auftraggeber abzustimmen.

Objekte, die erhöhten Anforderungen an die Trinkwasserhygiene genügen müssen, unterliegen bei Neubau und Sanierung i. d. R. dem VOB-Vertragsrecht, da sie öffentliche oder öffentlich geförderte Gebäude sind. Zu den weiteren zur Ausführung notwendigen Angaben gehören u. a.:

- Ausführungspläne als Grundrisse, Strangschemata und Schnitte mit Dimensionsangaben,
- Anlagenkonzeption und Regelschemata.

Auch die HOAI §53 in Verbindung mit Anlage 14 (Leistungen im Leistungsbild Technische Ausrüstung) bleibt bezüglich der Planungs- und Ausführungsunterlagen vage und spricht für das Leistungsbild **„Ausführungsplanung"** lediglich von „zeichnerischer Darstellung der Anlagen mit Dimensionen". Die VDI-Richtlinie 6026 „Dokumentation in der Technischen Gebäudeausrüstung – Inhalte und Beschaffenheit von Planungs-, Ausführungs- und Revisionsunterlagen", auf die in der Norm verwiesen wird, ist bezüglich der Ausführungsplanung bereits konkreter. Sie verlangt u. a.:

- vollständige Rohrnetzberechnung
- Auslegung der Zentralgeräte
- Angaben zum Schallschutz, Wärmeschutz, Brandschutz
- Bemessung von Behältern, Regelorganen, Rohrnetz und Armaturen
- Erstellung von Funktionsschemata mit Funktionskomponenten und Verteilungsprinzip
- Strangschema mit Auslegungsdaten
- Grundrisse im Maßstab 1:50 mit vollständiger Bemaßung von Rohrleitungstrassen, Apparaten und Komponenten, Art und Umfang der erforderlichen Dämmung
- Schnitte und Details mindestens im Maßstab 1:50 bezüglich Schächten, Trassen, Gewerkeschnittstellen
- erläuternde Beschreibung der funktionalen Wirkungsweise mit notwendigen Kenn-, Betriebs- und Auslegungsdaten.

Der zusätzlich geforderte verbindliche Lageplan ist i. d. R. ohnehin bereits in der Genehmigungsplanung notwendig gewesen (Beantragung der Hausanschlüsse bzw. Entwässerungsantrag) und sollte daher einfach beizubringen sein.

Je nach Objektgröße und Art der ausgeführten Anlage kann es ausreichend sein, bereits in den Grundrissen alle notwendigen Informationen darzustellen und auf eine schematische Darstellung zu verzichten.

Die in DIN 1988-200 geforderten Unterlagen decken sich also weitestgehend mit den in VDI 6026 aufgeführten Unterlagen und stellen daher eine gute Planungspraxis dar, wobei bezüglich der genauen Ausgestaltung natürlich ein Ermessens- bzw. Interpretationsspielraum verbleibt. Es sollte jedoch auch im Sinne des Planenden sein, in der Ausführungsplanung so viele Informationen wie möglich darzustellen, da dadurch die spätere Bauüberwachung erheblich vereinfacht wird.

**Raumbuch und Hygiene**

Das Raumbuch und der Hygieneplan sind im HOAI-Leistungsbild für die Technische Gebäudeausrüstung ebenso wie in VOB/C DIN 18381 nicht als Standard-Leistung enthalten und müssen separat beauftragt werden.

Die Begriffe „Raumbuch" und „Hygieneplan" sind bereits im Jahr 1998 in die VDI 6023 aufgenommen und näher definiert und erläutert worden.

Das „Raumbuch" für die Trinkwasserinstallation ist dabei sinngemäß:
- Ein Dokument, in dem der Umfang der Trinkwasserinstallation sowie deren spätere Nutzung in den einzelnen Räumen detailliert beschrieben ist mit dem Ziel, zunächst eine bedarfsgemäße und hygienegerechte Planung zu ermöglichen und den der Installation folgenden bestimmungsgemäßen Betrieb zu gewährleisten oder zumindest wahrscheinlicher zu machen.

„Hygieneplan" bedeutet in diesem Zusammenhang:
- Ein Instandhaltungsplan, der speziell um die Aspekte und Komponenten der Trinkwasserinstallation erweitert wurde und konkrete Angaben u. a. zu Inspektions- und Wartungsmaßnahmen und -intervallen, Einteilung der Komponenten in Instandhaltungs- und Gefährdungsklassen, Spülintervalle und -stellen, Beprobungsintervalle und -stellen, ggf. Beschreibung der Vorgehensweise bei auftretenden Störfällen usw. enthält. Je nach Art der Anlage bzw. des Objekts sind Ergänzungen gemäß weiteren Richtlinien und Gesetzen hinzuzufügen (z. B. Krankenhausrichtlinie, Infektionsschutzgesetz usw.).

Die frühzeitige Einbeziehung des Gesundheitsamts und eines Hygienikers (ggf. auch Hygieniker der Gesundheitsbehörde) in den Planungs- und Ausführungsprozess einer Trinkwasserinstallation mit erhöhten Hygieneanforderungen sowie zur Erstellung des Hygieneplans erhöht nicht nur die Sicherheit der System- und Komponentenwahl, sondern auch die rechtliche Sicherheit bei später ggf. trotz höchster Sorgfalt auftretenden Hygiene-Problemen.

## 3.9 Probenahmestellen    DIN 1988-200

> Für Trinkwasser-Installationen sind Einrichtungen zur Probenahme nach DIN EN ISO 19458 vorzusehen. Die Festlegungen und Lage der Probenahmestellen sind zu dokumentieren. Die Probenahmestellen sind am Austritt des Trinkwassererwärmers, am Eintritt der Zirkulationsleitung in den Trinkwassererwärmer sowie an einer geeigneten Anzahl repräsentativer, peripherer Entnahmestellen anzuordnen. Die Entnahmestellen in der Peripherie der Trinkwasser-Installation sollten in Bereichen mit Vernebelung (z. B. Duschen) liegen und desinfizierbare Entnahmearmaturen aufweisen.

Damit eine einwandfreie Trinkwasserbeschaffenheit nach den Vorgaben der Trinkwasserverordnung §§ 5 – 7 gewährleistet werden kann, muss das Trinkwasser untersucht werden.

In § 14 werden der Unternehmer und der sonstige Inhaber einer Wasserversorgungsanlage dazu verpflichtet, die Trinkwasserinstallation nach den in Anlage 1 Teil I, Anlage 2 und Anlage 3 festgelegten Untersuchungen durchführen zu lassen.

Zur Durchführung der Probenahme zur Untersuchung des Trinkwassers auf Legionellen sind zukünftig Probenahmeventile (Bild 7) in die Installation einzubauen. Im untersuchungspflichtigen Gebäudebestand sind Probenahmeventile nachzurüsten.

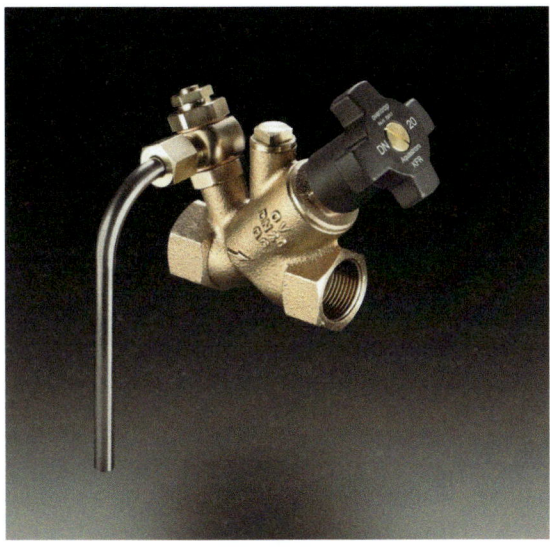

**Bild 11:** Absperrventil mit Probenahmeventil (Werkbild: Oventrop)

Wenn Trinkwasser im Rahmen einer gewerblichen Tätigkeit (Mietwohnungen) oder öffentlichen Tätigkeit (Krankenhäuser, Hotels) abgegeben wird und sich in diesen Gebäuden eine Großanlage zur Trinkwassererwärmung befindet, sind sogenannte „systemische" Untersuchungen an mehreren repräsentativen Probenahmestellen durchzuführen.

Die Untersuchungspflicht in diesen Gebäuden besteht, wenn Duschen oder andere Einrichtungen (z. B. Whirlpool) vorhanden sind, die zu einer Vernebelung (Aerosol) des Trinkwassers führen.

Großanlagen sind nach DVGW-Arbeitsblatt W 551 Anlagen mit Trinkwassererwärmern mit einem Inhalt ≥ 400 l und einem Inhalt ≥ 3 l in jeder Rohrleitung zwischen dem Abgang Trinkwassererwärmer und Entnahmestelle. Dabei wird die eventuelle Zirkulationsleitung nicht berücksichtigt.

In Kleinanlagen, das sind Einfamilien- und Zweifamilienhäuser, unabhängig vom Inhalt des Trinkwassererwärmers und der Rohrleitungen, besteht die Untersuchungspflicht nach der Trinkwasserverordnung nicht.

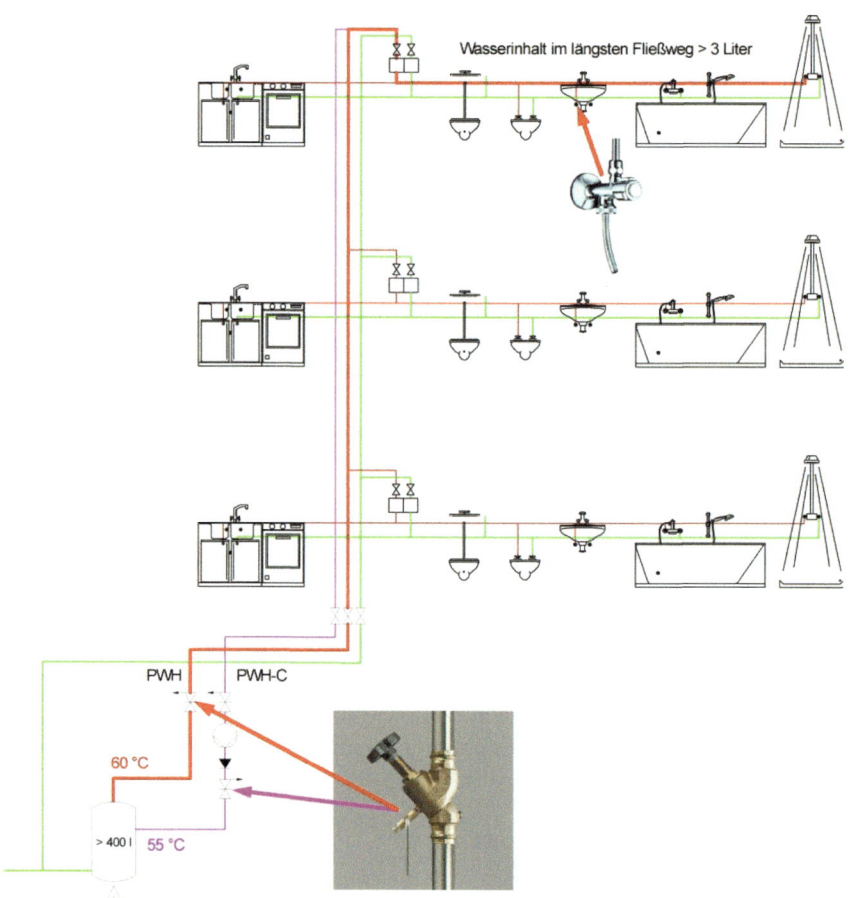

**Bild 12:** Mindestanzahl und Anordnung der Probenahmestellen (Großanlage)

Die Probenahme zur systemischen Beurteilung der Trinkwasserinstallation ist im normalen Betriebszustand durchzuführen. Die geforderten Proben aus einer Großanlage (eine Probenserie) sind an einem Tag zu entnehmen. Zur ersten Beurteilung des mikrobiologischen Zustands der Trinkwasserinstallation für erwärmtes Trinkwasser ist eine orientierende Probenserie ausreichend.

Zu einer orientierenden Probenserie gehören grundsätzlich Proben

– am Austritt des Trinkwassererwärmers

– am Eintritt der Zirkulation in den Trinkwassererwärmer und

– an einer geeigneten repräsentativen Entnahmestelle aus der Peripherie (in der Regel die entfernteste Entnahmestelle).

Je nach Umfang der Trinkwasserinstallation können mehrere Proben aus Entnahmestellen aus der Peripherie erforderlich sein.

Weitergehende Untersuchungen können dann gefordert werden, wenn bei der orientierenden Untersuchung Kontaminationen festgestellt werden.

Bei weitergehenden Untersuchungen sind zusätzlich zu den orientierenden Probenahmestellen mindestens die folgenden Stellen zu beproben:

- an jeder einzelnen Zirkulationssammelleitung
- ggf. an einzelnen Stockwerksleitungen
- an Leitungen/Leitungsabschnitten mit Stagnation (z. B. Be- und Entlüftungsleitungen bei Sammelsicherungen, Entleerungsleitungen, selten genutzte Entnahmestellen, Membranausdehnungsgefäße)
- an Entnahmestellen, wenn das kalte Trinkwasser nach Ablauf bis zur Temperaturkonstanz – spätestens nach 5 Minuten – eine Wassertemperatur von 25 °C oder mehr aufweist und dieses Trinkwasser zu Duschen geführt oder zum Betreiben von Inhalationsgeräten verwendet wird.

Bei der Festlegung der Entnahmestellen sind betriebs- oder bautechnische Mängel in der Trinkwasserinstallation zu berücksichtigen. Wird z. B. bekannt, dass sich bei Stagnation durch Wärmequellen die Wassertemperatur des kalten Trinkwassers auf über 25 °C erhöht (z. B. durch hohe Lufttemperaturen in Technikzentralen, Installationsschächten und/oder Räumen), so ist es sinnvoll, auch im Rahmen der orientierenden Untersuchung eine kalte Trinkwasserprobe an einer Entnahmestelle im peripheren Bereich der Trinkwasserinstallation auf Legionellen zu untersuchen.

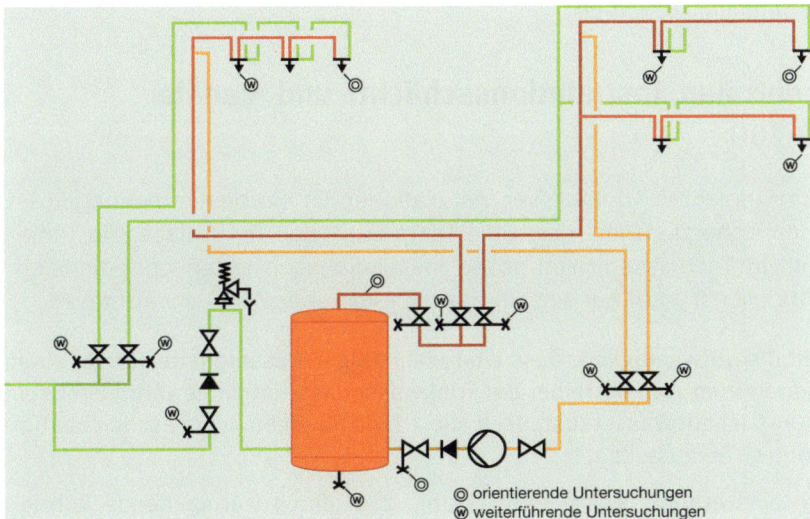

**Bild 13:** Anordnung für orientierende und weitergehende Untersuchungen (Werkbild: Viega)

Die Entnahmestellen an der Peripherie der Trinkwasserinstallation sollten in Bereichen mit Vernebelung (z. B. Duschen) liegen und desinfizierbare Entnahmearmaturen aufweisen. Da es sich um eine systemische Untersuchung handelt, ist eine Probenahme direkt an Duschköpfen/Duschschläuchen zu vermeiden. Stattdessen sollten Entnahmearmaturen oder Eckventile an nahe gelegenen Waschbecken genutzt werden.

# Planung

**Bild 14:** Eckventil mit Probenahmeanschluss (Werkbild: Schell)

Eine Probenahme aus einer Mischarmatur, aus der nur Mischwasser entnommen werden kann (d. h. bei der eine Zwangszumischung von kaltem Trinkwasser zu erwärmtem Trinkwasser erfolgt und die nicht abstellbar ist), ist für eine systemische Beurteilung nicht zulässig. In einem solchen Fall muss eine andere Entnahmestelle genutzt werden.

Selbstverständlich muss die Probenahme dokumentiert werden und die nach der Trinkwasserverordnung geforderten Angaben enthalten.

Probenahmen nach der Trinkwasserverordnung dürfen nur von Probenehmern eines akkreditierten Wasserlabors entnommen werden.

## 3.10 Technikzentralen, Installationsschächte und -kanäle
### DIN 1988-200

> In nach dieser Norm geplanten Trinkwasser-Installationen ist ein bestimmungsgemäßer Wasseraustausch sicherzustellen, damit die Temperatur des Trinkwassers in Trinkwasserleitungen kalt in Technikzentralen sowie Installationsschächten und -kanälen mit Wärmequellen möglichst nicht auf eine Temperatur von über 25 °C erwärmt wird.

Grundsätzlich besteht die Notwendigkeit, dass ein regelmäßiger Wasseraustausch für einen bestimmungsgemäßen Betrieb vom Betreiber der Trinkwasserinstallation gewährleistet sein muss. Nach DIN EN 806-5 ist ein Wasseraustausch alle 7 Tage für einen hygienischen bestimmungsgemäßen Betrieb sicherzustellen.

In Räumen, in denen eine erhöhte Wärmeentwicklung, z. B. durch warmgehende Rohrleitungen oder Wärmeerzeuger, stattfinden kann, sollten bei der Planung bereits Maßnahmen getroffen werden, damit die Trinkwasser sich möglichst nicht über 25 °C erwärmen können.

Wenn möglich, sollte die Sanitärzentrale räumlich getrennt von der Heizungszentrale angeordnet werden.

Wasserbehandlungsanlagen sollten nicht in Heizzentralen aufgestellt werden.

Temperaturmessungen in kombinierten Sanitär- und Heizungszentralen ergaben, dass auch mit größeren Dämmdicken lediglich eine geringfügige Zeitverzögerung hinsichtlich einer Temperaturerhöhung in den Trinkwasserleitungen kalt bei Stagnation zu erreichen ist.

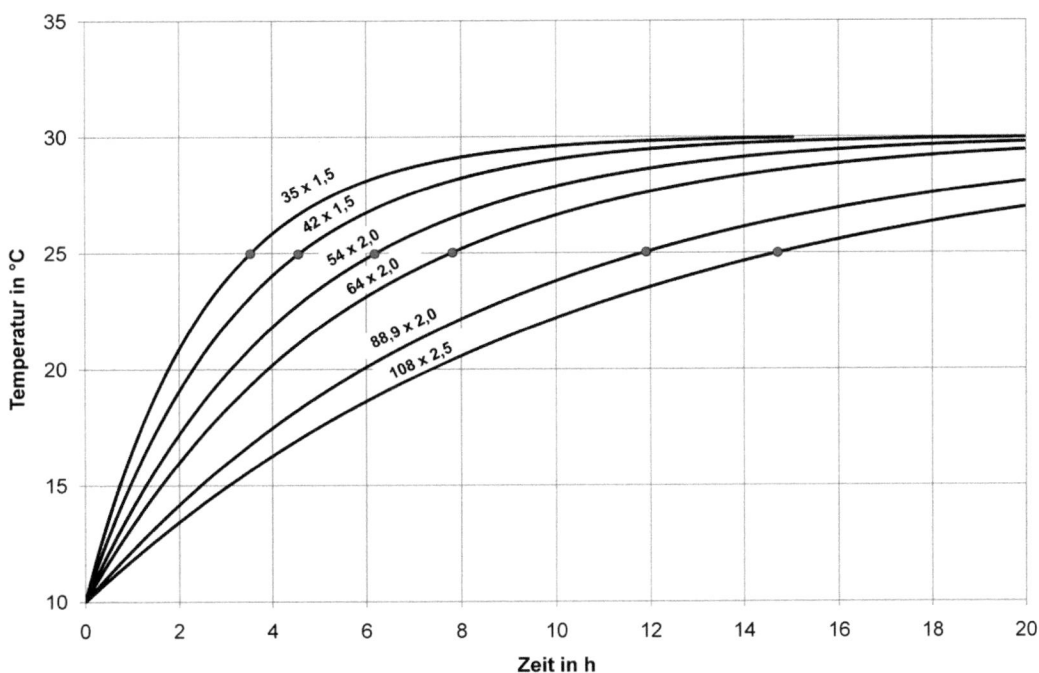

**Bild 15:** Verlauf der Temperaturerhöhung in Trinkwasserleitungen kalt mit 9 mm Dämmung bei Stagnation in einer Technikzentrale, Kaltwasser-Anfangstemperatur 10 °C – Umgebungstemperatur 30 °C

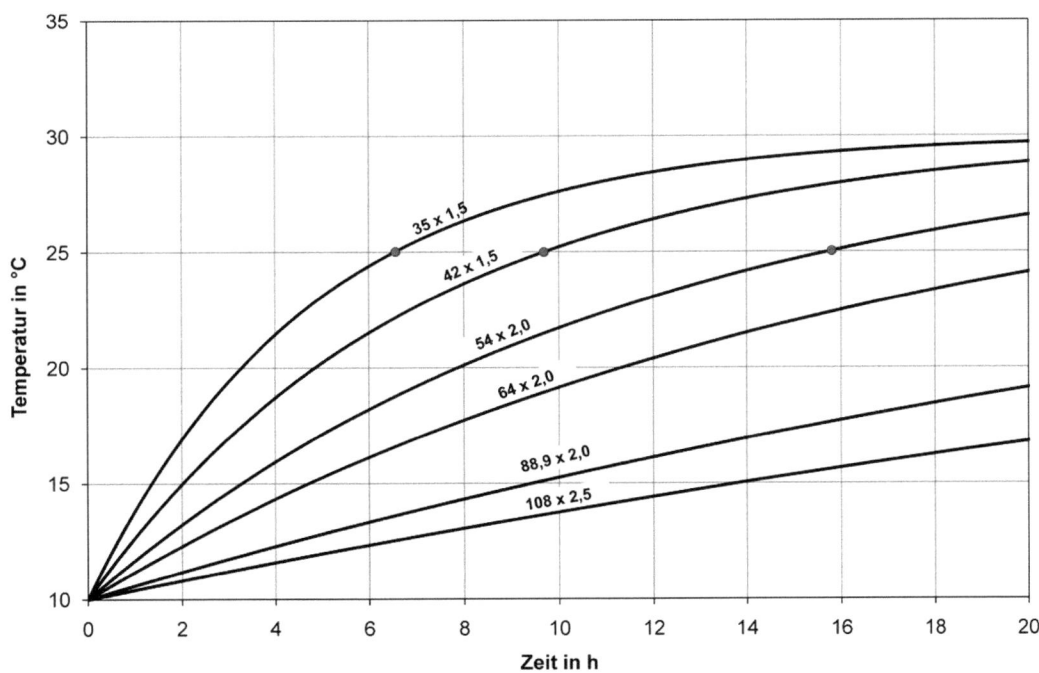

**Bild 16:** Verlauf der Temperaturerhöhung in Trinkwasserleitungen kalt gedämmt nach Tabelle 8, Zeile 3 dieser Norm (100 %) bei Stagnation in einer Technikzentrale Kaltwasser-Anfangstemperatur 10 °C – Umgebungstemperatur 30 °C

In der VDI-Richtlinie 6023 wird beschrieben, dass in Installationsschächten und -kanälen Trinkwasserleitungen kalt zu warmgehenden Leitungen thermisch entkoppelt anzuordnen sind, ggf. durch eine räumliche Trennung. Diese Anforderung wurde ganz bewusst in der DIN 1988-200 nicht gestellt, weil es derzeit keine gängige Baupraxis ist und der erforderliche Platz seitens der Architekten in der Regel nicht zur Verfügung gestellt wird.

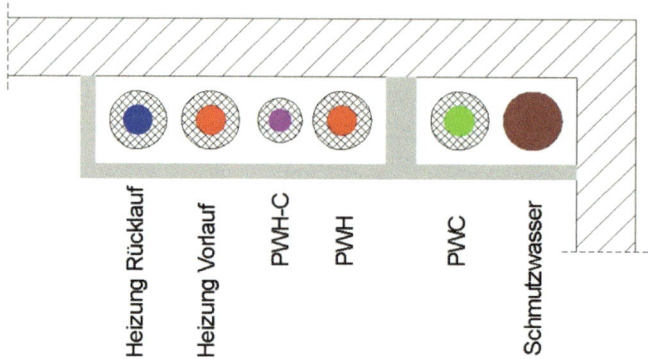

**Bild 17:** räumliche Trennung von kalt- zu warmgehenden Leitungen

Nach DIN 1988-200, Tabelle 8, Zeile 3, ist eine 100%-Dämmung von Trinkwasserleitungen kalt in Technikzentralen, Installationsschächten und -kanälen vorzusehen und der Betreiber muss auf einen bestimmungsgemäßen Betrieb mit einem Wasseraustausch alle 7 Tage hingewiesen werden.

Die Durchströmung von Trinkwasserinstallationen, die Intensität des Wasserwechsels und damit auch die Kaltwassertemperatur kann durch den konstruktiven Aufbau des Rohrnetzes stark beeinflusst werden. So sind grundsätzlich Verteilungskonzepte mit relativ kurzen Fließwegen von der Hausanschlussleitung bis zu den jeweiligen Entnahmearmaturen zu bevorzugen. Einzelzuleitungen zu Entnahmearmaturen sollten so weit wie möglich vermieden werden (s. a. DIN 1988-200 Abschnitt 8.1). Entnahmearmaturen sollten vorzugsweise über Reihen- oder Ringleitungen angeschlossen werden. In Trinkwasserinstallationen, bei denen erwartet werden muss, dass Entnahmearmaturen über einen längeren Zeitraum nicht genutzt werden (Krankenhäuser, Hotels, Schulen usw.), sind ggf. besondere Maßnahmen erforderlich, um den bestimmungsgemäßen Betrieb sicherzustellen. Die Kombination von Ringleitungen mit sogenannten Strömungsteilern stellt auch bei einem teilweisen Leerstand oder einem Nutzungsausfall, z. B. durch Bettlägerigkeit von Patienten in einem Krankenhaus, die Durchströmung der Leitungen sicher, sofern ein der betreffenden Nasszelle nachgeschalteter Verbraucher Wasser entnimmt (Bild 18).

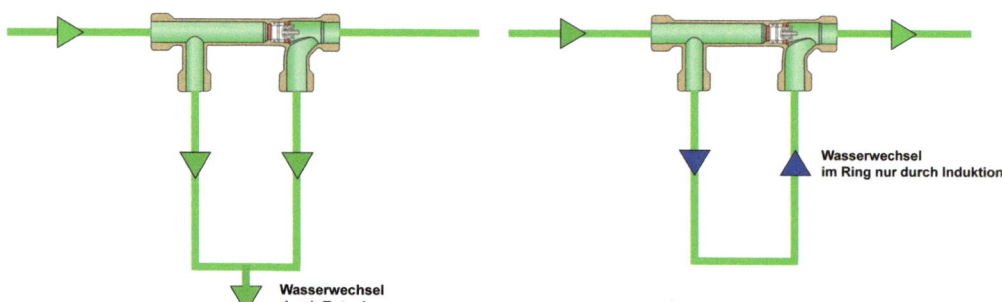

**Bild 18:** Wasserwechsel in Ringleitungen mit Strömungsteilern durch Entnahme bzw. durch Induktion bei nachgeschaltetem Verbrauch (Werkbild: Kemper)

Bild 19 zeigt die Durchströmung einer Ringleitung in einer Krankenhausinstallation durch Wasserentnahme aus der Ringleitung und Wasserwechsel über Induktion bei nachgeschaltetem Verbrauch und die daraus resultierenden Kaltwassertemperaturen in der Ringleitung. Die Verlegung der zuführenden Trinkwasserleitungen kalt erfolgte in einer abgehängten Decke bei einer Umgebungstemperatur von 27 °C. Die Dämmung der Leitungen wurde mit 100 % gemäß Tabelle 8, Zeile 3 ausgeführt. Es ist zu erkennen, dass bei dieser Umgebungstemperatur die Kaltwassertemperatur nur bei intensivem Wasserwechsel unter 25 °C gehalten werden kann.

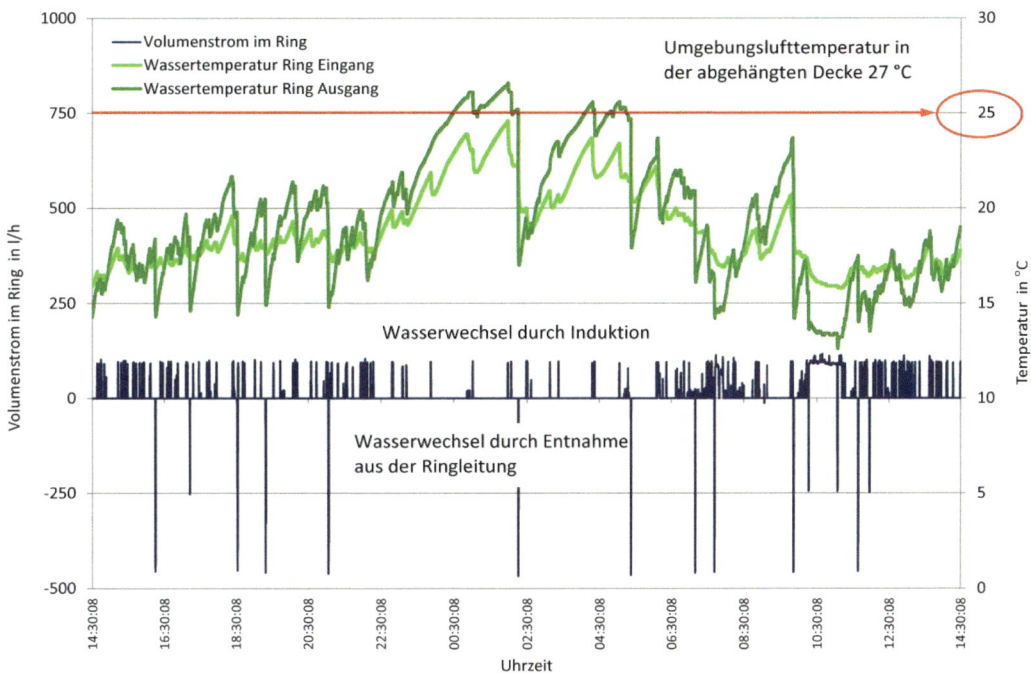

**Bild 19:** Durchströmung einer Ringleitung

## 4 Private Eigenwasserversorgung     DIN EN 806-2

> Ist zusätzlich zu einem Anschluss an die öffentliche Versorgung eine private Eigentrinkwasserversorgung vorgesehen, ist vor Beginn der Arbeiten die Zustimmung des Wasserversorgungsunternehmen einzuholen. Es dürfen keine Querverbindungen zwischen Versorgungssystemen verschiedener Versorgungsunternehmen oder verschiedenartigen Einspeisungen eines Versorgers bestehen. Siehe EN 1717.

## 4 Private Eigenwasserversorgung     DIN 1988-200

> Die grundlegenden Anforderungen an die Trinkwasserversorgung durch Kleinanlagen, soweit diese von den Leitsätzen der DIN 2000 abweicht, legt die DIN 2001-1 fest.
>
> Für diese Anlagen gelten die Anforderungen nach DIN EN 1717 und DIN 1988-100.

Aufgrund der besonderen Risiken beim Schutz des Trinkwassers wurde in DIN EN 806-2 die Forderung gestellt, dass zwischen verschiedenen Versorgungsunternehmen, aber auch verschiedenartigen Einspeisungen eines Versorgers, keine Querverbindungen erstellt werden dürfen.

Ausnahmen von diesen Anforderungen sind in dem DVGW-Arbeitsblatt W 216 „Versorgung mit unterschiedlichen Wässern" festgelegt.

Werden Trinkwässer aus unterschiedlichen Herkunftsbereichen und mit wechselnden Beschaffenheiten auf einem Grundstück bereitgestellt, sind mit den beiden Wasserversorgungsunternehmen auf der Grundlage des DVGW-Arbeitsblatts W 216 Absprachen zu treffen, wie Trinkwasserinstallationen des Grundstückes bzw. der Gebäude angeschlossen werden können.

Eine unmittelbare Verbindung zwischen einer öffentlichen Trinkwasserversorgungsanlage und einer Eigenwasserversorgungsanlage ist jedoch unzulässig. In solchen Fällen ist nach DIN EN 1717 Abschnitt 4.2 „Verbindung von Versorgungssystemen" zum Schutz des öffentlichen Trinkwassernetzes ein uneingeschränkter freier Auslauf AA oder AB zu verwenden.

An Wasser, das im Haushalt verwendet wird, sind aus hygienischen Gründen grundsätzlich die gleichen Anforderungen wie an Trinkwasser, das zum Verzehr bestimmt ist, zu stellen. Dies gilt vorrangig für Wasser, das für die Zubereitung von Speisen und Getränken und zum Reinigen von Gegenständen, die mit Lebensmitteln in Kontakt kommen, und für Wasser, das zur Körperpflege und zum Wäschewaschen benutzt wird.

Auch für gleichartige Verwendungszwecke in öffentlichen Einrichtungen, Industrie, Gewerbe und Landwirtschaft ist Trinkwasserqualität zu fordern.

Beim Betrieb von Eigenwasserversorgungsanlagen bzw. Kleinanlagen hat der Betreiber sicherzustellen, dass von diesen Anlagen keine Gefahren für die Nutzer oder Rückwirkungen auf die öffentliche Wasserversorgung ausgehen können.

Die Qualität des Trinkwassers aus Eigenwasserversorgungsanlagen sowie der Zustand der Anlage selbst werden durch eine amtliche Überwachung des zuständigen Gesundheitsamtes überprüft. Eigenwasserversorgungsanlagen müssen nach Trinkwasserverordnung § 13 „Anzeigepflichten" dem zuständigen Gesundheitsamt vier Wochen vor der Errichtung gemeldet werden. Ebenso sind die Inbetriebnahme, die Wiederinbetriebnahme und der Übergang des Eigentums oder des Nutzungsrechts auf andere Personen vier Wochen im Voraus dem Gesundheitsamt anzuzeigen.

Die Leitsätze für Anforderungen an Trinkwasser, Planung, Bau, Betrieb und Instandhaltung der Anlagen sind in DIN 2001-1 „Trinkwasserversorgung aus Kleinanlagen und nicht ortsfesten Anlagen" enthalten.

**Bild 20:** Eigenwasserversorgungsanlage mit selbstansaugender Pumpe (Werkbild: Wilo)

**Bild 21:** Eigenwasserversorgungsanlage mit Bohrlochpumpe (Werkbild: Wilo)

Zur Sicherstellung der Trinkwasserqualität ist eine regelmäßige Kontrolle aller Anlagenteile der Eigenwasserversorgungsanlage sowie des Umfeldes der Gewinnungsanlagen erforderlich.

Hierzu hat der Betreiber zum Nachweis von ordnungsgemäßer Planung, Bau, Betrieb und Instandhaltung ein Trinkwasserbuch zu führen.

Für Eigenwasserversorgungsanlagen, die Trinkwasser an Dritte abgeben oder gewerblich nutzen, ist die Erstellung eines Maßnahmenplans nach Trinkwasserverordnung durch den Betreiber erforderlich. Der Maßnahmenplan soll Angaben darüber enthalten, wie die Umstellung im Notfall und bei Störungen auf eine andere Versorgung zu erfolgen hat.

Ein Mustermaßnahmenplan ist im Anhang A von DIN 2001-1 enthalten.

## 5 Zugelassene Werkstoffe    DIN EN 806-2

### 5.1 Werkstoffwahl    DIN EN 806-2

Nachfolgendes ist bei der Auswahl der Werkstoffe für Trinkwasser-Installationen zu berücksichtigen:

a) Wechselwirkung mit der Trinkwasserbeschaffenheit;

b) Schwingungen, Spannungen oder Setzungen;

c) Innendruck durch das Trinkwasser;

d) innere und äußere Temperaturen;

e) innere oder äußere Korrosion;

f) Verträglichkeit verschiedener Werkstoffe untereinander;

g) Alterung, Ermüdung, Zeitstandfestigkeit und andere mechanische Faktoren;

h) Diffusionsverhalten.

Rohre und Zubehör aus Blei dürfen nicht verwendet werden.

Eine nicht vollständige Liste zugelassener Werkstoffe findet sich in Anhang A.

ANMERKUNG   Im Rahmen des EU-Mandates M136 unter der Bauproduktenrichtlinie (CPD) und der Trinkwasserrichtlinie (DWD) wird ein System von Europäischen Normen (EN) und anderen Regelungen vorbereitet, um ein Europäisches Annahmesystem (EAS) zur Prüfung und Zertifizierung von Produkten in Kontakt mit Wasser für den menschlichen Gebrauch einzuführen.

## 5 Werkstoffe  DIN 1988-200

### 5.1 Werkstoffwahl  DIN 1988-200

> Alle mit dem Trinkwasser bestimmungsgemäß in Berührung kommenden Anlagenteile können das in ihnen fließende Wasser in seiner Beschaffenheit verändern. Diese Veränderungen und Anreicherungen müssen sich im Rahmen der in der TrinkwV [1] genannten Grenzen bewegen und dürfen nicht überschritten werden. Für die Einhaltung der Grenzwerte und Parameter ist neben dem Planer und dem Installationsunternehmen der Betreiber einer Trinkwasser-Installation verantwortlich. Die Parameter sind an jeder Entnahmestelle einer Trinkwasser-Installation einzuhalten.
>
> Der Planer und das Installationsunternehmen müssen darauf achten, dass in der Trinkwasser-Installation nur Rohre und Bauteile aus Werkstoffen verwendet werden, die für die jeweilige Trinkwasserbeschaffenheit geeignet sind.
>
> Bei der Auswahl von Werkstoffen (siehe Tabelle A.1) müssen örtliche Erfahrungen, die gegebenenfalls beim Wasserversorgungsunternehmen, den örtlichen Installationsunternehmen oder beim Rohrhersteller vorhanden sind, einbezogen werden.
>
> Da grundsätzlich davon auszugehen ist, dass in einer Trinkwasser-Installation immer Bauteile aus unterschiedlichen Werkstoffen eingebaut sind, können einzelne Komponenten Einsatzbeschränkungen unterliegen. Zur Auswahl der geeigneten Werkstoffe ist eine aktuelle Trinkwasseranalyse beim örtlichen Wasserversorgungsunternehmen einzuholen.
>
> Für metallene Werkstoffe gilt, dass eine Veränderung der Trinkwasserbeschaffenheit im Hinblick auf die Anforderungen der TrinkwV [1] als vertretbar angesehen wird, wenn die in DIN 50930-6 aufgeführten Werkstoffwerte nicht überschritten werden. Dies kann z. B. durch das DVGW-Zertifizierungszeichen dokumentiert werden. Die Einsatzbereiche metallener Werkstoffe sind in Reihe DIN EN 12502, DIN 50930-6 und Abschnitt 18 beschrieben.
>
> Für Werkstoffe mit organischen Bestandteilen gelten die Anforderungen nach DVGW W 270 (A) und [3] bis [6].

Werkstoffe in Kontakt mit Trinkwasser können mit dem Trinkwasser reagieren, mit Auswirkungen auf den Werkstoff und auch auf die Trinkwasserbeschaffenheit. Daher müssen einerseits die einzusetzenden Werkstoffe technischen und hygienischen Anforderungen genügen und andererseits ist vor Einsatz die Wasserbeschaffenheit auf Eignung für die vorgesehenen Werkstoffe zu prüfen. Hierbei können beim Wasserversorgungsunternehmen oder Produkthersteller vorhandene Erkenntnisse zur lokalen Situation einbezogen werden.

Grundsätzlich stehen folgende Leitungswerkstoffe und -typen nach DIN 1988-200, Anhang A, Tabelle A.1 „Werkstoffe, Verbindungsstücke und zugehörige technische Regeln", zur Auswahl.

Zu den in Tabelle A.1 genannten Werkstoffen werden die hygienischen Anforderungen vom Umweltbundesamt definiert und fließen in die Zertifizierung, z. B. zur Erlangung eines DVGW-Zeichens, ein. Insbesondere zu nennen sind hier die KTW-Leitlinien für Kunststoffe, das DVGW-Arbeitsblatt W 270 zur Bestimmung der Verkeimungsneigung und die „Liste der trinkwasserhygienisch geeigneten metallenen Werkstoffe".

Auf der „Liste der trinkwasserhygienisch geeigneten metallenen Werkstoffe" werden Rohre aus verzinktem Stahl nicht mehr geführt, sondern als gesundheitlich-hygienisch geeignete Rohrwerkstoffe lediglich nicht rostender Stahl, Kupfer und innenverzinntes Kupfer gelistet.

Kunststoffe, die für Kunststoff- und Verbundrohre zum Einsatz kommen, müssen die KTW-Anforderungen und die Anforderungen zur Vermeidung von mikrobiologischem Wachstum nach DVGW W 270 erfüllen. Ein Nachweis ist über das DVGW-Zeichen in der Regel nur für das fertige Produkt möglich, denn die o. a. Grundklassifizierung der Polymere genügt nicht zur Beschreibung einheitlicher Produkteigenschaften, da sich Bauteile auch innerhalb derselben Werkstoffklassifizierung z. T. deutlich in ihren Langzeiteigenschaften unterscheiden.

Neben dem Grundpolymer haben die Stabilisierung und Additivierung, die bei Verbundrohren eingesetzten Haftvermittler, die Herstellbedingungen bei der Extrusion und bei vernetzten Werkstoffen auch das Vernetzungsverfahren und der Vernetzungsgrad Einfluss auf die technischen und hygienischen Eigenschaften. Ein DVGW-Zeichen bekundet u. a., dass das fertige Produkt unter den vom Hersteller jeweils für das Produkt vorgesehenen Anforderungen bezüglich Werkstoffermüdung (s.a. Kommentar zu Abschnitt 3.4.2) erfolgreich getestet wurde.

## 5.2 Rohrverbindungen    DIN EN 806-2

Alle Rohrverbindungen in der Trinkwasser-Installation müssen den einschlägigen Normen entsprechen.

Die Rohrverbindungen müssen unter den wechselnden Materialspannungen während des Betriebes dauerhaft wasserdicht sein.

Zwei grundlegende Konstruktionen werden unterschieden: Zugfeste Rohrverbindungen, die axiale Kräfte aufnehmen können, und nicht zugfeste, die eine zusätzliche Fixierung benötigen, um ein Lösen der Verbindung zu verhindern. Für letztere sind geeignete Fixpunkte vorzusehen, die die hydraulischen Schubkräfte an den Verbindungen aufnehmen können.

## 5.2 Rohrverbindungen    DIN 1988-200

Die Art der Verbindung kann metallisch oder nichtmetallisch dichtend, lösbar oder nicht lösbar sein. Für Rohrverbindungen in der Trinkwasser-Installation müssen zugfeste Verbindungen verwendet werden. Bei erdverlegten Leitungen mit nicht zugfesten Rohrverbindungen sind an Bögen und Abzweigen ausreichend bemessene Widerlager anzuordnen.

Es wird zwischen lösbaren und nicht lösbaren, metallisch dichtenden und nicht metallisch dichtenden sowie zugfesten und nicht zugfesten Rohrverbindungen unterschieden. Letztere benötigen nach DIN EN 806 eine zusätzliche Fixierung, um ein Lösen zu verhindern. Nach DIN 1988-200 sind zum Verbinden von Rohren nur zugfeste Verbindungen einzusetzen (eine Ausnahme bilden z. B. erdverlegte Leitungen mit ausreichend bemessenen Widerlagern). Alle Verbindungen müssen unter den wechselnden Materialspannungen dauerhaft wasserdicht sein.

Anmerkung: Ein Nachweis ist über eine Prüfung nach DVGW-Arbeitsblatt W 534 in der entsprechenden Kategorie möglich.

Ergänzend zu den in Anhang A der DIN EN 806-2 aufgeführten Komponenten ist zu erwähnen, dass handwerklich hartgelötete Verbindungen an Kupferrohren erst ab der Dimension 35 mm und größer den allgemein anerkannten Regeln der Technik entsprechen.

## 5.3 Werkstoffe für Rohrverbindungen    DIN EN 806-2

Es sind nur blei-, antimon- und cadmiumfreie Lote zu verwenden, außer sie sind durch nationale oder örtliche Vorschriften zugelassen.

Andere Werkstoffe und Systeme dürfen verwendet werden, wenn sie die allgemeinen Anforderungen nach 3.4.1 erfüllen.

**Tabelle 3 — Werkstoffe für Rohre und Rohrverbindungen, Metalle**

| Art der Rohrverbindungen für metallene Rohre | Rohrwerkstoffe | | | |
|---|---|---|---|---|
| | Duktiles Gusseisen | Nichtrostender Stahl | Verzinkter Stahl (HDGS) | Kupfer |
| | | Werkstoffe für Rohrverbindungen | | |
| | Duktiles Gusseisen | Nichtrostender Stahl und Messing | Verzinkter Stahl und Temperguss | Kupfer und Kupferlegierungen |
| Weichlötverbindung | — | — | — | X |
| Hartlötverbindung | — | X[d] | X[d] | X[c] |
| Schweißverbindung | — | X[d] | — | X |
| Gewindeverbindung[a] | — | X[b] | X | X |
| Klemmverbindung | — | X | X | X |
| Pressverbindung | — | X | — | X |
| Muffenverbindung mit Dichtring aus Elastomer | X | — | — | — |
| Steckverbindung | X | X | X | X |
| Flanschverbindung | X | X | X | X |
| Verbindung mittels Kupplung | X | X | X | X |

**Tabelle 3** *(fortgesetzt)*

| Art der Rohrverbindungen für metallene Rohre | Rohrwerkstoffe | | | |
|---|---|---|---|---|
| | Duktiles Gusseisen | Nichtrostender Stahl | Verzinkter Stahl (HDGS) | Kupfer |
| | Werkstoffe für Rohrverbindungen | | | |
| | Duktiles Gusseisen | Nichtrostender Stahl und Messing | Verzinkter Stahl und Temperguss | Kupfer und Kupferlegierungen |
| | Weitere Angaben | | | |
| | Rohre und Rohrverbindungen nach EN 545. Äußerer und innerer Korrosionsschutz kann erforderlich sein. Muffenverbindungen nach EN 545. | Rohre und Rohrverbindungen. Kurze Kupferanschlüsse an große Behälter aus nichtrostendem Stahl sollten vermieden werden. Flussmittel, die Chloride, Boride oder andere Stoffe, die Lochfraß verursachen, enthalten, dürfen nicht verwendet werden. Es müssen Flussmittel auf Phosphorsäure-Basis verwendet werden. | Nur mittelschwere und schwere Gewinderohre entsprechend prEN 10255 mit Verzinkung nach EN 10240, nur Qualität A.1. Feuerverzinkte Tempergussfittings nach EN 10242. In der Regel werden verzinkte Tempergussfittings für Rohrverbindungen verwendet. Auf der Baustelle gefertigte Krümmer dürfen, um eine Beschädigung der Verzinkung zu vermeiden, nicht verwendet werden. Dafür sind verzinkte Krümmer nach EN 10242 zu verwenden. | Rohre, Fittings, vorgefertigte Bauteile. Lote müssen Zinn/Kupfer Legierung (Nr.: 23, 24) oder Zinn/Silber Legierung (Nr.: 28, 29) nach EN 29453 entsprechen. Rohre siehe EN 1057. Kapillarlötfittings aus Kupfer oder Kupferlegierung für Weich- und Hartlötungen nach EN 1254-1 und EN 1254-5. Klemmverbinder aus Kupferlegierungen nach EN 1254-2. Für Steckverbindungen siehe prEN 1254-7. Für Rohrenden mit Gewinde siehe EN 1254-4. |

a   Gewinde nach EN 10226-1
b   Gewinde auf dem Verbindungsstück
c   Siehe nationale Vorschriften und Normen
d   Das Risiko von Schäden durch Korrosion ist zu berücksichtigen, siehe auch örtliche und nationale Regelungen und Vorschriften
X   zulässig
—   nicht zulässig

## Tabelle 4 — Werkstoffe für Rohre und Rohrverbindungen, Kunststoffe (PE-X, PE, PVC-U)

| Art der Rohrverbindungen für Rohre aus Kunststoff | PE-X | | | Rohrwerkstoffe PE Werkstoffe für Rohrverbindungen | | | | | PVC-U | |
|---|---|---|---|---|---|---|---|---|---|---|
| | Kunststoff | Metall[c] | Duktiles Gusseisen | Temperguss | Kupferlegierung | POM | PP | PE | Duktiles Gusseisen | PVC-U |
| Schweißverbindung (Fusionsschweißen, Stumpfschweißen usw.) | — | — | — | — | — | — | — | X | — | — |
| Klebeverbindung | — | — | — | — | — | — | — | — | — | X |
| Gewindeverbindung[a] | X[b] | X[b] | X[b] | X[b] | X[b] | X[b] | X[b] | X[b] | — | X[b] |
| Klemmverbindung | X | X | X | X | X | X | X | — | X | X |
| Pressverbindung | X | X | — | — | — | — | — | — | — | — |
| Muffenverbindung mit Dichtring aus Elastomer | — | — | X | X | — | — | — | — | X | X |
| Steckverbindung | X | X | — | — | — | — | — | — | — | — |
| Flanschverbindung | X | X | X | X | X | — | X | X | X | X |
| Verbindung mittels Kupplung | X | X | — | X | X | — | — | X | X | X |
| **Weitere Angaben** | Rohre, Fittings und Rohrverbindungen nach EN ISO 15875-1, EN ISO 15875-2 und EN ISO 15875-3 zusammen mit EN ISO 15875-5 und EN ISO/TS 15875-7. | | Nur Rohrverbindungen für PE-Rohre geeignet nach EN 12201-5; Klemmrohrverbinder und Muffen nach EN 12842. | Nur Rohrverbindungen für PE-Rohre geeignet nach EN 12201-5; Klemmrohrverbinder nach EN 10284. | Nur Rohrverbindungen für PE-Rohre geeignet nach EN 12201-5; Klemmrohrverbinder nach EN 1254-3. | Nur Rohrverbindungen für PE-Rohre geeignet nach EN 12201-5. | | Rohre, Fittings und Rohrverbinder nach EN 12201-1, EN 12201-2, EN 12201-3 zusammen mit EN 12201-5 und CEN/TS 12201-7, prEN 14525. | Muffenverbindung nach EN 12842, EN 14525. | Rohre, Fittings und Rohrverbinder nach EN 1452-1, EN 1452-2, EN 1452-3 zusammen mit EN 1452-5 und ENV 1452-7. |

[a] Gewinde nach EN 10226-1
[b] Gewinde auf dem Verbindungsstück
[c] Verträglichkeit vom Rohrwerkstoff mit den Metallfittings muss vom Lieferanten erklärt werden
X zulässig
— nicht zulässig

## Tabelle 5 — Werkstoffe für Rohre und Rohrverbindungen, Kunststoffe (PVC-C, PP, PB)

| Art der Rohrverbindungen für Rohre aus Kunststoff | Rohwerkstoffe PVC-C | | | Rohwerkstoffe PP | | | Rohwerkstoffe PB | |
|---|---|---|---|---|---|---|---|---|
| | Nicht rostender Stahl | Kupfer-legierung | PVC-C | Werkstoffe für Rohrverbindungen | | | | |
| | | | | Kunststoff außer PP | Metall[c] | PP | Kunststoff außer PB | Metall[c] | PB |
| Schweißverbindung | — | — | — | — | — | X | — | — | X |
| Klebeverbindung | — | — | X | — | — | — | — | — | — |
| Gewindeverbindung[a] | X[b] | X[b] | — | X[b] | X[b] | X[b] | X[b] | X[b] | X[b] |
| Klemmverbindung | X | X | — | X | X | X | X | X | X |
| Pressverbindung | — | — | — | — | — | — | X | X | — |
| Muffenverbindung mit Dichtring am Elastomer | — | — | — | — | — | — | — | — | — |
| Steckverbindung | — | — | — | X | X | — | X | X | X |
| Flanschverbindung | X | X | X | X | X | X | X | X | X |
| Verbindung mittels Kupplung | X | X | X | X | X | X | X | X | X |

| Weitere Angaben | | |
|---|---|---|
| Rohre, Fittings und Rohrverbinder nach EN ISO 15877-1, EN ISO 15877-2 und EN ISO 15877-3 zusammen mit EN ISO 15877-5 und EN ISO/TS 12731-7. | Rohre, Fittings und Rohrverbinder nach EN ISO 15874-1, EN ISO 15874-2 und EN ISO 15874-3 zusammen mit EN ISO 15874-5 und EN ISO/TS 15874-7. | Rohre, Fittings und Rohrverbinder nach EN ISO 15876-1, EN ISO 15876-2 und EN ISO 15876-3 zusammen mit EN ISO 15876-5 und EN ISO/TS 15876-7. |

[a] Gewinde nach EN 10226-1
[b] Gewinde auf dem Formstück
[c] Verträglichkeit vom Rohrwerkstoff mit den Metallfittings muss vom Lieferanten erklärt werden
X  zulässig
—  nicht zulässig

## 5.3 Werkstoffe für Rohrverbindungen  DIN 1988-200

> Die Rohrverbindungen und Werkstoffe müssen den in Anhang A angegebenen Vorgaben entsprechen.

Nach DIN EN 806-2 sind zahlreiche Werkstoffe für Verbinder, Bauteile und Apparate einsetzbar. Hierzu zählen Kupferlegierungen (sowohl verschiedene Messingwerkstoffe als auch Rotgusslegierungen), Eisenwerkstoffe (Temperguss, duktiles Gusseisen) und bestimmte Fitting-Kunststoffe (z. B. POM für Kaltwasser).

Allerdings ist in Deutschland anstelle der Aufzählung in DIN EN 806-2 die „Liste der trinkwasserhygienisch geeigneten metallenen Werkstoffe" des Umweltbundesamts ab 1.12.2012 maßgeblich. Diese Liste umfasst bestimmte Legierungen der Legierungssysteme Messing und Rotguß, die für die Produktgruppen B (Fittings, Armaturen und sonstige Bauteile) und C (Komponenten in Bauteilen) eingesetzt werden können. Hierzu zählen z. B. Werkstoffe der Gruppen

- CuZn
- CuZnAs
- CuZnPb
- CuZnPbAs
- CuSnZnPb
- CuSiZn.

Auch hier ist z. B. das DVGW-Zeichen ein ausreichender Nachweis für die grundsätzliche Eignung eines Bauteils und der darin verwendeten Werkstoffe.

## 5.4 Hilfsstoffe  DIN 1988-200

> Hilfsstoffe sind nur zulässig, wenn sie technisch unvermeidbar und hygienisch bedenkenlos sind. Sie müssen durch Spülen nach DIN EN 806-4 entfernbar sein.
>
> ANMERKUNG Weitere Informationen können dem ZVSHK-Merkblatt „Spülen, Desinfizieren und Inbetriebnahme von Trinkwasser-Installationen" [18] entnommen werden.
>
> Gewindeschneidmittel müssen den Prüfanforderungen nach DVGW W 521, Gewindedichtmittel der DIN 30660 und DVGW W 270 (A) entsprechen.
>
> Für Lötverbindungen von Rohren sind nur Lote zum Hart- und Weichlöten zu verwenden, die in DVGW GW 2 aufgeführt und entsprechend gekennzeichnet sind.
>
> Flussmittel zum Hart- und Weichlöten müssen den Prüfanforderungen nach DVGW GW 7 entsprechen und, z. B. auf der Verpackung, mit dem DVGW-Zertifizierungszeichen und der Registriernummer gekennzeichnet sein.

Hilfsstoffe sind nur zulässig, wenn sie technisch unvermeidbar und hygienisch unbedenklich sind. Sie müssen durch Spülen entfernbar sein.

Details siehe auch ZVSHK-Merkblatt „Spülen, Desinfizieren und Inbetriebnahme von Trinkwasser-Installationen".

Nicht für alle Hilfsstoffe existieren DVGW-Prüfgrundlagen, so dass manche Hilfsmittel auch ohne DVGW-Kennzeichnung durchaus geeignet sein können. Liegt jedoch ein DVGW-Zeichen vor, dann ist dies ein klarer und ausreichender Nachweis für die Eignung eines Hilfsstoffes. Dies gilt insbesondere für

- Gewindeschneidmittel (nach DVGW W 521)
- Gewindedichtmittel (nach DVGW W 270 und DIN 30660)
- blei-, antimon- und cadmiumfreie Weich- und Hartlote (nach DVGW GW 2)
- Flussmittel zum Weich- und Hartlöten (nach DVGW GW 7).

# 6 Bauteile  DIN EN 806-2

## 6.1 Absperrarmaturen  DIN EN 806-2

> Es sollten nur strömungsgünstige Leitungsarmaturen (z. B. Kugelhähne, Freistromventile) eingebaut werden.

# 6 Bauteile  DIN 1988-200

## 6.1 Absperrarmaturen  DIN 1988-200

> Es sind nur strömungsgünstige Leitungsarmaturen, z. B. Schrägsitzventile nach DIN EN 1213, Kugelhähne nach DIN EN 13828 und DVGW W 570-1, einzubauen.
>
> Ventile mit Geradsitz nach DIN EN 1213 und DVGW W 570-1 dürfen bei ausreichendem Druck nur in Stockwerksleitungen eingebaut werden.
>
> Als Leitungsarmaturen dürfen Armaturen mit einem Schließvorgang auf/zu von 90° Drehung, z. B. Kugelhähne nach DIN EN 13828 und DVGW W 570-1, nur dann verwendet werden, wenn sie als Absperrorgane für Wartungsarbeiten dienen.

Aufgrund der besonderen Anforderungen an die Absperrarmaturen, speziell der Anforderungen im Bereich des Schallschutzes im Wohnungsbau nach DIN 4109, wird gefordert, dass die Armaturen nur einen geringen Druckverlust aufweisen. Hohe Druckverluste bedeuten hohe Schallemission bereits bei Nenndurchfluss.

Es ist darauf zu achten, dass die Armaturen für den Einbau in Trinkwasserinstallationen zertifiziert sind und die Zertifizierung eine Schallschutzprüfung beinhaltet.

Geradsitzventile (z. B. Unterputzventile) weisen aufgrund ihrer Konstruktion starke Umlenkungen im Sitzbereich auf, die dadurch einen höheren Druckverlust als Freistromventile (Bild 22) oder Kugelhähne erzeugen. Werden Geradsitzventile in Stockwerksinstallationen eingebaut, so muss im Rahmen der Ermittlung der Rohrdurchmesser auf Grundlage von DIN 1988-300 überprüft werden, ob der geforderte Fließdruck an den in Fließrichtung folgenden Entnahmearmaturen sichergestellt werden kann. Ggf. sind u. a. strömungsgünstigere Absperreinrichtungen einzusetzen.

**Bild 22:** Freistrom-Absperrventil (Werkbild: Kemper)

Absperrarmaturen mit einem Schließvorgang auf/zu über eine 90°-Drehung (Bild 23) können hohe Druckschläge (bis zu 5 MPa) im Rohrsystem erzeugen, wenn diese Armaturen im durchflossenen Zustand schlagartig geschlossen werden. Je größer der Volumenstrom ist, der durch die Absperrarmatur fließt, desto größer ist auch die kinetische Energie der Wassersäule, die durch Schließen der Absperrarmatur abgebremst wird. Dies kann u. U. zu Schäden an Rohrverbindungen und Apparaten und damit zum Wasserschaden führen. Aus diesem Grund wird empfohlen, Absperrarmaturen mit einem Schließvorgang auf/zu über eine 90°-Drehung stets langsam zu öffnen und zu schließen bzw. mit einem langsam drehenden Antrieb zu versehen.

**Bild 23:** Absperrarmaturen mit einem Schließvorgang auf/zu über eine 90°-Drehung (Werkbild: Kemper)

In der vorliegenden Norm ist der Einsatz solcher Absperrarmaturen deshalb nur für Wartungszwecke zugelassen. Im Wartungsfall wird die Absperrarmatur i. d. R. nicht durchflossen, sodass dann die Absperreinrichtung geöffnet bzw. geschlossen werden kann, ohne einen Druckschlag auszulösen.

## 6.2 Kompensatoren  DIN EN 806-2

Metallbalg-Kompensatoren müssen den maximalen Betriebsbedingungen standhalten und für eine Nennlastspielzahl von mindestens 10 000 vollen axialen Hüben ausgelegt sein (Dehnung/Pressung). Einen geeigneten Nachweis hierfür hat der Hersteller dem Anwender vorzulegen. Ein geeignetes Prüfverfahren sollte zwischen dem Hersteller und dem Anwender vereinbart werden.

Kompensatoren aus Elastomeren sind nur dann zulässig, wenn die Eignung für Trinkwasser bezüglich Konstruktion und Werkstoff nachgewiesen ist. Kompensatoren aus Elastomeren müssen mindestens eine Lebensdauer von 10 Jahren besitzen, wenn sie entsprechend den Anweisungen der Hersteller eingebaut wurden.

## 6.2 Kompensatoren  DIN 1988-200

Kompensatoren müssen leicht zugänglich sein. Es sind die technischen Anweisungen der Hersteller zu beachten.

Kompensatoren werden in der Trinkwasserinstallation zum Ausgleich von Bewegungen, die insbesondere durch Vibrationen oder thermische Langenänderungen entstehen können, eingebaut.

Je nach bauseitigen Anforderungen werden:
- Stahlkompensatoren
- Wellrohrkompensatoren
- Metallschlauchkompensatoren
- Gummikompensatoren (wenn für Trinkwasser geeignet)

eingesetzt.

Axialkompensatoren nehmen Längsbewegungen in einer Rohrleitung auf.

Angularkompensatoren nehmen Winkelbewegungen in einer oder mehreren Ebenen auf.

Lateralkompensatoren nehmen Querbewegungen in einer oder mehreren Ebenen auf.

Universalkompensatoren können kombinierte Bewegungen aufnehmen.

Für die Aufnahme von Axialkräften, die aufgrund von Wärmedehnungen zu einer Längenausdehnung von Rohrleitungen führen, müssen Fest- und Gleitrohrschellen eingebaut werden.

Weil Kompensatoren durch die ständigen Bewegungen hoch belastet werden, sollten sie nur dort eingesetzt werden, wo sie regelmäßig kontrolliert werden können. Das heißt, in Zentralen und begehbaren Rohrkanälen bzw. Schächten können Kompensatoren eingesetzt werden, nicht aber in unzugänglichen Vorwandinstallationen oder abgehängten Decken. Dort sollten zur Aufnahme der Längenänderung unter Wärmeeinfluss Ausdehnungsbögen verwendet werden.

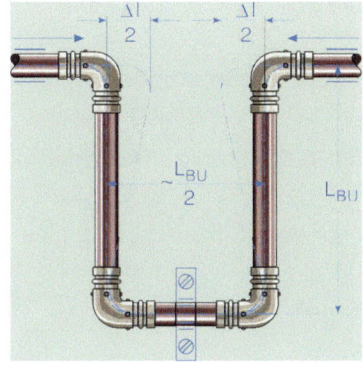

**Bild 24:** Ausdehnungsbogen (Werkbild: Viega)

Zur Vermeidung von Geräuschübertragungen oder Schwingungen von Pumpen auf die Rohrleitungen ist eine mechanische Entkopplung durch Kompensatoren erforderlich. Werden zur Entkopplung elastische Rohrelemente, wie Kompensatoren oder Metallschläuche, verwendet, sind diese mit Längenbegrenzern auszustatten. Bei Kompensatoren sind das Zuganker, bei Metallschläuchen ein umhüllendes Metallgewebe.

**Bild 25:** Axialkompensator (Werkbild: Viega)

Der Hersteller der Kompensatoren hat eine Auslegungsanleitung in seinen Produktunterlagen vorzuhalten, die mindestens folgende Angaben enthalten muss:
- Anordnung des Kompensators in der zu kompensierenden Rohrleitung
- ggf. Hinweis auf erforderliche Festpunkte, Führungslager usw. sowie die dabei auftretenden Kräfte
- reduzierte Bewegungen bei Schwingungsbeanspruchungen
- Hinweis darauf, dass Torsionsbewegungen zu vermeiden sind
- Betriebsbedingungen hinsichtlich Druck und Temperatur.

Außerdem muss der Hersteller jeder Lieferung Einbauanleitungen beifügen, in denen alle Angaben für einen einwandfreien Einbau enthalten sind.

PLANUNG

## 6.3 Schläuche DIN EN 806-2

Flexible Schläuche dürfen zum Ausgleich von Längen- und Winkeländerungen eingesetzt werden, wenn sie für die zu erwartenden Betriebsbedingungen ausgelegt wurden.

Alle Schläuche, die anstelle von Rohren eingesetzt werden und ständig unter Innendruck stehen, müssen 3.4.1 entsprechen.

Eine Absperrarmatur ist in Strömungsrichtung unmittelbar vor dem Schlauchanschluss für einen Apparat einzubauen.

Die Länge von Schläuchen sollte nicht mehr als 2,0 m betragen.

## 6.3 Schläuche DIN 1988-200

Flexible Schlauchleitungen müssen DIN EN 13618 und DVGW W 543 entsprechen.

Schläuche der Gruppen I und II nach DVGW W 543 müssen leicht zugänglich sein.

Für den Anschluss von Geschirrspülern, Waschmaschinen, Wäschetrocknern und dergleichen dürfen auch Schlauchsätze (Schlauch mit Anschlussverschraubung) nach DIN EN 61770 verwendet werden.

In DIN EN 806-2 sind die Einsatzbereiche für flexible Schläuche festgelegt.

Der zugelassene Einsatzbereich von Schläuchen in der Trinkwasserinstallation ist nach DIN 1988-200 durch Verweis auf DIN EN 13618 und auf die DVGW-Arbeitsblätter W 543 Teil 1 bis Teil 3 weitergehender als in der europäischen Norm.

DIN EN 13618 enthält die Anforderungen an flexible Schläuche. Die notwendigen Ergänzungen für die Hygiene und für die Tauglichkeit in der Praxis sind in den DVGW-Arbeitsblättern W 543 Teil 1 bis Teil 3 enthalten. Die Unterscheidung der DVGW-Arbeitsblätter erfolgt nach der Schlauchleitungsart und dem Anwendungsbereich.

**Armaturenanschlussschläuche**

Im DVGW-Arbeitsblatt W 543 Teil 1 werden die Anforderungen für flexible Schlauchleitungen der Gruppe I zum Anschluss von Armaturen und Apparaten für sichtbare oder zugängliche Installationen für die Nennweiten DN 6 bis DN 32 festgelegt. Sie sind nicht als Bestandteil der Gebäudeinstallation zulässig. Ebenso ist eine Aneinanderreihung von Schlauchleitungen zum Zwecke der Hausinstallation unzulässig. Die Schläuche sind für eine Betriebsdauer von 20 Jahren ausgelegt. Die Schlauchleitungslänge soll nach DIN EN 806-2 nicht größer als 2,00 m sein. Die Schlauchanschlüsse sind nach DVGW-Arbeitsblatt W 543 so gestaltet und geprüft, dass ein Herausgleiten aus der Verbindung nicht erfolgt und die Dichtheit gewährleistet ist.

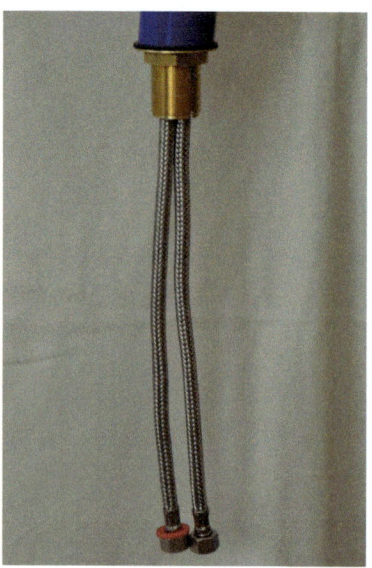

**Bild 26:** Armaturenanschlussschlauch (Werkbild: Lindner)

## Wasch- und Geschirrspülmaschinen

Im DVGW-Arbeitsblatt W 543 Teil 2 werden die Anforderungen für flexible Schlauchleitungen der Gruppe II für den Anschluss von Wasch- und Geschirrspülmaschinen sowie von Trommeltrocknern festgelegt. Die Betriebszeit der Schlauchleitungen beträgt 10 Jahre.

Weil die Sicherungseinrichtung „Freier Auslauf" bei DVGW-zertifizierten Wasch- und Geschirrspülmaschinen in den Maschinen angeordnet ist, müssen die Anschlussschläuche den hygienischen Anforderungen genauso wie alle anderen Bauteile der Trinkwasserinstallation entsprechen.

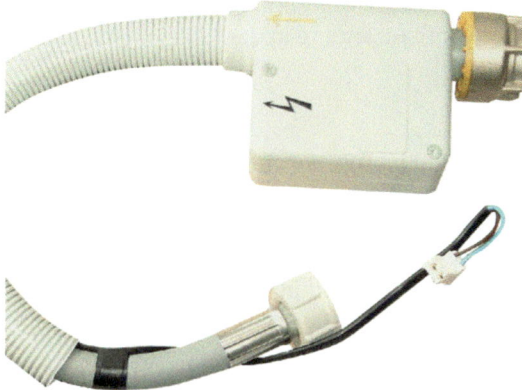

**Bild 27:** Wasch- und Geschirrspülmaschinenanschlussschlauch mit Aquastop (Werkbild: Miele)

## Schlauchleitungen für unzugängliche Installationen

Im DVGW-Arbeitsblatt W 543 Teil 3 werden die Anforderungen für unzugängliche Installationen der Gruppe III festgelegt. Diese vorkonfektionierten Schlauchleitungen mit Schlauch und Verbindungen an beiden Enden haben wie Rohrsysteme eine Betriebszeit von 50 Jahren.

**Bild 28:** Anschlussschläuche Gruppe 3 z. B. für Wasserzählerschächte (Werkbild: Höhne/EWE)

Grundsätzlich sollten nur DIN/DVGW-zertifizierte flexible Schlauchleitungen verwendet werden.

## 6.4 Zirkulationsregulierventile    DIN 1988-200

> Zirkulationsregulierventile dienen dem hydraulischen Abgleich in Zirkulationsanlagen. Es können sowohl statische Regulierventile als auch thermostatische (automatische) Regulierventile zum Einsatz kommen.
>
> Thermostatische Zirkulationsregulierventile müssen dem DVGW W 554 entsprechen.

# Planung

Zirkulationsregulierventile werden benötigt, um den „hydraulischen Abgleich" in Warmwasser-Zirkulationssystemen sicherzustellen.

Jedem Anschluss der Zirkulation an die Warmwasser-Verbrauchsleitung muss ein Zirkulationsregulierventil zugeordnet werden. An diesen Ventilen muss zusätzlicher Druckverlust erzeugt werden, damit über jeden Zirkulationsanschluss nur noch so viel Zirkulationsvolumenstrom fließt, wie zur Temperaturhaltung gerade noch erforderlich ist.

Es wird zwischen statischen und thermostatischen Zirkulationsregulierventilen unterschieden. Statische Regulierventile müssen von Hand auf einen zuvor berechneten $k_V$-Wert voreingestellt werden. Thermostatische Zirkulationsregulierventile erzeugen die für den „hydraulischen Abgleich" erforderlichen Druckdifferenzen temperaturabhängig ohne Hilfsenergie über Dehnstoffelemente und müssen bei richtiger Ventilauslegung in der Regel nicht „voreingestellt" werden.

**Die Angaben der Hersteller sind zu beachten.**

Die Anforderungen an geregelte Zirkulationsventile sind im DVGW-Arbeitsblatt W 554 enthalten. Hier werden u. a. für Zirkulationsregulierventile (DN 15 bis DN 32) mit einem Nenndruck von PN 10 die Reguliereigenschaften definiert, die diese Ventile zu erfüllen haben. Die Verwendung von zertifizierten Zirkulationsregulierventilen ermöglicht erst die Sicherstellung der nach DIN 1988-200 geforderten Warmwassertemperaturen im Zirkulationskreis.

Eine einwandfreie Funktion eines größeren Zirkulationssystems kann nur erwartet werden, wenn die Bemessung der Rohrdurchmesser, der Zirkulationspumpe und der Zirkulationsregulierventile auf Grundlage einer hydraulischen Berechnung nach den Regeln der DIN 1988-300 vorgenommen wurde. Entsprechende Berechnungen können mit vertretbarem Aufwand nur noch mit einschlägiger Berechnungssoftware durchgeführt werden.

**Bild 29:** Statisches Zirkulationsregulierventil (Werkbild: Oventrop)

**Bild 30:** Thermostatisches Zirkulationsregulierventil (Werkbild: Oventrop)

## 6.5 Entnahmearmaturen DIN 1988-200

> Es sind Entnahmearmaturen nach DIN EN 200, DIN EN 816, DIN EN 817, DIN EN 1111 und DVGW W 574 einzubauen.
>
> Bei nebeneinander bzw. übereinander angeordneten Entnahmearmaturen für kaltes und erwärmtes Trinkwasser ist der Anschluss an die Trinkwasser-Installation für erwärmtes Trinkwasser links bzw. oben anzuordnen.
>
> Die Entnahmearmaturen für erwärmtes Trinkwasser sind kenntlich zu machen.
>
> Beim Kennzeichnen durch Farben ist für erwärmtes Trinkwasser „rot", für kaltes Trinkwasser „blau" zu verwenden.
>
> Schnellschlussarmaturen, z. B. Kugelhähne, sind nicht zugelassen.

Es sind Entnahmearmaturen nach DIN EN 200, DIN EN 816, DIN EN 817, DIN EN 1111 und DVGW W 574 einzubauen.

Bei nebeneinander bzw. übereinander angeordneten Entnahmearmaturen für kaltes und erwärmtes Trinkwasser ist der Anschluss an die Trinkwasseranlage für erwärmtes Trinkwasser links bzw. oben anzuordnen.

Entnahmearmaturen nach DIN EN 200 sind für Einrichtungsgegenstände bestimmt, die der Hygiene und Körperpflege wie auch dem Konsumieren von Trinkwasser dienen.

Die Entnahmearmatur ist aus diesem Grund an der Anschlussstelle für Kalt- und Warmwasser, meist an einer Wandscheibe oder einem Anschlussventil, sauber und hygienisch einwandfrei anzuschließen.

Bei Anschluss der Entnahmestellen mittels flexibler Schläuche ist darauf zu achten, dass diese für den Einsatz in Trinkwasserinstallationen DVGW-zertifiziert sind.

Entnahmearmaturen sind als Einzelentnahmearmatur für Kalt- oder Warmwasser und als Mischarmatur für Kalt- und Warmwasser erhältlich.

Um Rücksaugen und Rückdrücken von verunreinigtem Wasser über die Entnahmearmaturen in die Trinkwasserinstallation zu verhindern, sind sie eigensicher mit Sicherungseinrichtungen nach DIN EN 1717 in Verbindung mit DIN 1988-100 auszurüsten. Der Auslauf ist oberhalb des höchstmöglichen Wasserstandes, z. B. in der Badewanne oder dem Waschtisch, anzuordnen.

Um Überströmeffekte bei selbstschließenden Mischarmaturen oder Thermostatarmaturen zu verhindern, müssen Rückflussverhinderer in den Kalt- bzw. Warmwasseranschluss eingebaut werden. Außerdem ist bei der Planung und der Bemessung der Rohrleitungen darauf zu achten, dass die Druckverhältnisse im Kalt- bzw. Warmwassersystem nahezu gleich sind. Dadurch können Überströmeffekte vermieden und eine konstante Mischtemperatur und damit Komfort an der Entnahmestelle gewährleistet werden.

Die Entnahmearmatur hat einen großen Einfluss auf die Rohrdimensionierung im Verteilleitungssystem, auf den Fließdruck an der Entnahmestelle sowie auf den statischen Druck an benachbarten Entnahmestellen. Deshalb müssen bei der Planung und der Ausführung die Herstellerangaben in Bezug auf den Berechnungsdurchfluss sowie den erforderlichen Fließdruck beachtet werden, um den bestimmungsgemäßen Betrieb an der Entnahmestelle sicherstellen zu können.

Werden andere als vom Hersteller empfohlene Strahlregler oder Durchflussbegrenzer eingesetzt, können dadurch der Entnahmevolumenstrom, der Fließdruck und das Geräuschverhalten an der Entnahmearmatur verändert werden.

Zur Vermeidung von Druckschlägen sollten keine schnellschließenden Entnahmearmaturen ausgewählt werden. Einhandmischer sollten langsam geöffnet und geschlossen werden, um Druckschläge zu vermeiden.

Schnellschlussarmaturen, z. B. Kugelhähne, sind als Entnahmearmaturen nicht zugelassen.

Die Entnahmearmaturen für erwärmtes Trinkwasser sind kenntlich zu machen.

Bei einer Kennzeichnung durch Farben ist für erwärmtes Trinkwasser „rot" und für kaltes Trinkwasser „blau" zu verwenden.

## 6.6 Sicherungsarmaturen   DIN 1988-200

Alle die Trinkwasserbeschaffenheit gefährdenden Apparate und Einrichtungen sind mittels entsprechender Sicherungseinrichtungen bzw. -armaturen anzuschließen, um ein Rückfließen, Rücksaugen oder Rückdrücken von verunreinigtem Wasser in das Trinkwassernetz zu verhindern.

Ein Rückfließen kann infolge geodätischer Höhenunterschiede auftreten, wenn der Druck in der Trinkwasseranlage absinkt. Rückdrücken entsteht, wenn z. B. in einem Apparat ein höherer Druck entsteht als der Betriebsüberdruck in der Trinkwasser-Installation. Rücksaugen entsteht, wenn z. B. in der Anschlussleitung oder in der Trinkwasser-Installation ein Unterdruck durch einen Rohrbruch auftritt.

> Für die Auswahl der geeigneten Sicherungseinrichtung und -armatur sind die Anforderungen an den Einbau usw. nach DIN EN 1717 und DIN 1988-100 zu beachten. Für die funktionalen Anforderungen der Sicherungseinrichtungen und -armaturen ist die jeweilige Europäische Produktnorm zu beachten. Die hygienischen Anforderungen sind in DVGW W 570-1 und DVGW W 570-2 festgelegt.

Sicherungsarmaturen sind erforderlich, um gewährleisten zu können, dass die Trinkwasserqualität an der Entnahmearmatur zu jeder Zeit eingehalten werden kann und ein Rückfließen von Nichttrinkwasser in die Trinkwasserinstallation ausgeschlossen ist.

Eine Sicherungsarmatur wird in keinem Fall allein eingebaut. Die Sicherungsarmatur ist immer nur ein Bestandteil der erforderlichen Sicherungseinrichtung nach DIN EN 1717, die zu wählen ist. So muss ein Systemtrenner BA immer mit Absperreinrichtungen und mit ein- und ausgangsseitigem Sieb eingesetzt werden (Bild 31). Zur richtigen Auswahl der Sicherungseinrichtung muss im Vorfeld die Flüssigkeitskategorie, gegen die abgesichert werden soll, bekannt sein. Zusätzlich muss geklärt werden, ob der Einsatz im häuslichen oder im nichthäuslichen Bereich erfolgt.

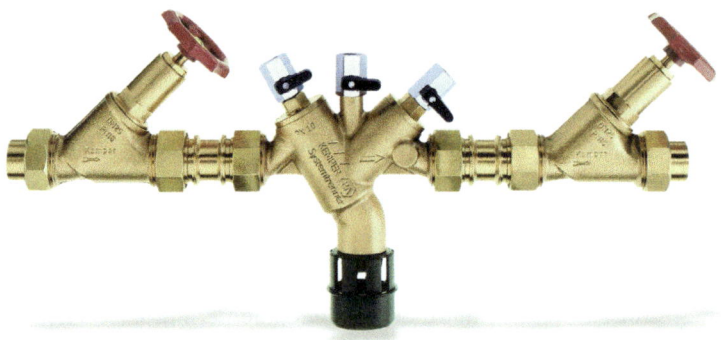

**Bild 31:** Sicherungseinrichtung Systemtrenner BA (Werkbild: Kemper)

## 6.7 Sicherheitsarmaturen     DIN 1988-200

> Eine Sicherheitsarmatur ist eine Einrichtung, die die Überschreitung eines vorbestimmten Betriebsüberdruckes oder -temperatur verhindert (siehe 10.3.2 und Abschnitt 16).

Eine Sicherheitsarmatur ist eine Schaltarmatur, die durch selbsttätiges Schalten aus der Offen- oder Geschlossenstellung gefährliche physikalische Betriebsbedingungen, wie z. B. zu hohen Druck oder zu hohe Temperatur, verhindert und nach Wiederherstellen des vorbestimmten Betriebszustandes in die Ausgangsstellung zurückschaltet.

Sicherheitsarmaturen sind z. B. Sicherheitsventile, Druckbegrenzer und Sicherheitstemperaturbegrenzer. In Armaturenkombinationen können mehrere Funktionen integriert sein.

**Bild 32:** Sicherheitsgruppe nach DIN EN 1488 und DVGW W 570-1 (Werkbild: Sasserath)

## 6.8 Leckagedetektoren DIN 1988-200

Leckagedetektoren müssen DVGW VP 638 entsprechen.

Leckagedetektoren haben die Funktion, vor Wasserschäden, Wasserverlusten und ungewollten Wasserverbrauch in der Trinkwasser-Installation zu schützen. Über Erfassung von Parametern des Wasserdurchflusses kann der ungewollte Wasserverbrauch erkannt werden und über eine Absperrung erfolgt automatisch eine Unterbrechung des Wasserflusses. Falls Leckagedetektoren eingebaut werden, sollten sie z. B. im Einfamilienhaus direkt hinter dem Wasserzähler und in Mehrfamilienhäusern in der Zugangsleitung zu jeder Wohnung fest installiert werden.

Zur Feststellung einer Leckage in der Trinkwasserinstallation gibt es verschiedene Produktlösungen, die alle das Ziel haben, einen Wasserschaden durch unkontrollierten Wasseraustritt im Gebäude zu verhindern. Mittels Detektoren wird die Leckage selbst oder ein Leckagevolumenstrom ermittelt.

Die Leckagedetektoren, die einen Leckagevolumenstrom im Rohrsystem feststellen, müssen der DVGW Prüfgrundlage VP 638 entsprechen.

Wird in einem Rohrsystem ein Leckagevolumenstrom festgestellt, wird die betreffende Verbrauchsleitung über eine Armatur mit elektrischem Antrieb geschlossen. Gleichzeitig kann die Feststellung einer Leckage als Störmeldung an eine Gebäudeleittechnik (GLT) weitergeleitet werden. Wenn die Leckage beseitigt ist, kann der Betreiber die Sperrung wieder aufheben.

Parallel zu den vorgenannten Leckagedetektoren können des Weiteren auch Feuchtigkeitsmelder in Fußbodenhöhe eingesetzt werden. Damit kann die austretende Wassermenge in definierten Schutzbereichen ermittelt werden. Mittels Steuerungssystem oder über die GLT kann nach Ansprechen des Sensors die entsprechende Verbrauchsleitung abgesperrt werden.

**Bild 33:** Leckagedetektor als Sicherheitssystem in einer Dachzentrale (Werkbild: Kemper)

## 6.9 Apparate DIN 1988-200

Apparate sind Vorrichtungen aller Art, die Teil der Trinkwasser-Installation (z. B. Druckerhöhungsanlage, Wasserbehandlungsanlage, Trinkwassererwärmer) oder ständig an die Trinkwasser-Installation angeschlossen werden (z. B. Geschirrspülmaschinen, Waschmaschinen, Getränkeautomaten).

Für die Sicherung der Apparate gegen Rückfließen, Rücksaugen und Rückdrücken ist beim Anschluss an die Trinkwasser-Installation DIN EN 1717 und DIN 1988-100 zu beachten.

Werden Apparate unterschiedlichster Art eingesetzt, so sind diese bezüglich ihrer Anschlusswerte individuell zu betrachten. Die Herstellerangaben im Bereich der hydraulischen Daten sowie die Zulassung für den Einsatz in Trinkwasserinstallationen sind unbedingt zu berücksichtigen, um sicher zu sein, dass im Betrieb keine Funktionsstörungen in der Trinkwasserinstallation auftreten können.

Zur Einhaltung der Trinkwasserhygiene sind die Apparate bestimmungsgemäß zu betreiben. Insbesondere muss ein regelmäßiger Wasserwechsel erfolgen.

## 6.10 Ausdehnungsgefäße DIN 1988-200

### 6.10.1 Allgemeines DIN 1988-200

> Geschlossene Ausdehnungsgefäße mit Membrane müssen den Anforderungen und Auslegungs- und Instandhaltungsvorgaben nach DIN 4807-5 entsprechen.

Wenn geschlossene Ausdehnungsgefäße in Trinkwasserinstallationen eingebaut werden, müssen die Anforderungen der DIN 4807-5 erfüllt sein. Ausdehnungsgefäße gelten als normgerecht, wenn sie mit dem erteilten DIN/DVGW-Zertifizierungszeichen gekennzeichnet sind.

DIN 4807-5 gilt für geschlossene Ausdehnungsgefäße ≥ 4 Liter Nennvolumen mit Membranen für Trinkwasserinstallationen (MAG-W) und enthält Anforderungen, Prüfungen, Einbauhinweise mit Angaben zur Größenbestimmung, Festlegungen zur Kennzeichnung und Hinweise für Inbetriebnahme und Wartung.

Diese Ausdehnungsgefäße erfüllen die Anforderungen an die hygienische Unbedenklichkeit durch die Verwendung geeigneter Werkstoffe und die Forderung nach einer ausreichenden Durchströmung sowohl unter Betriebsbedingungen als auch bei Verlust des Gasvordruckes.

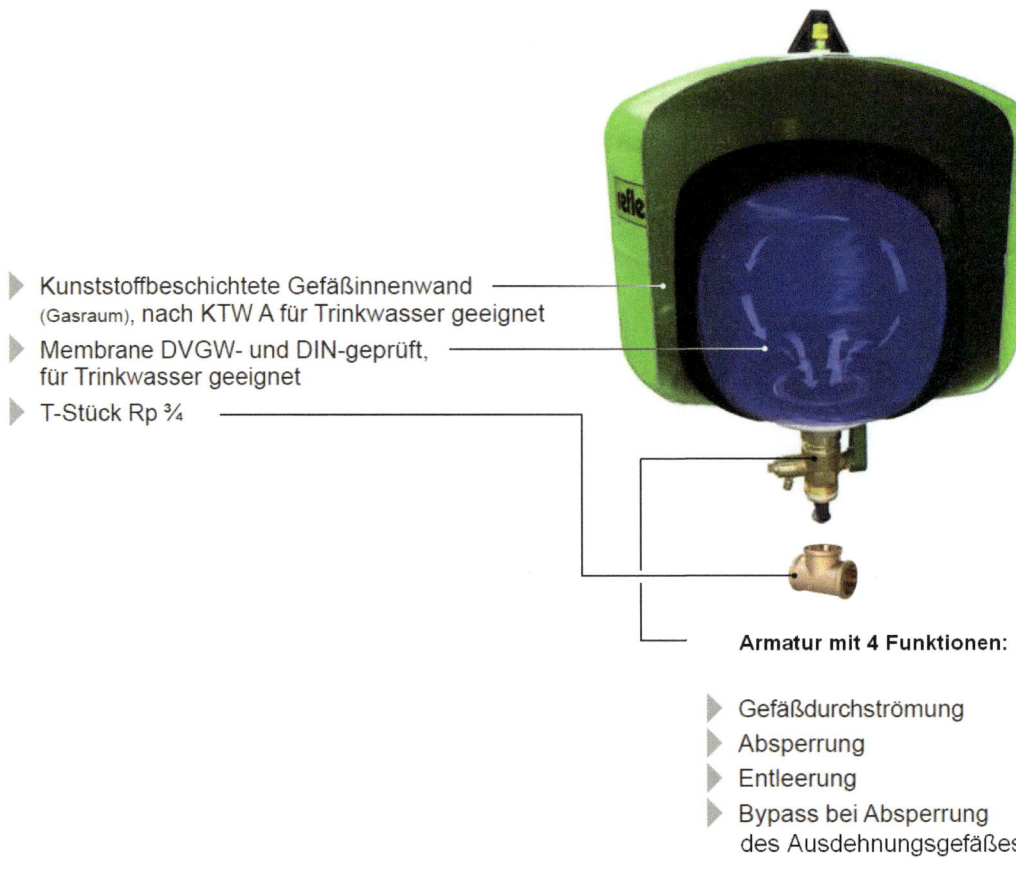

▶ Kunststoffbeschichtete Gefäßinnenwand (Gasraum), nach KTW A für Trinkwasser geeignet
▶ Membrane DVGW- und DIN-geprüft, für Trinkwasser geeignet
▶ T-Stück Rp ¾

Armatur mit 4 Funktionen:
▶ Gefäßdurchströmung
▶ Absperrung
▶ Entleerung
▶ Bypass bei Absperrung des Ausdehnungsgefäßes

**Bild 34:** Geschlossenes Ausdehnungsgefäß mit Membrane für Trinkwasserinstallationen (Werkbild: Reflex)

Nach DIN 4807-5 können diese Ausdehnungsgefäße in der Trinkwasserinstallation für folgende Anwendungsbereiche eingesetzt werden:
- Einbau vor Trinkwassererwärmungsanlagen
- Einbau in Druckerhöhungsanlagen
- Einbau zur Druckstoßdämpfung.

### 6.10.2 Geschlossene Ausdehnungsgefäße mit Membrane für Trinkwassererwärmungsanlagen DIN 1988-200

Werden in Trinkwassererwärmungsanlagen zur Aufnahme von Ausdehnungswasser Ausdehnungsgefäße vorgesehen, sind diese in die Trinkwasserleitung kalt der Trinkwassererwärmer nach Bild 2 einzubauen. Die Installationshinweise der Hersteller sind zu beachten.

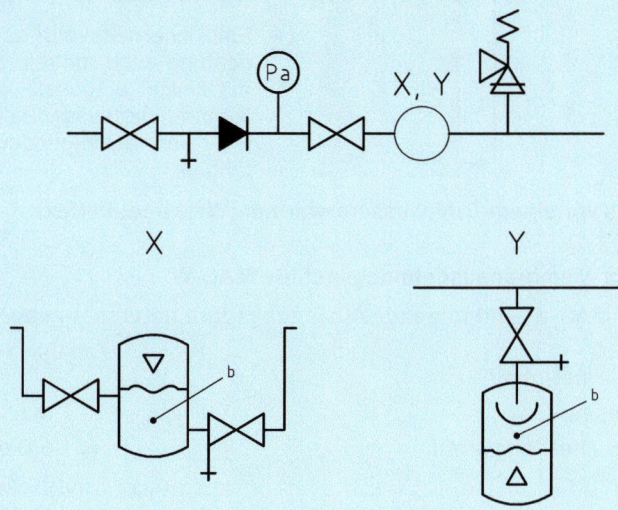

**Legende**
b  durchströmter Bereich

**Bild 2 — Einbindung eines geschlossenen Ausdehnungsgefäßes mit Membrane in die Trinkwasseranschlussleitung des Trinkwassererwärmers**

Zur Durchführung der regelmäßigen Wartung und Überprüfung des Gasvordruckes eines geschlossenen Ausdehnungsgefäßes mit Membrane ist eine gegen unbeabsichtigtes Schließen gesicherte Absperrarmatur mit Entleerungsmöglichkeit einzubauen.

Die sicherheitstechnischen Festlegungen nach 10.3.2 müssen beachtet und bei der Ausführung eingehalten werden.

Zur Vermeidung von Wasserverlusten durch tropfende Sicherheitsventile bei der Aufheizung des Trinkwassererwärmers werden häufig vom Betreiber Ausdehnungsgefäße verlangt, bzw. der Planer oder Fachbetrieb setzt die Gefäße vorsorglich ein. Durch den Einbau von Ausdehnungsgefäßen kann Wasser eingespart werden.

**Auf das Sicherheitsventil kann aber auf keinen Fall verzichtet werden.**

Damit der Trinkwassererwärmer bei Instandhaltungsmaßnahmen an der Sicherheitsgruppe (Absperrventil, Rückflussverhinderer und Sicherheitsventil) nicht entleert werden muss und, aus hygienischen Gründen, keine langen Stichleitungen notwendig sind, wird die Sicherheitsgruppe einschließlich des Ausdehnungsgefäßes in der Kaltwasserzuleitung oberhalb des Trinkwassererwärmers angeordnet.

Zur Sicherstellung eines konstanten Ruhedruckes ist hinter der Wasserzähleranlage ein Druckminderer einzubauen.

Zur Durchführung einer Wartung und Überprüfung des Gasvordruckes eines MAG-W ist eine gegen unbeabsichtigtes Schließen gesicherte Absperrarmatur mit Entleerungsmöglichkeit einzubauen.

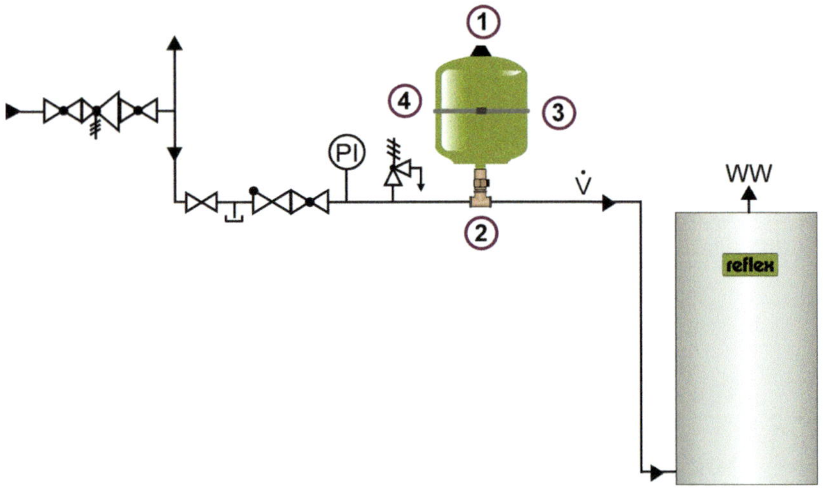

Die **Komplettlösung** mit 'flowjet' Durchströmungsarmatur
**Vorteil:** mit 'flowjet' montieren Sie einfach und DIN-gerecht. Absperrbarkeit, Entleerbarkeit und Durchströmung des 'refix' sind gewährleistet.

① 'refix DD' oder 'refix DT5 60 - 500'

② 'flowjet' Durchströmungsarmatur
bei 'refix DD' optional als Zubehör:
Standard mit T-Stück Rp ¾, V̇ ≤ 2,5 m³/h
bei T-Stück Rp 1, V̇ ≤ 4,2 m³/h
bei 'refix DT5 60 - 500' mit 'flowjet':
Standard mit Rp 1¼, V̇ ≤ 7,2 m³/h

③ reflex 'Wandhalterung' für 8-25 Liter
(33 l mit Laschen, 'DT5' mit Füßen)

④ Ein Sicherheitsventil darf in Strömungsrichtung auch vor 'refix DD' oder 'DT5' mit 'flowjet' eingesetzt werden, sofern der Nenndurchmesser des erforderlichen SV ≤ der nachfolgenden Speicherzuleitung ist.

**Bild 35:** Anordnung eines Ausdehnungsgefäßes vor einem Trinkwassererwärmer (Werkbild: Reflex)

### Auslegungsdaten für Membranausdehnungsgefäße MAG-W

Für den Einsatz von MAG-W sind folgende Auslegungsparameter maßgebend:

| | | | |
|---|---|---|---|
| Trinkwassererwärmerinhalt | $V_{Sp}$ | | in l |
| Nennvolumen des MAG-W | $V_n$ | | in l |
| Ansprechdruck Sicherheitsventil | $p_{SV}$ | = | 6,0 oder 10,0 bar |
| Arbeitsdruckdifferenz | $d_{pA}$ | = | 20 % von $p_{SV}$ in bar |
| Anlagenenddruck ($p_e = p_{SV} - d_{pA}$) | $p_e$ | = | 4,8 oder 8,0 bar |
| **Vordruck im MAG-W** | $p_o$ | = | $p_a - 0,2$ **in bar** |
| Anfangsdruck $p_a$ (Ruhedruck hinter dem Druckminderer) | $p_a$ | | in bar |
| Kaltwassertemperatur | $t_{PWC}$ | = | 10 °C konstant |
| Warmwassertemperatur | $t_{PWH}$ | = | 60 °C konstant |
| Ausdehnung des Wassers | $n$ | = | 1,67 % |

### Auslegung der Membranausdehnungsgefäße MAG-W

Die Tabelle 3 verdeutlicht u. a. den unmittelbaren Zusammenhang zwischen den Größen der Trinkwassererwärmer und den Größen der MAG-W. Zu groß dimensionierte MAG-W können zu einer nicht ausreichenden Durchströmung führen.

**Tabelle 3:** Bestimmung des Nennvolumens des MAG-W, Auszug aus DIN 4807-5, Tabelle 4

| MAG-W Nennvolumen | | | 8 | | 12 | | 18 | | 25 | |
|---|---|---|---|---|---|---|---|---|---|---|
| **Druckwerte in bar** | $p_{SV}$ | | 6,0 | 10,0 | 6,0 | 10,0 | 6,0 | 10,0 | 6,0 | 10,0 |
| | $p_e$ | | 4,8 | 8,0 | 4,8 | 8,0 | 4,8 | 8,0 | 4,8 | 8,0 |
| $p_a$ | $p_o$ | | \multicolumn{8}{c}{Trinkwassererwärmervolumen $V_{sp}$ in l} |
| 3,0 | 2,8 | | 141 | 253 | 212 | 379 | 318 | 569 | 441 | 790 |
| 3,5 | 3,3 | | 103 | 229 | 154 | 343 | 231 | 515 | 362 | 715 |
| 4,0 | 3,8 | | 63 | 204 | 95 | 307 | 143 | 460 | 198 | 639 |
| 4,5 | 4,3 | | 24 | 180 | 35 | 269 | 54 | 404 | 75 | 561 |
| 5,0 | 4,8 | | – | 154 | – | 232 | – | 347 | – | 479 |
| 5,5 | 5,3 | | – | 129 | – | 193 | – | 290 | – | 403 |
| 6,0 | 5,8 | | – | 103 | – | 155 | – | 233 | – | 323 |

Wegen der Vielzahl am Markt verfügbarer Trinkwassererwärmer mit nicht einheitlichen Volumina kann in der Tabelle nicht jede mögliche Größe erfasst werden. In Abhängigkeit von den genannten Auslegungsparametern sind den einzelnen MAG-W-Nennvolumina anstelle exakter Trinkwassererwärmer-Volumina daher Grenzwerte in l zugeordnet.

In Anlehnung an DIN 4807-5 liegen die folgenden Anwendungsgleichungen zugrunde:

$$V_{sp} = \frac{V_n \cdot 100}{n} \left( \frac{p_e - p_o}{p_e + 1} - 1 + \frac{p_o + 1}{p_a + 1} \right)$$

Berechnungsbeispiel:

$V_n = 12$ l; $p_{sv} = 10{,}0$ bar; $p_a = 4{,}0$ bar, $p_e = 8{,}0$ bar; $p_o = 3{,}8$ bar (4 bar – 0,2 bar):

$$V_{sp} = \frac{12 \cdot 100}{1{,}67} \left( \frac{8{,}0 - 3{,}8}{8{,}0 + 1} - 1 + \frac{3{,}8 + 1}{4{,}0 + 1} \right) = 306{,}59 \text{ l}$$

Ergebnis: $V_{sp}$ siehe Tabelle 3 mit 307 l.

Ausgehend vom Inhalt des Trinkwassererwärmers in Liter wird das MAG-W-Nennvolumen wie folgt bestimmt:

$$V_n = \frac{\dfrac{V_{sp} \cdot 1{,}67}{100}}{\left( \dfrac{p_e - p_o}{p_e + 1} - 1 + \dfrac{p_o + 1}{p_a + 1} \right)}$$

Berechnungsbeispiel:

Trinkwassererwärmerinhalt 300 l, sonst wie oben:

$$V_n = \frac{\dfrac{300 \cdot 1{,}67}{100}}{\left( \dfrac{8{,}0 - 3{,}8}{8{,}0 + 1} - 1 + \dfrac{3{,}8 + 1}{4{,}0 + 1} \right)} = 11{,}74 \text{ l}$$

- Ergebnis:
- MAG-W-Nennvolumen          $V_n = 12$ Liter
- Druckminderereinstellung:   4 bar
- Gasvordruck im MAG-W:       3,8 bar

## 6.10.3 Einbau von geschlossenen Ausdehnungsgefäßen mit Membrane in Druckerhöhungsanlagen     DIN 1988-200

> Der Einbau von geschlossenen Ausdehnungsgefäßen mit Membrane in Druckerhöhungsanlagen ist in DIN 1988-500 geregelt.

Nach DIN 1988-500 „Druckerhöhungsanlagen mit drehzahlgeregelten Pumpen", Abschnitt 4.9.3 „Druckbehälter nach der Druckerhöhungsanlage" sind Ausdehnungsgefäße MAG-W nur noch für Kleinstentnahmemengen und temperaturbedingte Volumenänderungen notwendig.

Das Nennvolumen solcher MAG-W in Druckerhöhungsanlagen soll nicht mehr als 10 l betragen. Der Gasvordruck $p_o$ im MAG-W sollte 0,5 bis 1 bar unter dem Einschaltdruck $p_e$ der Druckerhöhungsanlage eingestellt werden.

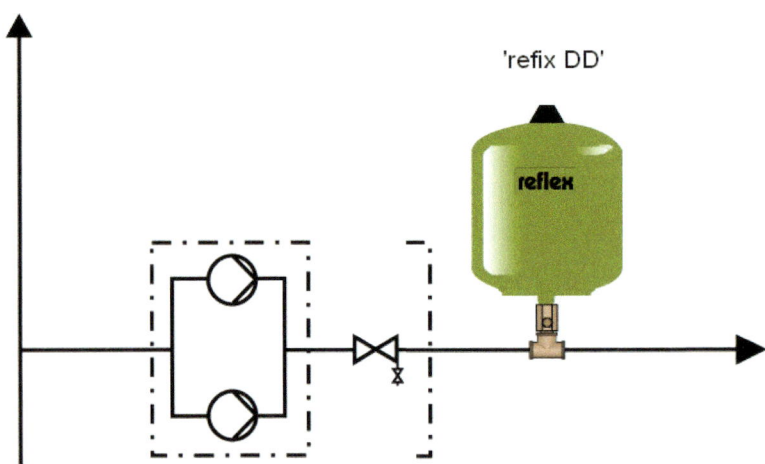

**Bild 36:** Ausdehnungsgefäß in einer Druckerhöhungsanlage (Werkbild: Reflex)

**Einbau von Ausdehnungsgefäßen zur Druckstoßdämpfung**

Diese Ausführungsvariante wurde in DIN 1988-200 nicht aufgenommen, weil bei fachgerechter Planung und Ausführung sowie der Wahl von langsam schließenden Armaturen und Geräten Druckstöße nicht entstehen können.

Druckstöße treten auf, wenn Entnahmearmaturen schnell geschlossen werden. Dies können handbetätigte Armaturen sein (z. B. Ventile, Einhebelmischer), aber auch elektromagnetisch betätigte Absperrventile, wie sie z. B. bei Waschmaschinen und Geschirrspülern verwendet werden. Ein weiteres Beispiel sind defekte Druckspüler für die Spülung von Toiletten. Außer beim Schließen von Entnahmearmaturen können Druckstöße gelegentlich auch beim Öffnen vorkommen.

Hörbare Geräusche durch Druckstöße treten beispielsweise auf, wenn eine Leitung nicht fachgerecht befestigt ist und durch ihre Bewegung als Folge der Druckänderung gegen andere Bauteile schlägt. Die Geräusche werden als Körper- und Luftschall übertragen.

Sollten dennoch Druckstöße im Bestand oder nach der Inbetriebnahme festgestellt werden, sind zunächst folgende Empfehlungen zur Beseitigung von Druckstößen in Betracht zu ziehen:

- Auswechslung der verursachenden Armatur
- Verwendung von langsam schließenden Entnahmearmaturen
- Reduzierung des Volumenstroms, z. B. durch Einsatz von Durchflussbegrenzern oder -reglern
- Reduzierung des Fließdrucks durch Einbau eines Druckminderers
- Vergrößerung der Rohrdurchmesser der Einzelanschlussleitung, wenn noch möglich.

Wenn nach diesen Maßnahmen immer noch Druckstöße auftreten, kann versucht werden, MAG-W zur Druckstoßdämpfung entsprechend der DIN 4807-5 einzusetzen. Das Nennvolumen von Ausdehnungsgefäßen nach DIN 4807-5 muss mindestens 4 l betragen.

Wasserschlagdämpfer erfüllen nicht die Anforderungen von DIN 4807-5 und können deshalb auch keine DIN/DVGW-Zertifizierung haben.

Dennoch werden diese Wasserschlagdämpfer bei Druckstößen vor Waschmaschinen, Geschirrspülern, automatischen Druckspülern und Eckventilen bei Anschlüssen von Einhandmischern eingesetzt. Praxiserfahrungen zeigen, dass sich durch den Einsatz von Wasserschlagdämpfern Druckschläge und deren Geräusche nicht grundsätzlich vermeiden lassen.

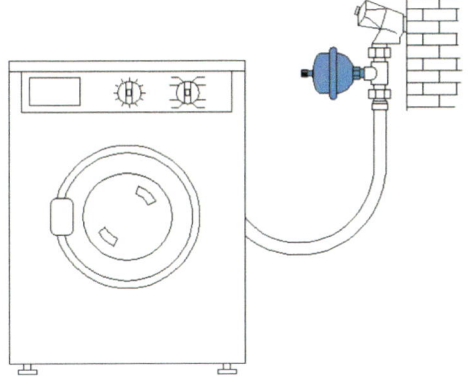

**Bild 37:** Wasserschlagdämpfer DN 15 (Werkbild: Reflex)

**Bild 38:** Wasserschlagdämpfer bei Geräten mit schnellschließenden Armaturen, z. B. Waschmaschinen älterer Bauart

**Inbetriebnahme und Wartung von MAG-W**

Dem Betreiber der Trinkwasseranlage ist nach Fertigstellung der Installation nach DIN EN 806-5 eine Betriebs- und Wartungsanleitung zu übergeben.

Zum sicheren Dauerbetrieb eines MAG-W muss mindestens einmal jährlich von einem Vertrags-Installationsunternehmen eine Wartung mit Überprüfung des eingestellten Vordruckes erfolgen. Es sind die entsprechenden Wartungshinweise der Hersteller zu beachten, z. B.:

– Überprüfung des Trinkwasserzulaufdruckes/Einstelldruckes des Druckminderers
– Überprüfung des Gasvordruckes; beim Nachfüllen sollte Inertgas oder Stickstoff verwendet werden
– Überprüfung der Dichtheit; Prüfung auf Dichtheit der Verbindung und des Gasfüllventils
– Prüfung des äußeren Zustands.

# 7 Innenleitungen   DIN EN 806-2

## 7.1 Absperrbereiche   DIN EN 806-2

> Verbrauchs- und Verteilungsleitungen müssen absperrbar und entleerbar sein.
>
> Jedes Gebäude oder jeder Gebäudeteil, für den eine eigene Wasserzuführung vorgesehen ist, sowie alle Wohnungen, gleich ob sie eine eigene Wasserzuführung haben oder nicht, sind mit einem Absperrorgan zu versehen, das die jeweilige Wasserzuführung ohne Beeinträchtigung der Versorgung anderer Räumlichkeiten sperren lässt. Sofern möglich, ist diese Absperrarmatur innerhalb des Gebäudes oder der Räumlichkeit zugänglich über dem Boden in der Nähe der Eintrittsstelle einzubauen. Dies gilt für Steig- und Stockwerksleitungen.
>
> Die Stockwerksleitungen für jedes Stockwerk und jede abgeschlossene Wohnung müssen separat absperrbar sein.
>
> Eine Absperrarmatur ist für jeden Apparateanschluss vorzusehen, z. B. Spülkästen, Wasserbehälter, Trinkwasser-Erwärmer, Waschmaschinen.
>
> Zusätzlich ist in gemeinsamen Verbrauchs- oder Verteilungsleitungen, die zwei oder mehrere Wohnungen versorgen, ebenfalls eine Absperrarmatur vorzusehen, die den gemeinsamen Zufluss absperrt. Diese Absperrarmatur ist innerhalb oder außerhalb des Gebäudes so einzubauen, dass jeder dieser versorgten Benutzer der Räumlichkeiten Zugang hat.

PLANUNG

## 7 Innenleitungen    DIN 1988-200

### 7.1 Absperrbereiche    DIN 1988-200

> In Einfamilienhäusern oder vergleichbaren Gebäuden ist mindestens ein Absperrventil mit Entleerungseinrichtung in Fließrichtung hinter der Wasserzähleranlage notwendig, soweit für Wartungszwecke nicht weitere Absperreinrichtungen erforderlich sind.
>
> Trinkwasserentnahmestellen dürfen nur oberhalb von Entwässerungseinrichtungen mit ausreichender Abflussleistung angebracht werden. Bei Apparateausläufen ist die sichere Ableitung des Abwassers zu berücksichtigen.
>
> Die Absperr-, Entleerungs- sowie Sicherheits- und Sicherungseinrichtungen müssen so angebracht sein, dass sie jederzeit zugänglich und leicht bedienbar sind.

In DIN EN 806-2 sind die Absperrbereiche aufgeführt, bei denen Leitungsabsperrungen für Wartungs- und Instandsetzungsarbeiten oder auch für eine vorübergehende Absperrung, z. B. aus Gründen der Nichtbenutzung, notwendig sind.

Zusammengefasst werden folgende Absperrbereiche als notwendig angesehen:

- Hauptabsperrarmatur für jedes Gebäude bei Eintritt in das Gebäude oder in einem Wasserzählerschacht angeordnet;
- bei Austritt und Wiedereintritt in ein Gebäude, z. B. Vorder- und Hinterhaus;
- bei Abgängen von mehreren Verteilleitungen von der Verbrauchsleitung;
- bei Abgängen von Steigleitungen oder Stockwerks- und Einzelzuleitungen von Verbrauchs- oder Verteilleitungen;
- bei Abgängen von Stockwerks- oder Einzelzuleitungen von Steigleitungen, die mehrere Stockwerke mit unterschiedlichen Nutzungseinheiten versorgen, z. B. einzelne Wohnungen;
- bei Anschlüssen von Geräten, Apparaten oder Maschinen, wie z. B. Waschmaschinen, Spülmaschinen;
- bei Anschlüssen von Einrichtungsgegenständen, wie z. B. Waschtischen, Bidets, Spülkästen, Küchenarmaturen, nicht jedoch bei Wannen- und Duscharmaturen;
- bei Anschlüssen von Trinkwassererwärmern;
- bei Anschlüssen von Sicherungsarmaturen.

In DIN 1988-200 ist eine Öffnung zur DIN EN 806-2 enthalten, wonach bei Einfamilienhäusern eine Absperrung hinter dem Wasserzähler als mindestens notwendig gefordert wird.

Zu Wartungszwecken sind dann aber weitere Absperrungen, wie z. B. bei Wasch- und Geschirrspülmaschinen sowie bei Anschlüssen von Einrichtungsgegenständen, wie zuvor beschrieben, einzubauen.

Auch wenn ein zentraler Trinkwassererwärmer eingebaut wird, sind zu der Sicherheitsgruppe auch Absperrventile einzubauen.

Des Weiteren gilt der Grundsatz, dass unter jeder Trinkwasserentnahmestelle eine Entwässerungseinrichtung vorhanden sein muss. Alle Geräte oder Apparate, die mit der Trinkwasserinstallation verbunden sind und einen Anschluss an eine Entwässerungsleitung haben, müssen mit einem „Freien Ablauf" nach DIN EN 1717 Abschnitt 9 angeschlossen werden.

Auch in DIN 1986-100 „Gebäude- und Grundstücksentwässerung" ist in Abschnitt 5.7.2.1 „Wasserentnahmestellen in Gebäuden" hierzu folgende Anforderungen aufgenommen:

*„Unter jeder Entnahmestelle im Gebäude, außer für Feuerlöschzwecke und für Wasch- und Geschirrspülmaschinen nach 5.7.2.2., muss eine Ablaufstelle vorhanden sein, wenn nicht der Abfluss über wasserdichtem Fußboden ohne Pfützenbildung zu einer Ablaufstelle möglich ist."*

## 7.2 Einbauort  DIN EN 806-2

In jede Verbrauchsleitung, die einen Baukörper innerhalb eines mit einem Gebäude bebauten Grundstücks versorgt, muss eine Absperrarmatur eingebaut sein, wenn ein Zugang aus dem Hauptgebäude nicht möglich ist. Diese Absperrarmatur ist im Hauptgebäude möglichst in der Nähe des Austritts zu diesem Baukörper oder, falls dies nicht praktikabel ist, in diesem Baukörper möglichst in der Nähe des Eintritts der Verbrauchsleitung einzubauen.

Entnahmestellen für erwärmtes Trinkwasser sind an der linken, jene für kaltes Trinkwasser an der rechten Seite anzuordnen.

In Gebäuden mit mehreren Wohnungen mit zentral angeordneten Steigleitungen ist die Absperrarmatur (Stockwerksabsperrarmatur) in einem Raum nahe der Steigleitung oder in eine zugängliche Aussparung einzubauen.

Bei Versorgung mehrerer Gebäude ist für jedes Gebäude eine eigene Steigleitung vorzusehen.

In Fällen, wo weniger häufig Gebrauch von der verfügbaren Entnahmekapazität gemacht wird, wie im Falle eines Einfamilienhauses oder vergleichbaren Gebäuden, ist nur ein Absperrventil notwendig und, falls gefordert, eine Entleerungseinrichtung für die Wasserzuleitung.

Bei Anordnung der Leitungen für erwärmtes und für kaltes Trinkwasser übereinander ist die Leitung für erwärmtes Trinkwasser über der Kaltwasserleitung anzuordnen.

Falls nicht nationale oder örtliche Vorschriften oder Normen dies zulassen, dürfen Leitungen, sofern sie nicht zerstörungsfrei entfernt oder erneuert werden können, weder fest in Wände oder massive Böden eingebaut, noch dürfen sie in oder unter Kellerböden verlegt werden; ausgenommen sind Leitungen in Mantelrohren (Rohr in Rohr), in Schächten oder in Kanälen.

In folgenden Arten von Schächten, die noch dem ursprünglichen Verwendungszweck dienen, dürfen Leitungen nicht verlegt werden, z. B.:

- Kamine;
- Belüftungskanäle;
- Liftschächte;
- Schächte für häuslichen Abfall.

Leitungen dürfen nicht durch Entwässerungs- oder Abwasserleitungen geführt werden.

Die Brandschutzanforderungen müssen aufrechterhalten werden.

Während im Abschnitt 7.1 die Absperrbereiche festgelegt sind, werden in diesem Abschnitt die Einbauorte der Absperrungen bestimmt. Werden mehrere Gebäude durch eine Hausanschlussleitung versorgt, so muss die Trinkwasserinstallation jedes Gebäudes in diesem unabhängig von der Wasserversorgung der anderen Gebäude absperrbar sein.

Aus Hinweisschildern in der Nähe der Absperreinrichtungen muss ersichtlich sein, welche weiteren Gebäude versorgt werden bzw. aus welchem Gebäude die Versorgung erfolgt.

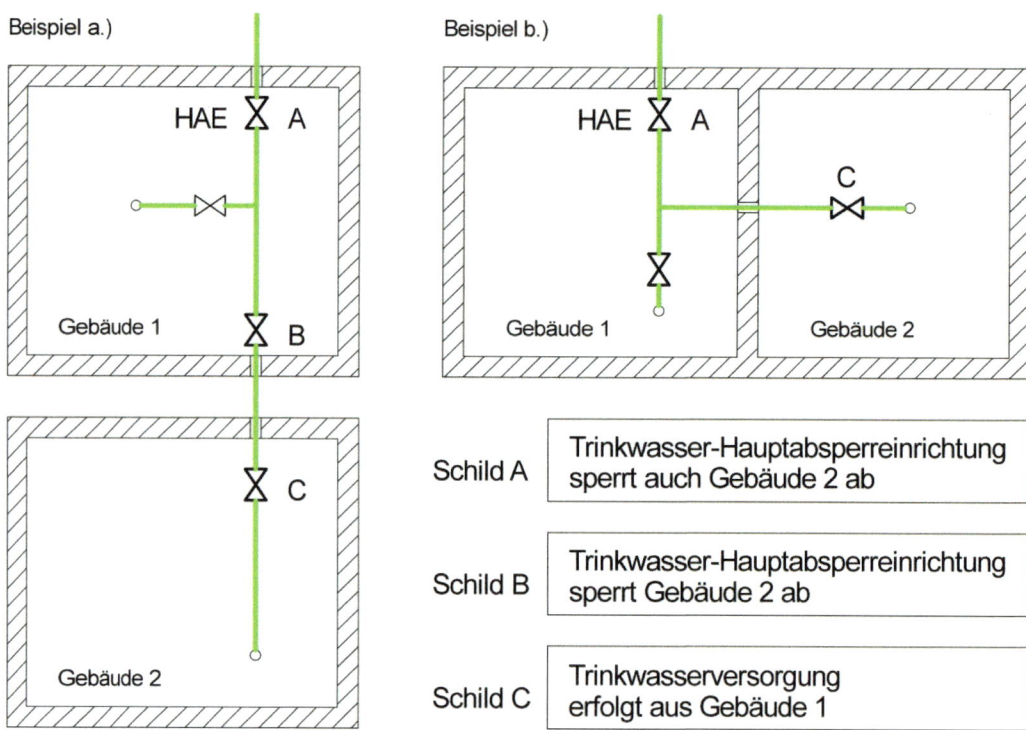

**Bild 39:** Beispiele für die Anordnung von Absperreinrichtungen und deren Beschilderung

Nicht nur bei der Versorgung mehrerer Gebäude ist für jedes Gebäude eine eigene Steigleitung anzuordnen, sondern auch bei nebeneinander liegenden Wohnungen sollten die Stockwerksleitungen nicht an gemeinsame Steigleitungen angeschlossen werden.

Diese Anforderung besteht aus Gründen des Brandschutzes und zur Vermeidung von Geräuschübertragung (siehe auch Bauordnung der Länder § 29 Trennwände).

Wenn Leitungen innerhalb von Wänden oder Decken einbetoniert werden sollen, darf dies nur in dafür geeigneten Schutzrohren wie z. B. Rohr-in-Rohr-Installationen erfolgen, bei denen eine Auswechslung der Trinkwasser führenden Rohrleitungen möglich ist, ohne die Bausubstanz zu beschädigen.

Für Schallschutz- und Brandschutzanforderungen siehe auch Kommentar zu DIN 1988-200 Abschnitt 13.

## 7.2 Wand- und Deckendurchführung  DIN 1988-200

> Tragende Konstruktionsteile dürfen durch Durchbrüche nicht so geschwächt werden, dass ihre Standfestigkeit beeinträchtigt wird. Öffnungen zur Durchführung von Rohrleitungen durch Decken sind erforderlichenfalls bauseits so abzudichten, dass Wasser nicht in die Decke eindringen kann. Werden Leitungen durch die im Erdreich liegenden Außenwände geführt, müssen diese Durchführungsstellen dauerhaft gas- und wasserdicht verschlossen werden. Erforderlichenfalls sind geeignete Schutzrohre einzubringen. Diese müssen eine solche lichte Weite aufweisen, dass eine Dichtung ordnungsgemäß ausgeführt werden kann. Bei der Auswahl der Rohrdurchführungen ist auf drückendes und nicht drückendes Wasser im Boden zu achten (siehe auch entsprechende Teile der Reihe DIN 18195 [15]).
>
> Außerdem sind die Anforderungen an den Schallschutz nach 13.1 und Brandschutz nach 13.2 einzuhalten.

Bei allen Wand- und Deckendurchführungen von Rohrleitungen müssen die statischen Anforderungen berücksichtigt werden. Dort, wo notwendig, sind außerdem die Anforderungen an den Schallschutz-, Brandschutz- und Wärmeschutz einzuhalten.

In Abstimmung mit dem Auftraggeber wird die Einbaustelle festgelegt. Die Lieferung der Rohrdurchführung und das wasser- und gasdichte Verschließen des Raumes zwischen Rohrleitung und Rohrdurchführung gehören zum Leistungsumfang des Installateurs, nicht jedoch der dichte Einbau der Rohrdurchführung in das Bauwerk.

Für Bauwerke mit Abdichtungen unterscheidet DIN 18195 drei Anforderungsklassen der Abdichtungsarten, und zwar gegen:

- Bodenfeuchtigkeit nach DIN 18195-4,
- nicht drückendes Wasser nach DIN 18195-5 und
- von außen drückendes Wasser nach DIN 18195-6.

In der DIN 18195-9 werden die Anforderungen für das Herstellen von Durchdringungen (Rohrdurchführungen) entsprechend der jeweiligen Abdichtungsart festgelegt.

Geeignete Rohrdurchführungen, abgestimmt auf die jeweiligen Rohrwerkstoffe und deren Außendurchmesser sowie auf die Art der Bauwerksabdichtung, sind im Fachhandel erhältlich.

Bei der Ausführung der Abdichtung gegen Bodenfeuchtigkeit sind die Anschlüsse der Durchdringungen von Anstrichen und Spachtelmassen aus Bitumen mit spachtelbaren Stoffen oder Manschetten auszuführen. Bei den Ausführungen der Abdichtungen gegen nicht drückendes Wasser sind die Anschlüsse an Durchdringungen durch Klemmflansche, Anschweißflansche, Losflansche (Flanschbreite 60 mm) oder Festflanschkonstruktionen (Flanschbreite 70 mm) auszuführen.

Bei der Ausführung der Abdichtung gegen drückendes Wasser sind die Anschlüsse an Durchdringungen durch Losflansche (Flanschbreite 150 mm) oder Festflansche (160 mm) auszuführen. Einbauteile, wie Rohrdurchführungen, müssen gegen das Grundwasser und dessen mögliche Inhaltsstoffe beständig und mit den anzuschließenden Dichtungsstoffen verträglich sein. Grundsätzlich ist bei der Werkstoffwahl für die Einbauteile die Korrosionsgefahr zu beachten. Erforderlichenfalls sind nichtrostende Werkstoffe zu verwenden oder zusätzliche Korrosionsschutzmaßnahmen vorzusehen.

Die der Dichtung zugewandten Flächen und Kanten müssen frei von Graten sein. Los- und Festflanschkonstruktionen sind so anzuordnen, dass ihre Außenkanten mindestens 300 mm von Bauwerkskanten oder -kehlen sowie mindestens 500 mm von Bauwerksfugen entfernt sind. Die Festflansche sind im Bauwerk zu verankern und so einzubauen, dass ihre Oberflächen mit den angrenzenden, abzudichtenden Bauwerksflächen eine Ebene bilden. Die der Abdichtung zugewandten Flanschflächen sind unmittelbar vor Einbau und Abdichtung zu säubern und erforderlichenfalls mit einem Voranstrich zu versehen.

Die Flächenabdichtung mit der Einbindung der Flansche der Mauerdurchführung ist bauseits auszuführen.

Anstelle konventioneller Herstellung von Mauerdurchführungen auf der Baustelle werden vorgefertigte Ein- oder Mehrsparten-Hauseinführungen, die speziell für die unterschiedlichen Einbausituationen erhältlich sind, im Fachhandel angeboten.

Planung

**Bild 40:** Einsparten-Hauseinführung (Werkbild: Doyma)

**Bild 41:** Mehrsparten-Hauseinführung (Werkbild: Doyma)

Die Abdichtung von Durchführungen, Übergängen, An- und Abschlüssen wird im Abschnitt 13.3 „Feuchteschutz" von DIN 1988-200 kommentiert.

## 7.3 Vorwandinstallation   DIN EN 806-2

> Wo möglich, sollten alle Verbrauchs- und Verteilungsleitungen vorwand verlegt werden. Die Leitungsanlagen dürfen verkleidet werden.

Die konventionelle Schlitzmontage entspricht nicht mehr den allgemein anerkannten Regeln der Technik und führt unweigerlich zu Verstößen gegen öffentlich-rechtliche und werkvertragliche Anforderungen. Schlitze und Aussparungen in gemauerten Wänden unterschreiten nicht nur die für den Schallschutz erforderlichen Wanddicken, sie beeinträchtigen zudem die Standsicherheit/Statik der Wand.

Die in DIN EN 1996-1-1:2010-12 empfohlenen Werte für Schlitze ohne statischen Nachweis lassen in der Regel weder Schlitze und Aussparungen für horizontale wie auch vertikale Leitungen in statisch belasteten noch in statisch unbelasteten Wänden (Eigenstandsicherheit) zu.

**Leitungen sollten grundsätzlich nicht mehr in Mauerschlitzen verlegt werden.**

Die nachstehenden Tabellenauszüge verdeutlichen, dass die zulässigen Mauerschlitze ohne statischen Nachweis für gedämmte Trinkwasserleitungen unzureichend sind.

**Tabelle 4:** Empfohlene Werte von horizontalen Schlitzen in Wänden, ohne statischen Nachweis, gemäß DIN EN 1996-1-1 „Allgemeine Regeln für bewehrtes und unbewehrtes Mauerwerk"

| Wanddicke [mm] | Maximale Tiefe [mm] | |
|---|---|---|
| | Unbeschränkte Länge | Länge ≤ 1 250 mm |
| 85 bis 115 | 0 | 0 |
| 116 bis 175 | 0 | 15 |
| 176 bis 225 | 10 | 20 |
| 226 bis 300 | 15 | 25 |
| über 300 | 20 | 30 |

**Tabelle 5:** Empfohlene Werte von vertikalen Schlitzen in Wänden, ohne statischen Nachweis gemäß DIN EN 1996-1-1 „Allgemeine Regeln für bewehrtes und unbewehrtes Mauerwerk"

| Wanddicke [mm] | Nachträglich hergestellte Schlitze und Aussparungen | |
|---|---|---|
| | Max. Tiefe [mm] | Max. Breite [mm] |
| 85 bis 115 | 30 | 100 |
| 116 bis 175 | 30 | 125 |
| 176 bis 225 | 30 | 150 |
| 226 bis 300 | 30 | 175 |
| über 300 | 30 | 200 |

Eine Trennung der Installation von Wand-, Fußboden- und Deckenbauteilen ist unweigerlich erforderlich.

In der Praxis wird heute diese Trennung durch eine Vorwandinstallation gelöst. Ist bereits eine Vorwandinstallation vorgegeben, beschränkt sich die Eignungsprüfung auf die flächenbezogene Masse der Wand von mindestens 220 kg/m² (DIN 4109) und den erforderlichen Platzbedarf für die Vorwandinstallation.

Die Vorwandinstallation kann heute als allgemein gültiger Installationsstandard bezeichnet werden. Die Installationswände, an denen Leitungen befestigt werden, sind in der Regel im Nassbau erstellt. Unter Wänden im Nassbau werden üblicherweise Massivbauwände und gemauerte Wände verstanden. Sie bestehen aus Mauersteinen (Ziegelsteinen, Kalksandsteinen, Gasbeton), unbewehrtem Beton oder Stahlbeton.

Vorwandkonstruktionen können sowohl im Nassbau als auch im Trockenbau erstellt werden. Gemauerte Vorwandkonstruktionen sollten aufgrund der Schnittstellenproblematik zu anderen Gewerken möglichst vermieden werden. Die Erfahrung hat gezeigt, dass Fremdgewerke die Leistung des Installateurs erheblich beeinflussen können, wie z. B. beschädigte Dämmungen, die dann wiederum zu Korrosionsangriffen auf die Rohrleitungen und zu Körperschallbrücken führen können.

Bei Vorwandkonstruktionen im Trockenbau sollten die Trinkwasserleitungen möglichst am Vorwandsystem befestigt werden, um Körperschalleinleitungen ins Bauwerk zu minimieren. Durch die akustische Entkopplung des Vorwandsystems vom Bauwerk wird somit kein Körperschall von den Trinkwasserleitungen ins Bauwerk eingeleitet.

**Bild 42:** Trinkwasserinstallation als Vorwandsystem im Trockenbau

## 7.4 Schutz vor Rückfließen     DIN EN 806-2

> Die Planung und die Einbauart von Bauteilen, z. B. Entnahmestellen mit Schlauchanschlüssen für sanitäre Einrichtungsgegenstände oder für die Kaltwasseranschlüsse von Apparaten, müssen den Anforderungen der Rückflussverhinderung nach EN 1717 entsprechen (z. B. Verkaufsautomaten).

Beeinträchtigungen oder Gefährdungen von Personen können entstehen, wenn Wasser oder Flüssigkeit außerhalb der Trinkwasseranlage Schadstoffe oder Krankheitserregern aufnimmt und dann in das Trinkwassersystem – z. B. Geräte und Apparate mit fehlender Sicherungseinrichtung – zurückgelangt.

Rückfließen in Trinkwasserinstallationen kann auftreten

– infolge geodätischer Höhenunterschiede, wenn der Druck in der Trinkwasseranlage absinkt
– wenn in einem Apparat ein höherer Druck entsteht als der Betriebsdruck in der Trinkwasserinstallation (Rückdrücken) oder
– wenn in der Anschlussleitung oder in der Trinkwasserinstallation ein Unterdruck entsteht (z. B. Rücksaugen durch plötzliches Entleeren der Leitungen bei einem Rohrbruch).

Eine Gefährdung durch Rückfließen von verunreinigtem Wasser muss durch eine Analyse unter Berücksichtigung der jeweiligen Gefährdungskategorien für den erforderlichen Schutz bewertet werden. Danach muss die entsprechende Sicherungseinrichtung oder -kombination gewählt werden. Weitere Informationen zum Themenbereich „Schutz des Trinkwassers" sind dem Kommentar zur DIN EN 1717 und DIN 1988-100 zu entnehmen.

# 8 Verteilung von kaltem Trinkwasser    DIN EN 806-2

## 8.1 Trinkwasserentnahmestellen    DIN EN 806-2

Entnahmestellen für geringe Entnahmen oder seltene Benutzung dürfen nicht am Ende einer langen Leitung eingebaut werden.

Leitungen für kaltes Trinkwasser dürfen nicht neben Heizleitungen oder Leitungen für erwärmtes Trinkwasser verlaufen oder durch beheizte Bereiche wie z. B. Trockenschränke für Kleider oder Wäsche führen. Ist dies unvermeidlich, sind Warmwasser- und Kaltwasserleitungen zu dämmen.

Eine Entnahmestelle für Trinkwasser ist an der Küchenspüle jeder Wohnung vorzusehen (siehe EU-Richtlinie 98/83).

# 8 Verteilung von Trinkwasser kalt    DIN 1988-200

## 8.1 Trinkwasserentnahmestellen    DIN 1988-200

Einzelzuleitungen zu Entnahmearmaturen müssen so kurz wie möglich sein. Ein Wasservolumen von 3 l ist als Obergrenze einzuhalten; kleinere Wasservolumina sind anzustreben.

Leitungen, die nur selten benutzt werden oder der Frostgefahr ausgesetzt sind, z. B. Leitungen zu unbeheizten Nebengebäuden, Gärten und Höfen, müssen unmittelbar am Anschluss der durchströmten Verteilleitung mit Absperr- und Entleerungsvorrichtungen versehen werden und sind zweckmäßigerweise durch Schilder zu kennzeichnen.

Für den Erhalt der Trinkwasserqualität ist ein regelmäßiger Wasseraustausch in allen Teilstrecken einer Trinkwasserinstallation unerlässlich. Einzelzuleitungen (Bild 43, Beispiele 1 und 4) zu Entnahmestellen mit häufiger Nutzung (z. B. Küchenspüle) sind unkritisch – im Gegensatz dazu sollten Ausgussbecken in einer gewerblichen Anlage oder ein Gartenventil grundsätzlich über eine Reihen- oder Ringleitung (Bild 43, Beispiele 2 und 3) versorgt werden. In Verbindung mit einer „nachgeschalteten" Entnahmestelle mit häufiger Nutzung wird so ein bestimmungsgemäßer Betrieb in allen Teilstrecken sichergestellt und unzulässige Stagnation vermieden.

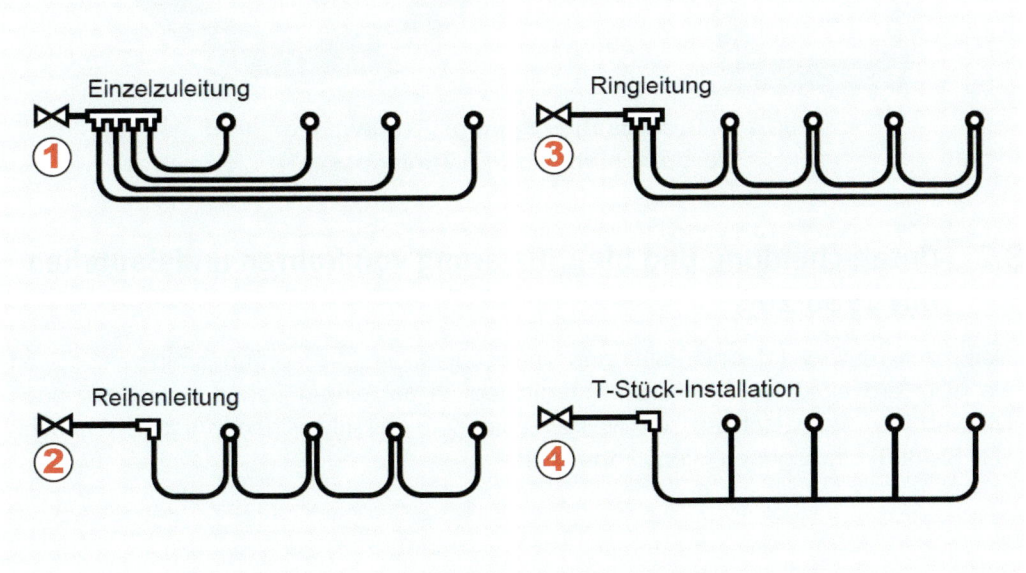

**Bild 43:** Varianten von Rohrleitungsführungen in Stockwerksverteilungen

# Planung

Die Ausstoßzeit an Entnahmestellen beträgt für Trinkwasser kalt (< 25 °C) maximal 30 Sekunden. Deshalb sollten Einzelzuleitungen so ausgelegt werden, dass deren Leitungsvolumen 3 Liter nicht überschreitet (gilt auch für Trinkwasser warm). Die Planung der Versorgungsschächte sowie der Bewässerungsgegenstände im Grundriss sollte jedoch immer so gewählt werden, dass sich möglichst kleinere Leitungsvolumina ergeben. Ist das nicht möglich, bieten sich Reihen- oder Ringleitungen als Problemlösung an.

## 8.2 Unterscheidung und Identifizierung von Rohren und Bauteilen
DIN EN 806-2

Die Art der Entnahmestelle muss erkennbar sein. Erfolgt dies mittels Farbkennzeichnung, so ist rot für erwärmtes und blau für kaltes Trinkwasser zu verwenden.

Im Falle von zwei oder mehreren Versorgungssystemen (Trinkwasser und Nichttrinkwasser) sind unter Beachtung nationaler oder örtlicher Regelungen die Leitungsanlagen, Behälter, Absperrventile usw. der verschiedenen Systeme entsprechend und dauerhaft zu kennzeichnen, z. B. mit geeigneten Farbbändern, um eine Unterscheidung zu erleichtern und Bedienungsfehler zu vermeiden.

Entnahmestellen für Nichttrinkwasser sind mit „Kein Trinkwasser" oder dem Verbotszeichen nach Bild 1 zu kennzeichnen. Ist die Mehrheit der Entnahmestellen für Nichttrinkwasser vorgesehen, wie in Industrieanlagen, dürfen die Entnahmestellen für Trinkwasser mit „Trinkwasser" oder dem Symbol für Trinkwasser nach Bild 1 gekennzeichnet werden, vorausgesetzt, dass Hinweise angebracht sind, dass hier von der üblichen Praxis abgewichen wird.

Bild 1 — Graphisches Symbol „Trinkwasser" und Verbotszeichen „Kein Trinkwasser"

## 8.2 Unterscheidung und Identifizierung von Rohren und Bauteilen
DIN 1988-200

Nach der TrinkwV [1] sind Leitungen unterschiedlicher Versorgungsanlagen, soweit sie nicht erdverlegt sind, farblich unterschiedlich mit einem Schild oder Band nach DIN 2403 zu kennzeichnen. Im weißen Feld sind die jeweiligen Kurzzeichen nach DIN EN 806-1 anzugeben (siehe Tabelle 2).

**Tabelle 2 — Kennzeichnung von Trinkwasserleitungen**

| Benennung | Kurzzeichen | Farbe des Kurzzeichens |
|---|---|---|
| Trinkwasserleitung, kalt | PWC | Grün |
| Trinkwasserleitung, warm | PWH | Rot |
| Trinkwasserleitung, warm (Zirkulation) | PWH-C | Violett |

Nichttrinkwasserleitungen sind mit einer grün-blau-grünen Farbmarkierung nach DIN 2403 zu kennzeichnen. Im blauen Feld ist das Kurzzeichen nach DIN EN 806-1 anzugeben (siehe Tabelle 3).

**Tabelle 3 — Kennzeichnung von Nichttrinkwasseranlagen**

| Benennung | Kurzzeichen | Farbe des Kurzzeichens |
|---|---|---|
| Nichttrinkwasserleitung | NPW | Weiß |

Außerdem ist die Fließrichtung im grünen Feld mit einem weißen Pfeil anzugeben.

In gewerblichen Gebäuden und Gebäuden mit Leitungen mit unterschiedlichen Medien müssen die Leitungen nach DIN 2403 gekennzeichnet werden.

Eine Kennzeichnung von Trinkwasser-Installationen im Bereich häuslicher oder vergleichbarer Nutzung ist grundsätzlich nicht erforderlich, wenn keine anderen Wasserversorgungsanlagen, z. B. Nichttrinkwasser, vorhanden sind.

Die Kennzeichnung von Rohrleitungen für Trinkwasser und für Nichttrinkwasser ist für einen sicheren Anlagen- und Wartungsbetrieb unerlässlich.

Die Kennzeichnung von Rohrleitungen ist nach DIN 2403 für den Durchflussstoff durchzuführen und im Interesse der Sicherheit und der sachgerechten Instandsetzung erforderlich. Sie soll außerdem auf Gefahren hinweisen, um Unfälle und gesundheitliche Schäden zu vermeiden. Siehe auch Kommentar zur DIN EN 806-4, Abschnitt 4.9.2 „Kennzeichnung von oberirdisch verlegten Rohrleitungen".

Wasserführende Rohrleitungen sind nach DIN 2403 mit dem RAL-Farbton Nr. 6023 „signalgrün" durch Schilder, Aufkleber oder Farbringe an betriebswichtigen Punkten, z. B. Anfang, Ende, Abzweige, Wanddurchführungen und Armaturen, zu kennzeichnen.

Damit die Forderung der Trinkwasserverordnung, Leitungen unterschiedlicher Versorgungssysteme farblich unterschiedlich zu kennzeichnen, erfüllt wird, stellt DIN 2403 die Anforderung, dass Trinkwasserleitungen mit einer grün-weiß-grünen Farbmarkierung zu kennzeichnen sind, wobei das weiße Feld 50 % des Gesamtfeldes und die grünen Seitenränder je 25 % des Gesamtfeldes umfassen müssen. Im weißen Feld sind die jeweiligen Kurzzeichen nach DIN EN 806-1 oder der Klartext anzugeben (siehe nachfolgende Tabelle und Bilder).

**Tabelle 6:** Kennzeichnung von Trinkwasserleitungen

| Benennung | Kurzzeichen | Farbe des Kurzzeichens |
|---|---|---|
| Trinkwasserleitung | PW | Grün |
| Trinkwasserleitung, kalt | PWC | Grün |
| Trinkwasserleitung, warm | PWH | Rot |
| Trinkwasserleitung, warm (Zirkulation) | PWH-C | Violett |

Trinkwasser

Trinkwasser, kalt

Trinkwasser, warm

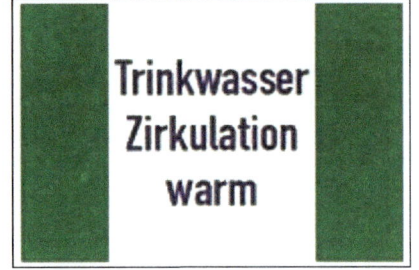
Trinkwasser, warm (Zirkulation)

**Bild 44:** Kennzeichnungen für Rohrleitungen nach DIN 2403 in Verbindung mit DIN EN 806-1

Einige Hersteller bieten Rohrleitungsbänder und Farbringe mit Pfeilen für die Fließrichtung sowie Schilder und Aufkleber in den jeweiligen Gruppenfarben der Norm an.

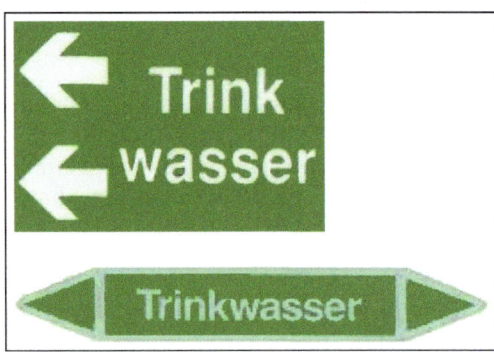

**Bild 45:** Bänder zur Rohrleitungskennzeichnung mit Fließrichtungspfeilen

In Einfamilienhäusern oder vergleichbaren Gebäuden kann wegen der Übersichtlichkeit auf Kennzeichnung der einzelnen Rohrleitungen nach dem Durchflussstoff verzichtet werden.

Die Feuerlöschleitung hinter der Löschwasserübergabestelle ist nach DIN 2403 „Kennzeichnung von Rohrleitungen" nach dem Durchflussstoff mit einer rot-weiß-roten Farbmarkierung zu kennzeichnen.

Im weißen Feld wird jeweils in der Farbe des Löschmittels das graphische Symbol des Sicherheitszeichens „Mittel und Geräte zur Brandschutzbekämpfung" angebracht, z. B. für Wasser in Grün.

**Bild 46:** Feuerlöscheinrichtung wasserführend, DIN 2403, Bild 6

Nach DIN EN 806-4, Abschnitt 4.9.4 „Beschilderung der oberirdisch installierten Armaturen" in der Installation für kaltes und erwärmtes Wasser ist die jeweilige Aufgabe und Funktion der Armatur auf einem dauerhaften Schild zu beschreiben.

Die Anforderungen des Abschnitts 4.9.4 von DIN EN 806-4 gelten nur dort, wo der Umfang der Trinkwasserinstallation und die Anzahl der Leitungsarmaturen ein Ausmaß haben, dass jede Armatur ein Bezeichnungsschild erhalten muss, damit zielgerichtet eine Aufgabe oder Funktion erkannt werden kann.

Wie bereits im Abschnitt 8.2 beschrieben, richten sich die Schildergröße und Schrifthöhe nach den Erkennungsweiten.

Bezeichnungsschilder können einzeln, z. B. für Kaltwasser-, Warmwasser- und Zirkulationsleitungen (Bild 47) oder zusammengefasst, z. B. für Steigleitungen (Bild 48), erstellt werden.

| Trinkwasser PWC Kantine 1. OG |

| Trinkwasser PWH Kantine 1. OG |

| Trinkwasser PWH-C Kantine 1. OG |

**Bild 47:** Einzel-Bezeichnungsschilder

**Bild 48:** Bezeichnungsschild mit Strangnummer

Die Strangnummern müssen in den Bestandsplänen, wie z. B. einem Strangschema oder einem Grundrissplan, mit Leitungsverlauf eingetragen sein.

Für größere Trinkwasserinstallationen können Schaltschemen erforderlich sein, die in einer „Sanitärzentrale" in einer Folie eingeschweißt an einer Wand angebracht werden. Aus dem Schaltschema muss der prinzipielle Aufbau der Trinkwasserinstallation hervorgehen.

Insbesondere für die ausführende Praxis am Bau, aber auch allgemein wie für die Beschäftigten des Gebäudemanagements, ist hier ein beachtlicher Schulungsbedarf zu erwarten. In einer traditionell geprägten Branche wie der Sanitärtechnik sind längst veraltete Begriffe wie Brauchwasser, Warmwasser oder Leitungswasser immer noch verbreitet. Erfahrungsgemäß braucht es hier viel Aufklärung und Geduld, bis sich eine neue Terminologie in der Praxis durchsetzt.

PLANUNG

### 8.3 Verbrauchs- und Verteilungsleitungen  DIN EN 806-2

Keine Leitung darf an einer anderen befestigt werden (z. B. Gasleitung) oder als Befestigung für andere Leitungen dienen.

Eine Absperrarmatur ist so nah als möglich vor jedem Schwimmerventil einzubauen.

Entleerventile sollten oberhalb einer Entwässerungseinrichtung eingebaut werden oder es sind Vorkehrungen zu treffen, die ein Entleeren in die nächstgelegene Möglichkeit bietet.

Wasserentnahmestellen dürfen nur oberhalb von Entwässerungseinrichtungen mit ausreichender Kapazität angebracht werden oder wo das Wasser in geeigneter Weise abgeleitet oder aufgefangen werden kann.

### 8.3 Verbrauchs- und Verteilungsleitungen  DIN 1988-200

Die Leitungen sind übersichtlich anzuordnen. Die Leitungsverlegung muss geradlinig, parallel und möglichst in kurzen Leitungsabschnitten sowie kreuzungsfrei erfolgen.

Die Leitungen sollten so geführt werden, dass Luftpolster vermieden werden. Bei Frostgefährdung sind Absperr- und Entleerungsvorrichtungen vorzusehen.

Leitungen sollten nicht unter der Grundplatte von Gebäuden verlegt werden. Ist dies aus technischen Gründen unvermeidbar, so sind die Rohrleitungen immer mit einem wirksamen Korrosionsschutz (siehe 14.2.4 ff.) zu versehen oder es ist ein belüftetes und entwässerbares Mantelrohr vorzusehen.

In den folgenden Arten von Schächten, die noch dem ursprünglichen Verwendungszweck dienen, dürfen Leitungen nicht verlegt werden, z. B.:
- Kamine;
- Belüftungskanäle;
- Aufzugsschächte;
- Schächte für häuslichen Abfall.

Leitungen dürfen nicht durch Entwässerungsleitungen und -schächte geführt werden.

In frostgefährdeten Räumen (offenen Durchfahrten usw.) sind die Leitungen frostfrei zu verlegen, falls für den Frostschutz nicht anderweitig (z. B. Frostschutzband) gesorgt werden kann.

Rohrkanäle müssen belüftbar und entwässerbar sein.

Trinkwasserleitungen kalt müssen gegen Erwärmung (> 25 °C) nach 14.2.6 gedämmt werden.

Freiliegende Leitungen müssen mit ausreichendem Abstand (Wand, Decke, andere Leitungen usw.) verlegt und so befestigt werden, dass die im Betrieb auftretenden Beanspruchungen und Belastungen sicher aufgenommen werden können.

Für im oder am Baukörper (Wände, Decken usw.) verlegte Leitungen sind erforderlichenfalls – selbst für vorübergehende Zwecke – werkstoffgerechte Rohrschellen oder ähnliche Befestigungselemente zu verwenden.

Die bei Erwärmung auftretenden Längenänderungen sind, falls erforderlich, durch elastische Rohrführungen bzw. Dehnungsausgleicher zu ermöglichen. Die durch Längenänderungen hervorgerufenen Kräfte sind durch zweckmäßiges Ausbilden von Festpunkten zu berücksichtigen.

Fertiggestellte und noch nicht mit Entnahmearmaturen versehene Leitungen sind an allen Ein- und Auslässen mit werkstoffgerechten Stopfen mit Metallgewinde, Kappen oder Blindflanschen dicht zu verschließen. Geschlossene Absperreinrichtungen gelten nicht als dichte Verschlüsse.

Nach DIN 1053-1 sind Aussparungen und Schlitze in Mauerwerk nur zulässig, wenn dadurch die Standfestigkeit nicht beeinträchtigt wird. Werden Aussparungen und Schlitze nicht im gemauerten Verbunde hergestellt, sind sie zu fräsen. Das Stemmen von Aussparungen und Schlitzen ist nach DIN 1053-1 ebenfalls nicht zulässig.

Die nach DIN 1053-1 ohne statischen Nachweis zulässige Lage und Abmessung von lotrechten, waagerechten und schrägen Schlitzen ist sowohl in im Verbund gemauerter als auch gefräster Form für die Verlegung von Trinkwasserleitungen – vor allem gedämmter Leitungen – nur in Ausnahmefällen verwendbar. Leitungen sind in konventioneller oder vorgefertigter Form vor der Wand zu verlegen und anschließend in geeigneter Weise zu verkleiden.

Die die Leitungen tragenden Wände bleiben dabei unverletzt und können dadurch die an sie gestellten Anforderungen hinsichtlich der Statik, des Schall-, Wärme- und Brandschutzes ohne Beeinträchtigung erfüllen.

Einbaufertige oder vorgefertigte Bauteile (geschlossene Installationsblocks, Installationswände), bei denen nach Einbau keine Nachprüfung möglich ist, müssen den Anforderungen der jeweiligen Produktnormen bzw. den anerkannten Regeln der Technik entsprechen.

Eine fachgerechte Rohrleitungsführung im Gebäude erfolgt immer unter Berücksichtigung der baulichen Gegebenheiten, z. B. Umgebungstemperaturen. So sollten Trinkwasserleitungen möglichst nur in frostfreien Bereichen verlegt werden. Je nach Stagnationszeiten kann auch eine Dämmung (z. B. sind in offenen Tiefgaragen 200 % der Schichtdicken gemäß Tab. 8, Zeilen 1–4 praxisüblich) keinen dauerhaften Frostschutz bieten. Im Zweifelsfall sind die Leitungsabschnitte mit Temperaturhaltebändern auszustatten.

Andererseits sind Rohrleitungen für Trinkwasser kalt so zu verlegen und gemäß Tab. 8 zu dämmen, dass hohe Dauertemperaturen während üblicher Stagnationszeiten vermieden werden. Bei hohen Wärmelasten, z. B. neben Heizungsleitungen in Rohrkanälen, Schächten und abgehängten Decken, kann ggf. auch eine Dämmung eine kritische Erwärmung nicht verhindern. In solchen Fällen können technische Maßnahmen eine Temperaturüberschreitung verhindern, z. B. durch ein Spülventil, das den notwendigen Wasseraustausch während längerer Stagnationsphasen sicherstellt.

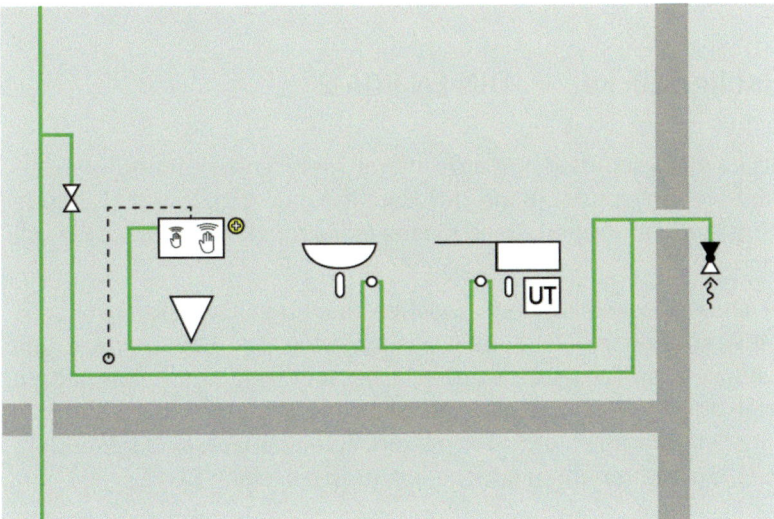

**Bild 49:** Beispiel einer Stockwerksverteilung mit einem elektronischen Spülsystem für Trinkwasser kalt in Verbindung mit einer sensitiven Betätigung des WC-Spülkastens (Werkbild: Viega)

Für die Verlegung von Rohrleitungen im Mauerwerk sind nur gefräste Aussparungen oder Schlitze insoweit zulässig, als dass sie die Standfestigkeit nicht beeinträchtigen. Dabei sind die Anforderungen an die Baustatik entsprechend DIN 1053-1 einzuhalten. In Verbindung mit dem geforderten Schallschutz sind deshalb Sanitärinstallationen in der Baupraxis nur noch durch den Einsatz der Vorwandtechnik fachgerecht ausführbar. Vor allem wegen der schnellen Montage werden dafür insbesondere Trockenbausysteme mit Verkleidungsplatten aus Gipskarton nach DIN 18180 und DIN EN 520 empfohlen. Mit Unterkonstruktionen aus Stahlelementen und -profilen bieten sie maßgenau vorgefertigte Armaturenanschlüsse, die im Systemverbund mit dem jeweiligen Fabrikat des Systemanbieters auch über die erforderlichen schalltechnischen Nachweise verfügen. Insbesondere in Sanierungsprojekten bieten solche Systeme den Vorteil einer Renovierung innerhalb von wenigen Tagen pro Wohnung, wodurch die Nutzungsunterbrechung auf ein Minimum reduziert werden kann.

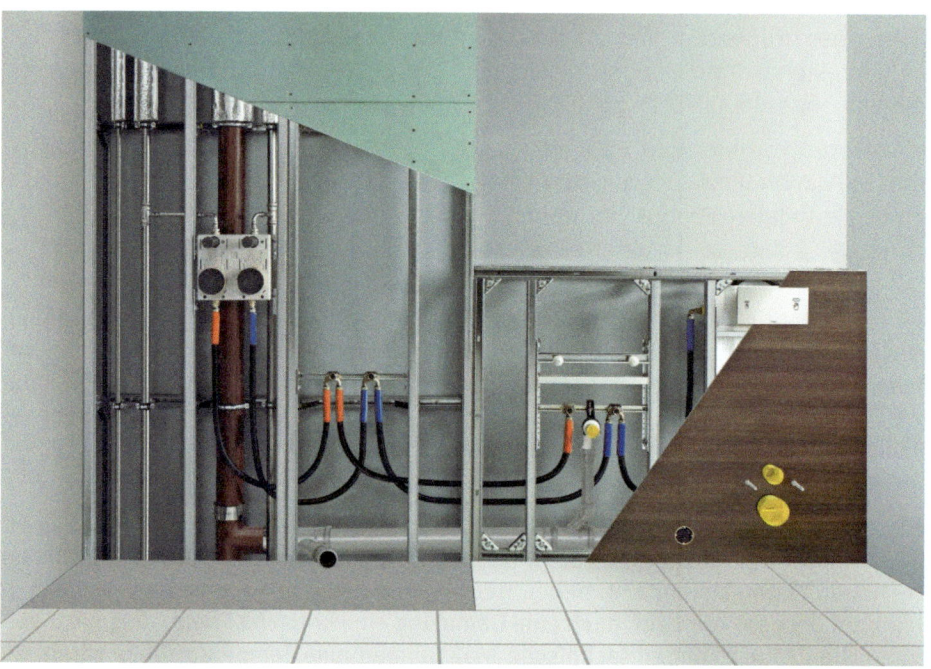

**Bild 50:** Beispiel einer Vorwand- und Schachtinstallation für eine Deckenabschottung und Trockenbauverkleidung (Werkbild: Viega)

## 8.4 Elektrische Isolierstücke    DIN EN 806-2

Wo nationale oder örtliche Vorschriften für erdverlegte metallene Leitungen Isolierstücke vorschreiben, ist ein Isolierstück nahe der Hauptabsperrarmatur im Gebäude einzubauen. Es ist dafür Sorge zu tragen, dass dieses Isolierstück nicht unabsichtlich überbrückt werden kann.

Erdverlegte metallene Grundstücksleitungen zwischen mehreren Gebäuden müssen sowohl vor dem Austritt aus einem Gebäude als auch nach der Einführung in ein Gebäude mit Isolierstücken ausgerüstet werden. Die Innenleitungen von jedem Gebäude sind getrennt an die Potenzialausgleichsschiene anzuschließen. Werden elektrische Betriebsmittel in derartig verlegte Rohrleitungen eingebaut, sind besondere Schutzmaßnahmen (z. B. Schutztrennung) erforderlich (Beispiel siehe Bild 2).

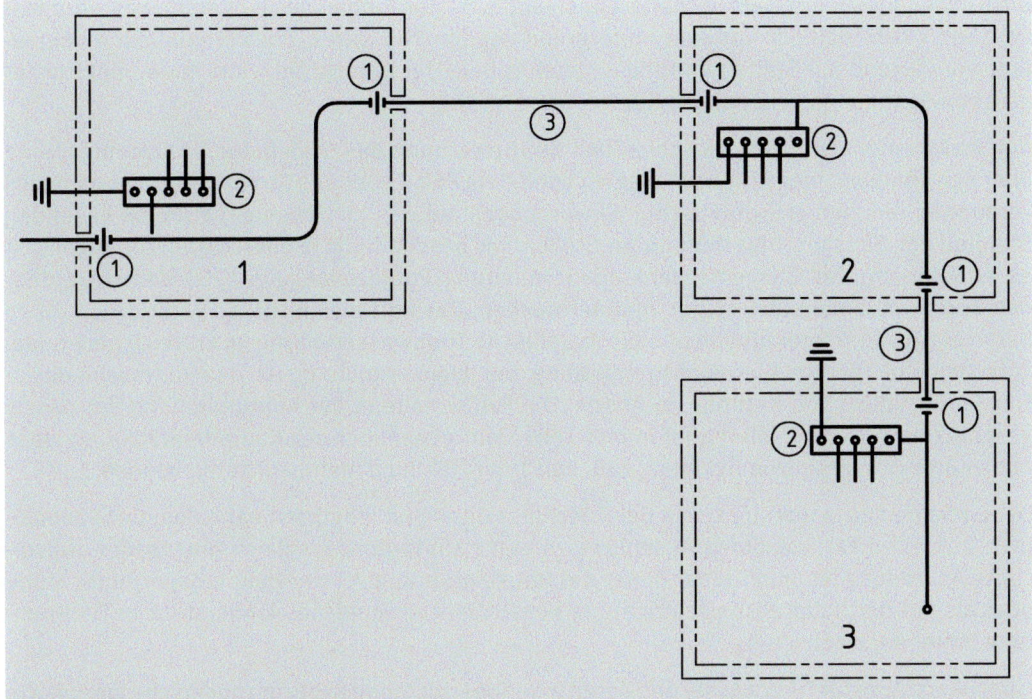

**Legende**
(1) Isolierstück
(2) Potenzialausgleichsschiene IEC 60064-5-54
(3) Erdverlegte metallene Grundstücksleitung
1  Gebäude 1
2  Gebäude 2
3  Gebäude 3

**Bild 2 — Beispiel für die Anordnung von Isolierstücken in durchgehend metallenen Leitungen**

## 8.4 Elektrische Isolierstücke    DIN 1988-200

Bei erdverlegten metallenen Leitungen ist ein Isolierstück nahe der Hauptabsperrarmatur im Gebäude einzubauen. Es ist dafür Sorge zu tragen, dass dieses Isolierstück nicht unabsichtlich überbrückt werden kann.

Elektrische Isolierstücke sind nur bei metallenen erdverlegten Anschlussleitungen, die in ein Gebäude eingeführt werden oder bei erdverlegten metallenen Leitungen, die zwischen mehreren Gebäuden verlegt werden, vorzusehen. Bei erdverlegten Leitungen aus Kunststoffwerkstoffen ist kein Isolierstück notwendig.

Das Isolierstück ist eine elektrisch nichtleitende Rohrverbindung. Es dient zur Unterbrechung der elektrischen Längsleitfähigkeit einer Rohrleitung.

Grundsätzlich ist auf die elektrische Abkoppelung des Gebäudes einschließlich Installationsleitungen, der gesamten Metallstruktur und seines Fundamentes von den im Umgebungsgrund vorhandenen metallenen Teilen/Leitungen zu achten. Begründet ist dies durch mehrere Sachverhalte, wie z. B.:

- es sollen keine eventuellen Fehlerströme aus dem Gebäude bzw. der Gebäudenutzung an die im Umgebungserdreich verlegten metallenen Leitungen weitergegeben werden;
- bei eingesetztem kathodischen Schutz des Verteilungsnetzes ist die elektrische Trennung zu dem Gebäude unerlässlich, damit der Schutzstrom nicht über den Potenzialausgleichsleiter in die Erde abfließt und damit unwirksam wird;
- ein möglicherweise entstehender Stromfluss von der Gebäude-Metallinstallation über das Erdreich als Elektrolyten zur erdverlegten metallenen Leitung muss auf jeden Fall unterbunden werden.

Die Notwendigkeit der elektrischen Trennstelle, d. h. zum Einbau des Isolierstückes, wird insbesondere sehr deutlich vor dem Hintergrund des Sachverhaltes, dass die Gebäude heutzutage vorwiegend auf Stahlbetonfundamenten ruhen. Der Betonstahl weist in der elektrochemischen Spannungsreihe nahezu Kupferpotenzial auf.

Alle metallenen Leitungen, einschließlich der Bewehrung des Stahlbetonfundamentes, sind über den gemeinsamen Potenzialausgleich mit dem PEN-Leiter des Strom-Versorgungsnetzes verbunden. Um nun elektrolytischen Einwirkungen auf den im (feuchten) Erdreich liegenden Stahlteil der Hausanschlussleitung an Stellen mit beschädigter Isolierung vorzubeugen, ist es erforderlich, den Elementstromkreis Stahlleitung/Potenzialausgleich/Fundament/Erdboden durch ein Isolierstück sicher zu unterbrechen. Passiert dies nicht, so wirkt der Stahl im Beton als große Fremdkathode und die metallische Trinkwasserleitung im Erdreich als Anode. Entscheidend für die Korrosionsgefährdung bei Elementbildung ist das unterschiedliche Flächenverhältnis von Kathode zu Anode. Die Fehlerstelle in der Rohrumhüllung der passiv geschützten Anschlussleitung ist immer sehr klein gegenüber der Kathodenfläche, so dass hohe Korrosionsgeschwindigkeiten, z. B. von 1 mm/Jahr und mehr, auftreten können.

Der Einbau eines Isolierstückes in der Anschlussleitung ist möglichst nahe dem Gebäudeeintritt, auf jeden Fall vor deren Anschluss an den Hauptpotenzausgleich einzubauen. Bevorzugte Anordnung ist unmittelbar hinter der Hauseinführung vor der Hauptabsperreinrichtung oder als mit der Hauptabsperreinrichtung konstruktiv verbundenes Isolierstück in Fließrichtung hinter der HAE.

Für Isolierstücke für Trinkwasser und deren Innenbeschichtungen dürfen nur solche Werkstoffe – sofern sie mit dem Medium in Berührung kommen – verwendet werden, die an das Trinkwasser weder Geschmacks-, Geruchs-, Farb- noch gesundheitsschädigende Stoffe in hygienisch bedenklichen Mengen abgeben. Algenbildung und Bakterienwachstum dürfen nicht begünstigt werden.

Isolierstücke mit einem DIN/DVGW-Prüfzeichen erfüllen die Anforderungen von DIN 3389 „Einbaufertige Isolierstücke für Hausanschlußleitungen in der Gas- und Wasserversorgung".

Isolierstücke für den Einsatz im Trinkwasser müssen mit „DIN 3389-W" bezeichnet sein.

**Bild 51:** Isolierstück für Trinkwasser (Werkbild: Schuck)

**Bild 52:** Isolierflansch mit zugehörigen Schrauben (Werkbild: Schuck)

## 9 Verteilung von erwärmtem Trinkwasser
DIN EN 806-2

### 9.1 Allgemeines DIN EN 806-2

Die Warmwasseranlage besteht aus dem Trinkwassererwärmer, der notwendigen Ausrüstung für den sicheren Betrieb der Heizanlage und den Verbrauchsleitungen einschließlich Armaturen und Fittings.

Die Warmwasseranlage muss EN 1487, EN 1488, EN 1489, EN 1490 und EN 1491 entsprechen.

Nationale oder örtliche Vorschriften zur Verhinderung des Wachstums von Legionellen sind zu beachten.

Die Anlagen für erwärmtes Trinkwasser dürfen nicht zur Raumheizung benutzt werden, Ausnahme stellen Handtuchtrockner dar, wo nationale Regelungen dies gestatten.

## 9 Verteilung von Trinkwasser warm DIN 1988-200

### 9.1 Allgemeines DIN 1988-200

Am Wasseraustritt des Trinkwassererwärmers mit Zirkulation ist eine Temperatur von mindestens 60 °C aus hygienischen Gründen einzuhalten. In zirkulierenden Trinkwasser-Installationen darf ein Temperaturabfall von 5 K nicht überschritten werden. Bei Rohrleitungsinhalten von > 3 l sind Zirkulationsleitungen oder selbstregelnde Temperaturhaltebänder einzubauen (siehe 10.5.2). Die Anforderungen des DVGW W 551 sind zu beachten.

Eine Ausnahme bilden die Trinkwassererwärmer mit hohem Wasseraustausch und dezentralen Trinkwassererwärmern (siehe 9.7.2.3 und 9.7.2.4).

Grundsätzlich besteht die Möglichkeit, auch mit anderen technischen Maßnahmen und Verfahren die Trinkwasserhygiene sicherzustellen. In diesen Fällen müssen die einwandfreien Verhältnisse durch mikrobiologische Untersuchungen nachgewiesen werden.

In diesem Zusammenhang ist auf die Anzeigepflicht an das zuständige Gesundheitsamt und die Überprüfungspflicht durch den Betreiber nach TrinkwV [1] hinzuweisen.

In Trinkwasser-Installationen für Trinkwasser warm dürfen Bauteile, die bestimmungsgemäß Wärme (z. B. zu Heizzwecken) abgeben, nicht eingebaut werden.

Die in DIN EN 806-2 aufgeführten europäischen Normen beinhalten keine Planungs- und Ausführungshinweise. Sie beinhalten vielmehr Prüfanforderungen und bauteiltechnische Spezifikationen von erforderlichen Komponenten einer Warmwasseranlage, wie z. B. Armaturen, Ventile, Sicherheitsgruppen und -ventile.

Die Bevorratungstemperatur in Trinkwassererwärmern darf im Grundsatz nicht unter 60 °C abgesenkt werden, um den Speicherinhalt gesichert oberhalb der Wachstumstemperatur von Legionellen zu halten. Leitungsabschnitte mit Rohrleitungsinhalten > 3 Liter müssen grundsätzlich mit Zirkulationsleitungen oder Temperaturhaltebändern auf mindestens 55 °C gehalten werden. Lediglich bei hygienisch einwandfreien Verhältnissen können Zirkulationssysteme für maximal 8 h/d mit abgesenkten Temperaturen betrieben werden, z. B. durch Abschaltung der Zirkulationspumpe. Zur Feststellung des Rohrleitungsinhalts größer oder kleiner 3 Liter ist der Rohrleitungsinhalt in jedem Fließweg zwischen Abgang Trinkwassererwärmer und Entnahmestelle zu betrachten; es ist nicht der gesamte Rohrleitungsinhalt der Trinkwasserleitungen warm gemeint.

# Planung

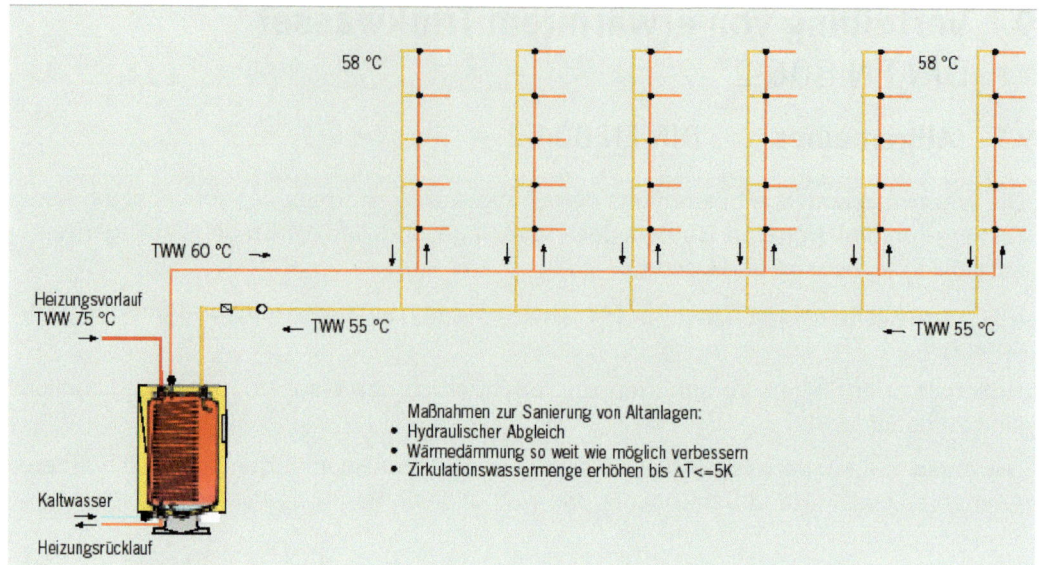

**Bild 53:** Grundsatzanforderung Temperaturkollektiv 60 °C – 55 °C

Mit dem Hinweis in DIN 1988-100, dass grundsätzlich auch mit anderen technischen Maßnahmen als mit dem Temperaturkollektiv 60 °C – 55 °C die Trinkwasserhygiene sichergestellt werden kann, ist eine Öffnungsklausel für Verfahren und Produkte gegeben, die im Markt vorhanden sind und aus rechtlichen Gründen in der Norm nicht ausgeschlossen werden dürfen. Allerdings müssen solche Verfahren oder Produkte durch regelmäßige mikrobiologische Untersuchungen die einwandfreien Verhältnisse nachweisen. Ob ein solcher Aufwand gerechtfertigt ist, muss bei der Planung mit dem Auftraggeber besprochen und schriftlich vereinbart werden.

Der Hinweis auf die Anzeigepflicht beim Gesundheitsamt bezieht sich auf § 13 TrinkwV, nach dem der Unternehmer oder sonstige Inhaber einer Wasserversorgungsanlage nach § 3 Nummer 2 e TrinkwV (Trinkwasserinstallation) eine Großanlage zur Trinkwassererwärmung anzeigen muss. Großanlagen sind nach DVGW W 551 Anlagen mit Trinkwassererwärmern > 400 l und/oder einem Rohrleitungsinhalt zwischen Abgang Trinkwassererwärmer und Entnahmestelle > 3 l, wobei auch hier der Rohrleitungsinhalt im Fließweg zu der i. d. R. entferntesten Entnahmestelle gemeint ist. Die genannte Überprüfungspflicht zielt auf § 14 TrinkwV, wonach nunmehr auch gewerblich genutzte Trinkwasserinstallationen untersuchungspflichtig sind, wenn die nachstehenden Kriterien erfüllt sind:

- Großanlage zur Trinkwassererwärmung
- gewerbliche Tätigkeit, in der mit Gewinnerzielungsabsicht Trinkwasser verteilt wird
- installierte Vernebelungsanlagen, wie z. B. eine Dusche.

Weil Handtuchtrockner auch Wärme abgeben, dürfen sie weder an die Warmwasserleitung noch an die Zirkulationsleitung angeschlossen werden.

## 9.2 Bauteile   DIN EN 806-2

### 9.2.1 Allgemeines   DIN EN 806-2

> Um für alle Anlagenteile eine ausreichende Festigkeit sicherzustellen, sind die Bauteile für den höchsten Systembetriebsdruck (PMA) auszulegen (siehe Tabelle 1). Bei Warmwasseranlagen mit Zirkulationsleitung darf die Temperaturdifferenz zwischen Trinkwassererwärmer-Austritt und Rücklauf maximal 5 K betragen.

## 9.2 Bauteile  DIN 1988-200

### 9.2.1 Allgemeines  DIN 1988-200

Trinkwassererwärmer werden nach folgenden Betriebsarten unterschieden:

Dezentrale Versorgung

a) Einzelversorgung
   - Bei einer Einzelversorgung werden einzelne Entnahmestellen für Trinkwasser warm jeweils von eigenen, unabhängig voneinander zu betreibenden Trinkwassererwärmern versorgt.

b) Gruppenversorgung
   - Bei einer Gruppenversorgung werden innerhalb einer Wohnung oder eines Gebäudeteils räumlich nahe beieinanderliegende Entnahmestellen für Trinkwasser warm von einem Trinkwassererwärmer aus versorgt.

Zentrale Versorgung
- Bei einer zentralen Versorgung werden alle Entnahmestellen für Trinkwasser warm in einer oder mehreren Wohnungen oder Gebäuden über ein gemeinsames Leitungsnetz von einem oder mehreren Trinkwassererwärmern aus versorgt.

Nach der Funktion werden folgende Typen unterschieden:
- Durchfluss-Trinkwassererwärmer sind Erwärmer, in denen das Trinkwasser im wesentlichen während der Entnahme (des Durchflusses) erwärmt wird.
- Speicher-Trinkwassererwärmer sind Erwärmer, in denen das Trinkwasser im wesentlichen vor der Entnahme erwärmt und zum Verbrauch bereitgehalten wird.

Nach der Bauart werden unterschieden:
- Offene Trinkwassererwärmer stehen mit der Atmosphäre ständig unmittelbar in nicht absperrbarer Verbindung. Sie stehen nicht unter dem Druck der Trinkwasserleitung kalt. Bei bestimmungsgemäßem Betrieb wird ein Überdruck von 100 kPa nicht überschritten.
- Geschlossene Trinkwassererwärmer stehen mit der Atmosphäre nicht ständig in offener Verbindung.

Nach der Art der Beheizung werden unterschieden:
- Unmittelbare Beheizung, wobei die Energieträger ihre Wärmeenergie durch die Wandung unmittelbar (direkt) an das zu erwärmende Wasser abgeben.
- Mittelbare Beheizung, wobei die Wärme der Energieträger an einen Wärmeträger (Wasserdampf, Heizwasser, Arbeitsmittel von Solaranlagen oder Wärmepumpen) abgegeben und von diesem auf das zu erwärmende Wasser übertragen wird.

Eine besondere Variante der mittelbaren Beheizung ist der Zwischenmedium-Wärmeübertrager. Hierbei werden die Wärmeübertragungsflächen der Wärmeträger- und der Trinkwasserseite durch ein zusätzliches Sicherheitssystem voreinander getrennt.

Trinkwassererwärmungsanlagen sind dem Bedarf an erwärmtem Trinkwasser entsprechend den allgemein anerkannten Regeln der Technik (z. B. für den Wohnungsbau nach DIN 4708-2) auszulegen.

Für Trinkwassererwärmer für Betriebsdrücke < 1 MPa sind die Sicherheitseinrichtungen abzustimmen.

Ist eine Speicherung von Energie vorgesehen, sollte dieses nicht im Trinkwasser erfolgen, sondern es ist der Technik der Energiespeicherung im Heizsystem (Pufferspeicher, Latentwärmespeicher) der Vorzug zu geben (siehe auch 9.7.2.7).

In DIN EN 806-2 werden 3 unterschiedliche Systembetriebsdruckklassen unterschieden. In Deutschland beträgt der übliche Systembetriebsdruck 1,0 MPa (10 bar). Sämtliche Komponenten einer Warmwasseranlage mit Ausnahme des Trinkwassererwärmers sind üblicherweise auf diesen Systembetriebsdruck auszulegen. Geschlossene Trinkwassererwärmer des Nenndrucks PN 6 dürfen nur verwendet werden, wenn zusätzlich zum Sicherheitsventil ein

Druckminderer in die Trinkwasseranlage eingebaut wird. Auf den Einbau eines Druckminderers kann in Ausnahmefällen verzichtet werden, wenn aufgrund der Versorgungssituation (z. B. Hochbehälter) kein höherer Betriebsüberdruck als 0,48 MPa (4,8 bar) an der Anschlussstelle des Trinkwassererwärmers auftreten kann.

**Dezentrale Versorgung**

Durch die Novellierung der Trinkwasserverordnung zum November 2011 sind die zentralen Trinkwassererwärmungsanlagen in den Fokus gerückt. Es ist davon auszugehen, dass dezentrale Systeme aufgrund der für gewerbliche Anlagen ausgeweiteten Anzeige- und Untersuchungspflichten an Bedeutung gewinnen werden. Überall da, wo nur geringe Warmwassermengen benötigt werden, bietet sich eine dezentrale Warmwassererwärmung an. Die Beheizung des Warmwassers erfolgt in der Regel mittelbar, das heißt, die Wärmeenergie wird z. B. durch einen in den Erwärmer integrierten Heizblock direkt an das Warmwasser abgegeben. Für die Warmwasserbereitung werden zwei Geräteprinzipien unterschieden: Durchfluss-Wassererwärmer (Durchlauferhitzer) und Speicher-Wassererwärmer. Sie unterscheiden sich in ihrer Bauart und vor allem im Hinblick auf Abmessungen, Kosten, Wasserqualität und Betriebsenergie. Durchfluss-Wassererwärmer und Speicher-Wassererwärmer stehen als offene und als geschlossene Anlagen zur Verfügung. Als Vorteile der dezentralen Warmwasserversorgung sind insbesondere die kurzen Warmwasserleitungswege, die exakte Kostenabrechnung sowie die einfache und schnelle Installation zu sehen. Somit stellen dezentrale Warmwassersysteme oftmals eine attraktive und effiziente Alternative in der Anlagenplanung dar.

Dezentrale Durchfluss-Trinkwassererwärmer können ohne weitere Maßnahmen verwendet werden, wenn das dem Durchfluss-Trinkwassererwärmer nachgeschaltete Leitungsvolumen 3 Liter pro Fließweg nicht übersteigt.

Bei der dezentralen Versorgung wird zwischen Einzel- und Gruppenversorgungen unterschieden. Bild 54 zeigt ein Planungsbeispiel für die beiden Varianten.

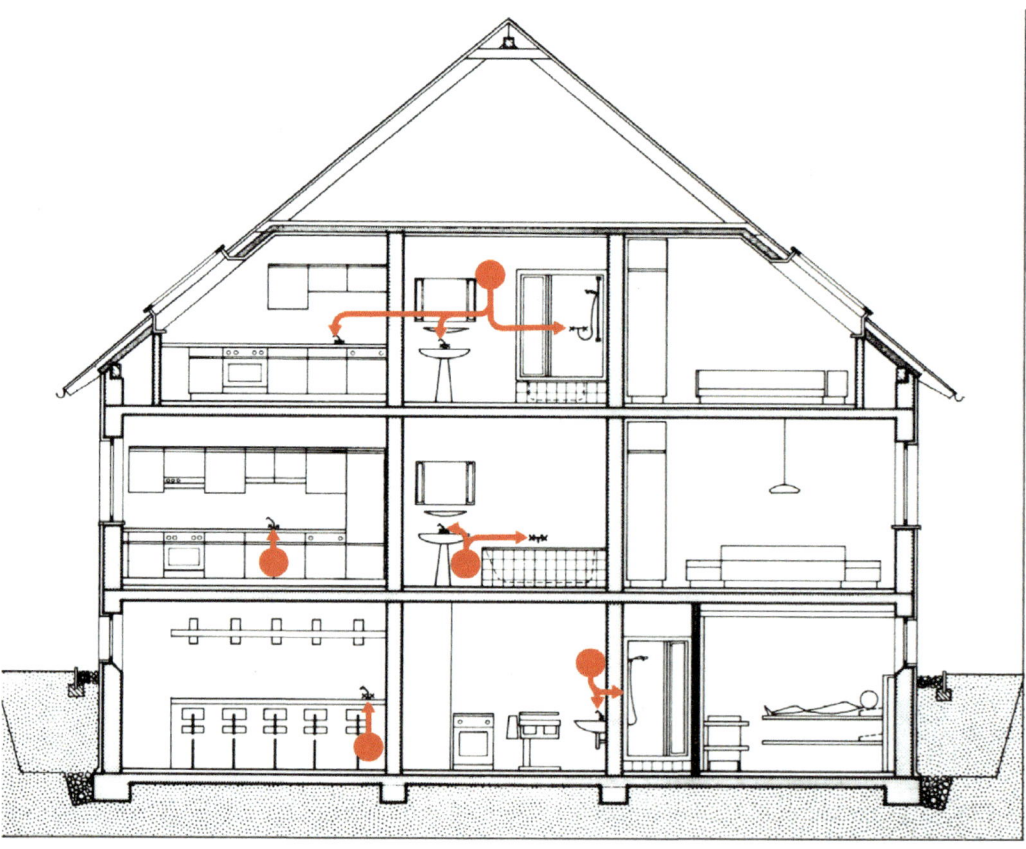

**Bild 54:** Planungsbeispiel mit Einzel- und Gruppenversorgung (Werkbild: Stiebel Eltron)

## Einzelversorgung

Die Einzelversorgung wird vorwiegend dort eingesetzt, wo an einzelnen oder weit voneinander entfernt liegenden Entnahmearmaturen geringe Warmwassermengen selten benötigt werden oder aus wirtschaftlichen und energetischen Gründen eine zentrale Warmwasserversorgung mit Rohrleitungen und Zirkulationsleitungen nicht gerechtfertigt erscheint. Typische Einsatzgebiete sind Einzelwaschtische in Büro- und Geschäftshäusern oder Einzelduschen, die aufgrund arbeitsstättenrechtlicher Vorgaben erforderlich sind und selten genutzt werden. Bei Entnahmearmaturen mit geringem Warmwasserbedarf, wie z. B. Handwaschbecken, sind diese Anlagen oftmals offene, mit der Atmosphäre verbundene, Untertisch-Kleinspeicher (5 bis 10 l) mit Überlaufarmaturen. Das bei Erwärmung durch Volumenzunahme entstehende Ausdehnungswasser wird über die offene Entnahme-Überlaufarmatur abgeführt.

**Bild 55:** Dezentrale Warmwasserversorgung mit offenem (drucklosem) Kleinspeicher (Werkbild: Stiebel Eltron)

**Bild 56:** Dezentrale Warmwasserversorgung mit elektronischem Durchlauferhitzer (Werkbild: Stiebel Eltron)

## Gruppenversorgung

Die zweite Variante der dezentralen Warmwasserversorgung ist die Gruppenversorgung, bei der mehrere nah beieinander liegende Warmwasser-Entnahmestellen z. B. einer Wohnung oder Nutzungseinheit an einen gemeinsamen Trinkwassererwärmer angeschlossen werden. Zur Gruppenversorgung werden druckfeste Speicher- oder Durchflusswassererwärmer verwendet. Bei Durchflusswassererwärmern ist bei der Dimensionierung der Trinkwasserleitungen insbesondere darauf zu achten, dass der gerätespezifische Druckverlust nach Herstellerangaben erfasst wird.

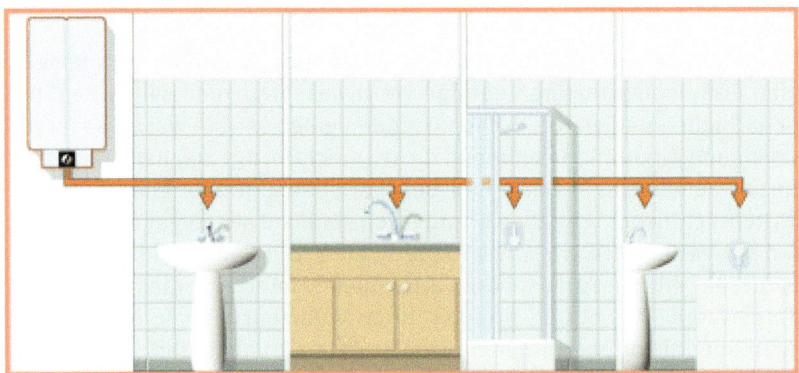

**Bild 57:** Dezentrale Gruppen-Warmwasserversorgung mit geschlossenem (druckfestem) Elektro-Warmwasserspeicher (Werkbild: Stiebel Eltron)

### Zentrale Versorgung

Bei einer zentralen Trinkwassererwärmungsanlage werden alle Warmwasserentnahmestellen eines Gebäudes an ein gemeinsames Rohrnetz angeschlossen. Als Trinkwassererwärmer kommen Speicher-, Durchfluss- und Speicherladesysteme zum Einsatz. Die Beheizung des Wassers erfolgt in der Regel mittelbar, d. h. die Wärmeenergie wird über einen Wärmeträger, z. B. Heizwasser, an das zu erwärmende Trinkwasser abgegeben.

### Durchfluss-Trinkwassererwärmer

Durchfluss-Systeme unterscheiden sich von Speicher- und Speicherladesystemen dadurch, dass sie über keine oder nur geringe Warmwasserbevorratung verfügen. Das Trinkwasser wird erst bei Entnahme, also bei Durchfluss über einen Wärmeübertrager erwärmt. Für die Bereitstellung der Wärmemengen werden Pufferspeicher eingesetzt, die in der Regel direkt über einen Wärmeerzeuger beheizt werden. Die Wärmeübertrager können sowohl im Pufferspeicher als auch extern angeordnet sein. Anlagen zur Erwärmung von Trinkwasser im Durchlaufprinzip gewinnen aufgrund hygienischer und energetischer Vorteile immer weiter an Bedeutung. Aus hygienischer Sicht ergeben sich aufgrund der insgesamt geringer werdenden Wasservolumina geringere Verkeimungsrisiken, da der Speicher nicht mehr auf der Trinkwasserseite angeordnet wird. Aus energetischer Sicht bedeutet die Verwendung derartiger Systeme auch verbesserte Randbedingungen für den Einsatz regenerativer Energien oder der Abwärmenutzung.

### Speicher-Trinkwassererwärmer

Beim Speichersystem wird kaltes Trinkwasser erwärmt und bis zur Entnahme bevorratet. Dazu hat der Speicher-Trinkwassererwärmer einen Speicherbehälter mit integriertem Wärmetauscher. Der Wärmetauscher eines Speicher-Trinkwassererwärmers ist stets im unteren Bereich des Speicherbehälters angeordnet, damit nach dem Schwerkraftprinzip das erwärmte, infolge des Dichteunterschieds „leichtere" Trinkwasser von allein zum Warmwasser-Entnahmestutzen aufsteigen und sich gleichmäßig im gesamten Speicherbehälter verteilen kann. Das Speichersystem kann mit einer relativ kleinen Heizleistung große Warmwassermengen für den Spitzenbedarf erzeugen und bevorraten. Unabhängig von der installierten Kesselleistung steht der gesamte Warmwasservorrat des Speicher-Trinkwassererwärmers verzögerungsfrei zur Verfügung und kann in großer Menge je nach Bedarf entnommen werden. Nach dem Verbrauch eines Teils des gespeicherten Warmwassers kann der Speicher-Trinkwassererwärmer nur noch die Warmwassermenge liefern, die der Warmwasser-Dauerleistung seines eingebauten Wärmetauschers entspricht. Beim Dauerleistungsbetrieb wird das einströmende Kaltwasser im Gegenstromprinzip mit der vollen Beheizungsleistung erwärmt. Wenn der Aufstellraum für einen großen Speicher-Trinkwassererwärmer nicht geeignet ist oder der größte verfügbare Speicher-Trinkwassererwärmer nicht ausreicht, sind auch mehrere stehende oder liegende Speicher-Trinkwassererwärmer miteinander als Speichersystem in Reihen- oder Parallelschaltung kombinierbar, um ein größeres Speichervolumen zu erhalten. Wegen des Aufwandes eines hydraulischen Abgleichs zur gleichmäßigen Warmwasserentnahme aus allen Trinkwassererwärmern bei Parallelschaltungen sollten mehrere Trinkwasserspeicher nur in Reihenschaltung angeordnet werden.

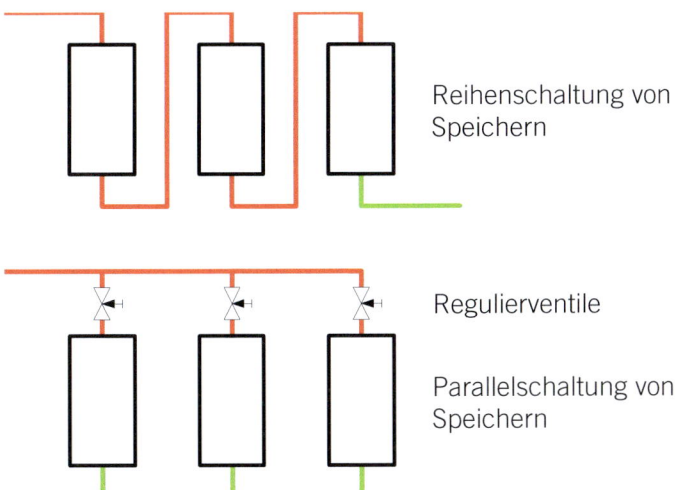

**Bild 58:** Trinkwassererwärmer in Reihe bzw. parallel geschaltet

Der Kaltwassereinlauf des Speicher-Trinkwassererwärmers muss dabei so konstruiert sein, dass während des Entnahmevorganges eine große Mischzone vermieden wird. Speicher-Trinkwassererwärmer mit DVGW-Zertifizierungszeichen nach DIN 4753 erfüllen beispielsweise die genannten Anforderungen. Bei Speicher-Trinkwassererwärmern mit einem Inhalt > 400 l muss durch die Konstruktion und andere Maßnahmen (z. B. Umwälzung, bei Mehrfachspeichern gleichmäßige Beaufschlagung der einzelnen Speicher) sichergestellt werden, dass das Wasser an allen Stellen gleichmäßig erwärmt wird.

### Speicherladesystem

Ein Speicherladesystem unterscheidet sich vom Speichersystem in erster Linie durch die Anordnung des Wärmetauschers zur Warmwasserbereitung. Während beim Speichersystem in jedem Speicherbehälter ein Wärmetauscher integriert ist, hat das Speicherladesystem mindestens einen Wasserspeicher ohne integrierten Wärmetauscher. Im Unterschied zum Speichersystem, wo der integrierte Wärmetauscher den Speicherbehälter von unten nach oben erwärmt (Schwerkraftprinzip), wird beim Speicherladesystem der Wasserspeicher (ohne integrierten Wärmetauscher) mit erwärmtem Trinkwasser über eine Ladepumpe von oben nach unten „beladen", d. h. geschichtet. Man spricht deshalb auch von einem Schichtenladespeicher (Schichtenladeprinzip). Speicherladesysteme stellen somit eine Kombination aus Durchfluss- und Speicher-Trinkwassererwärmer dar. Sie werden vorwiegend in größeren Liegenschaften eingesetzt und decken in der Regel den 10-Minuten-Spitzenbedarf aus dem Speicher ab. Die Dauerleistung wird über einen extern angeordneten Wärmetauscher (in der Regel ein Plattenwärmetauscher) abgedeckt. So können auch mit kleineren Speichern im Sinne der Hygiene große Leistungskennzahlen erreicht werden. Ein weiterer Vorteil von Speicher-Ladesystemen ist die extreme Auskühlung des Heizwasser-Rücklaufs, was vor allem für Brennwertanlagen und für die Fernwärmeversorgungen wichtig ist.

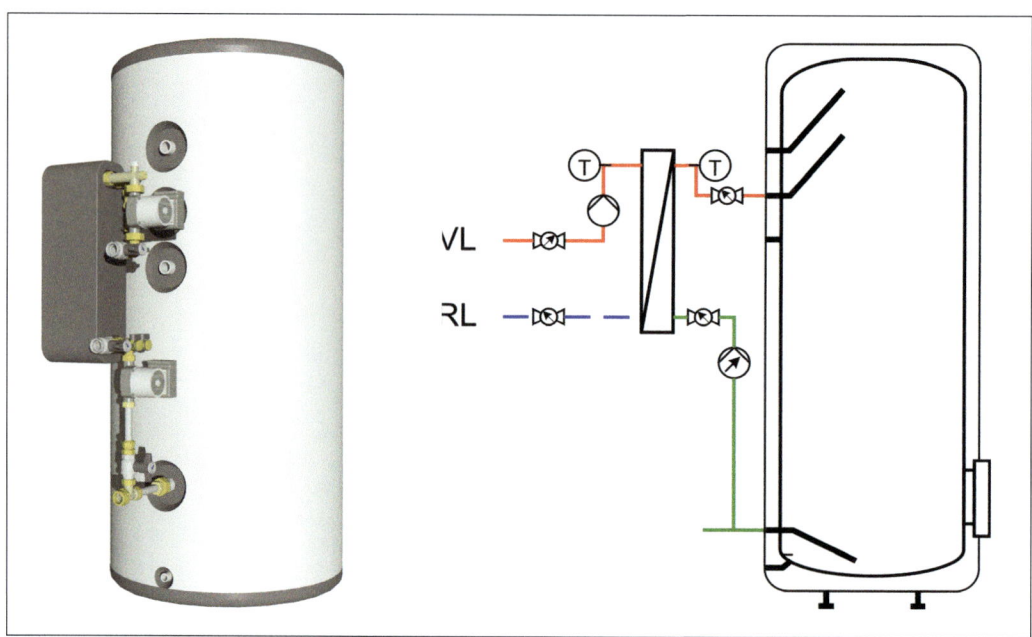

**Bild 59:** Speicherladesystem, bestehend aus einem Ladespeicher und einem externen Plattenwärmetauscher mit Trinkwasserlade- und Heizwasserpumpe. Die Temperaturregelung findet in diesem Fall über eine drehzahlgeregelte Ladepumpe statt (Werkbild: Brötje)

### 9.2.2  Kaltwasseranschluss   DIN EN 806-2

Die Einspeisung in den Trinkwassererwärmer oder Warmwasserspeicher oder sonstigen Behälter muss in der Nähe des Apparatebodens sein.

In der Kaltwasserzuleitung ist an leicht zugänglicher Stelle eine Absperrarmatur einzubauen. Bei Nachspeisung aus einem Kaltwasserbehälter muss diese Absperrarmatur nahe dem Behälter angeordnet sein.

### 9.2.2  Kaltwasseranschluss   DIN 1988-200

Der Anschluss von Trinkwassererwärmern wird – unter Berücksichtigung der Anforderungen nach DIN EN 12897 – nach den Bildern 3 und 4 ausgeführt.

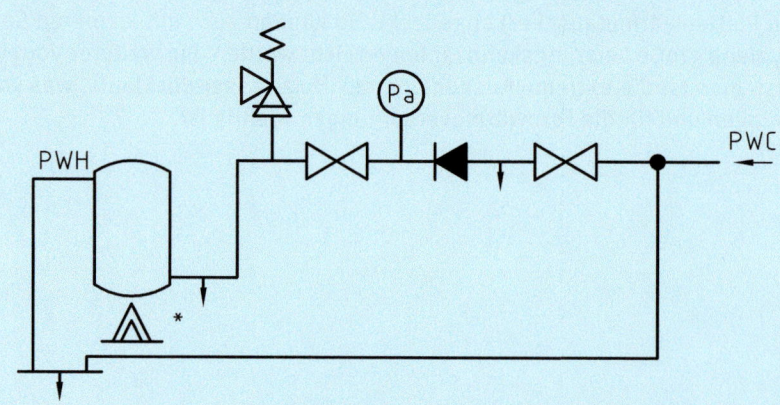

**Bild 3 — Geschlossener Trinkwassererwärmer, unmittelbar beheizt, über 10 l Inhalt**

# Verteilung von erwärmtem Trinkwasser

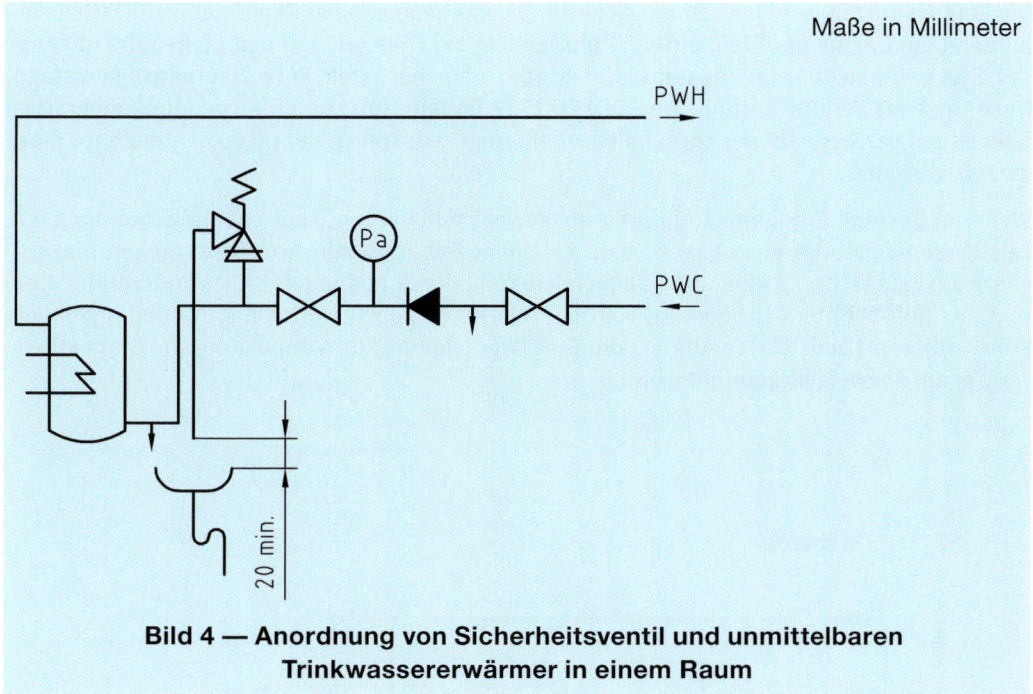

**Bild 4 — Anordnung von Sicherheitsventil und unmittelbaren Trinkwassererwärmer in einem Raum**

DIN EN 12897 beinhaltet keine Planungs- und Ausführungshinweise für den Planer, sondern legt die Leistungsanforderungen und Prüfverfahren für mittelbar beheizte, geschlossene Speicher-Wassererwärmer bis zu einem Volumen von 1000 Liter fest. Ergänzend zu der Europäischen Norm müssen die Anforderungen und Prüfungen z. B für die Wärmedämmung und den Korrosionsschutz von DIN 4753-1 eingehalten werden. Für die hygienische Unbedenklichkeit sind die Vorgaben des DVGW-Arbeitsblattes W 517 zu erfüllen.

Dem Kaltwasseranschluss kommt eine besondere Bedeutung zu, zumal hier die Sicherheits- und Sicherungsmaßnahmen getroffen werden, die vor unzulässigen Drucküberschreitungen und Rückdrücken von Warmwasser in die Kaltwasserleitung schützen sollen.

Die Bilder 3 und 4 in DIN 1988-200 zeigen die Kaltwasseranschlüsse an geschlossene, unmittelbar oder mittelbar beheizte Trinkwassererwärmer mit einem Volumen > 10 l. Demnach müssen heute alle Kaltwasseranschlüsse von geschlossenen Trinkwassererwärmern mit zwei Absperrventilen, Speicherentleermöglichkeit und Druckmessgeräteanschluss ausgestattet sein. Bei Speichervolumen < 200 Liter kann auf das zweite Absperrventil hinter dem Rückflussverhinderer verzichtet werden.

## 9.3 Entnahmearmaturen und Mischbatterien    DIN EN 806-2

### 9.3.1 Allgemeines    DIN EN 806-2

Bei der Verwendung von mechanischen (nicht thermostatischen) Mischbatterien besteht die Gefahr von Verbrühungen, wenn das Wasser aus verschiedenen Systemen kommt und eine der Versorgungen ausfällt oder der Druck in der Kaltwasserleitung abgesenkt wird. Daher sollten Mischbatterien oder Entnahmearmaturen mit gemeinsamem Auslauf mit Wasser aus demselben System versorgt werden, z. B. Speicherbehälter oder Versorgungsleitung. Nicht thermostatische Mischventile dürfen nicht zur gleichzeitigen Versorgung mehrerer Entnahmestellen eingesetzt werden.

## 9.3 Entnahmearmaturen und Mischbatterien    DIN 1988-200

### 9.3.1 Allgemeines    DIN 1988-200

Es dürfen nur Entnahmearmaturen mit Einzelsicherungen und, wo gefordert, Verbrühungsschutz eingesetzt werden.

Die lange Jahre eingesetzte Sammelsicherung, bestehend aus der Kombination Rückflussverhinderer am Beginn der Steigleitung, Rohrbelüfter am Ende und auf den Etagen die Abgänge der Stockwerksleitung mindestens 30 cm über dem höchsten Entwässerungsgegenstand, findet seit der Veröffentlichung von DIN EN 1717 im Jahr 2001 keine Anwendung mehr. Deshalb ist bei der Auswahl der Entnahmearmaturen grundsätzlich darauf zu achten, dass diese einzelsicher sind.

Wenn im Bestand Entnahmearmaturen ausgewechselt werden, sind ebenfalls nur noch einzelsichere Armaturen einzubauen. Sind in einem Gebäude alle Armaturen gegen einzelsichere ausgetauscht, so kann die Sammelsicherung durch Ausbau des Rückflussverhinderers und des Rohrbelüfters rückgebaut werden. Allerdings müssen auch die Rohrleitungen vom Rohrbelüfter bis zum letzten Abgang der Stockwerksleitung zur Vermeidung von Stagnationswasser am Abzweig abgetrennt werden.

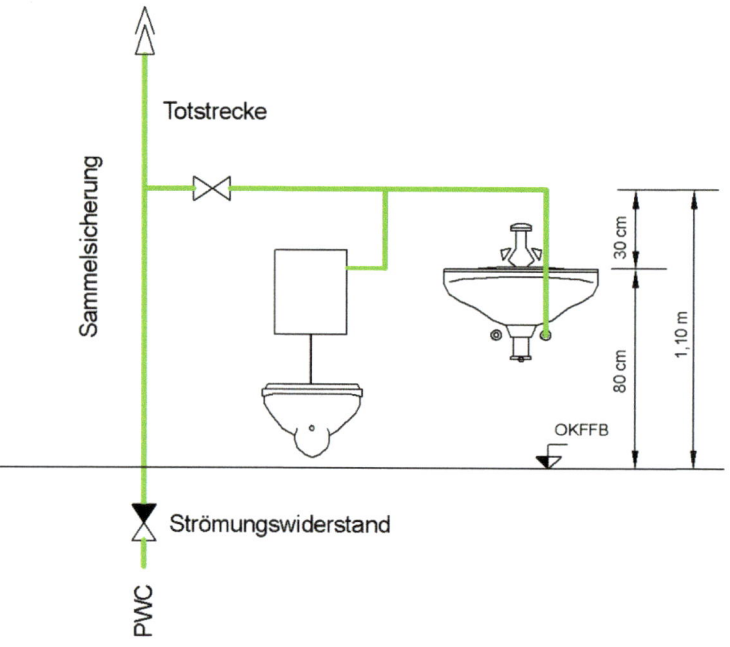

**Bild 60:** Sammelsicherung und deren Problematik

### 9.3.2 Vermeiden von Verbrühungen — DIN EN 806-2

> Anlagen für erwärmtes Trinkwasser sind so zu gestalten, dass das Risiko von Verbrühungen gering ist.
>
> An Entnahmestellen mit besonderer Beachtung der Auslauftemperaturen wie in Krankenhäusern, Schulen, Seniorenheimen usw. sollten zur Verminderung des Risikos von Verbrühungen thermostatische Mischventile oder -batterien mit Begrenzung der oberen Temperatur eingesetzt werden. Empfohlen wird eine höchste Temperatur von 43 °C.
>
> Bei Duschanlagen usw. in Kindergärten und in speziellen Bereichen von Pflegeheimen sollte sichergestellt werden, dass die Temperatur 38 °C nicht übersteigen kann.

### 9.3.2 Vermeiden von Verbrühungen — DIN 1988-200

> Thermostatische Mischer zur Temperaturbegrenzung müssen DIN EN 1111 und DVGW W 574 entsprechen.
>
> In Wohngebäuden und vergleichbaren Einrichtungen dürfen Einhebelmischer nach DIN EN 817 eingesetzt werden, bei denen eine Zwangsbeimischung von Trinkwasser kalt eingestellt werden kann und diese durch einen Sicherheitsanschlag fixiert wird.

Für das richtige Mischungsverhältnis von kaltem und warmem Trinkwasser stehen Zweigriff-Mischarmaturen, Einhebelmischer und Thermostat-Mischarmaturen zur Verfügung. Bereits in DIN 1988-2 gab es die Anforderung, dass im häuslichen Bereich nur Armaturen verwendet werden sollten, die eine Entnahme von Wasser mit mehr als 40 °C erst nach Entriegeln einer Sicherheitssperre oder Überwinden eines Sicherheitsanschlages möglich machen. Auf diese Weise soll erreicht werden, dass Wasser mit mehr als 40 °C Temperatur erst dann – und damit auch bewusst und gewollt – entnommen werden kann. Ein sicherer Verbrühungsschutz ist mit diesen Armaturen aber nur dann gegeben, wenn auszuschließen ist, dass die Kaltwasserversorgung unabhängig von der Warmwasserversorgung unterbrochen werden kann. Wenn die Möglichkeit besteht, das Kaltwasser zur Armatur hin abzusperren, ohne die Wasserzufuhr zum Speicher hin zu unterbrechen, ist ein Sicherheitsanschlag nicht wirklich auch Verbrühungsschutz. Zudem ist bei der Rohrnetzberechnung darauf zu achten, dass die Fließdruckdifferenz zwischen Kalt- und Warmwasserleitung möglichst gering ist. Um auch gegen diesen Fall abgesichert zu sein, empfehlen sich Thermostat-Mischarmaturen als Entnahmearmaturen. Sie werden zwar auch auf eine Wunschtemperatur eingestellt und haben, wie bei Einhandmischern möglich, eine mechanische Temperaturbegrenzung. In ihnen arbeitet aber ein Regelelement, welches die Temperatur konstant hält.

Mit den Anforderungen aus DIN EN 806-2 in Verbindung mit DIN 1988-200 wird der Verbrühungsschutz über den Einsatz von Thermostat-Mischarmaturen verbindlich geregelt. Nur für Trinkwasserinstallationen in Wohngebäuden ist eine Öffnung für den Einsatz von Einhebelmischern mit Zwangsbeimischung von Kaltwasser enthalten.

## 9.4 Oberflächentemperaturen    DIN EN 806-2

Auch bei Fehlen nationaler oder örtlicher Vorschriften sind Leitungen und Warmwasserspeicher aus Gründen maximaler Energie- und Wassereinsparung zu isolieren. Bei Gefahr von gelegentlicher Berührung von hervorstehenden Oberflächen von Warmwasserspeichern, Rohrleitungen und Zubehör sollten diese Temperaturen nicht die der spezifischen Verwendung überschreiten (z. B. in Kindergärten, Seniorenheimen usw.).

## 9.4 Oberflächentemperaturen    DIN 1988-200

In Bezug auf Trinkwassererwärmer ist die Einhaltung der maximalen Oberflächentemperatur dann sichergestellt, wenn diese DIN 4753-1 und DVGW W 517 entsprechen.

Ein Schutz vor zu hohen Oberflächentemperaturen ist zum einen durch die normativen Anforderungen an Trinkwassererwärmer und zum anderen durch die Erfüllung der Dämmanforderungen gegeben, da die Trinkwasserleitungen warm (PWH) und die Zirkulationsleitungen (PWH-C) einschließlich Armaturen, mit denen man in Berührung kommen kann, nach 14.2.7 Tabelle 9 gedämmt werden müssen.

## 9.5 Verbindungen zwischen kalten und warmen Trinkwasserleitungen    DIN EN 806-2

Bei gemeinsamem Auslauf von Kaltwasser- und Warmwasserentnahmearmaturen ist in die Zuleitungen ein Rückflussverhinderer einzubauen, wenn der gemeinsame Auslauf absperrbar ist. Der Schutz gegen einen Wasserübertritt ist in Übereinstimmung mit EN 1717 auszuführen.

## 9.5 Verbindungen zwischen kalten und warmen Trinkwasserleitungen    DIN 1988-200

Unterbrechungseinrichtungen an Handbrausen mit Brauseschläuchen nach DIN EN 1112 sind nicht zulässig.

Absperrbare Handbrausen oder absperrbare Brauseschläuche sind nicht zugelassen, da bei geöffneter Brause- oder Wannenarmatur eine unzulässige Verbindung zwischen der Kalt- und Warmwasserleitung hergestellt wird. Aufgrund unterschiedlicher Druckverhältnisse auf der Warm- und Kaltwasserseite kann es hier zu Überströmungen von der Kaltwasser- in die Warmwasserleitung und umgekehrt kommen. Zudem wird der nicht druckfeste Brauseschlauch durch die Unterbrechungseinrichtung druckbelastet.

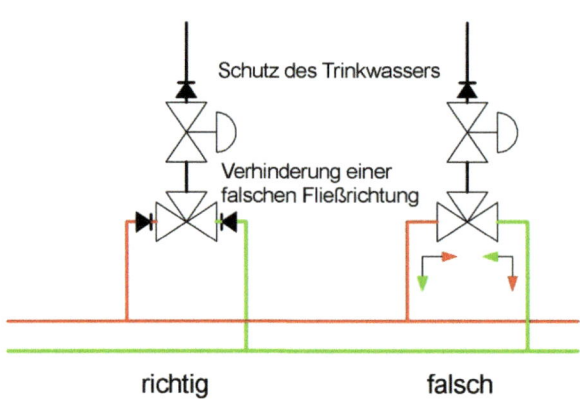

**Bild 61:** Überströmen von Warmwasser in die Kaltwasserleitung und umgekehrt bei Thermostatmischarmaturen in Reihenduschanlagen auf Grund von Druckdifferenzen

Durch die Rückflussverhinderer wird sichergestellt, dass nicht bei geschlossener Entnahmearmatur auf Grund von Druckdifferenzen Warmwasser in die Kaltwasserleitung oder umgekehrt gelangen kann.

## 9.6 Zusätzliche Anforderungen für offene Systeme (Installationstyp B) DIN EN 806-2

Siehe 19.2.

## 9.6 Zusätzliche Anforderungen DIN 1988-200

Siehe Abschnitt 1.

Offene Systeme sollten unter dem Gesichtspunkt der Trinkwasserhygiene in Deutschland nicht gebaut werden (siehe auch Abschnitt 3.2.1).

## 9.7 Trinkwassererwärmung DIN 1988-200

### 9.7.1 Bauliche Anforderungen DIN 1988-200

Bei der Auswahl der Werkstoffe für Trinkwassererwärmer und Leitungsanlagen sind 3.4.1 und die Korrosionsschutzangaben nach Abschnitt 18 zu beachten. Für Ausführung, Ausrüstung, Prüfung und Kennzeichnung von Trinkwassererwärmern gelten Reihe DIN 4753, DIN EN 12828, DIN EN 12897 und DVGW W 517.

Für die Auswahl der für die Trinkwassererwärmer geeigneten Werkstoffe ist der Hersteller verantwortlich. Der Hersteller hat die Anforderungen aus den in der Norm aufgeführten technischen Regeln, wie z. B. DIN EN, DIN und DVGW, einzuhalten und bestätigt dies durch die Kennzeichnung für die eingehaltenen technischen Regeln.

Der Planer oder Anwender muss die Eignung für darüber hinausgehende Anforderungen, wie sie etwa aus der Verwendung eines speziellen Wärmeträgers entstehen können, mit dem Hersteller des Trinkwassererwärmers gesondert vereinbaren.

## 9.7.2 Hygienische Anforderungen  DIN 1988-200

### 9.7.2.1 Allgemeines  DIN 1988-200

> Damit eine massenhafte Vermehrung von Legionellen in der Trinkwasser-Installation verhindert wird, sind Trinkwassererwärmer mit geringem Speichervolumen und mit Speicheraustrittstemperaturen ≥ 60 °C zu bevorzugen. Ausnahmen von diesen Grundsätzen können bei Trinkwassererwärmern, die der Einzel- und Gruppenversorgung dienen und Durchfluss-Trinkwassererwärmern mit einem nachgeschaltetem Leitungsvolumen ≤ 3 l im Fließweg, zugelassen werden.

Vorliegende Untersuchungsergebnisse zeigen, dass die Vermehrung der Legionellen unabhängig vom Werkstoff besonders in großen Trinkwassererwärmern mit großem Speichervolumen und langen, weitverzweigten Leitungssystemen mit größeren Rohrdurchmessern und den daraus resultierenden größeren besiedelbaren Oberflächen auftritt. Von Bedeutung ist, dass sich auf den trinkwasserbenetzten Oberflächen von Rohrleitungen, Speichern usw. unter ungünstigen Umständen ein Biofilm ausbilden kann. Aus dem Biofilm können permanent Bakterien, auch Krankheitserreger wie Legionellen, an das vorbeifließende Trinkwasser abgegeben werden. Die Vermehrung der Legionellen im fließenden Wasser ist von untergeordneter Bedeutung.

### 9.7.2.2 Zentrale Trinkwassererwärmer  DIN 1988-200

> Zentrale Trinkwassererwärmer – Speicher- oder Durchflusssysteme bzw. kombinierte Systeme (Speicherladesysteme) – müssen so geplant, gebaut und betrieben werden, dass am Austritt aus dem Trinkwassererwärmer die Trinkwassertemperatur ≥ 60 °C beträgt.
>
> Bei Entnahme von Spitzenvolumenströmen ist mit einem Temperaturabfall im Speicher zu rechnen. Kurzzeitige Absenkungen der Speicheraustrittstemperatur im Minutenbereich sind daher tolerierbar (siehe z. B. DIN 4708-1).

Die Warmwasserversorgung eines Großgebäudes über lediglich einen zentralen Trinkwassererwärmer sollte vermieden werden. Einzelne Unterstationen, z. B. in Hochhäusern oder weitverzweigten Gebäuden mit mehreren zentralen kleineren Trinkwassererwärmern, ermöglichen eine kürzere Leitungsführung und erleichtern zudem den erforderlichen hydraulischen Abgleich der einzelnen Verteilungs- und Steigleitungen.

Für diese Unterstationen muss bereits bei der Architektenplanung genügend Raumbedarf vorgesehen werden.

Aus diesem Grund sollten bei der Planung von Großanlagen die Haustechnikplaner vom Architekten bereits bei der Entwurfsplanung einbezogen werden.

PLANUNG

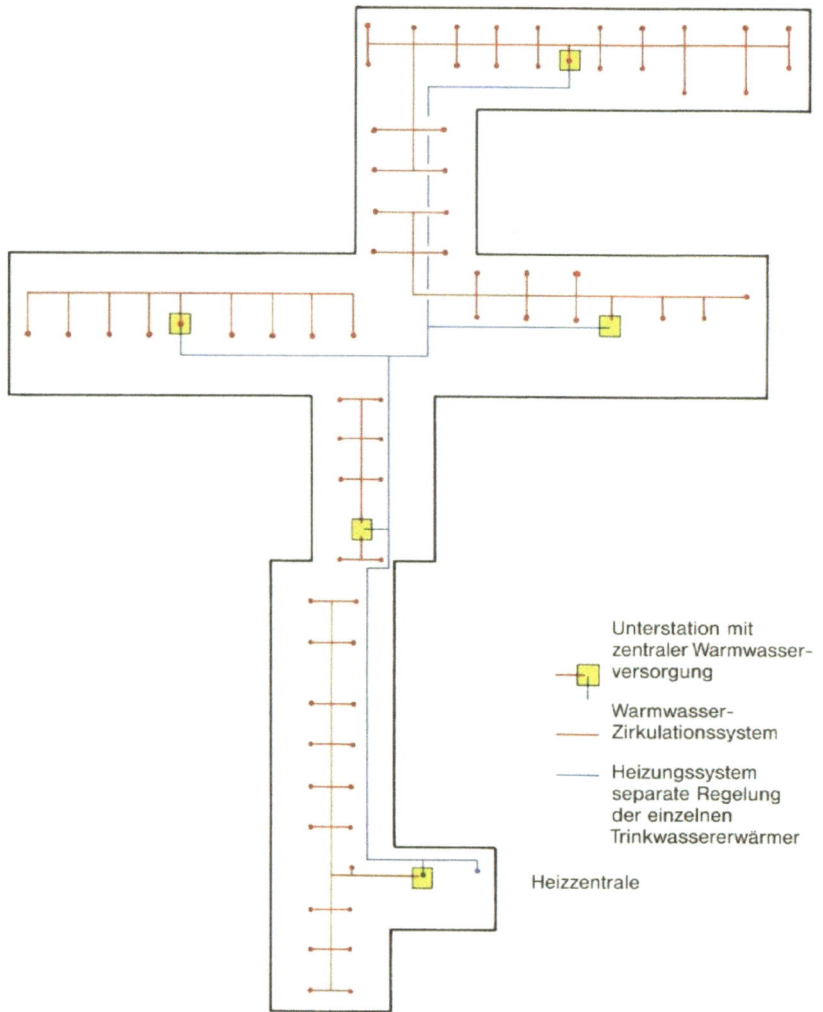

**Bild 62:** Beispiel einer Warmwasserversorgung mit mehreren Technikzentralen zur zentralen Warmwasserversorgung einzelner Gebäudeabschnitte

In diesem Abschnitt wurde für alle Bauarten der zentralen Trinkwassererwärmern der Grundsatz festgelegt, dass am Austritt aus dem Trinkwassererwärmer die Temperatur mindestens 60 °C betragen muss. Bei den weiteren Abschnitten werden unter den definierten Bedingungen hinsichtlich der Austrittstemperatur aus dem Trinkwassererwärmer Ausnahmen zugelassen.

Diese Anlagen werden nach der Trinkwasserverordnung und dem DVGW-Arbeitsblatt W 551 als Großanlagen bezeichnet.

Nach der Begriffsdefinition von DVGW W 551 sind Großanlagen alle Anlagen mit Speicher-Trinkwassererwärmern oder zentralen Durchfluss-Trinkwassererwärmern, wie z. B. in:

- Wohngebäuden, Hotels, Altenheimen, Krankenhäusern, Bädern, Sport- und Industrieanlagen, Campingplätzen, Schwimmbädern
- Anlagen mit Trinkwassererwärmern und einem Inhalt > 400 l und/oder > 3 l in jeder Rohrleitung zwischen Abgang Trinkwassererwärmer und Entnahmestelle. Genau wie bei der Begriffsdefinition der Kleinanlagen wird die eventuelle Zirkulationsleitung nicht berücksichtigt.

Im nachfolgenden Beispiel führt der Wasserinhalt im Fließweg vom Trinkwassererwärmer bis zur entferntesten Entnahmestelle (> 3 Liter) zur „Großanlage", obwohl der Trinkwassererwärmer einen Speicherinhalt < 400 Liter aufweist. In der Regel sind diese Voraussetzungen bei zentraler Warmwasserversorgung in Gebäuden ab 3 Wohneinheiten zu erwarten.

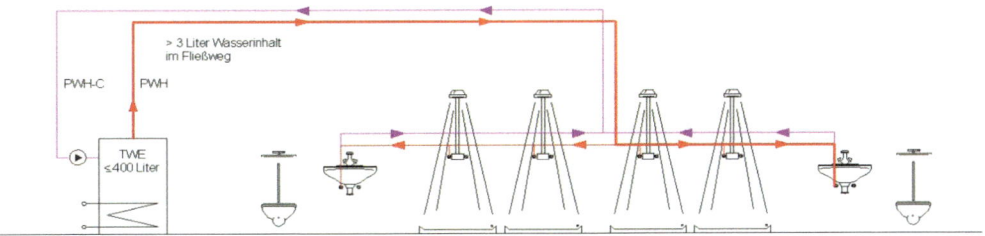

**Bild 63:** Beispiel für eine Großanlage

Eine weitere Anforderung besteht an die Temperaturregelung des Trinkwassererwärmers, die bei Entnahme von Spitzenvolumenströmen gewährleisten muss, dass die Speicheraustrittstemperatur lediglich im Minutenbereich absinken darf. Diese Festlegung bedeutet, dass Temperaturregler mit einer kleinen Schaltdifferenz von z. B. 2 K die Warmwassertemperatur des Trinkwassererwärmers regeln müssen. Solche Temperaturregler sind im Markt verfügbar.

Diese Anforderung an die Temperaturregelung wurde getroffen, weil einige Planer eine Schaltdifferenz des Temperaturreglers von 5 K bei der Auslegung des zirkulierenden Warmwassersystems den zulässigen 5 K Temperaturabfall hinzugerechnet und das Warmwassersystem mit einer nicht gewollten Temperaturspreizung von 10 K ausgelegt haben (PWH 60 °C und PWH-C 55 °C).

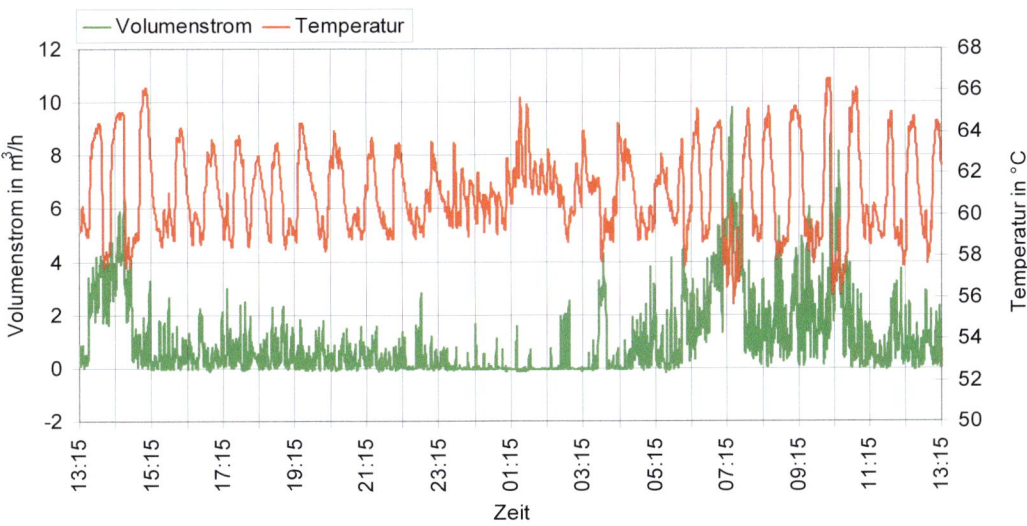

**Bild 64:** Warmwasseraustrittstemperaturen aus einer zentralen Trinkwassererwärmungsanlage mit unzulässigen Temperaturschwankungen

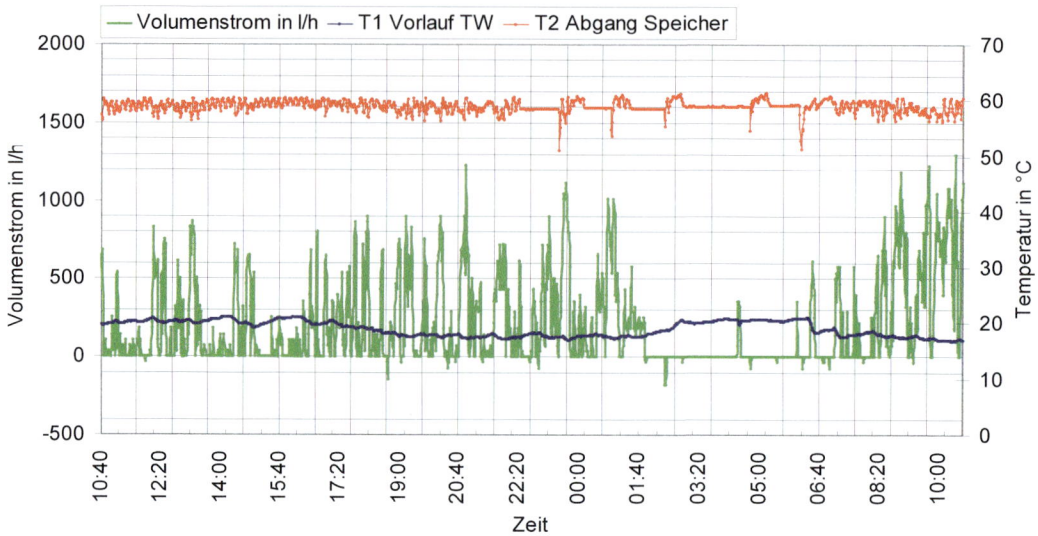

**Bild 65:** Warmwasseraustrittstemperaturen aus einer zentralen Trinkwassererwärmungsanlage mit zulässigen Temperaturschwankungen im Minutenbereich

Bei der Auslegung der Speichergröße bzw. der Durchflussleistung der zentralen Trinkwassererwärmer sind derzeit nur die Berechnungsgrundlagen von DIN 4708 vom April 1994 normativ geregelt. Bekannt ist, dass diese Norm von 1994 zu große Speicherinhalte festlegt. Deshalb sollten mit dem Auftraggeber die möglichen Bedarfskennzahlen vor der Planung der Trinkwassererwärmer ermittelt und im Raumbuch schriftlich vereinbart werden. Aus hygienischen Gründen kann es von Vorteil sein, dass statt großvolumiger Speicher mit großen trinkwasserberührten Oberflächen Durchflusssysteme gewählt werden, wenn die erforderliche Heizleistung beim Spitzenbedarf bereitgestellt werden kann.

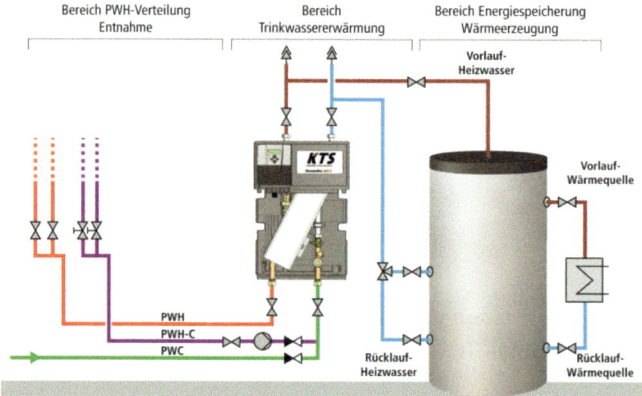

**Bild 66:** Aufbau des Durchfluss-Trinkwassererwärmers als Einzelgerät (Werkbild: Kemper)

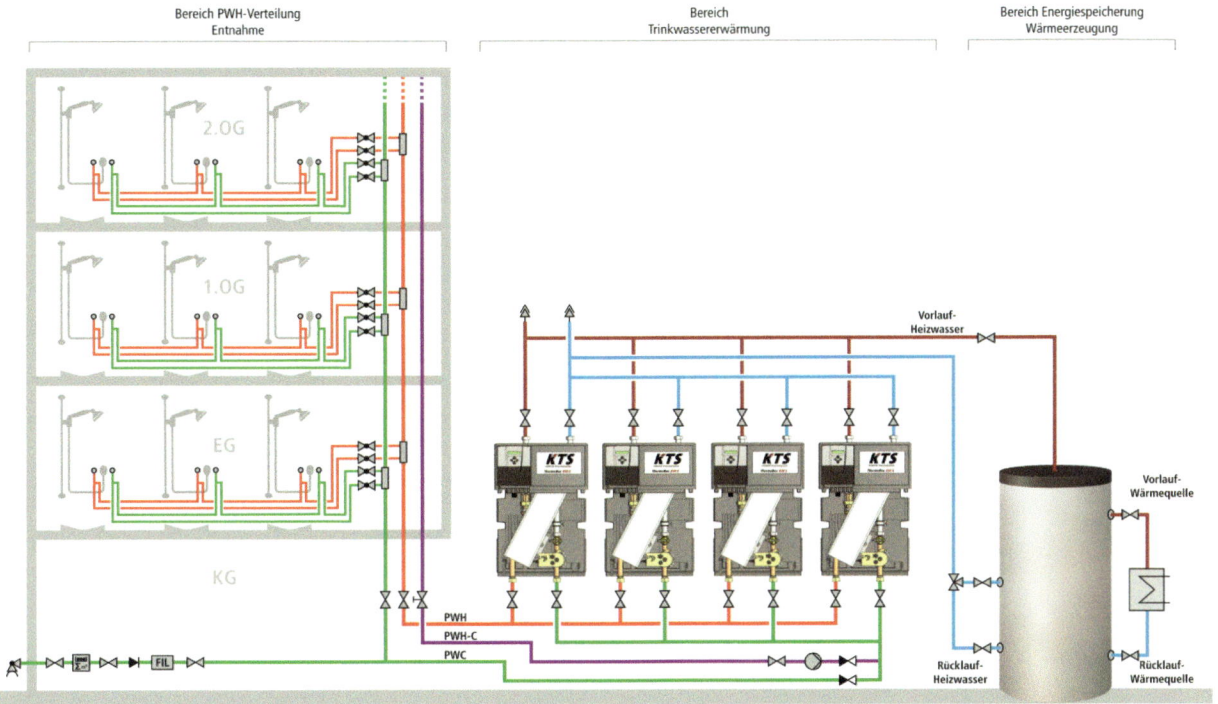

**Bild 67:** Aufbau des Durchfluss-Trinkwassererwärmers als Kaskade (Werkbild: Kemper)

### 9.7.2.3 Zentrale Trinkwassererwärmer mit hohem Wasseraustausch     DIN 1988-200

Zentrale Trinkwassererwärmer – Speicher, z. B. in Ein- und Zweifamilienhäusern, oder Durchflusssysteme mit nachgeschalteten Leitungsvolumen > 3 l müssen so geplant und gebaut werden, dass am Austritt aus dem Trinkwassererwärmer eine Trinkwassertemperatur ≥ 60 °C und 55 °C am Eintritt der Zirkulationsleitung in den Trinkwassererwärmer möglich ist.

Die Einstellung der Reglertemperatur am Trinkwassererwärmer ist auf 60 °C vorzusehen. Wird im Betrieb ein Wasseraustausch in der Trinkwasser-Installation für Trinkwasser warm innerhalb von 3 d sichergestellt, können Betriebstemperaturen auf ≥ 50 °C eingestellt werden. Betriebstemperaturen < 50 °C sind zu vermeiden. Der Betreiber ist im Rahmen der Inbetriebnahme und Einweisung über das eventuelle Gesundheitsrisiko (Legionellenvermehrung) zu informieren.

Speziell für zentrale Trinkwassererwärmer mit hohem Wasseraustausch, wie unter anderem bei Ein- und Zweifamilienhäusern, wurde eine Ausnahme von der Grundsatzforderung nach Speichertemperaturen ≥ 60 °C zugelassen. Diese Anlagen werden nach dem DVGW Arbeitsblatt W 551 als Kleinanlagen bezeichnet.

Nach der Begriffsdefinition im DVGW Arbeitsblatt W 551 sind Kleinanlagen:

– Einfamilienhäuser und Zweifamilienhäuser, unabhängig vom Inhalt des Trinkwassererwärmers und dem Inhalt der Rohrleitung

– Anlagen mit Trinkwassererwärmer mit einem Inhalt < 400 l und einem Inhalt < 3 l in jeder Rohrleitung zwischen Abgang Trinkwassererwärmer und Entnahmestelle. Dabei wird die eventuelle Zirkulationsleitung nicht berücksichtigt.

Diese Öffnung soll insbesondere den Einsatz von regenerativen Wärmeerzeugern für die Trinkwassererwärmung, wie z. B. Wärmepumpen ermöglichen. So ist es beispielsweise beim Einsatz von Luft-Wasser-Wärmepumpen oftmals nicht möglich, die erforderliche Vorlauftemperatur zur Erwärmung des Trinkwassers auf ≥ 60 °C ohne elektrische Nachheizung zu erreichen. Da die Wirtschaftlichkeit solcher Anlagen mit Zusatzenergie zur Erreichung der erforderlichen Übertemperatur erheblich sinkt, wurde hier eine Öffnung zugelassen. Die Öffnung besagt, dass die Warmwasserbevorratungstemperatur auf ≥ 50 °C abgesenkt werden kann, wenn ein Wasseraustausch von Speicher- und Rohrleitungsvolumen innerhalb von 3 Tagen sichergestellt werden kann. Jedoch muss am Trinkwassererwärmer die Möglichkeit bestehen, die Bevorratungstemperatur auf ≥ 60 °C einzustellen. Mit dem Betreiber der Anlage ist diese Vorgehensweise abzustimmen. Er muss darauf hingewiesen werden, dass es sich hier um eine Ausnahmeregelung handelt und er für den erforderlichen Wasseraustausch verantwortlich ist. Der Betreiber muss zudem hinreichend über das Gefährdungspotential bei abgesenkten Temperaturen informiert werden.

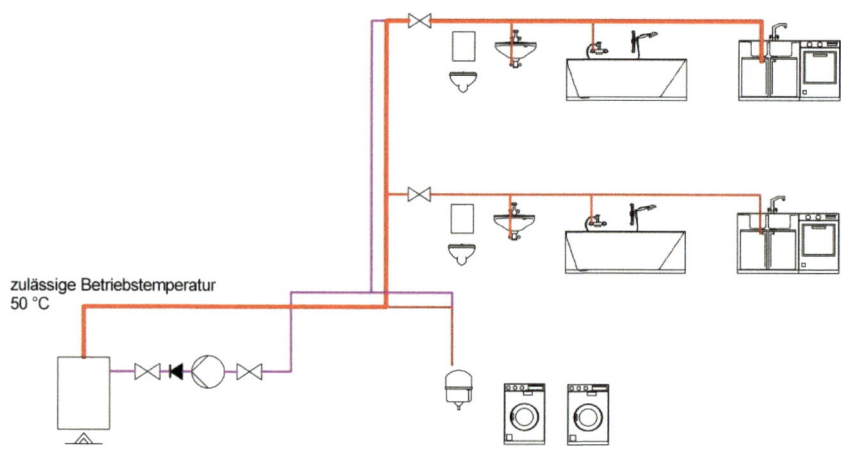

**Bild 68:** Zweifamilienhaus mit zentralem Trinkwassererwärmer und hohem Wasseraustausch (Kleinanlage)

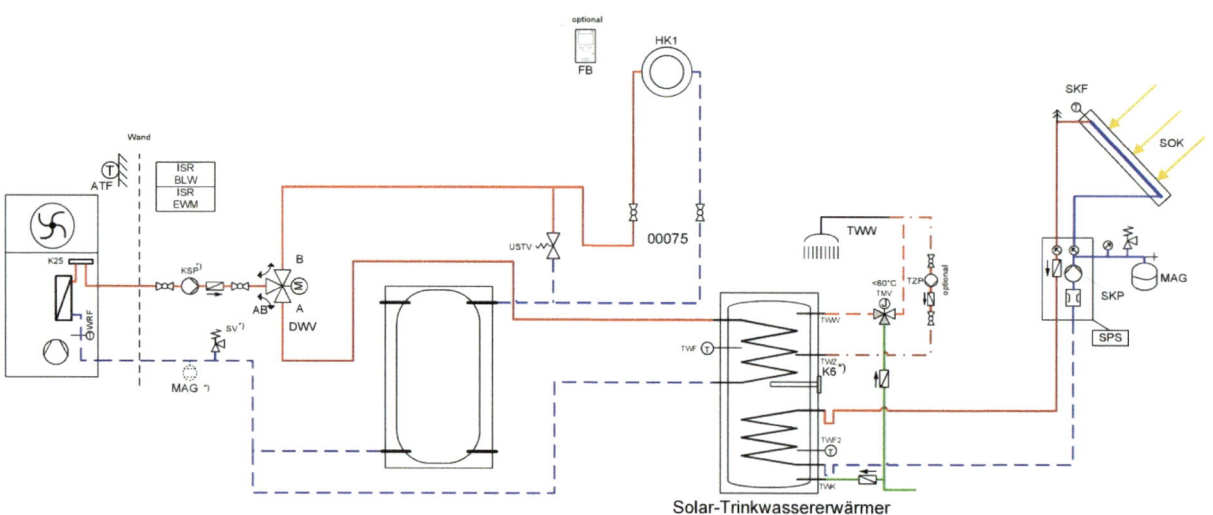

**Bild 69:** Luft-Wasser-Wärmepumpe monoenergetisch mit Warmwasser und solarer Wärmeerzeugung (Werkbild: Brötje)

#### 9.7.2.4 Dezentrale Trinkwassererwärmer DIN 1988-200

Dezentrale Trinkwassererwärmer, die der Versorgung einer Entnahmearmatur dienen (Einzelversorgung), können ohne weitere Anforderungen betrieben werden.

Bei dezentralen Speicher-Trinkwassererwärmern, die der Versorgung einer Gruppe von Entnahmestellen dienen (Gruppenversorgung), z. B. innerhalb eines Badezimmers einer Wohnung, muss am Austritt aus dem Trinkwassererwärmer die Trinkwassertemperatur ≥ 50 °C betragen.

Dezentrale Durchfluss-Trinkwassererwärmer können ohne weitere Anforderungen betrieben werden, wenn das nachgeschaltete Leitungsvolumen von 3 l im Fließweg nicht überschritten wird.

Dieser Abschnitt regelt ebenfalls eine Ausnahme von der Grundsatzforderung nach Speichertemperaturen ≥ 60 °C. Für Trinkwassererwärmer in der Einzelversorgung werden keine Mindest-Warmwassertemperaturen gefordert. Dadurch ist bei Unter- oder Übertischgeräten der Betrieb mit der „Energiesparstufe" bei ca. 40 °C Betriebstemperatur zulässig.

Bei Gruppenversorgungen mit Trinkwasserspeichern ist es zulässig, die Warmwassertemperatur auf ≥ 50 °C abzusenken, wenn das nachgeschaltete Leitungsvolumen 3 Liter im Fließweg nicht überschreitet Auch bei einer Gruppenversorgung empfiehlt sich eine Betriebsweise wie in Abschnitt 9.7.2.3 beschrieben.

Bei Durchfluss-Trinkwassererwärmern in der Gruppenversorgung (Durchlauferhitzer) gibt es keine Anforderung bezüglich einer Mindest-Warmwassertemperatur, wenn das nachgeschaltete Leitungsvolumen 3 Liter im Fließweg nicht überschreitet.

### 9.7.2.5 Speicher-Trinkwassererwärmer, Durchfluss-Trinkwassererwärmer, kombinierte Systeme und Speicherladesysteme    DIN 1988-200

> Bei allen Trinkwassererwärmern, die nicht 9.7.2.3 und 9.7.2.4 entsprechen, muss bei bestimmungsgemäßem Betrieb eine Trinkwassertemperatur am Austritt des Trinkwassererwärmers von ≥ 60 °C und am Eintritt der Zirkulationsleitung in den Trinkwassererwärmer von ≥ 55 °C eingehalten werden.

Alle zentralen Trinkwassererwärmer, außer denjenigen mit hohem Wasseraustausch nach Abschnitt 9.7.2.3 und den dezentralen nach Abschnitt 9.7.2.4, müssen so gebaut werden, dass am Austritt des Trinkwassererwärmers Temperaturen ≥ 60 °C und am Eintritt der Zirkulation Temperaturen ≥ 55 °C erreicht werden.

### 9.7.2.6 Vorwärmstufen    DIN 1988-200

> Vorwärmstufen oder Trinkwassererwärmer mit integrierter Vorwärmstufe (bivalenter Speicher) müssen so konstruiert sein, dass der Inhalt des gesamten Speichers einmal am Tag auf ≥ 60 °C erwärmt werden kann. Bei zentralen Trinkwassererwärmern nach 9.7.2.2 ist der gesamte Speicherinhalt der Vorwärmstufe und bei Trinkwassererwärmern mit integrierten Vorwärmstufen der gesamte Inhalt des Speichers (unabhängig vom Speicherinhalt) einmal täglich auf ≥ 60 °C aufzuheizen.

Die Vorwärmstufen sollten so geplant werden, dass sie nicht überdimensioniert sind. Analog zur Auslegung der Ladespeicher eines Speicherladesystems bietet es sich auch hier an, den Inhalt so auszulegen, dass er mit einer 10-Minuten-Spitzenzapfung entleert werden kann. Um die Effizienz der Vorwärmstufe zu optimieren, ist der Zeitpunkt der täglichen Aufheizung kurz vor die 10-Minuten-Spitzenzapfung zu legen. Somit steht direkt danach der entleerte Speicher wieder zur Aufnahme von Wärme aus der Wärmerückgewinnung zur Verfügung.

Die tägliche Aufheizung wird am einfachsten dadurch erreicht, indem das Speichervolumen in der Vorwärmstufe zeitabhängig einmal am Tag mithilfe einer Trinkwasserladepumpe über den nachgeschalteten Trinkwassererwärmer geführt wird. Die Laufzeit der Pumpe kann durch einen Thermostaten oder Temperaturfühler, der auf mindestens 60 °C eingestellt und im unteren Bereich der Vorwärmstufe eingebaut werden muss, begrenzt werden.

Eine weitere Energieeinsparung lässt sich erzielen, wenn ein entsprechender Regler die Temperatur über ein 24-Stunden-Zeitfenster mitschreibt. Dadurch lässt sich die tägliche zwangsweise Aufheizung vermeiden, wenn bereits durch die Wärmerückgewinnung die Vorwärmstufe komplett auf mindestens 60 °C erhitzt wurde.

Bild 70 zeigt eine mögliche Einbindung einer Vorwärmstufe, die mithilfe einer Trinkwasserladepumpe einmal täglich auf mindestens 60 °C aufgeheizt werden kann. Zu beachten ist unbedingt, dass vor der Pumpe ein Rückschlagventil eingesetzt wird, damit es im Zapfbetrieb nicht zu einer Fehlströmung im Bypass kommt.

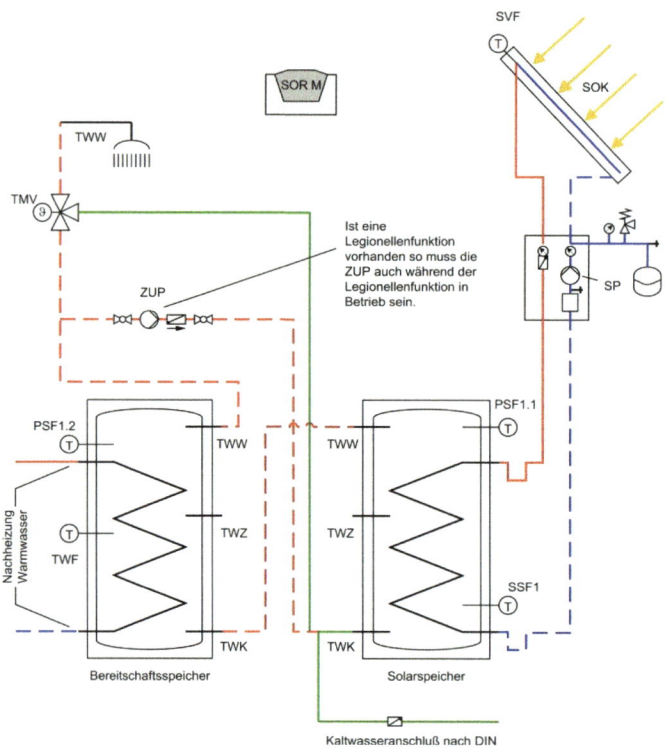

**Bild 70:** zentrale Trinkwassererwärmungsanlage mit Vorwärmstufe (Werkbild: Brötje)

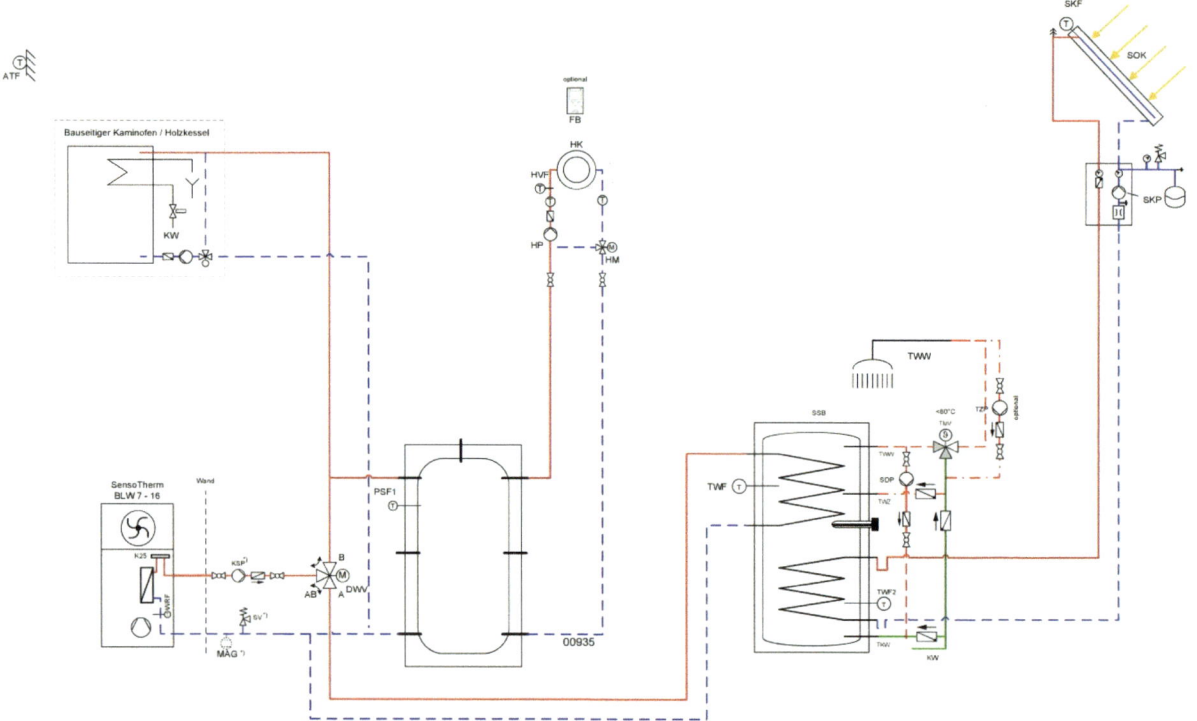

**Bild 71:** bivalenter Betrieb mit zwei Wärmequellen (Werkbild: Brötje)

### 9.7.2.7 Heizwasser-Pufferspeicher DIN 1988-200

Aus trinkwasserhygienischen Gründen ist zu empfehlen, keine großen Trinkwassermengen zu speichern und eine alternative Wärme nicht in Vorwärmstufen, sondern auch wegen der höheren Effektivität in einem Heizwasser-Pufferspeicher zu bevorraten.

Mit Wärmetauschern, die an den Heizwasserpufferspeicher und gegebenenfalls zur Erreichung der Trinkwassertemperatur von $\geq 60\,°C$ an eine konventionelle Heizung angeschlossen sind, ist eine Nutzung der zur Verfügung stehenden Energien möglich.

Der Einsatz von Heizwasser-Pufferspeichern wird aufgrund der zunehmenden Verwendung von regenerativen Wärmequellen oder Blockheizkraftwerken immer häufiger. Selbst in Ein- und Zweifamilienhäusern bietet es sich an, Heizwasser-Pufferspeicher in Größen von ca. 1000 Litern Inhalt einzusetzen. Dabei kommt der Trinkwassererwärmung eine besondere Rolle zu. Durch das Einbinden von Durchflusssystemen entsteht im Speicher immer wiederkehrend ein extrem kaltes Potential, das den Wirkungsgrad der angeschlossenen Systeme erhöht. Eine große Temperaturdifferenz vom unteren bis zum oberen Bereich des Speichers bietet zudem die Möglichkeit, relativ große Energiemengen zu speichern.

Es ist darauf zu achten, dass die Durchflusssysteme ausreichend groß dimensioniert sind, damit auch mehrere Zapfstellen parallel betrieben werden können und gleichzeitig auch die Rücklaufauskühlung hinter dem Plattenwärmetauscher maximiert wird.

Zur Sicherstellung einer möglichst konstanten Austrittstemperatur aus dem externen Plattenwärmetauscher, bei schwankender Entnahme und variablen Vorlauftemperaturen aus dem Pufferspeicher, sind schnell regelnde Armaturen und Temperaturfühler einzusetzen. Ebenso kommt einer idealen Positionierung der Temperaturfühler am Pufferspeicher sowie am Durchflusssystem eine besondere Bedeutung zu. Die Auswirkungen auf das Regelverhalten des Gesamtsystems sind nicht zu unterschätzen. Pufferspeicher, Durchflusssystem, Regelung und Wärmeerzeuger (z. B. Blockheizkraftwerk) sind unbedingt aufeinander abzustimmen. Dabei empfiehlt es sich, komplette Systeme eines Herstellers zu verwenden. Teilweise sind Mikro-BHKW-Anlagen an die Verwendung des Zubehörs eines Herstellers gebunden.

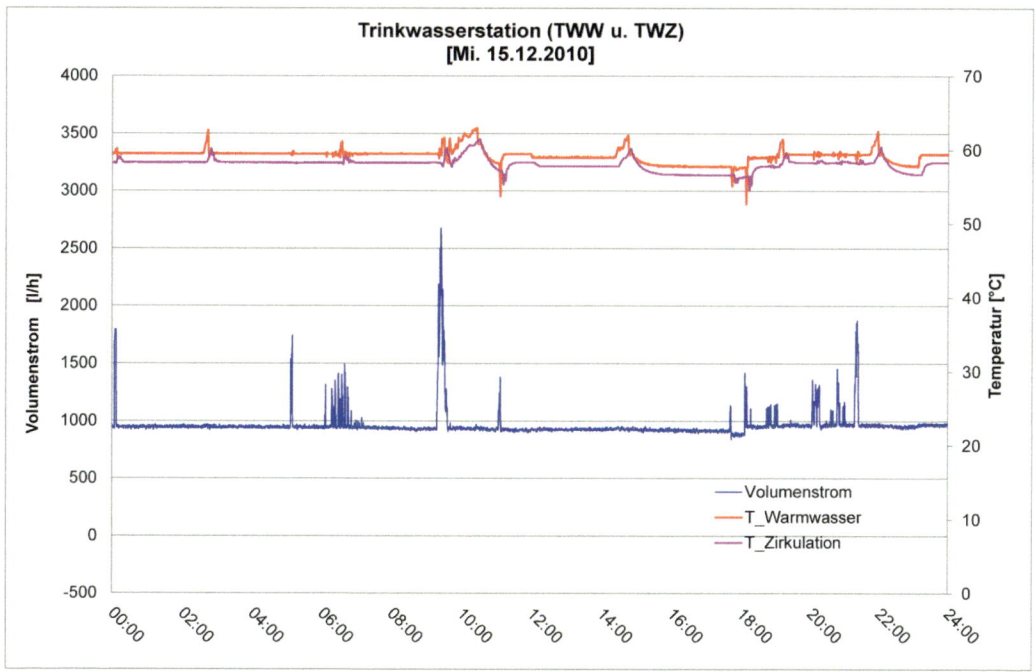

**Bild 72:** Warmwasseraustritts- und Zirkulationstemperaturen bei einer zentralen Durchfluss-Trinkwassererwärmungsanlage mit zulässigen Temperaturschwankungen im Minutenbereich

Nachfolgendes Schema zeigt den Einsatz eines Mikro-BHKW in Verbindung mit einem Heizwasser-Pufferspeicher. Dabei sind die inneren Einbauten im Pufferspeicher sowie die Temperaturfühler-Positionierung sowohl auf die Optimierung der Laufzeit des BHKW als auch auf einen optimalen Trinkwarmwasserkomfort ausgerichtet.

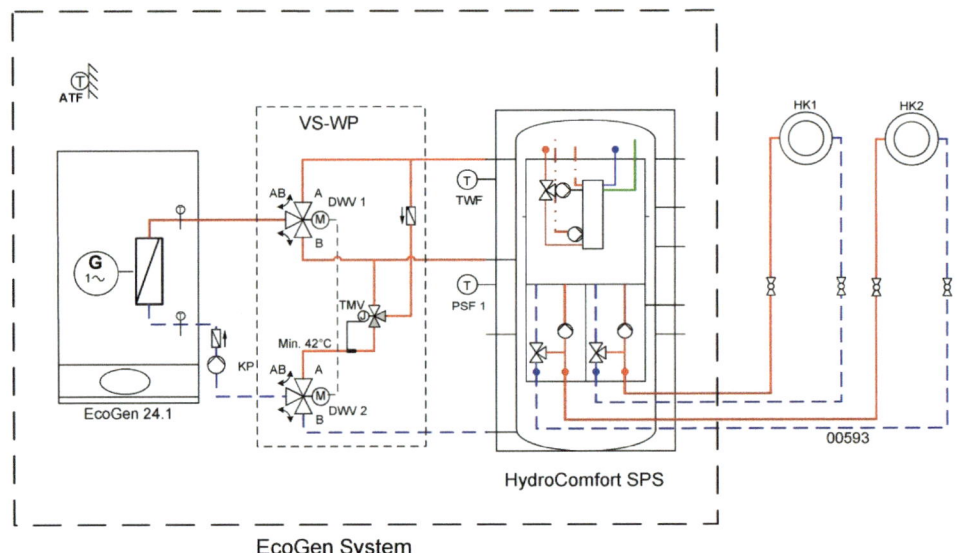

**Bild 73:** Einsatz eines Mikro-BHKW in Verbindung mit einem Heizwasser-Pufferspeicher mit externem Durchflusssystem (Werkbild: Brötje)

#### 9.7.2.8 Solare Trinkwassererwärmung  DIN 1988-200

> Thermische Solaranlagen zur Trinkwassererwärmung müssen den Normen der Reihe DIN EN 12975, DIN EN 12976 und Reihe DIN V ENV 12977 entsprechen. Für die Auslegung und Berechnung ist VDI 6002 Blatt 1 heranzuziehen.
>
> Die sicherheitstechnische Ausrüstung für die Solaranlage muss DIN EN 12828, die des Trinkwassererwärmers DIN EN 12897 entsprechen.
>
> Ferner gelten die Anforderungen nach 9.7.1.

Die heute noch häufigste Art und Weise der solaren Trinkwassererwärmung ist die Anbindung der Solaranlage an bivalente Trinkwassererwärmer. Gemäß 9.7.2.6 ist aber auch hier darauf zu achten, dass unabhängig vom Speicherinhalt ein tägliches Aufheizen des gesamten Speicherinhalts auf mindestens 60 °C möglich ist. Dies ist mithilfe einer zusätzlichen externen Trinkwasserladepumpe möglich, die das vorgewärmte Wasser aus dem unteren Bereich des Speichers über die Nachschaltheizfläche im oberen Bereich des Speichers führt. Ansonsten gelten die gleichen Hinweise zur Art der Regelung wie bei Vorwärmstufen.

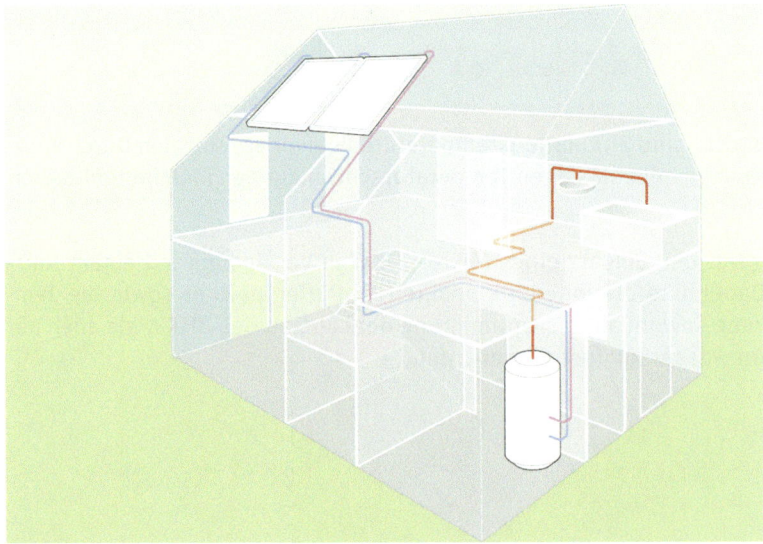

**Bild 74:** Zentrale Warmwasserversorgung mit bivalenten Solarspeichern (Werkbild: Stiebel Eltron)

An dieser Stelle muss aber erwähnt werden, dass Trinkwasserspeicher nicht zu Energiespeichern zweckentfremdet werden dürfen. Trinkwasserspeicher dürfen aus hygienischen Gründen ausschließlich für den Warmwasserbedarf dimensioniert werden. Gemäß dem Grundsatz „Keine Energiespeicherung im Trinkwasser" ist es zielführender, solare Wärmegewinne in die Heizungsseite einzubinden.

Bild 75 zeigt einen bivalenten Trinkwassererwärmer, der mithilfe der externen Trinkwasserladepumpe einmal täglich auf mindestens 60 °C aufgeheizt werden kann.

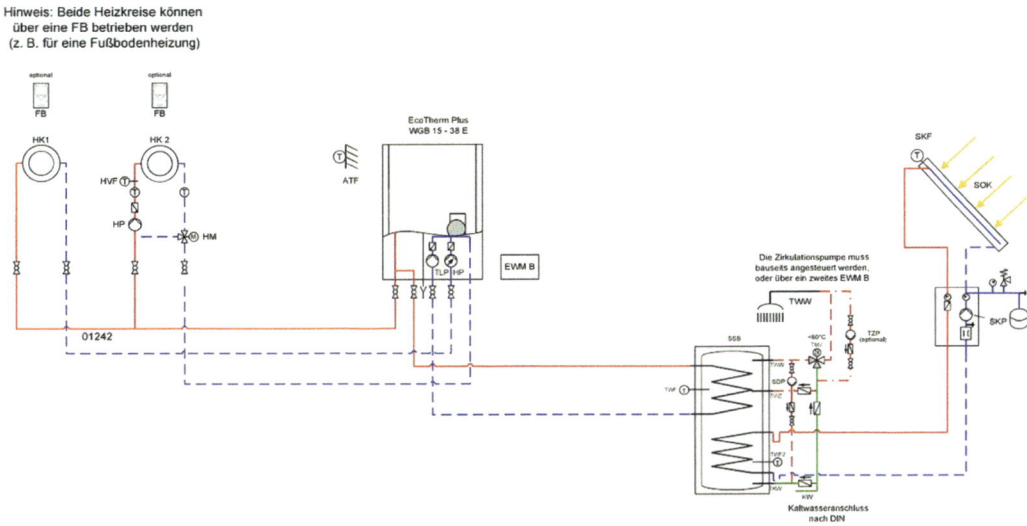

**Bild 75:** bivalenter Betrieb mit zweiter Wärmequelle (solar) (Werkbild: Brötje)

Eine besondere Herausforderung für die hygienische Trinkwassererwärmung ergibt sich in der Kombination von Solaranlagen zur Trinkwassererwärmung mit Wärmepumpen. Da aufgrund der Unabhängigkeit von der Speichergröße eine einmalige Aufheizung des bivalenten Speichers auf mindestens 60 °C erforderlich ist, kann dies bei nicht ausreichendem Solarertrag nur mithilfe der Wärmepumpen geschehen. Diese sind je nach Bauart jedoch nicht ohne weiteres in der Lage, die dazu erforderlichen Vorlauftemperaturen zu liefern. Somit bleibt nur übrig, eine Nachheizung über einen zusätzlichen Elektroeinsatz durchzuführen. Diese Elektropatrone kann entweder auf der Heizungsseite der Wärmepumpe angebracht sein, oder aber direkt im Speicher zur sicheren Nachheizung des Trinkwarmwassers. Nachfolgendes Schema zeigt eine solche Nachheizung mittels Elektropatrone im oberen Bereich des bivalenten Speichers.

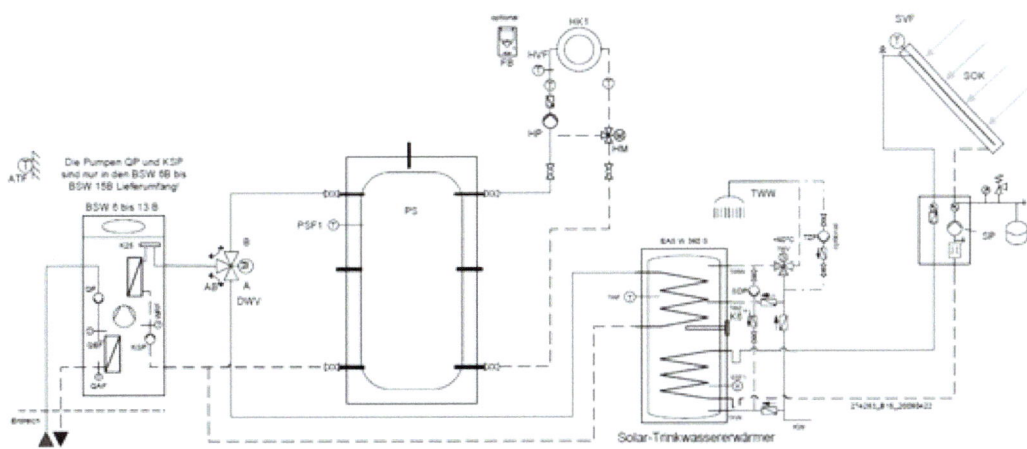

**Bild 76:** Solaranlagen zur Trinkwassererwärmung in Verbindung mit Wärmepumpen müssen in der Regel mit einer Elektro-Heizpatrone ausgerüstet werden (Werkbild: Brötje)

### 9.7.2.9 Fernwärmeversorgung    DIN 1988-200

> Die Vorlauftemperatur zur Trinkwassererwärmung ist so zu wählen, dass am Austritt des Trinkwassererwärmers eine Trinkwassertemperatur von $\geq 60\,°C$ sichergestellt werden kann.
>
> Bei indirektem Anschluss muss die Temperaturspreizung des Wärmeübertragers berücksichtigt werden.
>
> Bei Fernwärmeversorgung ist die Begrenzung der Rücklauftemperatur so zu wählen, dass eine stabile Speichertemperatur von $\geq 60\,°C$ auch im Nachheizbetrieb mit Zirkulationsverlusten des Trinkwassererwärmer sichergestellt werden kann.

Einige Fernwärmeversorgungsunternehmen haben in ihren technischen Anschlussbedingungen festgelegt, dass eine Rücklauftemperatur der Primärseite des Fernwärmenetzes 50 °C nicht überschreiten darf. Bei Überschreiten dieser Rücklauftemperatur sehen einige Fernwärmeversorger Temperaturregler vor, die den Volumenstrom zurück ins Fernwärmenetz reduzieren oder sogar absperren. Bei einer einzuhaltenden Warmwassertemperatur von $\geq 60\,°C$ und einer Zirkulationstemperatur von $\geq 55\,°C$ steht dem Wärmetauscher des Ladesystems aber kein kaltes Potential zur Verfügung, um die primäre Rücklauftemperatur auf 60 °C auszukühlen. Die Folge ist, dass das gesamte Warmwassersystem unter 60 °C auskühlt, bis die erste Entnahme wieder stattfindet und eine ausreichende Temperaturspreizung zum Öffnen des primär eingesetzten Rücklauftemperaturreglers führt. Wenn über eine Fernwärmeversorgung die Warmwasserbereitung mit den vorgeschriebenen Temperaturen von $\geq 60\,°C$ und $\geq 55\,°C$ erfolgen soll, muss der Fernwärmeversorger die Rücklauftemperaturbegrenzung auf mindestens 60 °C anheben. Auch im Sommerbetrieb der Fernwärmeversorgung muss eine Primärvorlauftemperatur von mindestens 65 °C anstehen, damit die Warmwassertemperatur von $\geq 60\,°C$ eingehalten werden kann. Der Wärmetauscher zur Trinkwassererwärmung muss auch auf diese kleine Temperaturspreizung ausgelegt werden.

Bei der Auslegung von Trinkwassererwärmern in Kombination mit einer Fernwärmeversorgung sind mit dem Fernwärmeversorger hinsichtlich der Einhaltung hygienisch einwandfreier Warmwassertemperaturen folgende Vereinbarungen zu treffen:

- Deckung des Spitzenbedarfs nach Berechnungsgrundlage
- kontinuierliche Temperatur des Warmwassers $\geq 60\,°C$
- Deckung des Zirkulationsbedarfs von $\geq 55\,°C$
- Möglichkeit einer thermischen Desinfektionsmöglichkeit mit Temperaturen von $\geq 70\,°C$.

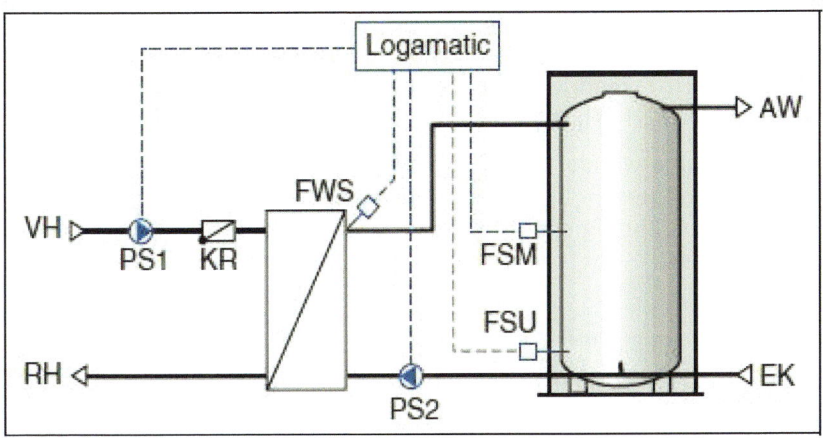

| AW | Warmwasseraustritt |
|---|---|
| EK | Kaltwassereintritt |
| FWS | Temperaturfühler-Wärmetauscher |
| FSM | Warmwasser-Temperaturfühler Speicher Mitte Ein |
| FSU | Warmwasser-Temperaturfühler Speicher unten Aus |
| PS 1 | Speicherladepumpe |
| PS 2 | Warmwasserladepumpe |
| KR | Rückstauklappe |
| Logamatic | Regelgerät für Warmwasserbereitung |
| VH | Vorlauf Heizwasser (Fernwärme) |
| RH | Rücklauf Heizwasser (Fernwärme) |

**Bild 77:** Prinzip einer modernen Regelung für ein Speicherladesystem mit Speicher- und Schichtladepumpe (primär und sekundär) und drei Temperaturfühlern bei Fernwärmeversorgung

### 9.7.2.10 Ausführungsarten der Trinkwassererwärmer mit mittelbarer Beheizung
DIN 1988-200

> Bei Trinkwassererwärmern mit mittelbarer Beheizung gelten die Anforderungen nach 9.7.1 und DIN 1988-100 in Abhängigkeit von der Fluidkategorie des Wärmeträgers.

An erwärmtes Trinkwasser sind die gleichen hygienischen Anforderungen zu stellen wie an kaltes Trinkwasser. Daher darf das Trinkwasser im Trinkwassererwärmer nicht so nachteilig verändert werden, dass daraus eine Gefährdung des Verbrauchers resultieren kann.

Nach der Trinkwasserverordnung muss Wasser für den menschlichen Gebrauch an allen Entnahmestellen einer Trinkwasserinstallation, also kaltes und erwärmtes Trinkwasser, die Anforderungen der Verordnung erfüllen, denn erwärmtes Trinkwasser kann getrunken, zur Zubereitung von Speisen und Getränken, zur Körperreinigung und zum Zähneputzen verwendet werden.

**Einwandige Trennung**

Bei Trinkwassererwärmern, die mittels rauch- und abgasfester flüssiger oder gasförmiger Brennstoffe und elektrischer Energie unmittelbar beheizt werden, findet keine Beeinträchtigung der Trinkwassergüte statt.

Dies ist bei allen öl- und gasbeheizten sowie Elektro-Trinkwassererwärmern der Fall.

Diese können nach wie vor ohne weitere zu beachtende Anforderungen verwendet werden.

PLANUNG

**Doppelwandige Trennung**

Trinkwassererwärmer, die mittelbar überflüssige, dampfförmige oder sonstige Wärmeträger beheizt werden, können je nach Kategorie der Wärmeträger das Trinkwasser beeinträchtigende oder gefährdende Eigenschaften haben.

Deshalb sind solche Trinkwassererwärmer besonders hinsichtlich ihrer Ausführungsart und der Fluidkategorie des Wärmeträgers zu bewerten, ob eine korrosionsbeständige, eine korrosionsbeständig gesicherte Ausführung oder sogar eine doppelwandige Trennung mit einem Zwischenmedium erforderlich ist.

Bei solchen Wärmeträgern muss die Fluidkategorie ermittelt und eine entsprechende Wahl eines geeigneten Wärmetauschers getroffen werden.

Als Wärmeträger sind z. B. Fluorchlorkohlenwasserstoffe (FCKW) nicht mehr zugelassen.

Weitere Anforderungen zum Schutz des Trinkwassers sind in DIN EN 1717 Abschnitt 5 und in DIN 1988-100 Abschnitt 9 sowie in dem zugehörigen Kommentar enthalten.

### 9.7.3 Ermittlung des Wärmebedarfs für zentrale Trinkwassererwärmer
DIN 1988-200

> Die Ermittlung des Wärmebedarfs von zentralen Trinkwassererwärmern zur Erwärmung von Trinkwasser in Wohnbauten erfolgt nach DIN 4708-2, die von Einzel- und Gruppen-Trinkwassererwärmern nach den jeweiligen Gegebenheiten (Art und Anzahl der Verbrauchsstellen).

DIN 4708-2 mit Ausgabedatum April 1994 gilt heute noch als Grundlage zur einheitlichen Ermittlung des Wärmebedarfs in zentralen Trinkwassererwärmungsanlagen in Wohngebäuden, deren Wassererwärmer mittelbar oder unmittelbar beheizt werden. Es werden vom Planer in Abhängigkeit von Wohnungs-, Belegungs- und Zapfstellenzahlen sogenannte Bedarfskennzahlen ermittelt. Die Hersteller von zentralen Trinkwassererwärmungsanlagen ermitteln auf Grundlage der DIN 4708-3 „Zentrale Wassererwärmungsanlagen; Regeln zur Leistungsprüfung von Wassererwärmern für Wohngebäude" Leistungskennzahlen für ihre Anlagen, unter Berücksichtigung von Heizleistung und Speichergröße. Eine geeignete Anlage ergibt sich nach diesem Verfahren, wenn die Leistungskennzahl der Trinkwassererwärmungsanlage größer ist als die ermittelte Bedarfskennzahl.

Dieses Regelwerk ist nunmehr 18 Jahre alt und sollte vom Projektierenden kritisch hinterfragt werden, ob die darüber dimensionierten Speichergrößen wirklich bedarfsgerecht sind. Um unnötig große Bevorratungsmengen an erwärmtem Trinkwasser vorzuhalten, empfiehlt es sich, den genauen Warmwasserbedarf mit dem Betreiber der Anlage abzustimmen. Ziel muss es sein, die Warmwasserbevorratungsmenge aus hygienischen Gründen auf das erforderliche Minimum zu begrenzen.

Bei der Dimensionierung der Heizflächen und des Speicherinhalts des Trinkwassererwärmers sind neben der Deckung des Warmwasserbedarfs auch die beiden folgenden Fälle zu berücksichtigen:

- Deckung des Zirkulationswärmebedarfs
- Sicherstellung der thermischen Desinfektion mit Temperaturen $\geq 70\,°C$.

Betrachtet man die Grenzbereiche zur Erlangung einer Leistungskennzahl von $N_L = 20$, so wird die Problematik deutlich:

- Großer Speicherinhalt mit geringer Dauerleistung des Wärmetauschers (für $N_L = 20$ z. B. Speichervolumen von 1.500 l mit Heizleistung von 10 kW). Hier würde ein zu großer Inhalt bevorratet, der wahrscheinlich mehrere Tage nicht verbraucht wird. Die Leistung des Wärmetauschers ist zu klein, um den Zirkulationswärmebedarf zu decken. Ein Aufheizen des Speichers würde zudem zu lange dauern, was für die Heizung im Vorrangbetrieb ein Problem werden könnte.

- Kleiner Speicherinhalt mit hoher Dauerleistung des Wärmetauschers (für $N_L = 20$ z. B. Speichervolumen von 100 l mit Heizleistung von 200 kW). Der kleine Speicherinhalt kann bei Spitzenzapfung zu Problemen bei der Warmwasserversorgung führen. Die hohe Leistung wird (falls überhaupt für die Gebäudeheizung vorhanden) zu einem unwirtschaftlichen Betriebsverhalten führen. Für jede kleine Zapfung wird ein Nachheizen durch den großen Wärmeerzeuger erforderlich. Der Massenstrom aus dem 200 kW-Wärmetauscher auf der Trinkwasserseite passt nicht zu dem kleinen Volumen des Speichers, so dass es zu keiner Schichtung kommen kann. Der Vorteil der Rücklaufauskühlung ginge verloren.

Diese Werte gelten, wie bereits erwähnt, für die Deckung der Spitzenleistung. Da die heutigen Normen zur Dimensionierung mit Reserven versehen sind ($N = 1$ beinhaltet 3,5 Personen, 1 Badewanne mit 5.820 Wh, 1 Waschtisch und eine Spüle), sollte man annehmen, dass alle anderen Betriebszustände mit abgedeckt sind. Dies ist allerdings häufig nicht der Fall.

Für den o. g. Fall ($N_L = 20$) mit einem Inhalt von 500 l mit 40 kW ergibt sich ein Volumenstrom der Trinkwasserladepumpe von 0,69 m³/h. Wird nun der Volumenstrom auf der Trinkwasserseite konstant mit 0,69 m³/h betrieben, so errechnet sich bei Erwärmung des Zirkulationswassers von 55 °C auf 60 °C eine maximale Übertragungsleistung von

$$\dot{Q} = c_p \cdot \dot{m} \cdot \Delta\vartheta = \frac{688 \cdot 5}{860} \text{ kW} = 5,8 \text{ kW}$$

Bei einem spezifischen Zirkulationswärmebedarf von ca. 15 W/m in der Zirkulationsleitung ist das System theoretisch ab 267 m Leitungslänge überlastet. Soll das gesamte Leitungsnetz zur thermischen Desinfektion jedoch so erhitzt werden, dass 70 °C an den Zapfstellen erreicht werden können, so erhöht sich der Zirkulationswärmebedarf noch weiter, wobei sich die Bedingungen an der Heizfläche des Speicherladesystems aufgrund der geringen Spreizung auf der Trinkwasserseite weiter verschlechtern. Bild 78 verdeutlicht die Situation am Speicherladesystem. Das Speicherladesystem zur zentralen Trinkwassererwärmung bietet die Möglichkeit, die Heizfläche individuell auszulegen und dabei neben der Deckung des Warmwasserbedarfs auch die Zustände während des Zirkulationsbetriebs sowie ggf. die thermische Desinfektion abzudecken.

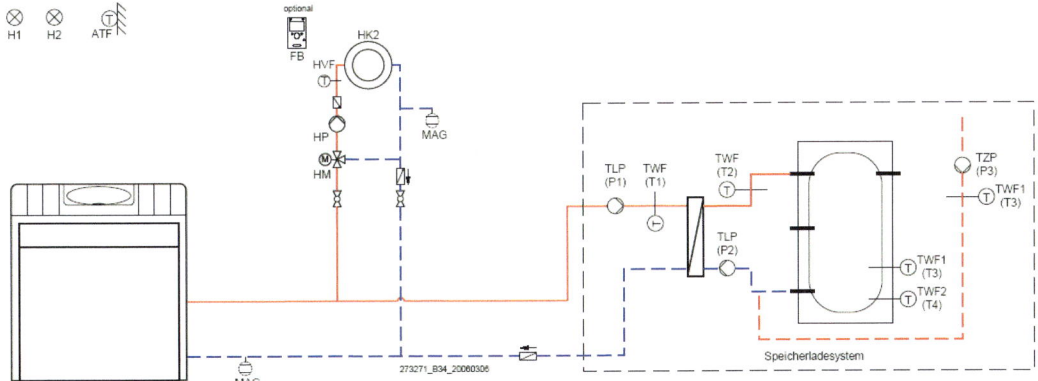

**Bild 78:** Zentrale Trinkwassererwärmungsanlage im Speicherladesystem (Werkbild: Brötje)

### 9.7.4 Aufstellung von offenen Trinkwassererwärmern DIN 1988-200

> Offene Trinkwassererwärmer sollten nur in der Nähe der Entnahmestellen für Trinkwasser warm eingebaut werden.

Offene Trinkwassererwärmer werden ausschließlich in der Einzelversorgung eingesetzt, wo geringe Warmwassermengen selten benötigt werden. Typische Anwendung ist ein Untertisch-Kleinspeicher, der direkt unter dem Waschtisch installiert wird. Die Erklärung, warum offene Speicher nah an der Entnahmestelle angebracht sein sollen, liefert die Funktionsweise dieser Speicher. Das bei Erwärmung durch Volumenzunahme entstehende Ausdehnungswasser muss über die offene Überlaufarmatur abgeführt werden.

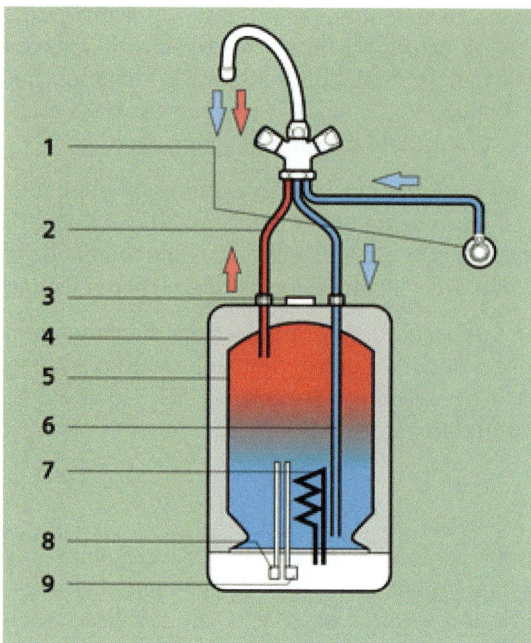

1 Eckventil mit Durchflussbegrenzung
2 Warmwasserauslauf vom Speicher
3 Temperaturwähler
4 FCKW-freie Isolierung
5 Kunststoffinnenbehälter
6 Kaltwasserzulauf zum Speicher
7 Heizkörper
8 Temperaturregler
9 Übertemperatursicherung

**Bild 79:** Untertisch-Kleinspeicher, offen (Werkbild: Siemens)

Der Speicher darf nur mit einer für offene (drucklose) Speicher zugelassenen Armatur betrieben werden. Der Innenbehälter des Speichers ist ständig mit Wasser gefüllt, steht aber nicht unter Wasserleitungsdruck. Durch die offene (drucklose) Armatur ist der Speicher ständig mit der Umgebungsatmosphäre verbunden. Der Betriebsüberdruck beträgt 0 MPa. Es darf nur so viel Kaltwasser in den Speicher einfließen, wie Warmwasser durch die Armatur ausfließen kann. Der Kaltwasserzufluss muss, um Überdruck im Speicher zu verhindern, begrenzt werden. Bei Untertischgeräten wird der Durchfluss am Kaltwasser-Eckregulierventil eingestellt oder es wird ein Durchflussbegrenzer in die Kaltwasserleitung eingesetzt.

## 10 Maßnahmen zur Verhinderung von Druckübersschreitungen  DIN EN 806-2

### 10.1 Allgemeines  DIN EN 806-2

Die Möglichkeit besteht, dass das in die Verbrauchsleitung eintretende erwärmte Trinkwasser 95 °C überschreitet. In diesem Fall sind Vorkehrungen zu treffen, dieser Möglichkeit und ihren Auswirkungen (Druck, Temperatur) entgegenzuwirken (z. B. metallene Rohre, thermische Ablaufsicherung, thermostatische Mischventile, thermostatische Ventile).

In der Praxis hängt ein erfolgreicher und dauerhafter sicherer Betrieb eines Systems sowohl von richtiger und entsprechend eingebauter Ausrüstung als auch von guter Planung und sorgfältiger Wartung ab.

Auch wenn nationale oder örtliche gesetzliche Auflagen es erfordern, dass alle Trinkwassererwärmer offener Systeme mit allem nötigen Sicherheitszubehör fabrikmäßig ausgestattet sein müssen, wird empfohlen, dass alles weitere Sicherheitszubehör wie Druckausdehnungsgefäße, Sicherheitsventile, Rückflussverhinderer, Druckminderer und Absperrventile vom Hersteller beigegeben werden, damit beim Einbau vor Ort keine Versäumnisse auftreten.

Sicherheitsgruppen, Sicherheitsventile, thermische Ablaufsicherungen, Ausdehnungsventile, Sicherheitstemperaturbegrenzer und Thermostaten sowie andere Kontrolleinrichtungen sollten leicht zugänglich sein.

> Einrichtungen zur Kontrolle des Druckes, wie Sicherheitsventile, Druckminderer oder Druckerhöhungsanlagen, müssen so ausgelegt werden, dass Bruchschäden an der Kalt- oder Warmwasseranlage vermieden werden.
>
> Unter Berücksichtigung der zukünftigen Betriebsbedingungen sollte auf die Zuverlässigkeit und Dauerhaftigkeit der Ausrüstung, von der die Sicherheit der Installation abhängt, geachtet werden. Systeme, die zur ständigen Sicherheit eine laufende Wartung benötigen, sollten nur eingebaut werden, wenn sicher zu erwarten ist, dass diese auch erfolgt. Hinweise für die Anforderungen an die Wartung sollten an auffälliger Stelle zur Unterrichtung des Betreibers angebracht werden. Es ist unbedingt notwendig, dass, unabhängig ob durch einschlägige Europäische Normen (oder entsprechende nationale Normen oder örtliche Vorschriften) abgedeckt, nur geprüfte Sicherheitseinrichtungen verwendet werden sollten. Auch sollten diese geeignet gekennzeichnet werden, um falsche Einstellungen oder fehlerhaften Austausch zu verhindern.

## 10 Maßnahmen zur Verhinderung von Druckübergschreitungen    DIN 1988-200

### 10.1 Allgemeines    DIN 1988-200

> Die sicherheitstechnische Ausrüstung der Wärmeerzeuger muss DIN EN 12897 und der Reihe DIN 4753 entsprechen.

Die Norm DIN EN 12897 „Wasserversorgung – Bestimmung für mittelbar beheizte unbelüftete (geschlossene) Speicher-Wassererwärmer" verlangt aus Sicherheitsgründen, dass die Temperatur des Trinkwassers 100 °C nicht übersteigt und deshalb Regel- und Sicherheitseinrichtungen in folgender Reihenfolge arbeiten müssen:
- thermostatische Regeleinrichtung;
- Energieabschalteinrichtung;
- Druck-Temperatur-Sicherheitsventil oder Sicherheitsventil, sofern erforderlich.

Sofern erforderlich, müssen Wassererwärmer entweder ab Werk mit allen Einrichtungen ausgerüstet werden, die für den Betrieb des Wassererwärmers und zur Vermeidung einer Verunreinigung des Trinkwasserversorgungsnetzes erforderlich sind, und mit diesen Einrichtungen geliefert oder entsprechend den Anforderungen des Herstellers mit ihnen versehen werden.

Bei kleineren Trinkwassererwärmern sind diese sicherheitstechnischen Einrichtungen werkseitig eingebaut. Bei größeren Trinkwassererwärmern oder Gebäuden mit eigener MSR oder GLT werden diese regel- und sicherheitstechnischen Einrichtungen bauseits eingebaut.

**Energieabschalteeinrichtung**

Sofern erforderlich, sind Wassererwärmer mit einer oder mehreren nicht selbst zurückstellenden Energieabschalteinrichtung(en) nach DIN EN 60730-2-9 auszustatten, die an die Heizquelle angeschlossen ist/sind, um sicherzustellen, dass die Wärmezufuhr im Fall eines Ausfalls des Regelthermostaten und vor Erreichen einer Temperatur des gespeicherten Wassers von 100 °C unterbrochen wird.

**Temperatursicherheitsventil**

Wenn ein Temperatur- oder Druck-Temperatur-Sicherheitsventil erforderlich ist, muss dieses DIN EN 1490 entsprechen und so im Wassererwärmer angeordnet sein, dass verhindert wird, dass die Temperatur des gespeicherten Wassers 100 °C übersteigt.

**Drucksicherheitsventil/Sicherheitsventil für Expansionswasser**

Sofern erforderlich, sind Wassererwärmer am Kaltwassereinlass entweder mit
- einem Sicherheitsventil für Expansionswasser nach DIN EN 1491 oder
- einer Sicherheitsgruppe für Expansionswasser nach DIN EN 1488 oder

- einem Drucksicherheitsventil nach DIN EN 1489 oder
- einer hydraulischen Sicherheitsgruppe nach DIN EN 1487

auszustatten.

Geschlossene Trinkwassererwärmer gelten in der Regel als Druckbehälter im Sinne der Druckgeräterichtlinie (DGRL).

Es handelt sich hierbei um Trinkwassererwärmungsanlagen, welche Bestandteile von Trinkwasseranlagen sind. Nach der Trinkwasserverordnung gilt auch erwärmtes Trinkwasser als Trinkwasser (PWH). Anforderungen an die hygienische Unbedenklichkeit – auch unter Einbeziehung der TrinkwV – haben zum Ziel, dass die verwendeten Werkstoffe, Bauteile und Apparate die gestellten Anforderungen ausnahmslos bei Auswahl und Einbau erfüllen.

Ebenso sind die Anforderungen an Beständigkeit der Werkstoffe, Bauteile und Apparate, gegenüber dem für Trinkwasseranlagen zulässigen Betriebsüberdruck und der Betriebstemperatur generell einzuhalten.

Die trinkwasserseitigen Anschlussbedingungen zum Schutz vor Drucküberschreitung und zur Verhinderung des Rückdrückens von erwärmtem Trinkwasser werden durch den richtigen Einbau einer sicherheitstechnischen Ausrüstung sichergestellt.

In Deutschland ist es derzeit nicht üblich, dass vom Hersteller der Trinkwassererwärmer alle sicherheitstechnischen Armaturen und Zubehör mitgeliefert werden. Die fachgerechte Ausführung mit den erforderlichen Einrichtungen hat der Planer bzw. der Installateur zu gewährleisten.

## 10.2 Kontrolle der Energiezufuhr    DIN EN 806-2

### 10.2.1 Überwachung der Heizquellen mit Temperaturanstieg über 95 °C
DIN EN 806-2

> Wenn nicht an anderer Stelle in 10.2 festgelegt, sind für Warmwasserspeicher nachfolgend aufgeführte Überwachungs- und Sicherheitseinrichtungen erforderlich:
>
> a) die Energiezufuhr zu jeder Heizvorrichtung muss mittels Thermostaten überwacht sein;
>
> b) die Energiezufuhr zu jeder Heizvorrichtung muss unabhängig von einem Thermostaten mit einem Sicherheitstemperaturbegrenzer ausgerüstet sein und
>
> c) eine Vorrichtung zum Abführen der eingebrachten Energie ist bei Fehlfunktion der Temperaturregelung in Form einer thermischen Ablaufsicherung oder einer Sicherheitsgruppe vorzusehen, wo es gefordert wird.
>
> Die Überwachungs- und Sicherheitseinrichtungen nach a) und b) müssen vom Hersteller bereits eingebaut sein. Thermostaten, Sicherheitstemperaturbegrenzer und thermische Ablaufsicherung sind so einzustellen, dass sie mit steigender Temperatur in genannter Reihenfolge ansprechen.

## 10.2 Kontrolle der Energiezufuhr    DIN 1988-200

### 10.2.1 Überwachung der Heizquellen mit Temperaturanstieg über 95 °C
DIN 1988-200

> Siehe DIN EN 806-2.

Über die – von den Herstellern – vorgesehenen Überwachungs- und Sicherungseinrichtungen (Thermostaten, Sicherheitstemperaturbegrenzer) hinaus sind bei Ausfall oder Fehlfunktion entsprechende Einrichtungen gegen Druck- und Temperaturüberschreitung vorzusehen.

Dies ist bei Drucküberschreitung ein TÜV-bauteilgeprüftes Sicherheitsventil mit dem erforderlichen Bauteilkennzeichen und bei Temperaturüberschreitung in Verbindung mit Feststoff- und Wechselbrandkessel eine TÜV-bauteilgeprüfte thermische Ablaufsicherung.

Die in der DIN EN 806-2 aufgeführte Reihenfolge ist konsequent und fachlich nachvollziehbar. So ersetzt z. B. die thermische Ablaufsicherung bei geschlossenen Trinkwassererwärmern nicht das TÜV-bauteilgeprüfte Sicherheitsventil.

Dieses Beispiel macht klar, dass die thermische Alblaufsicherung als Sicherheitsorgan anzusehen ist und nicht, wie häufig angenommen, als Regelorgan Anwendung finden soll.

### 10.2.2 Überwachung für Heizquellen, bei denen eine Temperatur über 95 °C nicht erreicht werden kann    DIN EN 806-2

Die Anforderungen nach 10.2.1 sind nicht erforderlich, bei einer Wassererwärmung:

a) mittels einer Heizquelle, die 95 °C nicht übersteigen kann,

   oder

b) mittels:

   – eines elektrischen Durchfluss-Wassererwärmers nach EN 60335-2-35;

   – eines Gasdurchfluss-Wassererwärmers nach EN 26;

   – eines elektrischen Warmwasserspeichers nach EN 60335-2-21;

   – eines gasbefeuerten Warmwasserspeichers für Sanitärgegenstände nach EN 89;

   oder

   – einer Kombi-Therme nach EN 625.

### 10.2.2 Überwachung für Heizquellen, bei denen eine Temperatur über 95 °C nicht erreicht werden kann    DIN 1988-200

Die Anforderungen an die sicherheitstechnische Ausrüstung von Trinkwassererwärmungsanlagen sind in DIN EN 12897 und für Elektro-Trinkwassererwärmer in DIN EN 60335-1, DIN EN 60335-2-15, DIN EN 60335-2-21 und DIN EN 60335-2-35 festgelegt.

Durchfluss-Trinkwassererwärmer mit stets offenem Auslauf und offene Speicher-Trinkwassererwärmer bis 10 l Inhalt (Kleinspeicher) benötigen keine sicherheitstechnische Ausrüstung in der Kaltwasserzuleitung.

Bei Durchfluss-Trinkwassererwärmern bis zu einem Nenninhalt von ≤ 3 Liter, kann auf das Sicherheitsventil verzichtet werden, wenn diese mit einem bauteilgeprüften Strömungswächter ausgerüstet werden, der auch bei maximaler Heizleistung ein Überschreiten der Warmwassertemperatur von 95 °C verhindert (z. B. gasbeheizte Trinkwassererwärmer).

### 10.2.3 Überwachungsgruppen für Temperatur und Hydraulik    DIN EN 806-2

Thermostate und Sicherheitstemperaturbegrenzer müssen EN 60730-1 entsprechen. Wo Motorventile Teil eines Sicherheitstemperaturbegrenzers bilden, müssen sie EN 60730-2-8 entsprechen, thermische Ablaufsicherungen müssen EN 1490 entsprechen.

Hydraulische Überwachungseinrichtungen müssen EN 1487, EN 1488, EN 1489 und EN 1491 entsprechen.

### 10.2.3 Überwachungsgruppen für Temperatur und Hydraulik    DIN 1988-200

In Deutschland dürfen als hydraulische Überwachungseinrichtungen nur Sicherheitsgruppen nach DIN EN 1488 und DVGW W 570-1 eingesetzt werden. Für Sicherheitsventile ist ein TÜV-Bauteilkennzeichen nach TRD 721 erforderlich.

Neben der eigentlichen Sicherheitsarmatur, dem Membran-Sicherheitsventil, müssen geschlossene Trinkwassererwärmer mit einem Nenninhalt ≥ 10 Liter eine sicherheitstechnische Ausrüstung entsprechend Abschnitt 10.2.4 erhalten.

Bei der als Baueinheit gefertigten Sicherheitsgruppe muss auf das DVGW-Prüfzeichen und auf die Geräuschklasse I und II gemäß DIN 4109 geachtet werden.

Hydraulische Sicherheitseinrichtungen nach EN 1487, 1489, 1490 und 1491 sind in Deutschland nicht gebräuchlich.

### 10.2.4 Sicherheitsventile, Sicherheitsgruppen — DIN EN 806-2

Sicherheitsventile und Sicherheitsgruppen müssen:

a) zum Messen der Wassertemperatur direkt am Speicher angebracht sein, um sicher das Überschreiten von 95 °C zu verhindern, es sei denn, dass nationale oder örtliche Vorschriften eine andere Festlegung treffen;

und dürfen

b) nur dann Wasser unterhalb der Öffnungstemperatur ablassen, wenn sie einem Druck ausgesetzt sind, der mindestens 50 kPa größer ist als der Betriebsdruck des durch sie kontrollierten Kessels.

Zwischen Sicherheitsventil und Sicherheitsgruppe und dem Kessel darf keine Absperrarmatur eingebaut sein.

Bei direkt befeuerten Warmwasserspeichern muss die Abflussleistung der thermischen Ablaufsicherung mindestens der maximalen Leistungsaufnahme des Kessels entsprechen.

Bei indirekt beheiztem Warmwasserspeicher muss bei einer Erprobung der thermischen Ablaufsicherung ein Ablaufvolumenstrom von mindestens 500 l/h erreicht werden.

### 10.2.4 Sicherheitsventile, Sicherheitsgruppen — DIN 1988-200

In die Trinkwasserleitung kalt ist – unabhängig von der Beheizungsart des Trinkwassererwärmers – ein Rückflussverhinderer einzubauen, wenn der Nenninhalt des Durchfluss- oder Speicher-Trinkwassererwärmers > 10 l ist.

Bei geschlossenen Trinkwassererwärmern ist zum Prüfen und Auswechseln des Rückflussverhinderers in erreichbarer Nähe davor und dahinter je eine Absperrvorrichtung anzubringen. Bei Trinkwassererwärmern ≤ 200 l Inhalt kann auf das zweite Absperrventil verzichtet werden.

Zwischen der ersten Absperreinrichtung und dem Rückflussverhinderer ist eine Prüfeinrichtung vorzusehen (siehe Bild 2).

In der Trinkwasserleitung kalt von geschlossenen Trinkwassererwärmern ist ein Anschluss für ein Druckmessgerät vorzusehen.

In Deutschland werden Sicherheitsventile und Sicherheitsgruppen gegen Drucküberschreitung eingesetzt, nicht gegen Temperaturüberschreitung, wie z. B. in England üblich.

Die Prüfeinrichtung zwischen der ersten Absperreinrichtung und dem Rückflussverhinderer dient zur Funktionskontrolle und zur Prüfung des dichten Abschlusses des Rückflussverhinderers. Der geforderte Anschluss für ein Druckmessgerät in der Trinkwasserleitung kalt ist jedoch in Fließrichtung gesehen hinter dem Rückflussverhinderer vorzusehen.

Zur Überprüfung der Funktionsfähigkeit der eingebauten Sicherheitsventile ist ein solcher Anschluss äußerst wichtig. Wenn Sicherheitsgruppen verwendet werden, ist eine solche Anschlussmöglichkeit bereits hierin enthalten.

**Bild 80:** Sicherheitsgruppe zum Anschluss von Trinkwassererwärmern (Werkbild: Syr)

Thermische Ablaufsicherungen sollen bei Trinkwassererwärmern oder Wärmeerzeugern mit Beheizungen, deren Wärmeentwicklung nicht selbsttätig unterbrochen werden kann, das Überschreiten einer Temperatur von 95 °C durch Wärmeableitung verhindern.

**Bild 81:** thermische Ablaufsicherung (Werkbild: Syr)

Sie ersetzen in keinem Fall das Sicherheitsventil, das bei solchen Trinkwassererwärmern außerdem vorhanden sein muss.

Während das Sicherheitsventil in der Kaltwasserleitung angebracht wird, muss die thermische Ablaufsicherung stets in der abgehenden Warmwasserleitung unmittelbar am Trinkwassererwärmer an der vom Hersteller vorgesehenen oder bezeichneten Stelle (Anschlussstutzen) eingebaut werden.

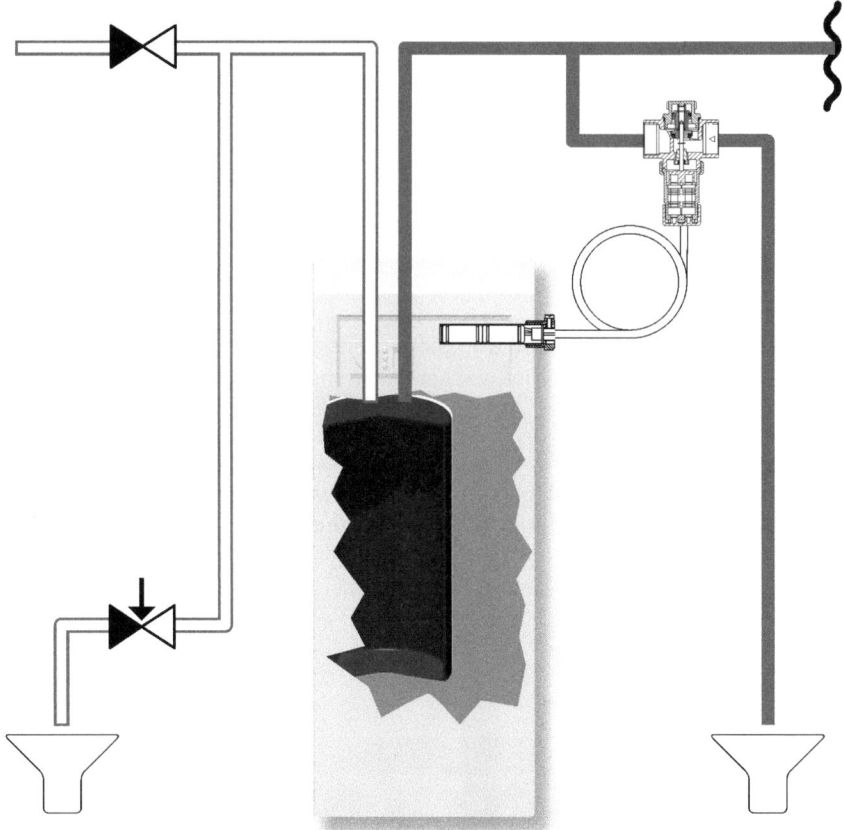

**Bild 82:** Thermische Ablaufsicherung in der abgehenden Warmwasserleitung (Werkbild: Syr)

Bei der Absicherung von Wärmeerzeugern für feste Brennstoffe können in die Heizkessel Wärmetauscher eingebaut werden, die aus Sicherheitsgründen für die Wärmeabfuhr bei Überschreiten der maximalen Temperatur von 95 °C sorgen.

Bei dieser Absicherungsart durch Wärmeabfuhr über Wärmetauscher gibt es zwei unterschiedliche Einbaumöglichkeiten für die thermische Ablaufsicherung, nämlich:

1. vor dem Heizkessel im Kaltwasserzulauf des im Heizkessel eingebauten Wärmetauschers oder

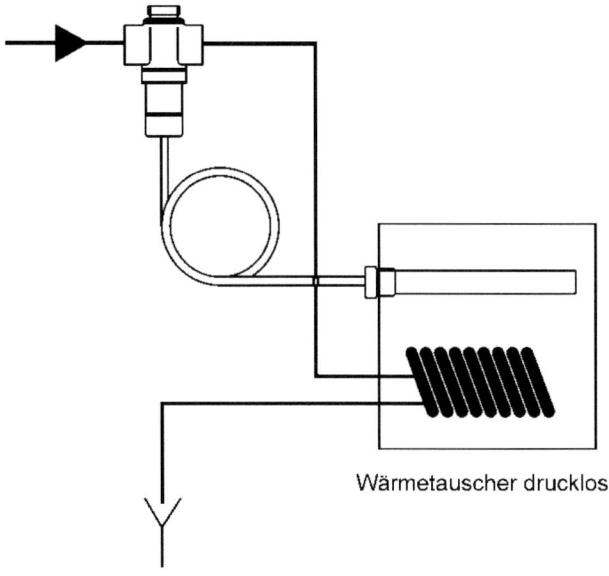

**Bild 83:** Thermische Ablaufsicherung vor dem Heizkessel (Werkbild: Syr)

2. hinter dem Heizkessel am Ende des Wärmetauschers vor dem Ablaufanschluss.

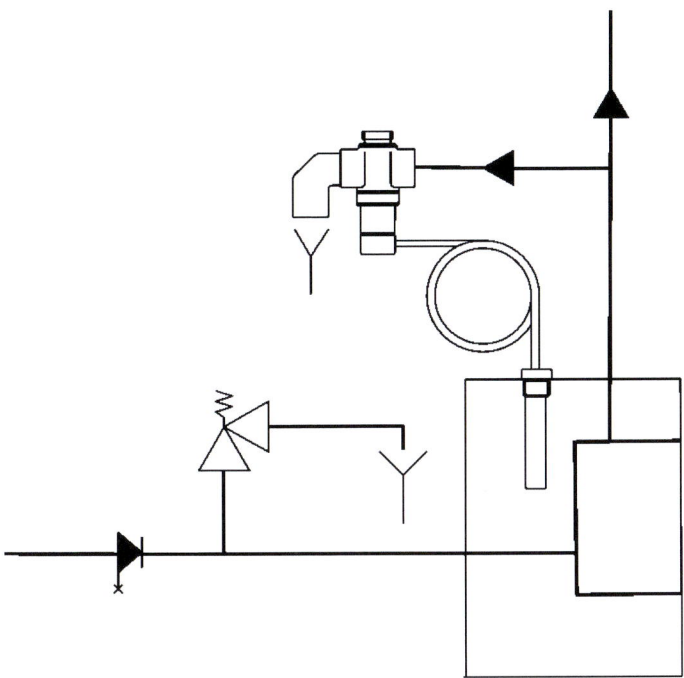

**Bild 84:** Thermische Ablaufsicherung hinter dem Heizkessel (Werkbild: Syr)

### 10.2.5 Entlastungsleitungen     DIN EN 806-2

Die Nenngröße der Entlastungsleitung muss mindestens der der thermischen Ablaufsicherung entsprechen.

Das Entlastungswasser muss über einen freien Auslauf und Trichter im selben Raum oder derselben Aussparung und vertikal nicht weiter als 500 mm von der thermischen Ablaufsicherung geführt werden (siehe EN 1717). Die Entwässerungsleitung muss mit ausreichendem Gefälle verlegt werden und aus geeignetem Material bestehen. Die Nenngröße der Entwässerungsleitung nach dem Trichter muss mindestens eine Nenngröße größer als die Ventilaustrittsöffnung sein, wenn der hydraulische Widerstand dem eines geraden Rohres von 9 m Länge entspricht, zwei Nenngrößen mehr bei einer gleichwertigen Rohrlänge von 9 m bis 18 m, drei Nenngrößen mehr bei einer gleichwertigen Rohrlänge zwischen 18 m und 27 m und so weiter.

Das Ausströmen des Entlastungswassers aus der thermischen Ablaufsicherung oder aus einem Sicherheitsventil muss so erfolgen, dass Schaden von Personen innerhalb und außerhalb des Gebäudes sowie von elektrischen Bauteilen und Kabeln vermieden wird. Eine erkennbare Alarmanzeige von fehlerhaften Betriebszuständen muss vorhanden sein (siehe 10.4).

### 10.2.5 Entlastungsleitungen     DIN 1988-200

Zusätzlich gelten folgende Festlegungen:

Für jedes Sicherheitsventil und thermische Ablaufsicherung ist eine Entlastungsleitung erforderlich, die aus einem wärme- und ausreichend korrosionsbeständigen Werkstoff bestehen muss und gegen Einfrieren zu schützen ist.

In der Nähe der Entlastungsleitung des Sicherheitsventils, zweckmäßig am Sicherheitsventil selbst, muss ein Schild mit folgender Aufschrift angebracht sein:

> Während der Beheizung kann aus Sicherheitsgründen Wasser aus der Entlastungsleitung austreten!
>
> Nicht verschließen!

Die Zuführung zur thermischen Ablaufsicherung ist mindestens in der Nennweite der thermischen Ablaufsicherung und mit einer Länge ≤ 10 × DN auszuführen.

Für die Entlastungsleitung von thermischen Ablaufsicherungen und Sicherheitsventilen muss beachtet werden, dass im Schadensfall mit erheblichen Wasservolumina sowie mit hohen Temperaturen des abzuführenden Wassers zu rechnen ist.

Hieraus resultiert, dass diese Leitungen in entsprechendem Rohrquerschnitt auch aus einem wärme- und korrosionsbeständigen Werkstoff bestehen müssen.

Ebenso besteht die Forderung, dass für jedes Sicherheitsventil bzw. jede thermische Ablaufsicherung eine eigene Entlastungsleitung sichtbar über einem Trichter oder einer Entwässerungseinrichtung mit einem freien Ablauf nach DIN EN 1717 auszuführen ist.

Dies wurde in der Vergangenheit teilweise nicht berücksichtigt. Oftmals wurden mehrere Entlastungsleitungen von verschiedenen Sicherheitseinrichtungen in einer gemeinsamen Rohrleitung und überdies möglicherweise direkt in eine Abwasserleitung eingeführt.

Ferner legt DIN EN 806-2 fest, dass die Entlastungsleitung nicht weiter als 500 mm in der vertikalen Rohrstrecke ausgeführt werden darf. Auch hier wurde in der Vergangenheit die Entlastungsleitung zwar in der Größe des Austrittsquerschnittes ausgeführt, aber mit einer extrem langen Rohrlänge installiert, was dazu führte, dass beim Schließen der thermischen Ablaufsicherung ein Vakuum in der Rohrleitung entstand und die Dichtung vom Sitz gesaugt wurde.

### 10.2.6 Nicht-mechanische Sicherheitseinrichtungen    DIN EN 806-2

Ein Warmwasserspeicher mit nicht-mechanischer Wasserablass-Sicherheitsvorrichtung (z. B. Schmelzsicherung) muss ebenfalls mit einer thermischen Ablaufsicherung ausgerüstet sein, die so eingestellt ist, dass sie bereits 5 K unterhalb der Ansprechtemperatur der nicht-mechanischen Sicherheitsvorrichtung bei gegebener Betriebstemperatur oder Nennbetriebstemperatur öffnet.

### 10.2.6 Nicht-mechanische Sicherheitseinrichtungen    DIN 1988-200

Siehe DIN EN 806-2.

Die Ausführung mit nichtmechanischer Wasserablass-Sicherheitsvorrichtung, z. B. in Form von Schmelzsicherungen, ist in Deutschland nicht gebräuchlich.

## 10.3  Kontrolle des Druckes    DIN EN 806-2

### 10.3.1 Allgemeines    DIN EN 806-2

Der Druck im System darf den Betriebsdruck der einzelnen Bauteile nicht übersteigen. Wo notwendig, ist der Versorgungsdruck über ein Druckminderventil zu regeln.

## 10.3  Kontrolle des Druckes    DIN 1988-200

### 10.3.1 Allgemeines    DIN 1988-200

Siehe DIN EN 806-2.

Ein Druckminderer ist nach DIN EN 806-2, Ziffer 5.4.10 eine Sicherheitsarmatur zur Verhinderung gefährlicher Betriebsbedingungen, in diesem Fall eines zu hohen Druckes.

Druckminderer sind einzubauen, wenn der Ruhedruck an den Entnahmestellen 5 bar überschreitet.

Weiterhin sind solche Sicherheitsarmaturen notwendig, wenn Geräte und Einrichtungen angeschlossen werden, die nur einem geringeren Druck ausgesetzt werden dürfen.

### 10.3.2 Sicherheitsventil    DIN EN 806-2

Ein Sicherheitsventil muss in der Kaltwasserzuleitung zum Trinkwassererwärmer eingebaut sein und zwischen Sicherheitsventil und Wassererwärmer darf sich keine Absperrarmatur befinden.

### 10.3.2 Sicherheitsventile    DIN 1988-200

Zusätzlich gelten folgende Anforderungen:

Jeder geschlossene Trinkwassererwärmer ist mit mindestens einem zugelassenen (mit einem TÜV-Bauteilkennzeichen versehen) Membransicherheitsventil auszurüsten (Ausnahme: Durchflusswassererwärmer mit einem Nennvolumen ≤ 3 l. Bis 5000 l Nennvolumen dürfen nur federbelastete Membransicherheitsventile verwendet werden. Diese dürfen nicht absperrbar sein.

Die Nennweite von Sicherheitsventilen wird nach Tabelle 4 bestimmt.

**Tabelle 4 — Nennweite der Sicherheitsventile für geschlossene Trinkwassererwärmer**

| Nennvolumen | | Mindestventilgröße [a] | Maximale Heizleistung |
|---|---|---|---|
| l | | DN | kW |
| | ≤ 200 | 15 (R/Rp ½)[b] | 75 |
| > 200 | ≤ 1000 | 20 (R/Rp ¾) | 150 |
| > 1000 | > 5000 | 25 (R/Rp 1) | 250 |

[a] Als Ventilgröße gilt die Größe des Eintrittsanschlusses.

[b] R kegeliges Außengewinde nach DIN EN 10226-1; Rp zylindrisches Innengewinde nach DIN EN 10226-1.

Bei geschlossenen Trinkwassererwärmern mit einem Nennvolumen von mehr als 5000 l und/oder einer Heizleistung über 250 kW ist die Auswahl des Sicherheitsventils nach den Angaben der Hersteller vorzunehmen.

Für den Einbau von Membransicherheitsventilen gelten folgende Festlegungen:

- Die Sicherheitsventile müssen in die Trinkwasserleitung kalt eingebaut werden. Zwischen dem Anschluss des Sicherheitsventils und dem Trinkwassererwärmer dürfen sich keine Absperrarmaturen, Verengungen und Siebe befinden.
- Die Sicherheitsventile müssen gut zugänglich angeordnet sein und sollten sich in der Nähe des Trinkwassererwärmers befinden. Die Zuführungsleitung zum Sicherheitsventil ist mindestens in der Nennweite des Sicherheitsventils und mit einer Länge ≤ 10 × DN auszuführen.
- Das Sicherheitsventil muss so angeordnet werden, dass die anschließende Entlastungsleitung mit Gefälle verlegt werden kann. Es ist vorteilhaft, das Sicherheitsventil oberhalb vom Trinkwassererwärmer anzuordnen, damit es ohne dessen Entleerung ausgewechselt werden kann.

Für den Nenneinstelldruck (Ansprechdruck) von Sicherheitsventilen gelten folgende Angaben:

Die Sicherheitsventile werden vom Hersteller fest eingestellt geliefert. Dem zulässigen Betriebsüberdruck des Wassererwärmers ist ein Sicherheitsventil mit einem gleichen oder kleineren Nenneinstelldruck zuzuordnen. Der maximale Druck in der Trinkwasserleitung kalt muss mindestens 20 % unter dem Nenneinstelldruck des Sicherheitsventils liegen (siehe Tabelle 5). Liegt der maximale Druck in der Trinkwasserleitung kalt darüber, muss ein Druckminderer eingebaut werden.

## Tabelle 5 — Beispiele für die Wahl des Ansprechdruckes

| Maximaler Druck in der Trinkwasserleitung kalt kPa | Zulässiger Betriebsüberdruck des Trinkwassererwärmers kPa | Ansprechdruck des Sicherheitsventils kPa |
|---|---|---|
| 480 | 600 | 600 |
| 800 | 1000 | 1000 |

Bei den für geschlossene, druckfeste Trinkwassererwärmer erforderlichen Sicherheitsventilen handelt es sich um TÜV-bauteilgeprüfte Sicherheitsarmaturen mit dem Bauteilkennzeichen „W" was allgemein bedeutet, dass sie den anerkannten Regeln der Technik entsprechend gebaut und geprüft sind (Konformitätszeichen TRD 721). Das „W" bedeutet, geeignet und zugelassen zum Ableiten des zu erwärmenden Ausdehnungswassers.

Der Einbau in die Kaltwasserzuleitung zum TWE ist deshalb vorgesehen, da in diesem Bereich kein Ausfall der Härtebildner stattfindet und somit die Funktionsfähigkeit beeinträchtigt.

Auch wenn betriebsmäßig miteinander verbundene TWE als eine Einheit gelten und die Verbindungen absperrbar sind, gilt der von den Herstellern angegebene Nenninhalt. Jede absperrbare Einheit ist mit einem Sicherheitsventil auszustatten.

Sicherheitsventile werden von den Herstellern fest eingestellt geliefert. Der eingestellte Ansprechdruck darf vom Installateur nicht verändert werden, da sonst das Sicherheitsventil seine Zulassung verliert.

Der Ansprechdruck muss jeweils auf dem Typenschild angegeben und ersichtlich sein.

Maßgebend für den Ansprechdruck ist der maximal zulässige Betriebsdruck des abzusichernden Apparates oder der Anlage. Der im Bedarfsfall geforderte Einbau eines Druckminderers in die Trinkwasserzuleitung kalt (PWC) vor dem Trinkwassererwärmer ist durch die Funktionsweise der Sicherheitsventile begründet. Federbelastete Membransicherheitsventile dürfen eine zulässige Toleranz von plus 10 sowie minus 20 Prozent haben.

Das bedeutet, sie müssen erst beim Erreichen eines Betriebsüberdruckes, der dem Ansprechdruck zuzüglich 10 Prozent entspricht, völlig geöffnet und beim Erreichen eines Betriebsdruckes, der dem Ansprechdruck abzüglich 20 Prozent entspricht, völlig geschlossen sein.

Hieraus resultiert auch die Forderung, dass Druckminderer ab einem Ruhedruck von 500 kPa vorzusehen sind.

Somit würde ein Sicherheitsventil mit einem Ansprechdruck von 600 kPa und einem ständigen Betriebsüberdruck von 480 kPa nicht mehr schließen.

Wasser- und Energieverluste wären die Folge.

## 10.4 Ausdehnungswasser DIN EN 806-2

Für die Aufnahme des Ausdehnungswassers sind Vorkehrungen nach folgenden Möglichkeiten vorzusehen:

a) Ausdehnungswasser darf in die Entwässerung geführt werden, wenn nicht örtliche Bestimmungen vorschreiben, dass das Ausdehnungswasser innerhalb des Systems verbleiben muss.

Jeder Austritt von Wasser aus dem Sicherheitsventil muss sicher und sichtbar abgeführt werden (siehe auch 10.2.5).

b) Schreiben örtliche Bestimmungen das Verbleiben des Ausdehnungswassers im System vor, ist ein Ausdehnungsgefäß in der Trinkwasserleitung kalt zwischen Rückflussverhinderer und Wassererwärmer einzubauen. Das Ausdehnungsgefäß muss mindestens 4 % des Volumens des zu erwärmenden Wassers aufnehmen.

c) Schreiben örtliche Bestimmungen das Verbleiben des Ausdehnungswassers im System vor, ist oben auf dem Wassererwärmer ein Ausdehnungsgefäß (z. B. Membrandruckausdehnungsgefäß) anzubringen. Das Ausdehnungsgefäß muss mindestens 4 % des Volumens des zu erwärmenden Wassers aufnehmen.

## 10.4 Ausdehnungswasser  DIN 1988-200

Siehe DIN EN 806-2.

Die Anforderungen dieses Abschnitts müssen mit den Vorgaben des Abschnitts 10.2.5 „Entlastungsleitungen" beachtet werden. In der Regel wird das Ausdehnungswasser eines Sicherheitsventils oder einer thermischen Ablaufsicherung über einen Entwässerungsanschluss geführt. Wenn der Entwässerungsanschluss unterhalb der Rückstauebene liegt, ist eine Rückstausicherung (Hebeanlage oder Rückstauverschluss) vorzusehen. Die Entlastungsleitung muss innerhalb des Gebäudes, und zwar im gleichen Raum, in dem sich die Sicherheitseinrichtung befindet, sichtbar und kontrollierbar über einem Entwässerungsanschluss enden. Der freie Auslauf über einem Entwässerungsgegenstand muss nach DIN EN 1717 Abschnitt 9 durch vollkommene Trennung oder durch Belüftungsöffnungen erfolgen.

Die Nennweite der Entwässerungsleitung muss das mögliche Ausdehnungswasser sicher abführen können.

Entlastungsleitungen dürfen bei fehlendem Entwässerungsanschluss nicht einfach außerhalb des Raumes bzw. Gebäudes geführt werden und im Freien enden.

Auch wenn ein Membranausdehnungsgefäß zur Aufnahme des Expansionswassers in die Kaltwasserzuleitung des Trinkwassererwärmers eingebaut ist, darf auf das Sicherheitsventil und die Abführung des Ausdehnungswassers mittels einer Entlastungsleitung über einen Entwässerungsanschluss nicht verzichtet werden.

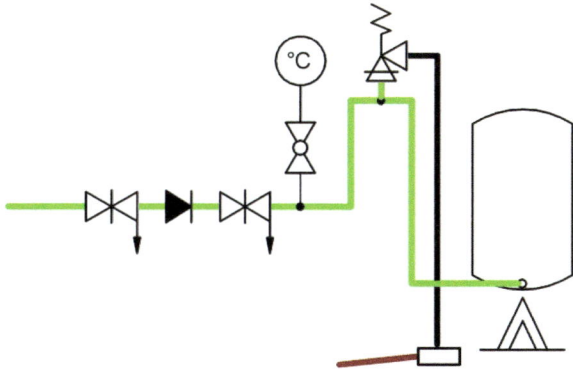

**Bild 85:** Anordnung von Sicherheitsventil und Trinkwassererwärmer in einem Raum Entlastungsleitung über einem Bodenablauf

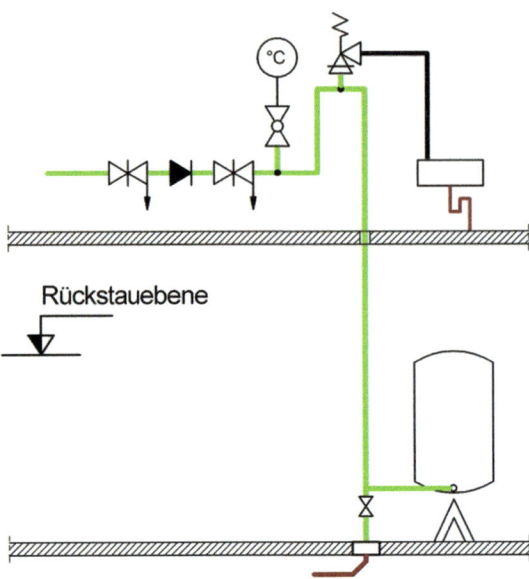

**Bild 86:** Anordnung des Sicherheitsventils in einem anderen Raum oberhalb der Rückstauebene; Entlastungseinleitung über ein Ausgussbecken

In Deutschland gibt es keine Vorschrift, dass das Expansionswasser in der Anlage verbleiben muss. Somit gibt es keine Verpflichtung, dass Membranausdehnungsgefäße in die Kaltwasserzuleitung zum Trinkwassererwärmer eingebaut werden müssen. Für die Auslegung und den Einbau siehe Abschnitt 6.10.

## 10.5   Leitungsanlagen      DIN 1988-200

### 10.5.1   Allgemeines      DIN 1988-200

> Rohrleitungen für erwärmtes Trinkwasser sind nach Abschnitt 7 auszuführen.

Im Abschnitt 10.5 dieser Norm sind die speziellen Anforderungen aufgeführt, die ergänzend zum Abschnitt 7 und Abschnitt 9 für eine hygienisch einwandfreie Planung von Trinkwasserleitungen warm von Bedeutung sind.

### 10.5.2   Zirkulationssysteme      DIN 1988-200

> Bei Rohrleitungsinhalten > 3 l zwischen Abgang Trinkwassererwärmer und entferntester Entnahmestelle (längster Fließweg) sind Zirkulationssysteme einzubauen.
>
> Stockwerks- und/oder Einzelzuleitungen mit einem Wasservolumen ≤ 3 l je Fließweg können ohne Zirkulationsleitungen gebaut werden.
>
> Zirkulationsleitungen sind bis unmittelbar vor Thermostatische Mischer zu führen.
>
> Zirkulationsleitungen und -pumpen sind so zu bemessen, dass im Zirkulationssystem die Temperatur des Trinkwassers warm um nicht mehr als 5 K gegenüber der Trinkwassertemperatur am Austritt des Trinkwassererwärmers unterschritten wird. Nach Wohnungswasserzählern dürfen keine Zirkulationsleitungen eingebaut werden.
>
> Bei hygienisch einwandfreien Verhältnissen können Zirkulationssysteme zur Energieeinsparung für höchstens 8 h in 24 h, z. B. durch Abschalten der Zirkulationspumpe, mit abgesenkten Trinkwassertemperaturen betrieben werden.
>
> Schwerkraftzirkulationen sind nicht zulässig.

Die Anforderung, dass bei Rohrleitungen > 3 l Inhalt zwischen Abgang Trinkwassererwärmer und entferntester Entnahmestelle Zirkulationssysteme einzubauen sind, gilt für alle Trinkwasserinstallationen in allen Gebäuden, auch in Kleinanlagen, wie z. B. in Ein- und Zweifamilienhäusern. Diese Festlegung wurde getroffen, damit die „Kleinanlage" ggf. auch wie eine „Großanlage" betrieben werden kann. Auch wenn der Betreiber sich zunächst für eine Betriebstemperatur von 50 °C nach Abschnitt 9.7.2.3 entscheidet, kann zu einem späteren Zeitpunkt, wenn z. B. aus gesundheitlicher Sicht wieder eine Betriebsweise mit 60 °C erforderlich wird, eine Umstellung ohne weitere bautechnische Maßnahmen erfolgen. Lediglich die Einstellung der Sollwerttemperatur am Temperaturregler muss für diese Zwecke auf 60 °C verändert werden.

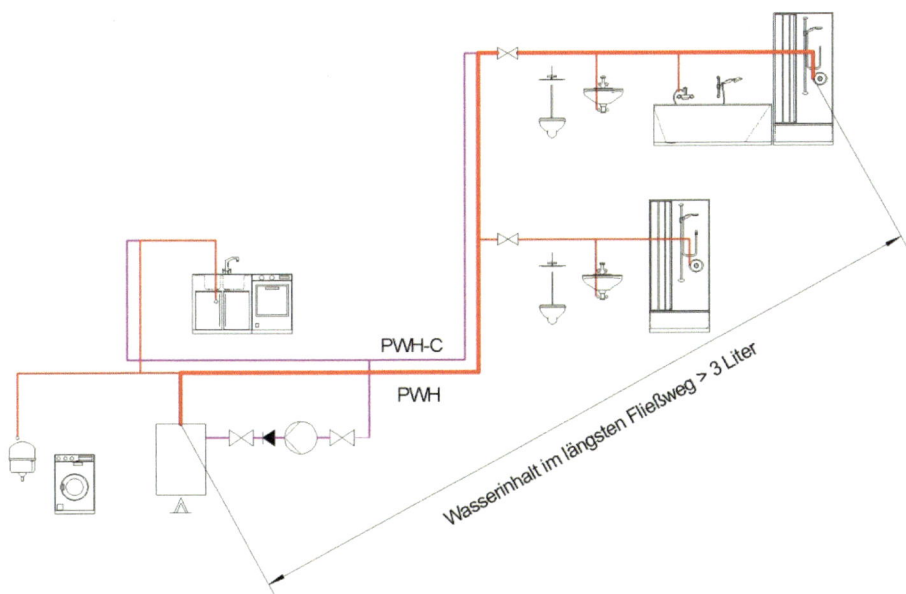

**Bild 87:** zentraler Trinkwassererwärmer mit hohem Wasseraustausch in einem Einfamilienhaus mit einem Wasserinhalt > 3 Liter im Fließweg (Kleinanlage)

Eine weitere „3-Liter-Regel" besteht bei Stichleitungen, wie z. B. Stockwerks- oder Einzelzuleitungen. Diese dürfen maximal 3 Liter Wasserinhalt haben, wenn sie noch ohne Zirkulationsleitung oder Begleitheizung ausgeführt werden sollen. Dabei soll der 3-Liter-Rohrleitungsinhalt die Obergrenze darstellen, die nach Möglichkeit nicht ausgeschöpft werden soll.

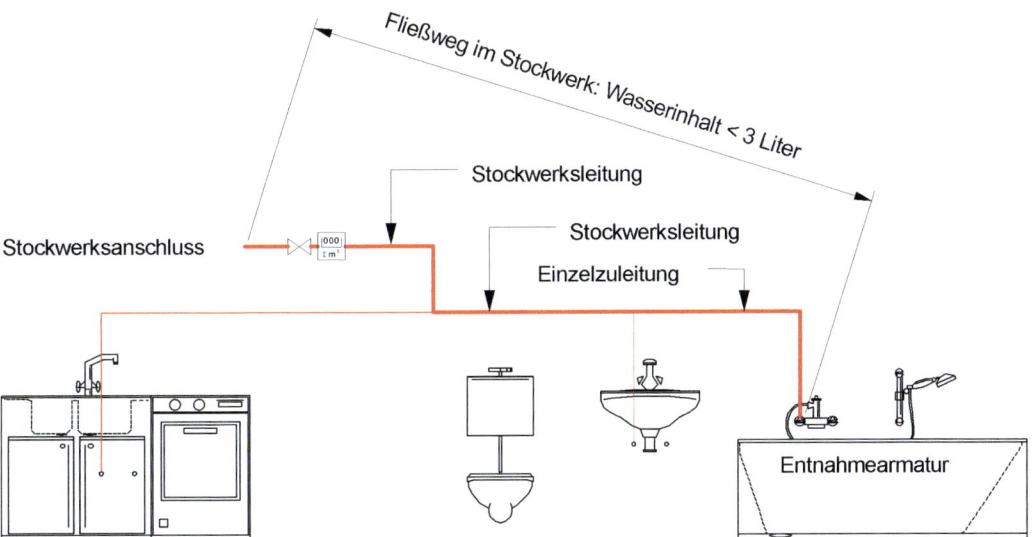

**Bild 88:** 3-Liter-Regel bei Stichleitungen, wie z. B. Stockwerks- oder Einzelzuleitungen

Wenn zentrale thermostatische Mischarmaturen, z. B. bei Reihenduschen in Sportstätten, angeordnet werden, muss eine Zirkulationsleitung bis unmittelbar vor die Mischarmatur geführt werden. Die hinter der Mischarmatur weiterführende Mischwasserleitung bis zur entferntesten Duscharmatur darf nicht mehr als 3 Liter Wasserinhalt haben. Daraus folgt, dass z. B. bei größeren Reihenduschanlagen Einzelthermostatarmaturen eingeplant werden oder kleinere Gruppen von Duschplätzen z. B. von zwei Seiten mit zwei Gruppenthermostatarmaturen ausgestattet werden müssen.

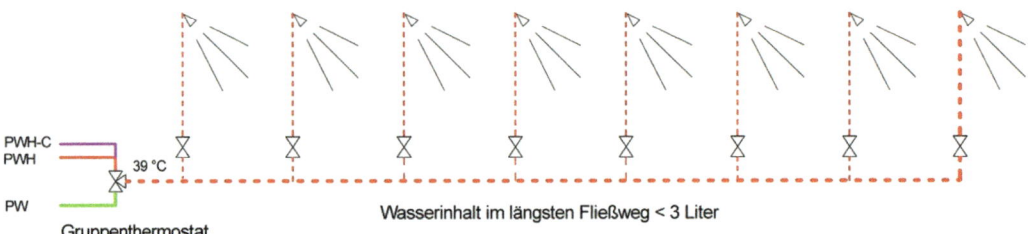

**Bild 89:** Zirkulation und 3-Liter-Regel bei Verwendung von Gruppenthermostaten

Hinter Wasserzählereinrichtungen dürfen keine Zirkulationsleitungen angeschlossen werden, weil dann keine korrekte Messung des Wasserverbrauchs möglich ist. Aufgrund der Messtoleranzen kann bei Einbau von Wasserzählern in die Warmwasserleitung und in die Zirkulationsleitung die Differenzmenge wegen der Messtoleranzen der Wasserzähler nicht als tatsächlicher Wasserverbrauch akzeptiert werden.

Zirkulationspumpen dürfen während eines Tages oder 24 Stunden zusammenhängend höchstens für 8 Stunden abgeschaltet werden. Diese Abschaltmöglichkeit gilt aber nur, wenn hygienisch einwandfreie Verhältnisse bestehen. Hygienisch einwandfreie Verhältnisse liegen vor, wenn:

- die Anlage nach den allgemein anerkannten Regeln der Technik (DIN 1988-200 und DVGW W 551) so geplant, gebaut und betrieben wird oder
- regelmäßige mikrobiologische Untersuchungen nachgewiesen werden.

Die Abschaltung der Zirkulationspumpen sollte, wenn überhaupt, nur bei Neuinstallationen realisiert werden. Bei bestehenden Anlagen, die nicht nach den allgemein anerkannten Regeln der Technik betrieben werden können, oder solchen Anlagen, die schon einmal kontaminiert waren, sollten die Zirkulationspumpen als Dauerläufer betrieben werden. Aber auch aus Komfortgründen ist es in Wohnanlagen oder Hotels für die Benutzer kaum zumutbar, wenn zu irgendeiner Zeit des Tages bei Bedarf nicht sofort Warmwasser ansteht, weil die Zirkulationspumpe abgeschaltet ist.

Bei den Zirkulationssystemen, die nach DIN 1988-300 berechnet und hydraulisch abgeglichen sein müssen, lassen sich Schwerkraftzirkulationen nicht mehr realisieren.

### 10.5.3 Selbstregelnde Temperaturhaltebänder    DIN 1988-200

> Alternativ oder ergänzend zur Zirkulationsleitung können Temperaturhaltebänder eingebaut werden. Die Temperatur des Wassers darf in dem System um nicht mehr als 5 K gegenüber der Temperatur des Trinkwassers warm abfallen.
>
> Stockwerks- und/oder Einzelzuleitungen mit einem Wasservolumen ≤ 3 l können ohne Begleitheizung gebaut werden.

Statt eines Zirkulationssystems können auch selbstregelnde Temperaturhaltebänder zur Einhaltung der Temperaturvorgaben von 60 °C – 55 °C eingesetzt werden.

Alle Rohrwerkstoffe, die vom DVGW zugelassen sind, können mit einem selbstregelnden Temperaturhaltesystem ausgerüstet werden. Besondere Maßnahmen werden von den Bandherstellern in ihren Unterlagen speziell vermerkt.

# MASSNAHMEN ZUR VERHINDERUNG VON DRUCKÜBERSCHREITUNGEN

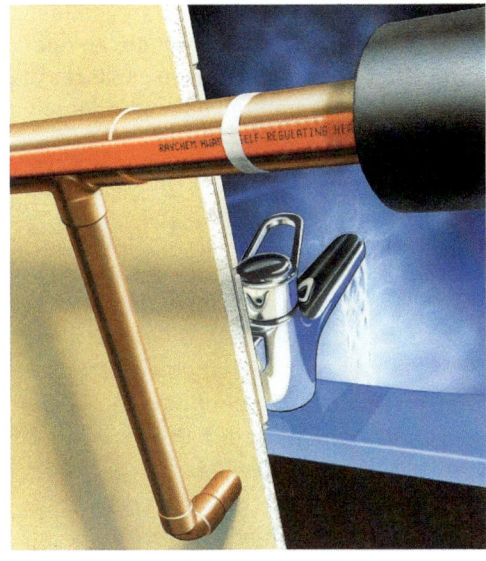

**Bild 90:** Selbstregelndes Temperaturhalteband (Werkbild: Tyco Thermal Controls)

An schlecht wärmeleitenden Rohren (z. B. Kunststoffrohren) ist eine geeignete Wärmeverteilhilfe anzubringen, z. B. ein Aluminium-Klebeband in ausreichender Materialstärke, beschichtet mit wärmebeständigem und werkstoffneutralem Kleber.

Sämtliche zum Warmwassersystem gehörenden Umgehungsleitungen und Armaturen sind mit Temperaturhaltebändern zu belegen und analog den temperaturgestützten Trinkwasserleitungen warm gegen Wärmeverluste zu dämmen.

Die Wärmedämmung der Rohrleitungen ist sorgfältig und korrekt auszuführen. Mangelhafte Ausführungen werden durch erhöhten Stromverbrauch umgehend nachgewiesen.

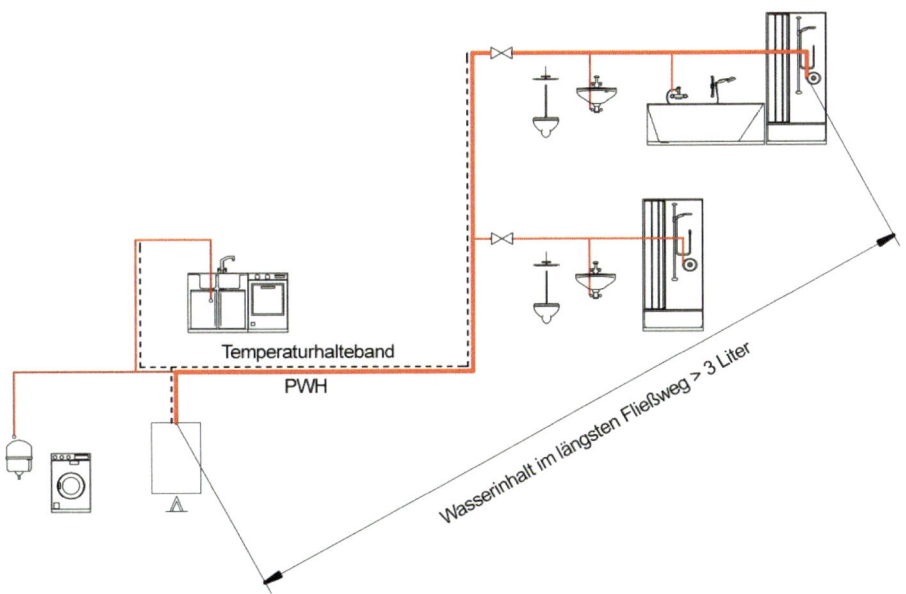

**Bild 91:** Trinkwasserleitung PWH mit selbstregelndem Temperaturhalteband

## 10.5.4 Anforderungen an Durchgangsmischarmaturen und nachgeschaltete Rohrleitungen   DIN 1988-200

Zwischen Durchgangsmischarmaturen und der am weitesten entfernten Entnahmestelle ist das Wasservolumen auf ≤ 3 l zu begrenzen.

Wie bereits im Kommentar zu Abschnitt 10.5.2 beschrieben und in dem Bild 89 dargestellt, ist bis unmittelbar vor der Durchgangsmischarmatur (Gruppenthermostatmischer) die Zirkulationsleitung anzuschließen und die nachgeschaltete Mischwasserleitung darf nicht mehr als 3 Liter Wasservolumen haben. Ansonsten sind Einzelthermostatarmaturen oder eine sonstige Aufteilung über z. B. zwei Gruppenthermostate zu realisieren.

### 10.5.5 Hydraulischer Abgleich     DIN 1988-200

> In einem verzweigten Zirkulationssystem stellen sich die berechneten Zirkulationsvolumenströme nur dann sicher ein, wenn das Zirkulationssystem hydraulisch abgeglichen ist. Der „hydraulische Abgleich" setzt voraus, dass bei der angestrebten Volumenstromverteilung in jedem Zirkulationskreis die Summe der rechnerischen Strömungsverluste genauso groß ist, wie die von der Pumpe erzeugte Druckdifferenz. Da bei unterschiedlich langen Zirkulationskreisen das Gleichgewicht zwischen Pumpendruckdifferenz und Anlagendruckverlust nicht nur über die Strömungswiderstände in den Rohrleitungen und Rohreinbauten erreicht werden kann, müssen zusätzlich noch definierte Druckdifferenzen in manuellen bzw. thermostatischen Zirkulationsregulierventilen aufgebaut werden.

Für Trinkwasserinstallationen mit zentraler Warmwasserversorgung gemäß Abschnitt 9.7.2.2 dieser Norm und den Bemessungsgrundsätzen nach DIN 1988-300 ergeben sich für Trinkwasserleitungen warm mit Zirkulation Rohrnetzstrukturen wie in Bild 92 dargestellt. Diese Systeme sind charakterisiert durch eine vollständige Zirkulation über die Kellerverteilungs- und Steigleitungen. Der Anschluss der Zirkulationsleitung erfolgt in der Regel am letzten Stockwerksabzweig der Steigleitung. Bei einer Parallelverlegung von Warmwasser- und Zirkulationsleitungen sind für die Berechnung in der Regel (Beimischfaktor $\eta = 0$ gemäß DIN 1988-300) die Temperaturen am Anschlusspunkt der Zirkulation an die Steigleitung, je nach zugelassenem Temperaturabfall, bei $\Delta\vartheta = 5$ K jeweils 57,5 °C bzw. bei $\Delta\vartheta = 4$ K entsprechend 58 °C. Die Speichereintrittstemperatur der Zirkulation muss mindestens 55 °C betragen. Im gesamten zirkulierenden Warmwasser- und Zirkulationssystem darf die Trinkwassertemperatur von 55 °C nicht unterschritten werden.

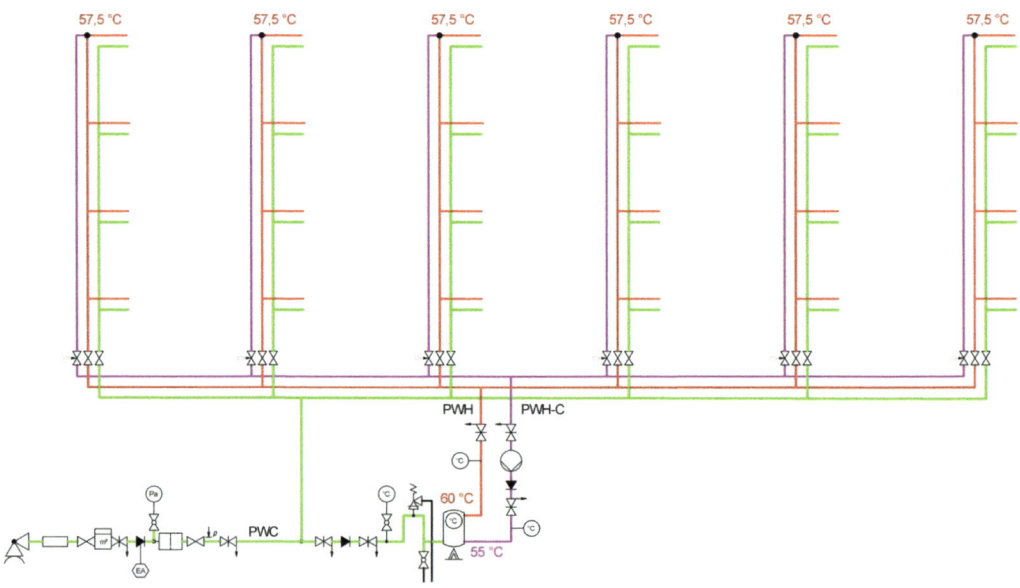

**Bild 92:** Zentrale Warmwasserversorgung mit den zulässigen Temperaturen unter Berücksichtigung eines Beimischgrades von $\eta = 0$

Damit diese Temperaturanforderungen eingehalten werden können, sind differenzierte Bemessungen mit einem technischen Berechnungsprogramm, das die Berechnungsregeln der DIN 1988-300 berücksichtigt, durchzuführen.

Eine Temperaturhaltung von 5 K im Zirkulationssystem ist nur dann möglich, wenn in pumpenferneren Steigleitungen größere Volumenströme fließen als in pumpennahen Steigleitungen.

Aus diesem Grund ist ein hydraulischer Abgleich mit Zirkulationsregulierventilen entsprechend den Einstellwerten für die Zirkulationsregulierventile aus der Rohrnetzberechnung vorzunehmen.

Diese Temperaturhaltung kann mit den folgenden Zirkulationsregulierventilen realisiert werden.

**Bild 93:** Statisches Zirkulationsregulierventil (Werkbild: Kemper)

**Bild 94:** Thermostatisches Zirkulations-Regulierventil (Werkbild: Kemper)

**Bild 95:** Stockwerksregulierventil (Werkbild: Kemper)

### 10.5.6 Bemessung der Rohrleitungen    DIN 1988-200

> Die Bemessung der Leitungen für Trinkwasser warm und Zirkulationsleitungen erfolgt nach DIN 1988-300 bzw. DVGW W 553.

Grundsätzlich ist die Ermittlung der Rohrleitungen nach dem differenzierten Berechnungsverfahren von DIN 1988-300 für alle Gebäudearten anzuwenden. Die Rohrdurchmesser für die Kalt- und Warmwasserverbrauchsleitungen in Wohngebäuden bis zu 6 Wohnungen können auch nach dem vereinfachten Berechnungsverfahren von DIN EN 806-3 bestimmt werden, sofern der Versorgungsdruck ausreicht und die Hygiene sichergestellt ist.

Weitere Details sind dem Kommentar zur DIN EN 806-3 und DIN 1988-300 zu entnehmen.

## 11 Leitlinien für Wasserzähleranlagen  DIN 806-2

### 11.1 Allgemeines  DIN EN 806-2

> Wasserzähleranlagen innerhalb und außerhalb von Gebäuden (in Räumen oder Schächten) müssen der EN 805 und den Vorschriften der Wasserversorger entsprechen.
>
> Wasserzähler zur Abrechnung von kaltem Trinkwasser müssen der EU-Richtlinie 75/33/EWG (b) und von erwärmtem Trinkwasser der EU-Richtlinie 79/830/EWG entsprechen.

## 11 Leitlinien für Wasserzähleranlagen
DIN 1988-200

### 11.1 Allgemeines  DIN 1988-200

> Wasserzähleranlagen müssen den Vorgaben nach Reihe DIN EN 14154, DVGW W 406, DVGW W 407 und DVGW W 421 und zusätzlich der Richtlinie 2004/22/EG [7] (MI-001 Wasserzähler), der Anlage 6 EO [8] und den Vorschriften der Wasserversorgungsunternehmen entsprechen.
>
> Kaltwasserzähler sind Volumenmessgeräte für Wasser mit einer Temperatur $\leq 30$ °C. Warmwasserzähler sind Volumenmessgeräte für Wasser mit einer Temperatur von $\leq 90$ °C.
>
> Wasserzähler müssen geeicht oder konformitätsbewertet (Zähler nach 2004/22/EG [7]) sein, wenn sie im geschäftlichen Verkehr verwendet werden.
>
> ANMERKUNG  Derzeit beträgt die Eichgültigkeitsdauer für Kaltwasserzähler 6 a und für Warmwasserzähler 5 a.
>
> Der Einbau bzw. Wechsel von Hauswasserzählern darf nur durch das Wasserversorgungsunternehmen oder ein durch das Wasserversorgungsunternehmen beauftragtes Unternehmen erfolgen.
>
> Der Einbau bzw. Wechsel von Wohnungs- und sonstigen Wasserzählern in der Trinkwasser-Installation darf nur durch das Wasserversorgungsunternehmen oder ein bei einem Wasserversorgungsunternehmen eingetragenes Installationsunternehmen erfolgen.

Wasserzähler stellen innerhalb einer Trinkwasserinstallation, neben ihrer Aufgabe der Erfassung des durchgesetzten Wasservolumens zu Abrechnungs- und/oder Kontrollzwecken, den Übergang der Zuständigkeit für die nachgeschaltete Trinkwasseranlage dar.

Die Zuständigkeit des Wasserversorgungsunternehmens endet nach der AVBWasserV am Ende des Hausanschlusses mit dem Hauptabsperrventil, außerdem gehört der geeichte Wasserzähler in den Bereich des Versorgungsunternehmens. In den meisten Fällen ist der Wasserzähler direkt hinter der HAE angebracht, so dass ab dem Ausgangsstutzen des Wasserzählerbügels die Verantwortung für Installation und Betrieb auf den Eigentümer und Betreiber der Trinkwasserinstallation übergeht.

### 11.2 Auswahl  DIN EN 806-2

> Die Auswahl der Zählergröße hat nach der EU-Richtlinie 75/33/EWG und prEN 806-3 zu erfolgen.

### 11.2 Auswahl  DIN 1988-200

> Die Auswahl des Hauswasserzählers erfolgt durch den Wasserversorger nach DVGW W 406.

Die Richtlinie 75/33/EWG enthält Bauvorschriften zur Angleichung der Rechtsvorschriften in den Mitgliedstaaten der Europäischen Union (EU). Sie gilt nur für Kaltwasserzähler (ausgenommen Verbundzähler, Zähler mit elektronischen Zählwerken, MID, USD) und legt die Verfahren der EWG-Bauartzulassung sowie EWG-Ersteichung fest. Die Mitgliedstaaten erkennen alle EWG-Bauartzulassungen und EWG-Ersteichungen unabhängig davon an, in welchem Mitgliedstaat diese erteilt werden.

Messgeräte, die im geschäftlichen oder amtlichen Verkehr verwendet werden, müssen in ihrer Bauart zugelassen und geeicht sein.

Die Eichung besteht aus der eichtechnischen Prüfung und der Stempelung eines Messgeräts durch eine Eichbehörde oder staatlich anerkannte Prüfstelle (siehe Eichordnung § 28 ff. und 75/33/EWG Anhang VI).

Diese Dimensionierung der Wasserzähler hat nach DIN EN 806-3 „Vereinfachtes Berechnungsverfahren" und DVGW-Arbeitsblatt W 406 zu erfolgen.

In Wohngebäuden sollen im Hinblick auf eine gesicherte und zuverlässige Wassermessung mit einem Nenndurchfluss $Q_n$ 2,5 m³/h, 6 m³/h oder 10 m³/h gewählt werden.

**Tabelle 7:** Dimensionierung von Wasserzählern für Wohngebäude

| Anzahl der anzuschließenden Wohnungseinheiten (WE) mit | | Nenndurchfluss $Q_n$ des Zählers in m³/h |
|---|---|---|
| Druckspülern | Spülkästen | |
| bis 15 | bis 30 | 2,5 |
| 16 – 85 | 31 – 100 | 6 |
| 86 – 200 | 101 – 200 | 10 |

Bei größeren Gebäuden können Großwasserzähler als Woltmannzähler, z. B. als Verbundzähler, verwendet werden.

Bei einem großen Verhältnis von $Q_{max}$ zu $Q_{min}$ sind dafür geeignete Messgeräte, wie z. B. Verbundzähler, zu verwenden. Deren Umschalteinrichtung muss in Fließrichtung hinter dem Hauptzähler angeordnet sein (PTB-A 6.1). Der Belastungsbereich eines Verbundzählers wird bestimmt durch $Q_{max}$ des Hauptzählers (in der Regel ein Woltmannzähler) und $Q_{min}$ des Nebenzählers.

**Tabelle 8:** Übliche Kombinationen für Verbundzähler

| Woltmannzähler (Hauptzähler) | $Q_n$ in m³/h | 15 | 40 | 60 | 150 |
|---|---|---|---|---|---|
| | DN | 50 | 80 | 100 | 150 |
| Nebenzähler | $Q_n$ in m³/h | 2,5 | 2,5 | 2,5/6 | 10 |

Soll die Wasserlieferung beim Zählerwechsel nicht unterbrochen werden, kann je nach Einzelfall und Abnahmecharakteristik eine Parallel-Wasserzähleranlage eingebaut werden, die aber gleichzeitig der Wassermessung dient.

# Planung

**Bild 96:** Wasserzähleranlage mit unzulässiger Umgehungsleitung

## 11.3 Einbauort – Zugänglichkeit    DIN EN 806-2

Die Wasserzähler sind – waagerecht oder senkrecht – so einzubauen, dass sie zum Ablesen und zur Wartung leicht zugänglich sind.

Wasserzähler sind vor Beschädigungen zu schützen.

Wasserzähleranlagen sind so auszuführen, dass die beim Wechsel des Zählers oder von anderen Bauteilen auftretenden Spannungen gering gehalten oder von der verbleibenden Leitungsanlage sicher aufgenommen werden.

## 11.3 Einbauort – Zugänglichkeit    DIN 1988-200

Es gelten folgende zusätzliche Anforderungen:

Wasserzähler sind in der Regel im Innern des Gebäudes – nahe der straßenwärts gelegenen Hauswand – an einem frostsicheren Ort so anzubringen, dass sie zugänglich sind, leicht abgelesen, ausgewechselt und überprüft werden können (siehe auch DIN 18012 [14]).

Wasserzähler sind Bestandteil der Wasserzähleranlage. Diese besteht – in Fließrichtung gesehen – z. B. aus:

- Absperrarmatur (ggf. Hauptabsperreinrichtung),
- ggf. Rohrstück als Vorlaufstrecke,
- Wasserzähler,
- längenveränderliches Ein- und Ausbaustück,
- Absperrarmatur,
- Rückflussverhinderer.

Bei Neuanlagen und bei Veränderung alter Anlagen sind Halterungen, z. B. Wasserzählerbügel, für Hauswasserzähler einzubauen.

Wasserzähleranlagen sind so auszuführen, dass bei Wasserzählerwechsel austretendes Wasser aufgefangen oder abgeleitet werden kann.

Die Wasserzähleranlage muss in dem gleichen Raum installiert werden, in den die Einführung der Anschlussleitung erfolgt.

Umgehungsleitungen sind aus hygienischen Gründen nicht zulässig.

Potentialausgleichs- und gegebenenfalls Erdungsbrücken müssen so angeordnet werden, dass sie die Arbeiten an der Wasserzähleranlage nicht behindern.

Beim Einbau von Woltmanzählern sind die Maßgaben der PTB-A 6.1 [9] und DVGW W 406 zu berücksichtigen.

Bei Schächten für Wasserzähleranlagen gilt Folgendes:

- Schächte sollten außerhalb von Verkehrsflächen angeordnet werden.
- Schächte müssen leicht zugänglich und entsprechend den Unfallverhütungsvorschriften mit Steigleitern versehen sein.

Für Wartungsarbeiten an der Zähleranlage und zur problemlosen Ablesung muss die Wasserzähleranlage leicht zugänglich sein. Die Forderung nach der Frostsicherheit des Einbauortes ist hierbei auf jeden Fall einzuhalten, denn neben Schäden an der Wasserzähleranlage selbst sind frostbedingte Unterbrechungen der Wasserversorgung zu vermeiden. Der Abstand der Wasserzähleranlage zu Wänden und Fußböden ist so zu wählen, dass eine einwandfreie Montage und Kontrolle des Zählers möglich ist, d. h. zur Montage und Ablesung sollen keine Leitern und Tritte erforderlich sein und gleichzeitig soll die Möglichkeit bestehen, beim Zählerwechsel austretendes Wasser aufzufangen, z. B. durch Unterstellen eines geeigneten Gefäßes. Aus diesen Anforderungen ergibt sich eine Empfehlung für die Montagehöhe von etwa 0,3 m bis 1,3 m über dem Fußboden/der Standfläche. Ebenso sollte es möglich sein, bei den Arbeiten an der Wasserzähleranlage aufrecht zu stehen, was eine Raumhöhe am Montageort von mindestens 1,8 m erfordert.

**Bild 97:** Woltmann-Wasserzähler
(Werkbild: Sensus)

Die Wasserzähleranlage soll in dem gleichen Raum installiert werden, in den die Einführung der Hausanschlussleitung erfolgt. Ausnahmen davon sind mit dem Wasserversorgungsunternehmen zu vereinbaren. Alle Wasserzähleranlagen sind so zu befestigen, dass bei ausgebautem Wasserzähler die auftretenden Kräfte aufgenommen werden, außerdem dürfen ggf. vorhandene elektrische Potentialunterschiede zwischen Eingang und Ausgang des Zählers den/die Monteur/in nicht gefährden. Vor dem Trennen oder Verbinden von metallenen Leitungen ist als Schutz gegen elektrische Berührungsspannungen und Funkenbildung eine metallene Verbindung der Trennstelle herzustellen.

Durch Montage eines geeigneten Wasserzählerbügels werden diese Bedingungen erfüllt. Bei Neuanlagen und bei Veränderungen alter Anlagen sind deshalb entsprechende Haltebügel zu installieren.

Aus Gründen des Arbeitsschutzes ist bei fehlender leitfähiger Überbrückung des Wasserzählers, insbesondere bei metallenen (Haus-)Anschlussleitungen, für eine wirksame Überbrückung der Zähleranlage für die Dauer der Arbeiten zu sorgen.

Ist eine frostfreie Unterbringung der Wasserzähleranlage in einem Gebäude nicht möglich, muss ein geeigneter Zählerschacht geschaffen werden. Neben der leichten Zugänglichkeit über geeignete Tritte oder Leitern sollten die Schächte außerhalb von Verkehrsflächen liegen. Für übliche Hauswasserzähler, die über Rohrverschraubungen eingebaut werden, empfiehlt sich eine Schachtlänge von 1,2 m bei einer Breite von ca. 1 m. Größere Zähler, z. B. Woltmann-

Zähler, benötigen mehr Platz und erfordern somit auch größere Schächte, um Montage und Wartung sicherzustellen. Die jeweilige Schachttiefe und die Art bzw. die Masse des Zählers bestimmen auch die benötigten Hilfsmittel (Tritte, Leitern, Stufen) für den Zugang, damit die Einbringung des Wasserzählers gefahrlos erfolgen kann. Planung und Ausführung eines Wasserzählerschachtes sollten immer in Absprache mit dem zuständigen Wasserversorgungsunternehmen erfolgen.

**Bild 98:** Wasserzählerschacht (Werkbild: EWE-Armaturen)

Entwässerungsleitungen sollten nicht durch Wasserzählerschächte geführt werden. Die Durchführung von Gasleitungen, Hoch- und Niederspannungskabeln und dgl. ist nur in Schutzrohren zulässig.

Zu einer Wasserzähleranlage gehören, in Fließrichtung betrachtet, nachfolgende Armaturen:

- Absperrarmatur, normalerweise gleichzeitig Hauptabsperreinrichtung. Hier endet der Zuständigkeitsbereich des Wasserversorgungsunternehmens.
- Wasserzähler, ggf. mit entsprechender Vorlaufstrecke, wenn dies für die korrekte Funktion erforderlich ist. Der Wasserzähler gehört ebenfalls noch in die Verantwortung des WVU.
- Längenveränderliches Ein- und Ausbaustück. Für Flügelrad-Hauswasserzähler mit Rohrverschraubungen ist dieses Ausgleichsstück im empfohlenen Wasserzählerbügel enthalten.
- Absperrarmatur. Diese Absperreinrichtung ist das erste BauTeil der Kundenanlage.
- Rückflussverhinderer.

Oftmals werden die erste Absperrarmatur nach dem Wasserzähler und der Rückflussverhinderer in einer Armatur, dem **K**ombinierten **F**reistromventil mit **R**ückflussverhinderer (KFR) zusammengefasst.

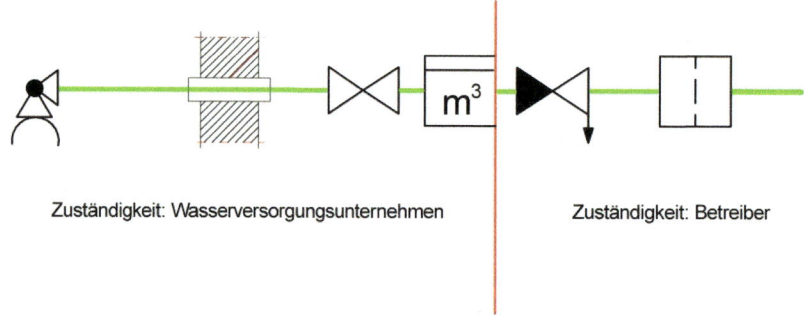

**Bild 99:** Zuständigkeitsbereiche Wasserversorgungsunternehmen/Betreiber

Die Armatur hinter dem Wasserzähler ist ein wichtiges Bauteil in der Trinkwasserinstallation. Diese Absperreinrichtung stellt das eigentliche Hauptabsperrventil dar. Sollte es durch häufigere Benutzung undicht werden, ist eine Reparatur durch einen Fachbetrieb nach dem Schließen der HAE vor dem Zähler problemlos möglich. Wird das Ventil vor dem Wasserzähler undicht, ist außer dem Absperrschieber im öffentlichen Bereich keine weitere Absperrmöglichkeit vorhanden und eine Reparatur kann nur durch das oder unter Einbeziehung des WVU erfolgen.

Von mindestens ebenso großer Bedeutung ist der dem Wasserzähler nachgeschaltete Rückflussverhinderer. Neben dem Schutz des Trinkwassers in der Versorgung vor Rückfließen aus der Verbraucheranlage sichert er gleichzeitig die korrekte Wassermessung. Schließt der Rückflussverhinderer nicht dicht, kommt es bei Schwankungen des Fließdruckes in der Versorgungsleitung zu permanenten Pendelbewegungen des Trinkwassers durch den Wasserzähler, gerade wenn z. B. Trinkwasser-Ausdehnungsgefäße, Wasserschlagdämpfer oder dergleichen eingebaut sind oder wenn es Lufteinschlüsse vor alten Steigleitungsbe- und Entlüftern oder in nicht fachgerecht stillgelegten Leitungsenden gibt.

Da der Zähler nur für seine definierte Strömungsrichtung gebaut und geeicht ist, kann die Umkehr der Fließrichtung zu einer Verfälschung der Verbrauchsanzeige führen.

**Bild 100:** Ringkolbenwasserzähler Trockenläufer (Werkbild: Sensus)

**Bild 101:** Mehrstrahlwasserzähler Nassläufer (Werkbild: Sensus)

## 11.4 Risiko des Einfrierens    DIN EN 806-2

- Wasserzähler in frostgefährdeten Räumen sind ausreichend zu dämmen, um eine Beschädigung durch Einfrieren zu vermeiden.
- Die Dämmung ist so auszuführen, dass das Ablesen und der Wechsel des Zählers nicht nennenswert beeinträchtigt werden.

## 11.4 Wohnungswasserzähler    DIN 1988-200

Zur verbrauchsabhängigen Messung entsprechend den Bauordnungen der Bundesländer und der Heizkostenverordnung sind Wohnungswasserzähler vorzusehen.

In der Verordnung über die verbrauchsabhängige Abrechnung der Heiz- und Warmwasserkosten (Verordnung über Heizkostenabrechnung – HeizkostenV) ist die verbrauchsbezogene Energiekostenabrechnung für Trinkwasser warm seit Jahren vorgeschrieben. Nach den Bauordnungen der Bundesländer wird für Wohngebäude zusätzlich die verbrauchsabhängige Abrechnung von Trinkwasser kalt vorgeschrieben.

Bei Neuinstallationen in Mehrfamilienhäusern oder vergleichbaren Nutzungseinheiten muss deshalb der Einbau von Kalt- und Warmwasserzählern für die Wohnungen vorgesehen werden. Diese Wasserzähler werden vorzugsweise hinter der Stockwerks- oder Wohnungsabsperrarmatur eingebaut. Ein Absperrventil mit Rückflussverhinderer ist hierbei zu empfehlen.

In einigen Bundesländern, z. B. Hamburg, wird auch die Nachrüstung im Wohnungsbestand gefordert.

**Bild 102:** Wohnungswasserzähler als Mischbatterie (Werkbild: Sensus)

**Bild 103:** Wasserzähler zum Anschluss eines Gerätes z. B. Waschmaschine (Werkbild: Sensus)

Eine Zirkulation des Trinkwassers warm über den Warmwasserzähler führt zu Fehlabrechnungen und ist deshalb unzulässig. Bei der Planung ist aus hygienischen Gründen darauf zu achten, dass der Wasserinhalt des nicht zirkulierenden Teiles der Warmwasserleitung 3 l im Fließweg zur Entnahmearmatur nicht übersteigt.

Wasserzähler, die zur Abrechnung herangezogen werden, müssen geeicht sein. Nach derzeitiger Rechtslage beträgt die Eichgültigkeit für Kaltwasserzähler 6 Jahre und für Warmwasserzähler 5 Jahre. Nach Ablauf dieser Fristen sind die Messeinrichtungen zu tauschen.

**Bild 104:** Wohnungswasserzähler für Kalt- und Warmwasser (Werkbild: Sensus)

## 12 Behandlung von Trinkwasser  DIN EN 806-2
### 12.1 Allgemeines  DIN EN 806-2

**12.1.1** Die Wasserbehandlung muss sich nach den Anforderungen der vorgesehenen Wasserverwendung richten und ist nur innerhalb der europäischen Richtwerte der EU-Richtlinie 98/83/EU beziehungsweise der nationalen und örtlichen Vorschriften zulässig.

**12.1.2** Wenn sie vom Verbraucher als erforderlich erachtet werden, sind die in dieser Norm aufgeführten Behandlungsverfahren zur Veränderung der Wasserbeschaffenheit hinsichtlich:

– enthaltener gelöster Stoffe, Korrosionswahrscheinlichkeit, Neigung zur Steinbildung;

– unwesentlicher organischer und anorganischer Bestandteile

anzuwenden.

Gesichtspunkte für Trinkwasserbehandlung siehe Anhänge B.1 bis B.3.

## 12 Behandlung von Trinkwasser  DIN 1988-200
### 12.1 Allgemeines  DIN 1988-200

Die Wasserbehandlung muss sich nach den Anforderungen der vorgesehenen Wasserverwendung richten und ist nur innerhalb der TrinkwV [1] zulässig. Für die Wasserbehandlung dürfen nur Aufbereitungsstoffe und Desinfektionsverfahren nach Liste gemäß § 11 TrinkwV [1] verwendet werden. Die Informationspflichten der TrinkwV [1] sind einzuhalten.

Die Behandlung von Trinkwasser aus der öffentlichen Wasserversorgung darf mit Ausnahme des nach 12.4.1 vorgeschriebenen mechanischen Filters nur in begründeten Fällen (siehe 12.3) erfolgen.

Die Auswahl geeigneter Behandlungsmaßnahmen hat unter Berücksichtigung von Wasserbeschaffenheit, verwendeten Werkstoffen und vorgesehenen Betriebsbedingungen und unter Einhaltung des in § 6 (3) TrinkwV [1] geforderten Minimierungsgebotes zu erfolgen.

Die beschriebenen Behandlungsmaßnahmen für die Dosierung von Polyphosphaten, die Enthärtung durch Ionenaustausch und die Stabilisierung durch Kalkschutzgeräte haben im Kaltwasserzulauf zum Trinkwassererwärmer zu erfolgen.

Es sind die Herstellerangaben für Einbau, Betrieb und Wartung zu berücksichtigen. Wasserbehandlungsanlagen müssen den anerkannten Regeln der Technik entsprechen; dies wird z. B. durch das DIN/DVGW- bzw. DVGW-Zertifizierungszeichen bekundet.

ANMERKUNG  Aspekte zur Behandlung von Trinkwasser sind in DIN EN 806-2:2005-06 [13], Anhang B (informativ), enthalten. Wenn sie in diesem Abschnitt ebenfalls genannt werden, erhalten sie in Verbindung mit zusätzlichen Anforderungen in dieser Norm den Status von normativen Festlegungen.

Die Trinkwasserverordnung setzt den Rahmen der Wasserbehandlung. Bei jeder Wasserbehandlung sind die Grenz- und Richtwerte der Trinkwasserverordnung einzuhalten. Zur Wasserbehandlung dürfen nur Verfahren und Stoffe eingesetzt werden, die in einer Liste des Bundesministeriums für Gesundheit enthalten sind. Diese Liste wird vom Umweltbundesamt geführt und im elektronischen Bundesanzeiger sowie im Internet veröffentlicht (s. a. § 11 der TrinkwV). In diesem Zusammenhang wird auch noch einmal ausdrücklich auf die Informationspflichten des Betreibers der Trinkwasserinstallation hingewiesen.

Die Behandlungsmaßnahmen richten sich nach der Wasserbeschaffenheit, den verwendeten Werkstoffen und auch den Betriebsbedingungen bei bestimmungsgemäßem Betrieb. Insbesondere ist die Kenntnis der jeweiligen Wasserzusammensetzung in Verbindung mit den gegebenenfalls vorhandenen Kombinationen von Werkstoffen zu beachten.

Im informativen Anhang B1 der DIN EN 806-2 sind Trinkwasserbehandlungsverfahren beschrieben, die eine Reduzierung der Korrosionswahrscheinlichkeit bewirken. Folgende Verfahren erhalten darüber hinaus durch die nationale Ergänzungsnorm DIN 1988-200 den Status der normativen Festlegung: Polyphosphatdosierung, Enthärtung mittels Ionenaustausch und Härtestabilisierung durch Kalkschutzgeräte.

Entscheidend für den Einbauort von Wasserbehandlungsanlagen sind der Zweck und das Ziel, das mit dem Einbau erreicht werden soll. Wenn beispielsweise lediglich eine Steinvermeidung im Trinkwassererwärmer und in den Trinkwasserleitungen warm erreicht werden soll, kann der Einbau der Wasserbehandlungsanlage (z. B. Dosieranlage für Polyphosphate) vor der Sicherheitsarmaturengruppe im Kaltwasserzulauf zum Trinkwassererwärmer erfolgen.

Sollen aber weitere Armaturen, Geräte oder Apparate die beispielweise an die Kaltwasserleitung angeschlossen sind, gegen Steinbildung oder zur Vermeidung von Korrosionsschäden geschützt werden, kann es erforderlich sein, das gesamte Trinkwasser zu behandeln, da an Entnahmearmaturen das Warmwasser mit Kaltwasser vermischt und somit immer ein großer Anteil an unbehandeltem Wasser zugemischt werden würde. Zudem würden weitere Haushaltsgeräte, wie Geschirrspül- und Waschmaschine, nicht mit behandeltem Wasser versorgt.

Wenn das gesamte Trinkwasser innerhalb der Trinkwasserinstallation mit dem gleichen Zweck und Ziel behandelt werden soll, ist die Wasserbehandlungsanlage hinter der Hauswasserstation mit Wasserzähler, Druckminderer und Filter einzubauen.

## 12.2  Grundanforderungen    DIN EN 806-2

**12.2.1** Die Art der einzusetzenden Sicherheitseinrichtung gegen Rückfließen hängt von den Risiken der verschiedenen Wasserbehandlungsmethoden ab (siehe EN 1717).

**12.2.2** Die Auswahl, Planung und die Betriebsbedingungen von Wasserbehandlungsanlagen innerhalb von Gebäuden müssen der Wasserbeschaffenheit und den nachgeschalteten Rohrwerkstoffen angepasst sein. Der für die Wasserbehandlungsanlage verwendete Werkstoff muss eine ausreichende Beständigkeit gegen alle möglichen physikalischen, chemischen, mikrobiologischen und korrosiven Einwirkungen haben, die vom Wasser oder vom Wasserbehandlungsprozess selbst stammen können.

**12.2.3** Die Größe und Leistung des Gerätes müssen in Abhängigkeit vom Durchfluss ausgewählt werden, wobei Spitzendurchflüsse aufzunehmen sind, ohne dass dabei der zulässige Druckverlust des Gerätes und der an der Stelle des Eintritts verfügbare Versorgungsdruck überstiegen werden.

**12.2.4** Soweit notwendig, ist auch bei Stillstand oder Ausbau des Gerätes die Wasserversorgung sicherzustellen.

**12.2.5** Probeentnahmestellen sollten vor und nach dem Gerät sowie auch an anderen Stellen zur Funktionskontrolle angeordnet werden.

**12.2.6** Wasserbehandlungsgeräte innerhalb von Gebäuden dürfen bei Berechnungsdurchfluss keine störenden Geräusche (siehe EN 60534-8-4) oder unzulässige Druckstöße hervorrufen.

**12.2.7** Alle Teile des Gerätes, die unter Wasserdruck stehen, sind für den Prüfdruck der Trinkwasser-Installation auszulegen.

**12.2.8** Wasserbehandlungsgeräte innerhalb von Gebäuden dürfen nur von Planern und Installateuren ausgewählt und eingebaut werden.

**12.2.9** Wasserbehandlungsanlagen innerhalb von Gebäuden dürfen keinen übermäßigen Verbrauch oder Wasserverschwendung hervorrufen.

**12.2.10** Der Einbau einer Wasserbehandlungsanlage innerhalb von Gebäuden hat den Zweck, Korrosion und Steinbildung zu verhindern, sie sollte nicht dazu dienen, falsche Planung oder ungeeignete Werkstoffwahl auszugleichen. Dem Austausch und/oder der Verbesserung der Planung ist der Vorzug zu geben, wo immer dies möglich ist.

**12.2.11** Für Wasserbehandlungsgeräte, die einen Spülvorgang erfordern oder einen Überlauf besitzen, ist eine Unterbrechung mit freiem Auslauf einzubauen. Siehe EN 1717.

**12.2.12** Es müssen geeignete technische Vorkehrungen vorgesehen werden, um den notwendigen Durchfluss für Spülen, Reinigen, Entleeren und möglichen Überlauf des Wassers sicherzustellen.

**12.2.13** Sofern die Wasserbehandlungsanlage in einem separaten Raum installiert ist, muss dieser Raum sauber, frostfrei und nur für autorisierte Personen zugänglich sein, ausgenommen ist der häusliche Bereich.

## 12.2 Grundanforderungen      DIN 1988-200

Die Wasserbehandlungsanlagen dürfen nur in frostfreien Räumen aufgestellt werden, in denen die Umgebungstemperaturen von 25 °C nicht überschritten werden.

Absperrarmaturen müssen für Wartungsarbeiten angeordnet werden.

Wenn DIN/DVGW-zertifizierte Wasserbehandlungsanlagen, wie z. B. Dosieranlagen und Enthärtungsanlagen, eingebaut werden, sind keine zusätzlichen Sicherungseinrichtungen nach DIN EN 1717 erforderlich.

Grundsätzlich sollten Wasserbehandlungsanlagen nicht in Räumen mit Raumtemperaturen > 25 °C, wie sie z. B. in Heizzentralen dauerhaft entstehen können, aufgestellt werden.

Ein Dosierbehälter sollte nur so groß gewählt werden, dass aus hygienischen Gründen eine Füllung nach 6 Monate verbraucht ist und eine Nachfüllung erfolgt. Bei den Gebinden für die Nachfüllmengen sollten bei der Lagerung die Verfallsdaten der Hersteller beachtet werden. Gebinde, bei denen das Verfallsdatum abgelaufen ist, dürfen nicht mehr zur Nachfüllung verwendet werden.

Bei Dosiergeräten dürfen nur die vom Hersteller zugelassenen und zugehörigen Dosiermittel verwendet werden.

## 12.3 Verfahren der Wasserbehandlung      DIN EN 806-2

Siehe Anhänge B.4 bis B.13.

## 12.3 Aspekte zur Behandlung von Trinkwasser      DIN 1988-200

### 12.3.1 Korrosion      DIN 1988-200

Angaben zur Korrosionswahrscheinlichkeit verschiedener Werkstoffe finden sich in DIN 50930-6 bzw. Reihe DIN EN 12502.

Eine Trinkwasserbehandlung, wie mechanische Filterung, schützt gegen partikelinduzierte Lochkorrosion. Im Bestand kann eine Chemikaliendosierung im Hinblick auf die Reduzierung der Korrosionswahrscheinlichkeit, die sonst zu Schäden führen kann, eingesetzt werden.

Die Werkstoffe in einer Trinkwasserinstallation müssen korrosionsbeständig gegenüber der zum Ausführungszeitpunkt vorliegenden Trinkwasserbeschaffenheit sein. Zum Erreichen dieser Beständigkeit dürfen keine Wasserbehandlungsmaßnahmen erforderlich sein. Eine Ausnahme bildet die mechanische Filtration, da diese die Trinkwasserinstallation vor partikelinduzierter Lochkorrosion schützt.

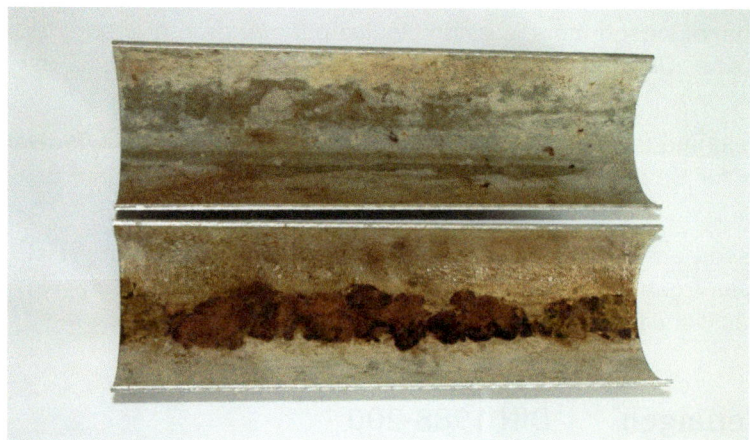

**Bild 105:** partikelinduzierte Lochkorrosion (Werkbild: Grünbeck)

In bestehenden Gebäuden ist zur Reduzierung der Korrosionswahrscheinlichkeit die Zugabe von Dosiermitteln in den Grenzen der TrinkwV zulässig. Zur Ermittlung der verschiedenen Korrosionswahrscheinlichkeiten befinden sich Berechnungsformeln in den Normen DIN 50930-6 sowie DIN EN 12502.

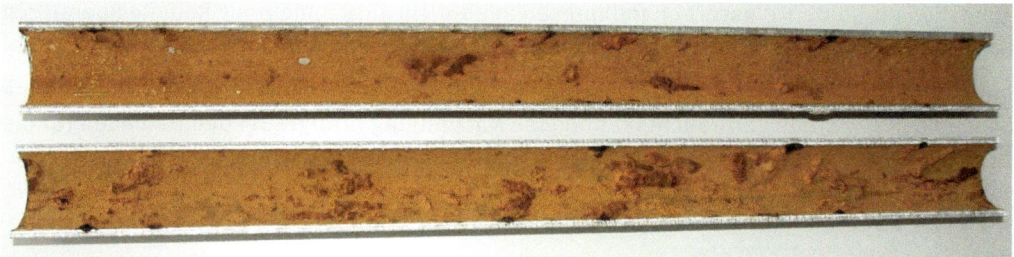

**Bild 106:** Lochkorrosion, Anforderungen der DIN 50930-6 nicht eingehalten (Werkbild Grünbeck)

**Bild 107:** Lochkorrosion, Anforderungen der DIN 50930-6 nicht eingehalten – Deckschicht wurde entfernt (Werkbild: Grünbeck)

### 12.3.2 Steinbildung     DIN 1988-200

Die Bedingungen, wann Ablagerungen entstehen, sind schwer zu bestimmen. Die Neigung des Wassers zur Kalkabscheidung wächst jedoch mit steigender Wassertemperatur.

Für den Fall, dass Steinbildung zu erwarten ist, kann eine Trinkwasserbehandlung in Betracht gezogen werden, z. B. Wasserenthärtung durch Ionenaustausch nach 12.6, Dosierung von Chemikalien nach 12.5 oder mittels Kalkschutzgeräte nach 12.7.

In Tabelle 6 werden für Trinkwassererwärmer Hinweise für Wasserbehandlungsmaßnahmen in Abhängigkeit von der Calciumcarbonat-Massenkonzentration des Trinkwassers kalt sowie der mittleren Temperatur des Trinkwassers warm $\delta$ (Reglertemperatur) gegeben.

**Tabelle 6 — Wasserbehandlungsmaßnahmen zur Vermeidung von Steinbildung in Abhängigkeit von Calciumcarbonat-Massenkonzentrationen und Temperatur**

| Calciumcarbonat-Massenkonzentration[a] mmol/l | Maßnahmen bei $\delta \leq 60\ °C$ | Maßnahmen bei $\delta > 60\ °C$ |
|---|---|---|
| < 1,5 (entspricht < 8,4 °dH) | Keine | Keine |
| ≥ 1,5 bis < 2,5 (entspricht ≥ 8,4 °dH bis < 14 °dH) | Keine oder Stabilisierung oder Enthärtung | Stabilisierung oder Enthärtung empfohlen |
| ≥ 2,5 (entspricht ≥ 14 °dH) | Stabilisierung oder Enthärtung empfohlen | Stabilisierung oder Enthärtung |

[a] Siehe § 9 WRMG [12].

Durch die Ablagerung von Calciumcarbonaten („Kalk") auf wasserberührten Oberflächen können Funktionsstörungen bei Armaturen wie Brauseköpfen oder Apparaten wie Trinkwassererwärmern auftreten.

In der Tabelle 6 von DIN 1988-200 „Wasserbehandlungsmaßnahmen zur Vermeidung von Steinbildung in Abhängigkeit von Calciumcarbonathärte (entspricht der Massenkonzentration) und Temperatur" sind geeignete Wasserbehandlungsverfahren aufgeführt. Die Angabe der Calciumcarbonathärte richtet sich nach dem novellierten Wasch- und Reinigungsmittelgesetz. In diesem Zusammenhang sind insbesondere die neuen Calciumcarbonathärtegrenzen zu beachten.

### 12.3.3 Feststoffpartikel    DIN 1988-200

Feststoffpartikel, ohne Berücksichtigung ihrer Natur oder ihres Ursprungs, lagern sich in den Rohren ab. Sie können dadurch in den Rohren unterschiedlich belüftete Bereiche erzeugen, bei denen das mit der Ablagerung bedeckte Metall als Anode wirkt. Ablagerungen können ebenso die Vermehrung von Mikroorganismen begünstigen.

Beide Erscheinungen können Korrosion hervorrufen, die unerkannt bleibt und zur Rohrperforation führen kann.

Feststoffpartikel können ebenso zu Funktionsstörungen angeschlossener Armaturen und Apparate führen.

Mechanische Filter (siehe 12.4) sind bei allen Leitungswerkstoffen erforderlich.

Feststoffe bzw. Schwebstoffe jeglicher Art lagern sich in Rohren ab und können dabei eine partikelinduzierte Lochkorrosion erzeugen. Dadurch kann ebenso das Mikroorganismenwachstum erheblich begünstigt werden, das unter Umständen zu einer mikrobiologischen Kontamination des Trinkwassers führen kann. Des Weiteren können Strahlregler bei Sanitärarmaturen oder Schmutzfänger vor Geräten und Apparaten schneller verschmutzen. Aus diesem Grund sind bei allen Leitungswerkstoffen sowohl aus Metall als auch aus Kunststoff mechanische Filter unmittelbar hinter der Wasserzähleranlage vorgeschrieben.

### 12.3.4 Desinfektion DIN 1988-200

> Eine Desinfektion des Trinkwassers und der Trinkwasser-Installation ist bei sachgerechter Planung, Ausführung und Betrieb prinzipiell nicht erforderlich.
>
> Eine gegebenenfalls erforderliche Desinfektion der Trinkwasser-Installation ist nicht Gegenstand dieser Norm (siehe hierzu DVGW W 557).

Bei der sachgerechten Planung von Trinkwasserinstallationen sind vor allem die allgemein anerkannten Regeln der Technik einzuhalten, die den Hygieneaspekt der Trinkwasserinstallation betreffen. Erst unmittelbar vor Inbetriebnahme sind die Rohrleitungen mit Trinkwasser zu befüllen und zu spülen, um Feststoffpartikel, die während der Installation in die Rohrleitungen gelangt sind, zu entfernen.

Eine Grunddesinfektion ist bei Einhaltung der Anforderungen aus den technischen Regelwerken von DIN EN 806 und DIN 1988 nicht erforderlich und sollte deshalb vermieden werden.

Unmittelbar im Anschluss an die Inbetriebnahme muss der bestimmungsgemäße Betrieb erfolgen, so dass keine Stagnation auftreten kann.

In bereits bestehenden Gebäuden können jedoch Desinfektionen erforderlich werden, wenn bei Kontrollen durch Wasserproben eine Kontamination festgestellt wird. Im § 11 der Trinkwasserverordnung wird auf die Liste der Aufbereitungsstoffe und Desinfektionsverfahren hingewiesen, die vom Umweltbundesamt (UBA) geführt und aktualisiert wird. Diese Chemikalien und Verfahren sind anzuwenden. Weitere Vorgaben zur Desinfektion sind DIN EN 806-4 Abschnitt 6.3 „Desinfektion" sowie dem zugehörigen Kommentar zu entnehmen. Durchführungshinweise können dem ZVSHK-Merkblatt „Spülen, Desinfizieren und Inbetriebnahme von Trinkwasserinstallationen" entnommen werden.

## 12.4 Mechanische Filter DIN 1988-200

### 12.4.1 Allgemeines

Unmittelbar hinter der Wasserzähleranlage ist ein mechanischer Filter einzubauen. Der Filter muss DIN EN 13443-1 und DIN 19628 entsprechen.

Bei der Erweiterung bestehender Trinkwasser-Installationen oder dem Auswechseln größerer Installationsabschnitte kann der Einbau eines zusätzlichen mechanischen Filters an der Übergangsstelle zweckmäßig sein, um die Einschwemmung von Feststoffpartikeln aus bestehenden Leitungsabschnitten zu vermeiden.

### 12.4.2 Bedingungen für Auswahl und Größe

Die Größe des mechanischen Filters richtet sich nach dem zu erwartenden Nenndurchfluss.

### 12.4.3 Bedingungen für den Einbau und Betrieb

Der Einbau eines mechanischen Filters hat zeitlich vor der erstmaligen Füllung der Trinkwasser-Installation und örtlich unmittelbar hinter der Wasserzähleranlage zu geschehen. Bei Löschwasserversorgung ist die DIN 1988-600 zu beachten.

Um nachteilige Auswirkungen (Druckverlust und Wassermangel sowie unerwünschte mikrobielle Besiedlungen) zu vermeiden, dürfen nur mechanische Filter eingebaut werden.

Um bei Wartungsarbeiten die Wasserversorgung nicht unterbrechen zu müssen, empfiehlt sich der Einbau von rückspülbaren Filtern oder gleichzeitig betriebener Parallelanlagen (keine Umgehungsleitung).

Bei rückspülbaren Filtern muss das Spülwasser nach DIN EN 1717 abgeführt werden.

Trinkwasserfilter, die von einem anerkannten Branchenzertifizierer (z. B. DVGW) zertifiziert sind, entsprechen den in 12.4.1 genannten Produktnormen und können i. d. R. ohne Berücksichtigung des Nenndurchflusses entsprechend ihrer Nennweite in eine Rohrleitung gleicher Nennweite eingebaut werden.

Ein Filter am Beginn der Trinkwasserinstallation muss immer vorhanden sein. Die Trinkwasserinstallation darf nie, auch nicht zeitweise, beispielsweise bei Reparatur des Filters o. ä., ohne Filter betrieben werden.

Es wird unterschieden zwischen rückspülbaren Filtern (oft bezeichnet als Rückspülfilter) und nicht rückspülbaren Filtern (oft bezeichnet als Wechselfilter, Kerzenfilter oder Feinfilter).

Bei rückspülbaren Filtern wird der Filtereinsatz mit einem über ein integriertes Vorsieb gefiltertes Trinkwasser rückgespült. Die während der vorangegangenen Betriebsphase zurückgehaltenen Partikel werden mit dem Spülwasser über einen integrierten freien Auslauf ausgespült. Bei manuellen Rückspülfiltern kann das Spülwasser mit einem Gefäß (Eimer) aufgefangen werden; zu empfehlen ist die Ableitung über einen Entwässerungsanschluss. Bei automatischen Rückspülfiltern muss ein Entwässerungsanschluss vorhanden sein, der die anfallende Spülwassermenge aufnimmt und rückstausicher abführt. Bei diesen Filtern wird die Rückspülung meist durch eine elektronische Steuerung nach einem bestimmten einstellbaren Intervall (z. B. wöchentlich) automatisch durchgeführt. Die Güte der Rückspülung und damit die Sauberkeit des Filterelements, ist nach jeder Rückspülung optisch zu prüfen bzw. bei automatischen Rückspülfiltern im Rahmen der Wartungszyklen zu überwachen.

Bei nicht rückspülbaren Filtern geschieht der Reinigungsvorgang durch Wechsel des Filtereinsatzes (Filterkerze). Nach jedem Austausch des Filtereinsatzes ist ein Wechselfilter praktisch wieder neuwertig. Neben diesem Hauptvorteil benötigt ein Wechselfilter keinen Entwässerungsanschluss, ist einfach und robust aufgebaut und demnach meist preisgünstiger als ein Rückspülfilter. Bei dem Wechsel des Filtereinsatzes ist auf Hygiene und Sauberkeit zu achten. Am besten ist, dass der neue Filtereinsatz nicht mit den bloßen Händen angefasst sondern mit der vom Hersteller dafür vorgesehenen Verpackung oder beiliegenden Einmalhandschuhen eingesetzt wird.

Aus hygienischen Gründen ist bei beiden Filterarten ein Wartungsintervall von höchstens 6 Monaten einzuhalten. Je öfter jedoch eine Rückspülung durchgeführt wird, desto besser können die zurückgehaltenen Partikel wieder entfernt werden. Deshalb und aufgrund der geringeren Filterfläche ist beim Rückspülfilter weiterhin eine Wartung (Rückspülung) alle 2 Monate empfehlenswert.

**Bild 108:** Wechselfilter
(Werkbild Grünbeck)

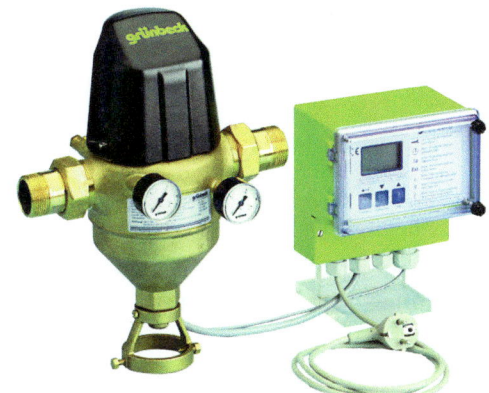

**Bild 109:** automatischer Rückspülfilter differenzdruck- und zeitgesteuert
(Werkbild Grünbeck)

## 12.5 Chemikaliendosierung  DIN 1988-200

### 12.5.1 Allgemeines

Dosiergeräte sind für die kontrollierte Zugabe von chemischen Lösungen zum Trinkwasser einzusetzen. Die Auswahl und Menge der entsprechenden zuzugebenden Chemikalien richten sich nach den notwendigen Maßnahmen, der Beschaffenheit des eingespeisten Trinkwassers, den Werkstoffen und den zu erwartenden Betriebsbedingungen. Es sind nur Dosiergeräte nach DIN EN 14812 und DIN 19635-100 einzubauen.

### 12.5.2 Bedingungen für die Auswahl und Größe

Die Größe des Dosiergerätes richtet sich nach dem ermittelten Spitzendurchfluss in der Trinkwasser-Installation und dem monatlich zu erwartenden Wasservolumen, das zu behandeln ist.

Die Menge des Dosiermittelvorrates sollte so gewählt werden, dass der Dosiermittelvorrat nach spätestens 6 Monaten verbraucht ist und damit annehmbare Wartungsintervalle erreicht werden.

Dosiervorrichtungen sind mit geeignetem Impulsgeber unter Berücksichtigung des Mindestdurchflusses einzusetzen.

Eine Desinfektion des Trinkwassers sollte i. d. R. nur dann, wenn nachweislich eine Kontamination vorliegt, in Abstimmung mit dem Gesundheitsamt durchgeführt werden. Entscheidend ist die Einhaltung der mikrobiologischen Anforderungen der Trinkwasserverordnung. Sollte hierfür eine Anlagendesinfektion oder eine vorübergehende Dosierung erforderlich sein, kann dies mit einer Chemikaliendosierung erfolgen. Hierfür sollten die Anforderungen des ZVSHK-Arbeitsblattes „Spülen, Desinfizieren und Inbetriebnahme von Trinkwasser-Installationen" beachtet werden. Nähere Informationen siehe auch DIN EN 806-4 und die zugehörige Kommentierung.

Bei einer Chemikaliendosierung ist die Vermeidung von Korrosionserscheinungen sowie die Schutzschichtbildung auf den Werkstoffoberflächen in Kontakt mit dem Trinkwasser zu beachten.

Richtig geplante, ausgeführte und betriebene Trinkwasserinstallationen benötigen i. d. R. keine Chemikaliendosierung. Sollte jedoch, aus welchem Grund auch immer, Korrosion in Trinkwasserinstallationen auftreten, kann eine Chemikaliendosierung helfen, das Problem zu lösen oder zu mindern. Korrosion verursacht rostbraunes Wasser und beeinträchtigt nicht nur die Trinkwasserqualität, sondern hinterlässt auch dauerhafte Spuren an Sanitäreinrichtungen und zerstört diese oft gänzlich. Durch den Einsatz von Dosiergeräten wird diesem Prozess mittels Bildung einer Schutzschicht in der Rohrleitung vorgebeugt.

**Vermeidung von Steinbildung (Härtestabilisierung)**

Durch die Dosierung von Polyphosphat kann die Steinbildung vermindert werden. Dosiergeräte stellen eine meist kostengünstigere Alternative zu Enthärtungsanlagen dar.

Bei Kupferleitungen kann nach der Enthärtung des Trinkwassers eine Dosierung von alkalisierenden Stoffen erforderlich sein.

Durch die Dosierung von Kombinationsprodukten aus Poly- und Orthophosphaten können sowohl Schutzschichten zur Vermeidung von Korrosionserscheinungen als auch Härtestabilisierung erzielt werden.

Dosiergeräte, die von einem anerkannten Branchenzertifizierer (z. B. DVGW) zertifiziert sind, gewährleisten, dass der Gehalt an zugegebenen Chemikalien (Mineralstoffen) die Grenzwerte der Trinkwasserverordnung nicht überschreitet.

**Bild 110:** Dosiergerät (Werkbild Grünbeck)

## 12.6 Enthärtung durch Ionenaustausch    DIN 1988-200

### 12.6.1 Allgemeines

Enthärtungsanlagen müssen DIN EN 14743 und DIN 19636-100 entsprechen.

### 12.6.1 Bedingungen für Auswahl und Größe

Kennzeichnend für die Anlagengröße ist der Nenndurchfluss. Der Spitzendurchfluss kann dabei kurzfristig über dem Nenndurchfluss liegen.

Die Austauschkapazität in mol Erdalkalien nach DIN 14743 darf im Einsatzbereich bei einem zugrunde gelegten Tagesverbrauch von 80 l je Person bei Enthärtung des Wassers für Erwärmung sowie Wasch- und Geschirrspülmaschine die in Tabelle 7 angegebenen Werte nicht überschreiten.

**Tabelle 7 — Maximale Austauschkapazität von Enthärtungsanlagen**

| Einsatzbereich | Maximale Austauschkapazität mol | Entsprechende Harzmenge ≈ l |
|---|---|---|
| Ein- und Zweifamilienhaus (bis 5 Personen) | 1,6 | 4 |
| Drei- bis Fünffamilienhaus (bis 12 Personen) | 2,4 | 6 |
| Sechs- bis Achtfamilienhaus (bis 20 Personen) | 3,6 | 8 |

Ist in einem Ausnahmefall ein größerer Teilwasserbedarf als nach Tabelle 7 zu enthärten, so darf die maximale Austauschkapazität das 1,5fache der in Tabelle 7 genannten Werte nicht überschreiten.

### 12.6.3 Bedingungen für den Einbau und Betrieb

Die Verschneideeinrichtung der Enthärtungsanlage ist entsprechend der gewünschten Resthärte bzw. der zulässigen Natriumkonzentration einzustellen.

Das Regeneriersalz muss DIN EN 973 entsprechen.

Enthärtungsanlagen müssen im Gebrauch von Salz und Wasser sparsam sein.

Der Austausch von Calcium- und Magnesiumionen gegen Natriumionen führt zum Enthärten des Wassers. Das harte Rohwasser durchläuft dabei einen Austauscher. Dieser ist mit sogenanntem Ionenaustauscherharz gefüllt, an das Natriumionen gebunden sind. Da die Bindungsstellen am Harz Calcium- und Magnesiumionen bevorzugen, werden diese festgehalten, während das Harz Natriumionen an das Wasser abgibt (Austausch-Reaktion). Auf diese Weise verbleiben alle Härtebildner im Austauscher. Weiches, mit Natriumionen angereichertes Wasser verlässt den Austauscher. Dieser Prozess läuft solange, bis die Natriumionen verbraucht sind. Die Austauschreaktion lässt sich umkehren, wenn sehr viele Natriumionen (Salzlösung = Sole) zugeführt werden. Diese verdrängen allein durch ihre Überzahl Calcium- und Magnesiumionen von den Andockstellen des Harzes. Dieser Prozess stellt den Ausgangszustand wieder her. Das Harz ist regeneriert und steht wieder zum Enthärten bereit. Aus Korrosionsschutzgründen ist eine Weichwasserhärte von mindestens 3°dH empfehlenswert. Nach Trinkwasserverordnung darf der Grenzwert für Natriumionen (200 mg/l) nicht überschritten werden. Beides wird erreicht durch Zumischen von unbehandeltem Trinkwasser, was auch als Verschneiden bezeichnet wird.

Enthärtungsanlagen, die von einem anerkannten Branchenzertifizierer (z. B. DVGW) zertifiziert sind, entsprechen den in 12.6 genannten Produktnormen DIN EN 14743 und DIN 19636-100.

Das in Enthärtungsanlagen enthaltene Ionenaustauscherharz neigt bei längeren Stillstandszeiten zur Verkeimung. Bei jeder Regeneration wird deshalb das Ionenaustauscherharz mit einer integrierten Desinfektionseinrichtung (i. d. R. elektrolytische Erzeugung von Chlor aus der für die Regeneration gebildeten Sole) desinfiziert. Aus hygienischen Gründen sollte die Nennkapazität einer Enthärtungsanlage deshalb so klein wie möglich (Maximalwerte nach Tabelle 7 von DIN 1988-200) gewählt werden.

Es wird zwischen Einzel-, Doppel- und Dreifachanlagen unterschieden. Einzelanlagen haben nur eine Austauscherflasche. Während der Regeneration steht nur hartes Wasser zur Verfügung. Doppelanlagen gewährleisten einen durchgehenden Weichwasserbetrieb. Weiterhin werden bei Doppelanlagen Pendel- und Parallelanlagen unterschieden. Bei Pendelanlagen ist immer eine Austauscherflasche in Betrieb, die andere in Regeneration oder Stand-by. Bei Parallelanlagen sind beide Austauscherflaschen in Betrieb und werden unmittelbar nacheinander regeneriert, wobei während der Regeneration jeweils nur eine Austauscherflasche in Betrieb ist. Dreifachanlagen sind eine Mischung aus Pendel- und Parallelanlagen – es sind immer zwei Austauscherflaschen parallel in Betrieb, während die dritte in Regeneration steht.

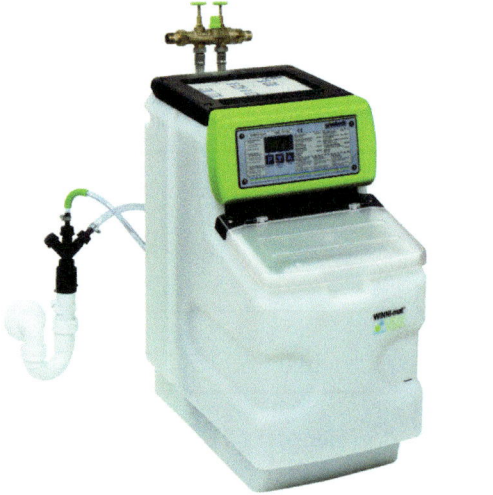
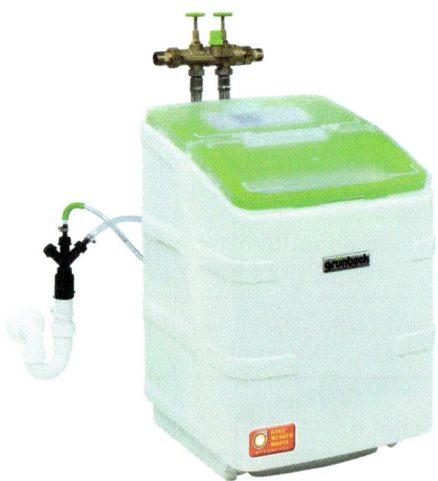

**Bild 111:** Einzelanlage (Werkbild Grünbeck)

**Bild 112:** Doppelanlage (Werkbild: Grünbeck)

## 12.7 Kalkschutzgeräte   DIN 1988-200

### 12.7.1 Allgemeines

Kalkschutzgeräte arbeiten nach dem Prinzip der Impfkristallbildung. Die Schutzwirkung wird mittels vom Gerät erzeugter, mikroskopisch kleiner Impfkristalle erzielt, an die sich die Härtebildner beim Einstellen des Kalk-Kohlensäure-Gleichgewichts bevorzugt anlagern. Die Härtebildner verbleiben im Wasser. Eine Enthärtung findet bei Kalkschutzgeräten nahezu nicht statt.

Kalkschutzgeräte müssen DVGW W 510 entsprechen.

### 12.7.2 Anwendungsbereich

Kalkschutzgeräte vermindern die Steinbildung im behandelten Wasser ohne Veränderung der Zusammensetzung des Trinkwassers. Sie schützen Heizwendeln, Ventile, Rohrinnenwandungen und andere wasserberührte Flächen vor Ablagerungen.

### 12.7.3 Bedingungen für Auswahl und Größe

Die Größe des Kalkschutzgerätes richtet sich nach dem zu erwartenden Nenndurchfluss.

### 12.7.4 Bedingungen für den Einbau und Betrieb

Es empfiehlt sich, das Kalkschutzgerät nach einem mechanischen Filter einzubauen, um das Einschwemmen von Schmutzpartikeln und Sand zu verhindern.

Das Spülwasser muss gegebenenfalls nach DIN EN 1717 abgeführt werden.

Alternative Kalkschutzgeräte basieren auf der relativ jungen Technologie der Impfkristallbildung. Die Geräte beinhalten im Wesentlichen zwei Elektroden, wobei sich durch Anlegen einer Gleichspannung an der Kathode infolge lokaler Verschiebung des Kalk-Kohlensäure-Gleichgewichts Calciumcarbonat abscheidet. Wird die Gleichspannung umgepolt, löst sich das gebildete Calciumcarbonat unmittelbar an der Kontaktfläche zur Elektrode auf, wodurch der Rest als Partikel freigegeben wird. Diese Partikel schwimmen im Wasserstrom mit und stellen Impfkristalle dar. Gemeint ist damit, dass die so in großer Zahl gebildeten Partikel in Bereichen der Trinkwasserinstallation, in denen es zu einer Verschiebung des Kalk-Kohlensäure-Gleichgewichts kommt, etwa im Trinkwassererwärmer, in Konkurrenz zu den heißen Stellen stehen, an denen ansonsten Kalk ausfallen würde und Wachstumskeime für Kalkablagerungen darstellen. Geräte nach dem DVGW-Arbeitsblatt W 510 erreichen so eine nachweisbare Wirksamkeit, sprich Reduzierung von Kalkablagerungen, von mindestens 66 %. Im DVGW-Arbeitsblatt W 510 sind die Prüfanforderungen zur Erlangung des DVGW-Zertifikats enthalten.

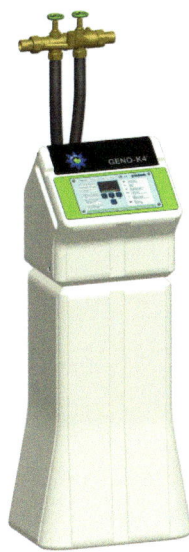

**Bild 113:** alternatives Kalkschutzgerät (Werkbild: Grünbeck)

## 12.8 Desinfektion durch ultraviolette Strahlung (UV)
DIN 1988-200

### 12.8.1 Allgemeines    DIN 1988-200

> Es ist 12.3.4 zu beachten.
>
> Die Desinfektion erfolgt nur am Einbauort. Eine Depotwirkung ist nicht vorhanden. Es sind UV-Anlagen nach DIN EN 14897 oder Reihe DVGW W 294 einzubauen.

UV–Desinfektionsgeräte im Sinne des DVGW-Arbeitsblattes W 294-1 sind Geräte zur Desinfektion von Trinkwasser durch Bestrahlung mit mikrobizider ultravioletter Strahlung im Wellenbereich zwischen 240 ηm und 290 ηm, die hauptsächlich in der Trinkwasserversorgung und teilweise auch in Trinkwasserinstallationen eingesetzt werden. Die Desinfektionswirksamkeit ist nach DVGW W 294-2/A) nachzuweisen. Für den Einsatz im Trinkwasser sind nur DVGW-zertifizierte Geräte zugelassen.

Der Wirkungsmechanismus beruht auf der Schädigung des Erbgutes (DNS bzw. RNS) der Mikroorganismen durch die desinfizierende Wirkung von UV-Licht im Wellenbereich von etwa 240 ηm bis 290 ηm. Dadurch kommt es bei den Mikroorganismen zum Verlust der Vermehrungsfähigkeit.

Die UV-Strahlung wirkt nur innerhalb des Bestrahlungsraums des UV-Desinfektionsgerätes. Ausleuchtung und Durchströmung müssen sicherstellen, dass jedes Volumenteilchen ausreichend stark und lange bestrahlt wird, um die notwendige Desinfektionswirksamkeit zu erhalten.

Die Inaktivierung erfolgt somit nur im UV-Gerät am Einbauort, eine desinfizierende Wirkung im Leitungsnetz bzw. in angeschlossenen Apparaten findet nicht statt, es fehlt somit eine Depotwirkung.

Voraussetzung für eine sichere Desinfektion ist ein weitgehend trübstofffreies und mikrobiell nur gering belastetes Trinkwasser.

Damit die Funktion des UV-Desinfektionsgerätes gewährleistet bleibt, ist eine Gerätesteuerung und -überwachung sicherzustellen.

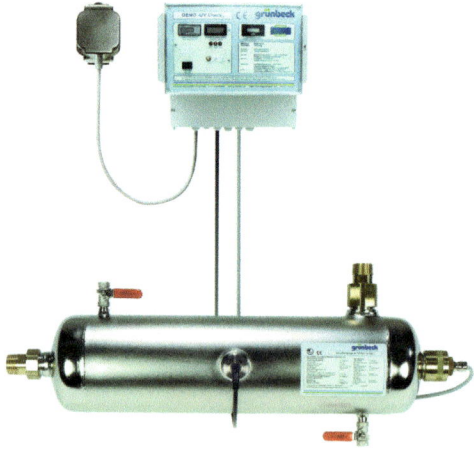

**Bild 114:** UV-Gerät (Werkbild: Grünbeck)

### 12.8.2 Anwendungsbereich    DIN 1988-200

> Ziel des UV-Prozesses ist es, die einwandfreie mikrobiologische Beschaffenheit des Trinkwassers in der Trinkwasser-Installation zu erhalten oder sie für spezielle Anwendungen zu verbessern.

UV-Geräte können grundsätzlich in jede Trinkwasserinstallation eingebaut werden. Bei Einhaltung des Volumenstroms und der Bestrahlungsstärke ist eine Inaktivierung aller Mikroorganismen möglich. Für Eigenwasserversorger ist in DIN 2001-1 festgelegt, dass bei nicht einwandfreien hygienischen Verhältnissen zur Desinfektion als erste Stufe ein Membranverfahren und als zweite Stufe ein UV-Gerät einzubauen ist.

## 12.8.3 Bedingungen für Auswahl und Größe     DIN 1988-200

Das Trinkwasser sollte einer Mindeststrahlendosis von 40 mJ/cm² ausgesetzt werden.

Auswahl und Auslegung erfolgen nach dem Volumenstrom. Daher sind die Angaben der Hersteller unbedingt einzuhalten. Wird der zulässige Volumenstrom nicht überschritten, ist auch die erforderliche Bestrahlung von 40 mJ/cm² gewährleistet.

## 12.8.4 Bedingungen für den Einbau und Betrieb     DIN 1988-200

UV-Anlagen müssen ohne Umgehungsleitung eingebaut werden.

Während des Betriebes des Gerätes muss sichergestellt sein, dass stets die Mindeststrahldosis eingehalten wird.

Der Einbau ist von qualifizierten Fachleuten durchzuführen. Dem Montagepersonal müssen die für das Gerät erforderlichen technischen Unterlagen vorliegen.

Umgehungsleitungen sind grundsätzlich auch bei UV-Geräten zu vermeiden, da in diesen Leitungen stagnierendes Wasser auftreten kann.

Dem Betreiber sind die Bedienungs- und Wartungsanleitungen zu übergeben und er ist in die Funktion und den bestimmungsgemäßen Betrieb einzuweisen.

Die Geräte müssen so betrieben und überwacht werden, dass die Kennpunkte, Durchfluss und Mindestbestrahlungsstärke stets eingehalten werden und alle Strahler grundsätzlich gleiche Betriebszeiten aufweisen.

# 13 Schallschutz     DIN EN 806-2

## 13.1 Allgemeines

Mit Ausnahme von Anlagen für den Brandschutz sind Installationen so zu planen, dass das Entstehen von Schall minimiert wird und dass örtliche und nationale Regelungen erfüllt werden.

## 13.2 Leitungsanlage

**13.2.1** Leitungen sind so zu verlegen, dass in ihnen hervorgerufener Schall auf die geringste tolerierbare Störung vermindert wird. Leitungen sollten so befestigt werden, dass kein direkter Kontakt mit dem Bauwerk besteht.

**13.2.2** Vorzugsweise sind schalldämmende Klipps oder Schellen zu verwenden. Rohre dürfen nicht an Leichtbaupaneelen befestigt werden.

**13.2.3** Geräusche, verursacht durch Bewegung der Rohre des Warmwassersystems bei Temperaturwechsel, können durch schalldämmende Rohrklipps oder Einlagen zwischen Rohr und Rohrbefestigung verringert werden. Um Rohrbewegungen zu erleichtern, sind für große Rohrlängen Dehnungsbögen oder Ähnliches zu verwenden.

## 13.3 Bauteile

Von Pumpen oder anderen Bauteilen übertragener Schall und Schwingungen sind auf ein tolerierbares Maß zu verringern. Laborprüfverfahren zur Bestimmung von Geräuschemissionen von Geräten und Zubehör werden in EN ISO 3822-1 bis -4 beschrieben. Nationale Festlegungen über maximale Lärmpegel und Prüfverfahren sollten beachtet werden.

## 13 Schallschutz, Brandschutz, Feuchteschutz
DIN 1988-200

### 13.1 Schallschutz  DIN 1988-200

> Das Geräuschverhalten einer Trinkwasser-Installation in Verbindung mit dem Bauwerk ist bei der Planung und Ausführung zu berücksichtigen.
>
> Für die Anforderungen des Schallschutzes gelten die Normen der Reihe DIN 4109 und für den erhöhten Schallschutz die VDI 4100. Dort sind die Werte für die zulässigen Schalldruckpegel in fremden schutzbedürftigen Räumen sowie die Anforderungen an Armaturen und Geräte der Trinkwasser-Installation festgelegt. Laborprüfverfahren zur Bestimmung von Geräuschemissionen von Geräten und Zubehör werden in der Reihe DIN EN ISO 3822 beschrieben.
>
> Angaben über Planung, Ausführung und Betrieb der Anlagen sowie über den Nachweis des Schallschutzes siehe ebenfalls die Normen der Reihe DIN 4109 (siehe auch ZVSHK-Merkblatt und Fachinformation „Schallschutz" [19]). Der Nachweis der Güte der Ausführung ist im Bedarfsfall durch Schallmessungen auf der Grundlage von DIN EN ISO 10052 und DIN EN ISO 16032 zu erbringen.

Die Anforderungen an den Schallschutz im Hochbau werden in der Normenreihe DIN 4109 und für den erhöhten Schallschutz in der VDI-Richtlinie 4100 geregelt.

Der Schallschutz in Gebäuden hat große Bedeutung für die Gesundheit und das Wohlbefinden der Menschen, die sich in den Gebäuden aufhalten.

Die Anforderungen des Schallschutzes berücksichtigen die Verträglichkeit bei normaler Sprechweise und den Schutz vor unzumutbaren Belästigungen.

Höhere Ansprüche an den Schallschutz können zu Einschränkungen bei der Auswahl der Baukonstruktionen und der Baustoffe führen.

Es kann nicht erwartet werden, dass Geräusche von außen oder aus benachbarten Räumen nicht mehr bzw. als nicht belästigend wahrgenommen werden, auch wenn die festgelegten Anforderungen der allgemein anerkannten Regeln der Technik erfüllt werden.

Es ist zu beachten, dass die empfundene Störung durch ein Schallereignis von mehreren Einflüssen abhängt, z. B. vom Grundgeräuschpegel und der Geräuschstruktur der Umgebung, von unterschiedlichen Empfindlichkeiten und Einstellungen der Betroffenen zu den Geräuschquellen in der Nachbarschaft und zu den Nachbarn.

Folgende Anforderungen gelten zum Schutz

- gegen Geräusche aus fremden Räumen (z. B. Nachbarwohnungen), die bei deren bestimmungsgemäßem Gebrauch entstehen (Bild 4)
- gegen Geräusche von Anlagen der technischen Gebäudeausrüstung und aus Gewerbe- und Industriebetrieben im selben oder in baulich damit verbundenen Gebäuden
- gegen Außenlärm, z. B. Verkehrslärm und Lärm aus Gewerbe- und Industriebetrieben, die nicht mit den schutzbedürftigen Aufenthaltsräumen baulich verbunden sind

und bilden die Grundlage für Baukonstruktionen bei Neubauten sowie baulichen Änderungen bestehender Bauten.

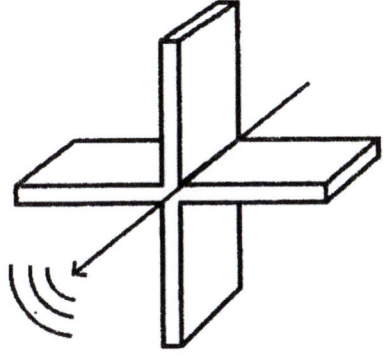

Dieser Raum befindet sich im fremden, somit schutzbedürftigen Bereich, z. B. fremde Wohnung. Hier gilt nach DIN 4109/A1 sowie VDI 4100 SSt II ein Lin ≤ 30 dB(A) und nach DIN 4109 Beiblatt 2 sowie VDI 4100 SSt III ein Lin ≤ 25 dB(A).

**Bild 115:** Diagonal darunterliegender Raum, fremder schutzwürdiger Bereich

Im eigenen Wohnbereich müssen Schallschutzanforderungen gesondert werkvertraglich vereinbart werden.

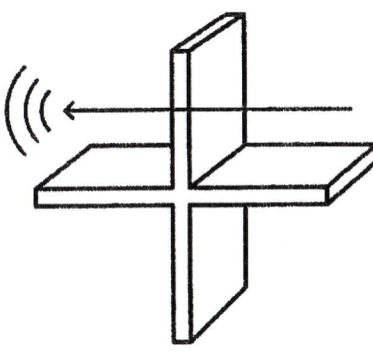

Der angrenzende Raum befindet sich im eigenen Bereich z. B. Zimmer innerhalb einer Wohnung. Nach DIN 4109 gelten hier keine speziellen Anforderungen. Nach VDI 4100 SSt II + III darf der Lin 30 dB(A) nicht überschreiten.

**Bild 116:** Angrenzender Raum, eigener Wohnbereich

Der „schalltechnische Erfolg" bei Planung und Ausführung von haustechnischen Anlagen hängt sehr stark von der Konstruktion des gesamten Gebäudes, insbesondere von der Grundrissgestaltung, der richtigen Wahl der trennenden Bauteile und deren schalltechnischer Eignung ab, aber ebenso auch von der Qualität der Installation und Berücksichtigung der erforderlichen körperschalldämmenden Maßnahmen.

Fehler bei der Planung der Gebäudekonstruktion (Grundrissgestaltung, Wahl der trennenden Bauteile und Installationswände) können in der Regel nicht durch Maßnahmen des baulichen Schallschutzes im Rahmen der Installationsarbeiten korrigiert werden. Aufgrund dieser Erkenntnis kann der schalltechnische Erfolg nur erreicht werden, wenn alle Baubeteiligten die Grundlagen der allgemein anerkannten Regeln der Technik für die schalltechnische Optimierung des gesamten Gebäudes einhalten.

Die wichtigsten Planungs- und Ausführungshinweise zum Schallschutz sind neben den angeführten Regelwerken in der ZVSHK-Fachinformation „Schallschutz" enthalten.

## 13.2 Brandschutz    DIN 1988-200

> Werden Rohrleitungen durch Wände und Decken mit Brandschutzanforderungen geführt, müssen Vorkehrungen in Übereinstimmung mit den Landesbauordnungen und den Technischen Baubestimmungen, z. B. Leitungsanlagenrichtlinie der Bundesländer, getroffen werden.

Die Anforderungen an den baulichen Brandschutz ergeben sich in Deutschland aus den Landesbauordnungen, da das Bauordnungsrecht in der Bundesrepublik Deutschland Länderrecht ist. Bedauerlicherweise beinhalten die Landesbauordnungen und die zugehörigen Ausführungsbestimmungen zum Teil unterschiedliche Anforderungen für den baulichen

Brandschutz, die sich auch auf die Verwendbarkeit von Werkstoffen und Bauprodukten auswirken können. Diese Unterschiede sind vorhanden, obgleich sich die Landesbauordnungen immer stärker an der MBO orientieren und die Muster-Richtlinie über brandschutztechnische Anforderungen an Leitungsanlagen (Muster-Leitungsanlagen-Richtlinie MLAR) vorliegt.

Zur Planung eines vorbeugenden Brandschutzes (Brandschutzkonzept) und zur Ausführung des geforderten baulichen Brandschutzes ist die Kenntnis des Brandverhaltens von Baustoffen und Bauteilen, die zur Verwendung kommen, unerlässlich. Umfassende Regelungen hierzu finden sich in der Normenreihe DIN 4102, die als technische Baubestimmung öffentlich bekannt gemacht und damit zu beachten ist.

### Brandschutzkonzept und Baugenehmigungen

Bei Gebäuden der Gebäudeklasse 1–5 sind Brandschutzkonzepte durch den bauvorlageberechtigten Architekten, bzw. bei Gebäuden mit höheren Anforderungen durch einen Brandschutzsachverständigen, zu erstellen.

Bei Sonderbauten muss in fast allen Bundesländern ein projektspezifisches Brandschutzkonzept erstellt werden. Zu einem Brandschutzkonzept gehören als Planungsgrundlage für alle Gewerke detaillierte Brandschutzpläne mit Eintragungen über die Anforderungen an die Feuerwiderstandsdauer der jeweiligen Bauteile. Die Abschottungen sind entsprechend zu planen, auszuschreiben und einzubauen.

Das Brandschutzkonzept ist i. d. R. Bestandteil der Baugenehmigung und damit verbindlich. Der Fachplaner und Installateur sollte sich das genehmigte Brandschutzkonzept und evtl. ergänzende Auflagen der Baugenehmigung vom Bauherrn oder dem bauleitenden Architekten als verbindliche Arbeitsgrundlage aushändigen lassen. Ohne diese Unterlagen fehlt die Beurteilungsgrundlage. Fehlt diese, sind gem. VOB Bedenken anzumelden.

### Abnahme von sicherheitsrelevanten Anlagen

Entsprechend der „BauPrüfVO" bzw. „TPrüfVO" oder den spezifischen „Bauprüfdiensten" einzelner Länder unterliegen lediglich bauaufsichtlich vorgeschriebene sicherheitsrelevante Anlagen einer Prüfpflicht.

Rohrleitungsanlagen und deren Abschottungen/Durchführungen unterliegen keiner Prüfpflicht. Eine Abnahme durch Sachverständige wird im Sinne der „Qualitätssicherung Brandschutz" immer öfter durch Bauherren beauftragt. Im Rahmen dieser Abnahme sind i. d. R. alle Dokumentationen und Zustimmungen/Befreiungen zu den Abweichungen vorzulegen.

### Brandschutz bei Installationen im Bestand

Bei der Installation in Bestandsbauten wird sehr oft die Frage nach dem Bestandsschutz gestellt. Im Folgenden werden einige Regeln angegeben, die die Handhabung des Bestandsschutzes beschreiben.

– Der Bestandsschutz ist ein sehr hohes Rechtsgut eines Gebäudebesitzers und wird im Grundgesetz beschrieben.
– Der Bestandsschutz kann nicht angewendet werden, wenn von der Bausituation eine akute Gefahr für Leib und Leben ausgeht.
– Der Bestandsschutz kann nicht angewendet werden, wenn zum Zeitpunkt der Erstellung der Anlage die a. a. R. d. T. nicht eingehalten wurden.
– Der Bestandsschutz entfällt, wenn eine Nutzungsänderung vorliegt oder wesentliche Eingriffe in das Gebäude und dessen technischen Anlagen vorgenommen werden.

Bei Neu- und Erweiterungsinstallationen müssen die neuen Anlagenteile immer den aktuellen brandschutztechnischen Anforderungen der MLAR/LAR/RbALei entsprechen.

Bei strittigen Altbausituationen wird die Feststellung über Gefahr für Leib und Leben durch die Baubehörde oder den eingeschalteten Brandschutzsachverständigen getroffen. Treffen die o. g. Regeln zu, kann auch der Fachplaner die Entscheidung selbst treffen.

Trotz des wesentlichen Eingriffs in das Gebäude, z. B. neuer Versorgungsschacht mit Trinkwasser- und Abwasserinstallationen, entsteht mit der Erstellung/Abschottung nach den aktuellen brandschutztechnischen Regelwerken nicht der Zwang, sofort das ganze Gebäude brandschutztechnisch zu sanieren. Dies ist nur der Fall, wenn insgesamt eine akute Gefahr vom Gebäude und den Anlagen ausgeht. Eine Teilsanierung der betroffenen Bereiche ist möglich.

Grundsätzlich sind alle Neu- und Ersatzinstallationen in einem Bestandsgebäude nach den aktuellen Regelwerken MLAR/LAR/RbALei und den a. a. R. d. T. entsprechend auszuführen.

Sollten keine zugelassenen Lösungen, z. B. für Durchführungen/Abschottungen, zur Verfügung stehen, müssen den Schutzzielen entsprechende Lösungen in Abstimmung mit dem Fachplaner, den Baubehörden oder einem spezifischen Brandschutzsachverständigen für Leitungsanlagen gefunden, eingebaut und dokumentiert werden.

## 13.3 Feuchteschutz DIN 1988-200

Werden Rohrleitungen durch Wände oder Decken geführt, bei denen Bauwerksabdichtungen notwendig sind, müssen diese Durchführungsstellen dauerhaft gas- und wasserdicht eingebunden werden. Je nach Art der Beanspruchung werden stark beanspruchte Abdichtungen gegen drückendes Wasser und schwach beanspruchte Abdichtungen gegen nicht drückendes Wasser (siehe entsprechende Teile der Reihe DIN 18195 [15]) unterschieden.

Durchdringungen, Übergänge und An- und Abschlüsse müssen erforderlichenfalls mit der Hilfe von Einbauteilen (Schutzrohren) so geplant und hergestellt sein, dass sie nicht hinter- oder unterlaufen werden können. Die dazu erforderlichen konstruktiven und abdichtungstechnischen Maßnahmen sind auf die zu erwartende Wasserbeanspruchung abzustimmen (siehe DIN 18195-9 [17]).

Die Abdichtungen von Mauerdurchführungen werden im Abschnitt 7.2 „Wand- und Deckendurchführungen" von DIN 1988-200 behandelt.

Die Abdichtung von Durchdringungen, Übergängen, An- und Abschlüssen hat nach DIN 18195-9 zu erfolgen. Bei Abdichtungen gegen nichtdrückendes Wasser auf Deckenflächen und in Nassräumen nach DIN 18195-5 sind die aufgehenden Bauteile (Wände) so auszubilden, dass die Abdichtung bis deutlich über die im ungünstigsten Fall auftretende Wasserbeanspruchung aus Oberflächen-, Spritz- und/oder Sickerwasser im Regelfall 150 mm über die Oberfläche des Belages (Fertigfußboden) geführt und sicher gegen Abgleiten befestigt wird.

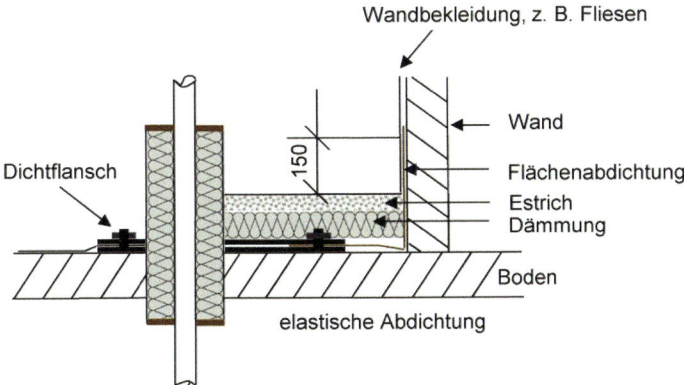

**Bild 117:** Rohrdurchführungen und Abdichtungen bei Decken mit nichtdrückendem Wasser

Werden Rohrleitungen im Schlitz, im Schacht oder als Vorwandinstallation verlegt, erfolgt die Abdichtung an der Schacht- bzw. Vorwand. Auch in diesem Fall werden in höher beanspruchten Bereichen die Abdichtungen bis 150 mm über den Fertigfußboden geführt.

Durchdringungen von Rohrleitungen und Armaturen bei Wandflächen sind je nach Beanspruchungsbereich (① nicht wasserbeansprucht bzw. ② wasserbeansprucht) mit einer speziellen Abdichtung zu versehen.

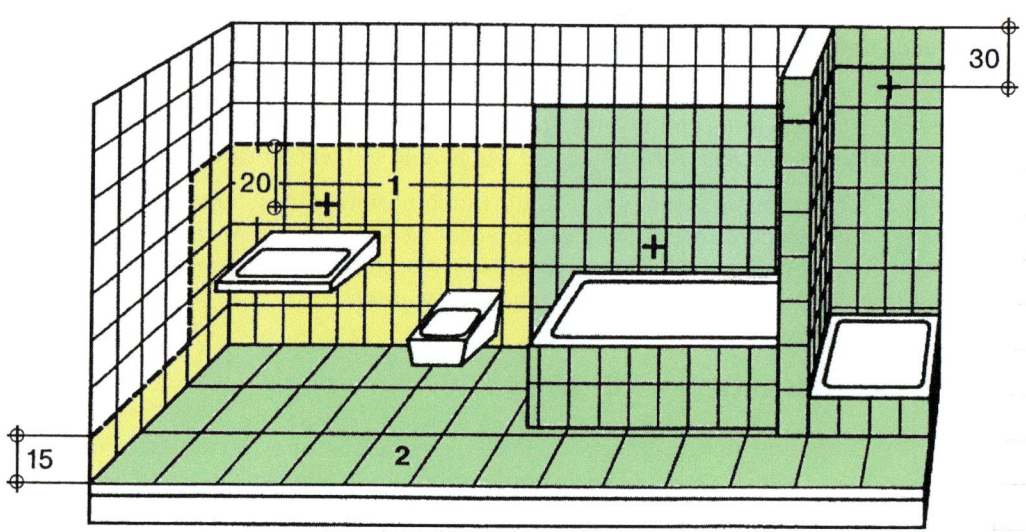

**Bild 118:** Abdichtungsbereiche in Bädern

Im **nicht wasserbeanspruchten Bereich (1 „gelb")** ist es ausreichend, die Durchdringungen, z. B. Rohre, Armaturen, Spülkästen mit einem elasto-plastischen Material zu schließen.

Im **wasserbeanspruchten Bereich (2 „grün")**, in dem eine Flächenabdichtung oberhalb der Beplankung erfolgt, ist die Abdichtung der Durchdringung in die Flächenabdichtung einzubinden.

Die Verwendung von Kitt zwischen Armatur und Fliesen bzw. Dichtungsbändern in Rosetten, die gegen Fliesen gepresst werden, stellt dabei keine Abdichtung dar.

Zu beachten ist, dass verschiedene elasto-plastische Fugenmassen (z. B. Acrylate) infolge Ammoniakabspaltungen an Messingarmaturen und Messinganschlüssen in Verbindung mit Feuchtigkeit zu Spannungsrisskorrosion führen und erhebliche Wasserschäden verursachen können. Daher ist in solchen Fällen Sanitärsilikon nach DIN 18545 zu verwenden.

Bei der Einbindung von Aufputz-Armaturenanschlüssen in die Flächenabdichtung sind folgende Maßnahmen zu beachten:

– fester Sitz des Armaturenanschlusses;
– Dichtelemente müssen bündig mit der Wandoberfläche abschließen und mit der vorgesehenen Abdichtung verträglich sein;
– Baustopfen dürfen nicht mit der Flächenabdichtung verbunden sein;
– eingedichtete Hahnverlängerungen dürfen sich nicht aus der Flächendichtung lösen.

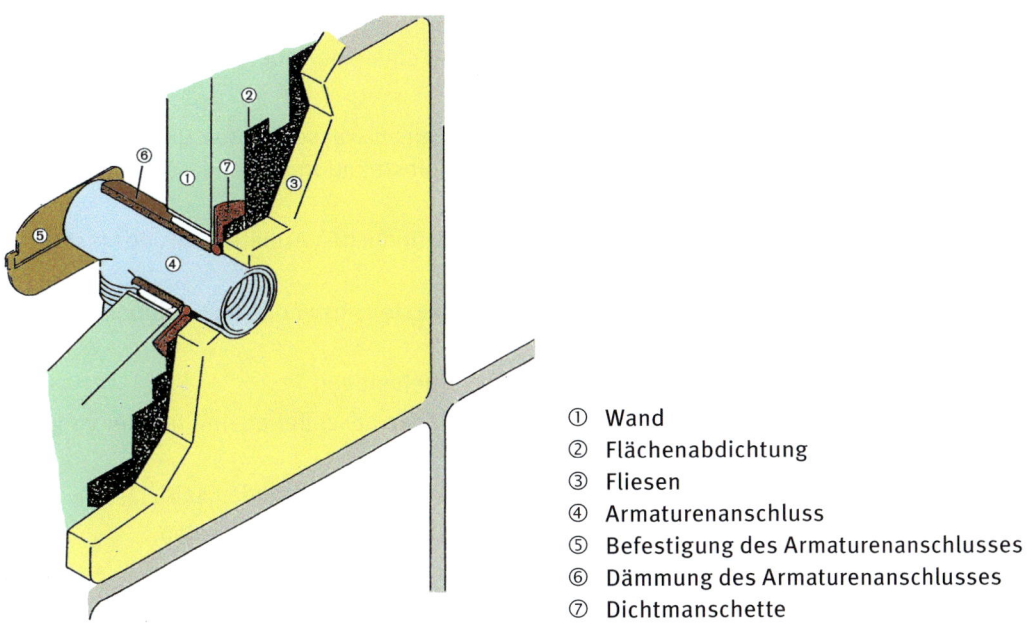

① Wand
② Flächenabdichtung
③ Fliesen
④ Armaturenanschluss
⑤ Befestigung des Armaturenanschlusses
⑥ Dämmung des Armaturenanschlusses
⑦ Dichtmanschette

**Bild 119:** Aufputz-Armaturenanschluss mit Einbindung in die Flächenabdichtung

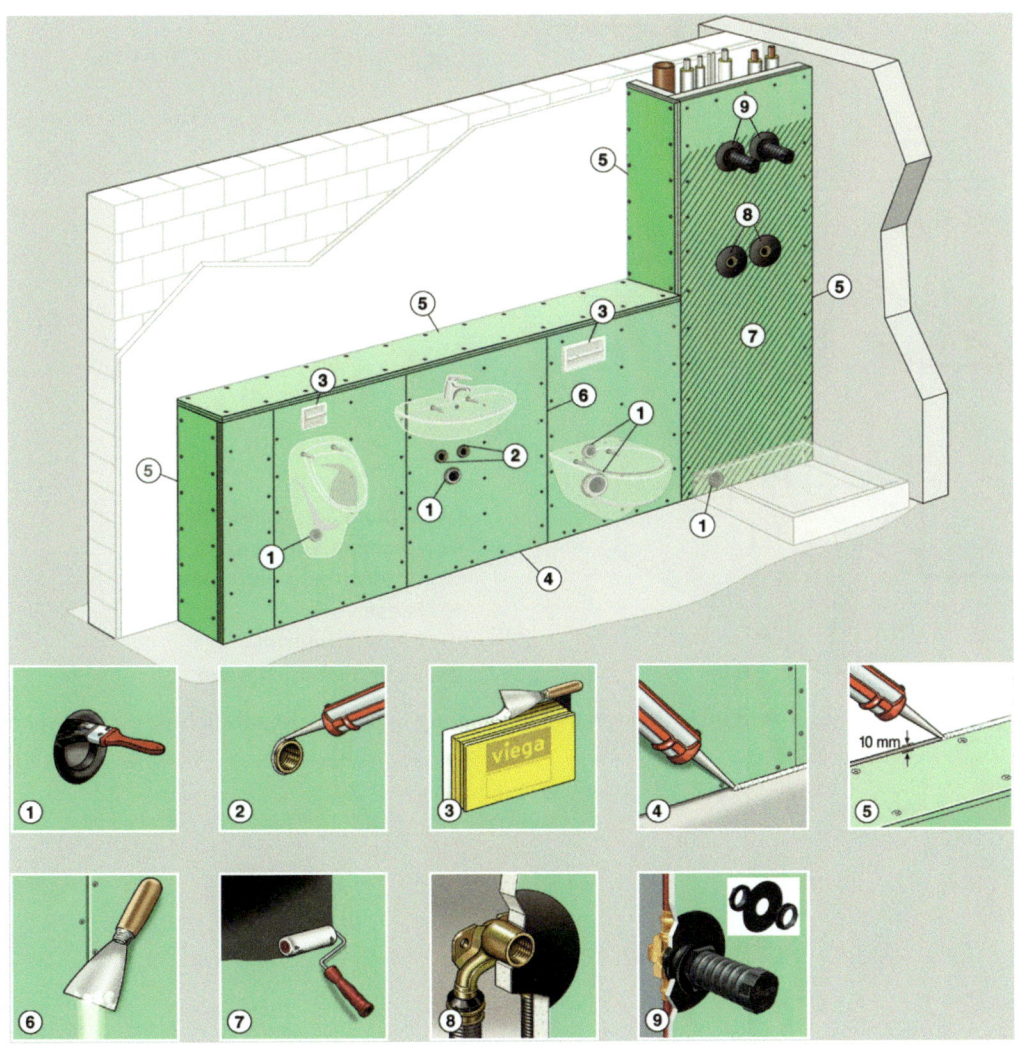

**Bild 120:** Abdichtung bei Wanddurchführungen in Trockenbau-Vorwandinstallationen (Werkbild: Viega)

Unterputz-Armaturen werden häufig in werkseitig vorgefertigten Wandeinbaukästen installiert oder bestehen aus einem Installationselement mit einer speziellen Dichtmanschette und Verschlussdichtung.

Ungeachtet herstellerspezifischer Lösungen sind für einen wasserdichten Unterputzkasten-Anschluss beim Einbau in eine Trockenbau-Vorwandinstallation folgende Maßnahmen zu beachten:

– Befestigung des Unterputzkastens und der darin befindlichen Armatur bzw. des Installationselements;
– Ausschnitt entsprechend der Größe des Unterputzkastens bzw. des Installationselements mit geeignetem Werkzeug herstellen;
– Schnittkanten des Ausschnitts mit Tiefengrund vorbehandeln;
– Dichtelemente müssen bündig mit der Wandoberfläche abschließen und mit der vorgesehenen Abdichtung verträglich sein;
– Armaturenschutzkappen dürfen nicht mit dem Dichtelement verbunden sein;
– bewegliche Armaturteile dürfen nicht mit der Abdichtung verbunden werden.

Der Wandeinbaukasten ist oberflächenbündig mit der Beplankung zu montieren. Bei der vollflächigen Abdichtung ist der Einbaukasten einzubeziehen und die Fuge zwischen Beplankung und Einbaukasten mit einem Sicherheitsdichtband zu überdecken.

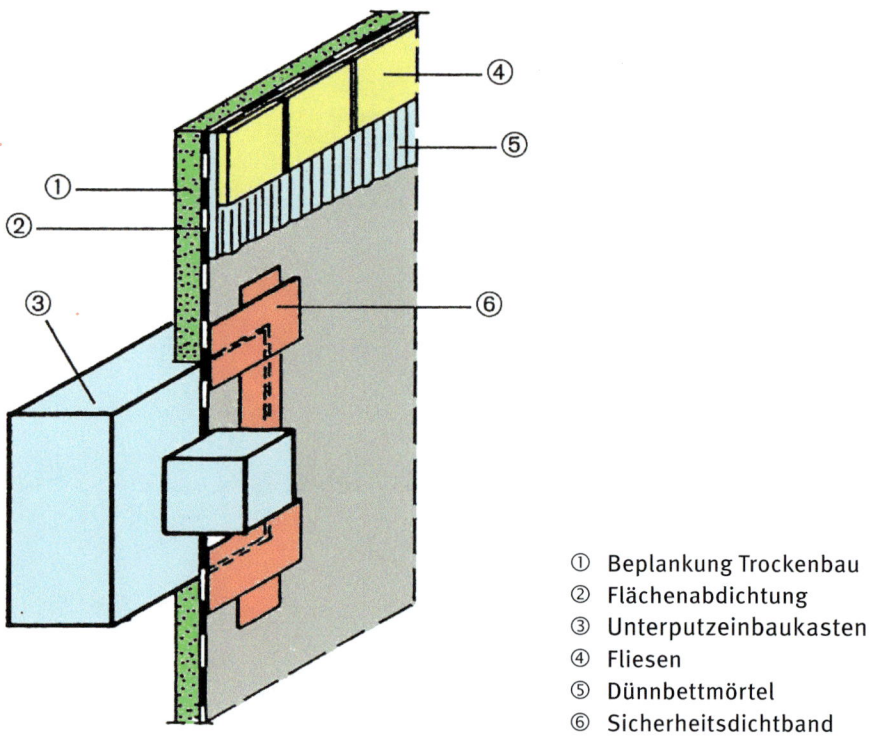

① Beplankung Trockenbau
② Flächenabdichtung
③ Unterputzeinbaukasten
④ Fliesen
⑤ Dünnbettmörtel
⑥ Sicherheitsdichtband

**Bild 121:** Wandeinbau-Armaturenkasten mit Einbindung in die Flächenabdichtung

## 14 Schutz der Trinkwasseranlage vor äußerer Temperatureinwirkung auf Rohre, Rohrleitungsteile und Geräte DIN EN 806-2

## 14 Schutz der Trinkwasseranlage vor äußerer Temperatureinwirkung auf Rohre, Rohrleitungsteile und Geräte DIN 1988-200

In DIN EN 806-2 sind im Abschnitt 14 die allgemeinen Grundsätze zum Schutz der Trinkwasseranlage vor äußerer Temperatureinwirkung beschrieben. Im Vordergrund stehen die Maßnahmen, die gegen Frosteinwirkungen zu treffen sind. Im Abschnitt 14.1.6 Isolierung wird hinsichtlich der Dämmdicken von Trinkwasserleitungen kalt und warm auf die örtlichen oder nationalen Anforderungen verwiesen.

Mit dem Hinweis sind die notwendigen Ergänzungen zur DIN EN 806-2 in DIN 1988-200 Abschnitt 14.2. „Weitere Anforderungen an Dämmungen und Umhüllungen" aufgenommen. Die Dämmdicken von Trinkwasserleitungen kalt entsprechend den unterschiedlichen Einbausituationen sind in Tabelle 8 von DIN 1988-200 festgelegt.

Die Dämmschichtdicken von Trinkwasserleitungen warm wurden auf der Grundlage der Energieeinsparverordnung von 2009 in Tabelle 9 von DIN 1988-200 aufgenommen. Durch die Aufnahme der Dämmungsanforderungen in die Norm soll erreicht werden, dass für den Anwender alle Angaben zur Dämmung von Trinkwasserleitungen kalt und warm in den allgemein anerkannten Regeln der Technik verfügbar sind.

Vom Normenausschuss ist beabsichtigt, den Gesetzgeber davon zu überzeugen, zukünftig für Trinkwasserleitungen warm in der Energieeinsparverordnung keine Dämmanforderungen mehr zu stellen und als Ersatz dafür auf die DIN 1988-200 zu verweisen.

### 14.1 Frosteinwirkung DIN EN 806-2

#### 14.1.1 Anordnung von Rohren, Rohrleitungsteilen und Geräten
DIN EN 806-2

Bei Planung und Errichtung einer Trinkwasseranlage sollten folgende Einbauplätze vermieden werden:

a) Rohre im Freien außerhalb des Erdreichs;

b) unbeheizte Bereiche auf Dachböden;

c) unbeheizte Keller oder Unterflurräume;

d) andere unbeheizte Teile des Gebäudes, unbeheizte Treppenhäuser oder Liftschächte oder andere Nebengebäude oder Garagen;

e) Lage neben einem Fenster, einer Lüftungsöffnung oder anderer Ventilation, neben Türen ins Freie oder anderen Plätzen, an denen kalte Zugluft möglich ist;

f) ohne Wärmedämmung in Nischen oder Schächten an Außenwänden.

Lassen sich vorgenannte Einbauplätze nicht vermeiden, sind die Anforderungen nach 14.1.5 bis 14.1.7 anzuwenden.

### 14.1 Frosteinwirkung DIN 1988-200

Die Rohrleitungen in frostgefährlichen Bereichen müssen auch bei Verwendung von Frostschutzbändern mindestens mit den Dämmschichten nach den Tabellen 8 und 9 gedämmt werden. Schnellere Abkühlungen können durch dickere Dämmschichten oder durch Dämmstoff mit einer geringeren Wärmeleitfähigkeit vermieden werden.

In diesem Abschnitt von DIN EN 806-2 werden Beispiele für mögliche Einbauplätze von Trinkwasserleitungen beschrieben, bei denen Maßnahmen gegen Frosteinwirkungen getroffen werden müssen bzw. Beeinträchtigungen hinsichtlich Einwirkungen von niedrigen Umgebungstemperaturen nicht ausgeschlossen werden können.

Zu a) Wenn Trinkwasserleitungen bei Gewerbe- oder Industrieanlagen auf Rohrtrassen im Freien von Gebäude zu Gebäude verlegt werden müssen, sind neben den notwendigen wetterbeständigen Dämmungen auch Temperaturhaltebänder zu verwenden, damit auch bei Betriebsstillstand ein Einfrieren verhindert werden kann.

Zu b) Häufig werden Rohrleitungen in sogenannten Dachdrempeln verlegt. Bei dieser Verlegeart ist zu prüfen, ob trotz Dämmung des Dachbereiches Frostgefahr im Dachdrempelbereich entstehen kann. Wenn dies der Fall sein kann, auch wenn Heizungsleitungen im Dachdrempelbereich verlegt sind, müssen Frostschutzmaßnahmen wie z. B. Temperaturhaltebänder an jeder Rohrleitung oder eine durch Frostschutzthermostate geregelte Raumheizung vorgesehen werden.

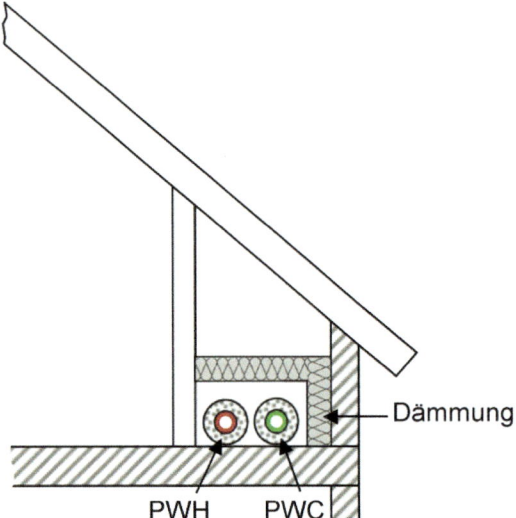

**Bild 122:** Rohrleitungen im frostgefährdeten Dachdrempel

Zu c) Bei der Planung ist zu prüfen, ob in Keller- oder Unterflurräumen Temperaturen im frostgefährdeten Bereich entstehen können.

Zu d) In Treppenhäusern ist in der Regel nicht mit Frostgefahr zu rechnen.

In Lichtschächten werden in der Regel keine Rohrleitungen verlegt.

Bei Nebengebäuden ist bei der Planung zu prüfen, ob eine Beheizung sichergestellt ist. Bei Garagen ist bei der Planung zu prüfen, ob die Lüftung ausschließlich über die Außenluft erfolgt und damit Frostgefahr entstehen kann, oder ob warme Abluft aus anderen Bereichen des Gebäudes zur Lüftung in die Garage eingetragen wird.

Bei Frostgefahr sind die Rohrleitungen mit Temperaturhaltebändern und Wärmedämmungen zu versehen.

Zu e) Aufgrund der Vorgaben der Energieeinsparverordnung sind die Anordnungen von Leitungen neben Fenstern, Türen usw. nicht mehr frostgefährdet, weil kalte Zugluft durch undichte Fugen an Fenstern oder Türen nicht mehr zulässig sind.

Wenn der Wärmeschutz durch bauseitige Maßnahmen eingehalten ist, können die Rohrleitungen ohne besondere Maßnahmen hinsichtlich einer Frosteinwirkung angeordnet werden.

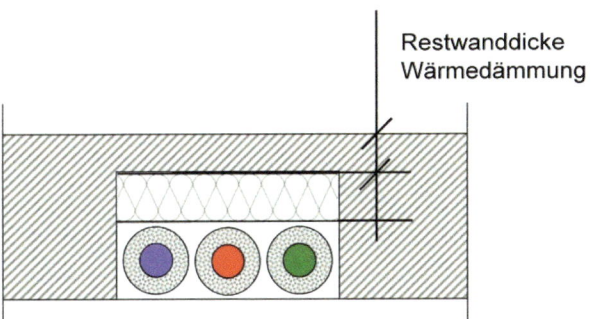

**Bild 123:** Einhaltung des Wärmeschutzes im Hochbau nach DIN 4108

### 14.1.2 Erdverlegte Leitungen      DIN EN 806-2

Für erdverlegte Leitungen siehe EN 805.

Im Abschnitt 8.4.3 Temperaturbereich der DIN EN 805 ist hinsichtlich erdverlegter Leitungen Folgendes aufgenommen:

*Rohrleitungen sind so auszulegen, dass sie innerhalb des erwarteten Temperaturbereiches des Wassers einen störungsfreien Betrieb sicherstellen. Belastungen, die sich aus Temperaturunterschieden zwischen Verlegung und Betrieb ergeben, müssen berücksichtigt werden, ebenso wie die Auswirkungen äußerer Temperatureinflüsse.*

Das heißt, dass die Rohrleitungen nicht nur frostfrei, sondern auch gegen Erwärmung mit einer Rohrdeckung nach den regionalen Gegebenheiten zu verlegen sind, in der Regel mit einer Rohrdeckung von 1,20 m.

### 14.1.3 Rohreintritt in Gebäude      DIN EN 806-2

Rohrleitungen oder Rohrleitungsteile, die oberhalb der Frosttiefe (DCPF) verlegt sind oder weniger als diese Strecke von der äußeren Seite der Hauswand entfernt liegen, sind vor Frost zu schützen. Bei Leitungen, die aus dem Boden an die Oberfläche geführt werden, ist die Dämmung bis unter Frosttiefe (DCPF) auszuführen.

Unabhängig von der Lage zur äußeren Wand, sind Rohre in Hohlräumen unter befestigten Böden, unbeheizten Kellern oder Garagen durchgehend zu dämmen, nicht nur im Bereich dieses freien Hohlraumes, sondern auch im Erdreich bis zur Frosttiefe (DCPF).

Wenn Rohrleitungen bei der Einführung in ein Gebäude nicht frostfrei verlegt werden können, müssen Dämmsysteme verwendet werden, die gegen dass Eindringen von Feuchte geschützt sind. Das Eindringen von Feuchte in das Dämmsystem fördert die Korrosion, erhöht die Wärmeleitfähigkeit bis zu 50 % und kann den Dämmstoff zerstören. Wenn Dämmstoffe im Erdbereich verwendet werden, sind ggf. die entstehenden Verkehrslasten bei der Auswahl der Werkstoffe des Dämmsystems zu berücksichtigen. Für die Planung und Ausführung solcher Dämmsysteme kann DIN 4140 angewendet werden.

### 14.1.4 Rohre und Zubehör über Boden und außerhalb von Gebäuden
DIN EN 806-2

Wo das Verlegen von Rohren und Zubehör über Boden und außerhalb von Gebäuden unvermeidlich ist, sind diese Rohre und Zubehör mit einer wetterfesten Dämmung zu schützen. Bei Leitungen, die aus dem Boden an die Oberfläche geführt werden, ist die Dämmung bis unter Frosttiefe (DCPF) auszuführen.

Leitungsanlagen über Boden außerhalb beheizter Gebäude sind mit einer Entleervorrichtung, Begleitheizung und entsprechender Dämmung für die tiefste zu erwartende Temperatur auszurüsten.

Bei im Freien verlegten Rohrleitungen wirken Feuchte, Regen, Wind und Schnee auf die Dämmkonstruktion. Die Größe dieser Einflüsse und ihre Auswirkungen auf das Dämmsystem hängen von der Lage, dem Standort und der Geometrie des Rohrleitungsverlaufs ab.

Diese Einflüsse auf das Dämmsystem sind bereits bei der Planung nach DIN 4140 zu berücksichtigen.

**Bild 124:** Rohrleitung außerhalb von Gebäude auf einer Rohrtrasse

### 14.1.5 Rohre und Zubehör innerhalb von Gebäuden    DIN EN 806-2

Wenn möglich, sind Leitungen in unbeheizten Dachböden so zu verlegen, dass die vorhandene Dämmung zur Verringerung des Wärmeverlustes der Zimmerdecken von Wohnräumen oder die Dämmung von Trinkwasserbehältern mitbenutzt werden kann.

Diese Verlegeart der oberen Verteilung und eines Trinkwasserbehälters entspricht der des Installationstyps B offenem System, welches in Deutschland aus trinkwasserhygienischen Gründen nicht angewendet werden sollte. Rohrleitungen für kaltes und erwärmtes Trinkwasser sind aber einzeln für sich zu dämmen und dürfen dann z. B. in einem unbeheizten Dachdrempel unterhalb der Gebäudedämmung mit einer zusätzlichen Dämmwirkung eingebracht werden.

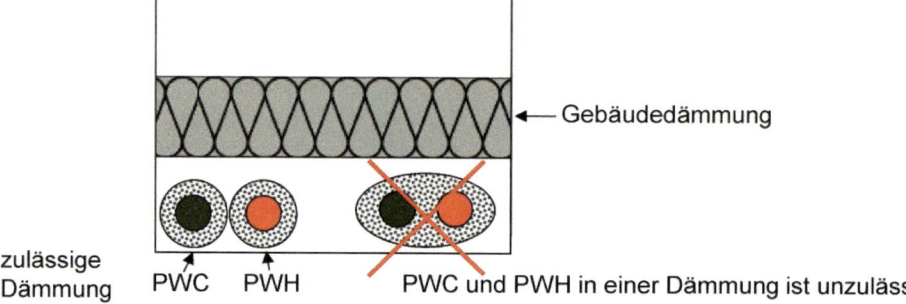

**Bild 125:** Zulässige und unzulässige Dämmungen von Trinkwasserleitungen kalt und warm unterhalb einer Gebäudedämmung

### 14.1.6 Isolierung    DIN EN 806-2

Die Mindestdicke des Dämmmaterials für Rohre und Zubehör hat sich nach den örtlichen oder nationalen Anforderungen zu richten. Beim Verlegen der Rohre und des Zubehörs ist auf ausreichend Platz für die Dämmung zu achten.

Wo notwendig, muss das Wärmedämmmaterial selbst beständig sein oder mit einer geeigneten Umhüllung gegen äußere Beschädigung, Regen, feuchte Umgebung, Grundwasser und Ungeziefer geschützt werden. Poröses oder faserhaltiges Isoliermaterial muss mit einer Dampfsperre, verbunden mit der außen liegenden Oberfläche der Dämmung, versehen sein.

Mit dem Hinweis auf die örtlichen oder nationalen Anforderungen wurde die Öffnung geschaffen, dass in DIN EN 1988-200 Abschnitt 14.2 die nationalen Ergänzungen zu den Dämmsystemen für Trinkwasserleitungen kalt und warm festgelegt werden konnten.

Grundsätzlich sollten nur genormte oder bauaufsichtlich zugelassene Dämmstoffe verwendet werden. Zukünftig haben genormte Dämmstoffe eine CE-Kennzeichnung, mit der auch die zugehörige Baustoffklasse nicht brennbar oder brennbar – dokumentiert wird. Weiterhin werden zunächst alle Dämmstoffe ein Übereinstimmungszeichen **Ü** vom Deutschen Institut für Bautechnik (DIBt) haben. In den Bauregellisten A oder B des DIBt sind die Hersteller, die eine CE-Kennzeichnung und/oder ein Ü-Zeichen haben, gelistet.

Aus der Baustoffklasse B für brennbare Baustoffe darf der leicht entflammbare Baustoff B3 nach DIN 4102 oder Klasse F nach DIN EN 13501-1 in Deutschland nicht innerhalb von Gebäuden für Bauprodukte verwendet werden.

### 14.1.7 Raum- und Begleitheizung     DIN EN 806-2

> Eine mittels Thermostat gesteuerte Raumheizung sollte verwendet werden, wenn andere Schutzmaßnahmen nicht möglich sind, z. B. wenn sich Rohre in unbeheizten Dachräumen nicht entleeren lassen und das Gebäude für eine Zeitspanne während des Winters nicht beheizt wird.

An allen Rohrleitungen, die in frostgefährdeten Bereichen verlegt und ständig betriebsbereit sein müssen, sind selbstregelnde Temperaturhaltebänder (Frostschutz 5 °C), die thermostatisch geregelt werden, zu installieren. Die selbstregelnden Temperaturhaltebänder werden gestreckt entlang der Rohrleitung verlegt und in kurzen Abständen mit Haltebändern an den Rohrleitungen befestigt.

Nach dem Verlegen des Bandes wird die erforderliche Wärmedämmung mit einer Dämmschichtdicke entsprechend dem Rohrdurchmesser angebracht. Auf der Wärmedämmung werden im Abstand von ca. 5 m Kennzeichnungsaufkleber „Elektrisch beheizt" angebracht.

**Bild 126:** Temperaturhalteband unter der Dämmung mit Kennzeichnungsaufkleber
(Werkbild: Tyco Thermal)

**Bild 127:** Temperaturhalteband für Rohrleitungen in frostgefährdeten Bereichen
(Werkbild: Tyco Thermal)

### 14.1.8 Entleeren    DIN EN 806-2

Bei frostgefährdeten Leitungen, wo eine Begleit- oder Raumheizung nicht möglich ist, kann bei mangelndem Durchfluss eine Dämmung nicht ausreichend sein, daher sind innerhalb des Gebäudes Entleervorrichtungen für diese Rohre und Zubehör vorzusehen.

Entleervorrichtungen sind für Wartung und Reparatur notwendig.

Rohrleitungen, die während der Frostperioden im Winter außer Betrieb genommen werden können, sollten mit Gefälle zu Entleerungseinrichtungen oder zur Entnahmestelle verlegt werden. Es muss sichergestellt werden, dass die Rohrleitungen nach dem Absperren und Entleeren völlig leer laufen können. Wassersäcke sind zu vermeiden.

### 14.2 Wärmeeinwirkung    DIN EN 806-2

Kaltwasserleitungen sind gegen äußere Wärmeeinwirkung entweder durch genügenden Abstand von Wärmequellen oder durch Dämmung zu schützen.

Die Anforderungen an den Schutz vor Wärme sind identisch mit denen des Schutzes vor Kälteeinwirkung.

Die Anforderungen an die Dämmung von Trinkwasserleitungen kalt werden im Kommentar zu Abschnitt 14.2.6 von DIN 1988-200 beschrieben.

### 14.3 Tauwasserbildung    DIN EN 806-2

Kaltwasserleitungen sollten ausreichend vor Tauwasserbildung geschützt werden.

Kaltwasserleitungen in Bereichen mit hoher Luftfeuchte bilden ohne Vorsorge stets Tauwasser. Die Anforderungen an eine entsprechende Dämmung entsprechen denen zum Schutz vor Frost- und Wärmeeinwirkung.

Die Anforderungen hinsichtlich Tauwasserbildung bei Trinkwasserleitungen kalt werden im Kommentar zu Abschnitt 14.2.6 von DIN 1988-200 beschrieben.

## 14.2 Weitere Anforderungen an Dämmungen und Umhüllungen
DIN 1988-200

### 14.2.1 Allgemeines  DIN 1988-200

Eine Dämmung oder Umhüllung von Rohrleitungen, Armaturen und Apparaten muss z. B. die Anforderungen an die Wärmeabgabe, Wärmeaufnahme, akustische Entkopplung, Korrosionsschutz, Brandschutz und Aufnahme von Längenänderungen erfüllen.

Die verwendeten Dämm- oder Umhüllungswerkstoffe dürfen keine Kontaktkorrosion oder chemische Korrosion an den Rohrleitungswerkstoffen auslösen.

Dämmstoffe müssen vor Feuchtigkeit geschützt sein, da Wasser im Dämmstoff die Dämmwirkung reduziert und zu Korrosionsschäden an den gedämmten Rohrwerkstoffen und Bauteilen führen kann. Um Wärmebrücken auf ein Minimum zu beschränken, sind Dämmstoffe fugendicht zu verlegen und zu befestigen.

Die Auswahl der Dämmung oder Umhüllung muss entsprechend dem jeweiligen Anwendungsbereich erfolgen.

Dämmungen vermindern den Wärmeverlust des Mediums (Wärmedämmung) oder den Wärmestrom zum Medium (Kältedämmung).

Umhüllungen erfüllen andere Aufgaben, wie z. B. Schallschutzanforderungen, Korrosionsschutz, Aufnahme von Längenänderungen, Vermeidung von Kontakten zwischen Rohrleitungen und Baukörper.

Dämm- und Umhüllungswerkstoffe müssen mindestens die Anforderungen an normalentflammbare Baustoffe der Baustoffklasse B2 nach DIN 4102 oder der Klasse E nach DIN EN 13501-1 erfüllen.

Leichtentflammbare Baustoffe der Baustoffklasse B3 nach DIN 4102 oder Klasse F nach DIN EN 13501-1 dürfen nicht verwendet werden.

Für die Trinkwasserleitungen warm und die Zirkulation sind die Dämmschichtdicken wie bei Heizungsleitungen nach der Energieeinsparverordnung auf der Grundlage der Wärmeleitfähigkeit bei 40 °C (Bemessungswert) des Dämmstoffs von 0,035 W/m×k zu verwenden. Der Nachweis der Wärmeleitfähigkeit ist durch eine allgemeine bauaufsichtliche Zulassung durch das Deutsche Institut für Bautechnik (DIBt) zu erbringen.

Bei Dämmstoffen mit Wärmeleitfähigkeitswerten abweichend von 0,035 W/(m×K) sind die Dämmschichtdicken mit den in der allgemeinen bauaufsichtlichen Zulassung geregelten Wärmeleitfähigkeitswerten umzurechnen.

Die Mindestdicken für die 50 % und 100 % Dämmung nach EnEV bezogen auf verschiedene Wärmeleitfähigkeiten können auch direkt aus den Umrechnungstabellen der DIN 4108-4/A1 entnommen werden.

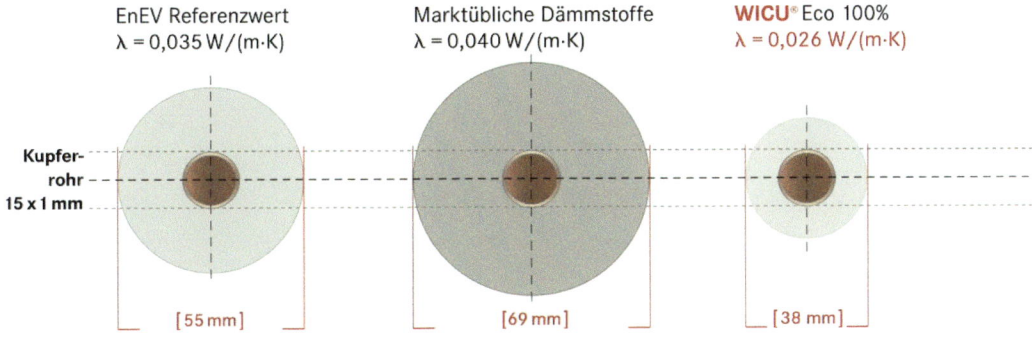

**Bild 128:** Dämmschichtdicken mit unterschiedlichen Wärmeleitfähigkeitswerten bei einem Kupferrohr mit einem Aussendurchmesser von 15 mm (Werkbild: KME)

**Tabelle 15:** Bestimmung von Dämmstoffdicken bei Einhaltung der Mindestanforderung der Energieeinsparverordnung (EnEV) – 100 %-Anforderung

| Kupferrohre, Cu nach DIN EN 1057 | | Stahlrohre, Fe nach DIN EN 10255 (Mittlere Reihe) | | | | Mindestdicke nach EnEV bezogen auf eine Wärmeleitfähigkeit von 0,035 W/(m·K) (100 %) | Wärmedurchgangskoeffizient[a] | Mindestdicke der Dämmschicht, bezogen auf eine Wärmeleitfähigkeit in W/(m·K) von | | | |
|---|---|---|---|---|---|---|---|---|---|---|---|
| Nennweite | Rohraußendurchmesser | Rohrinnendurchmesser max. | Nennweite | Nennaußendurchmesser | Gewindegröße | Rohrinnendurchmesser max. | | | 0,025 | 0,030 | 0,035 | 0,040 | 0,045 |
| DN | mm | mm | DN | mm | | mm | mm | W/(m·K) | | | | | |
| 8 | 10 | 8 | | | | | 20 | 0,125 | 10 | 14 | 20 | 28 | 38 |
|   | 12 | 10 | 6 | 10,2 | 1/8 | 6,2 | 20 | 0,126 | 10 | 14 | 20 | 28 | 38 |
| 10 | 15 | 13 | 8 | 13,5 | 1/4 | 8,9 | 20 | 0,137 | 10 | 15 | 20 | 27 | 37 |
| 10 | 15 | 13 | | | | | 20 | 0,145 | 10 | 15 | 20 | 27 | 36 |
|   | 18 | 16 | 10 | 17,2 | 3/8 | 12,6 | 20 | 0,154 | 11 | 15 | 20 | 27 | 35 |
| 15 | 18 | 16 | | | | | 20 | 0,165 | 11 | 15 | 20 | 26 | 34 |
|   | 22 | 19 | 15 | 21,3 | 1/2 | 16,1 | 20 | 0,170 | 11 | 15 | 20 | 26 | 34 |
| 20[b] | 22 | 19 | | | | | 20 | 0,187 | 11 | 15 | 20 | 26 | 33 |
|   | 28 | 25 | 20 | 26,9 | 3/4 | 21,7 | 20 | 0,191 | 11 | 15 | 20 | 26 | 33 |
| 25 | 28 | 25 | | | | | 20 | 0,216 | 12 | 16 | 20 | 25 | 32 |
|   | 35 | 32 | 25 | 33,7 | 1 | 27,3 | 30 | 0,179 | 17 | 23 | 30 | 39 | 49 |
| 32 | 35 | 32 | | | | | 30 | 0,200 | 18 | 23 | 30 | 38 | 48 |
|   | 42 | 39 | 32 | 42,2 | 1 1/4 | 36 | 30 | 0,205 | 18 | 23 | 30 | 38 | 47 |
| 40 | 42 | 39 | | | | | 36 | 0,208 | 21 | 28 | 36 | 46 | 57 |
|   | 54 | 50 | 40 | 48,3 | 1 1/2 | 41,9 | 39 | 0,198 | 23 | 30 | 39 | 50 | 62 |
|   | | | | | | | 41,9 | 0,207 | 25 | 33 | 42 | 53 | 66 |
| 50 | 54 | 50 | | | | | 50 | 0,201 | 29 | 39 | 50 | 63 | 79 |

Tabelle 15: *(fortgesetzt)*

| Kupferrohre, Cu nach DIN EN 1057 | | Stahlrohre, Fe | | | | | Wärme-durch-gangsko-effizient[a] | Mindestdicke der Dämmschicht, bezogen auf eine Wärmeleitfähigkeit in W/(m·K) von | | | | |
|---|---|---|---|---|---|---|---|---|---|---|---|---|
| | | nach DIN EN 10255 (Mittlere Reihe) | | | | Mindestdicke nach EnEV bezogen auf eine Wärmeleitfähigkeit von 0,035 W/(m·K) (100 %) | | 0,025 | 0,030 | 0,035 | 0,040 | 0,045 |
| Rohr-außen-durch-messer | Rohrin-nen-durch-messer max. | Nenn-weite | Nenn-außen-durch-messer | Gewinde-größe | Rohrin-nen-durch-messer max. | | | | | | | |
| mm | mm | DN | mm | | mm | mm | W/(m·K) | | | | | |
| | | 50 | 60,3 | 2 | 53,1 | 53,1 | 0,208 | 32 | 42 | 53 | 67 | 83 |
| 64 | 60 | | | | | 60 | 0,201 | 35 | 47 | 60 | 76 | 94 |
| 76 | 72,1 | 65 | 76,1 | 2 1/2 | | 72,1 | 0,201 | 43 | 56 | 72 | 91 | 113 |
| | | | | | 68,9 | 68,9 | 0,206 | 41 | 54 | 69 | 87 | 107 |
| 89 | 84,9 | 80 | 88,9 | 3 | | 84,9 | 0,201 | 50 | 66 | 85 | 107 | 133 |
| | | | | | 80,9 | 80,9 | 0,206 | 48 | 63 | 81 | 102 | 126 |
| 108[b,c] | 103[b,c] | | | | | 100 | 0,205 | 60 | 78 | 100 | 126 | 156 |
| | | 100 | 114,3 | 4 | 105,3 | 100 | 0,213 | 60 | 79 | 100 | 125 | 154 |

[a] Wärmeübergangskoeffizient innen: nicht berücksichtigt; Wärmeübergangskoeffizient außen: 10 W/(m²·K)
[b] Nicht in DIN EN 1057 enthalten
[c] Errechnete Werte

ANMERKUNG  Wenn Zwischenwerte als Nennwerte produktionsbedingt bestehen, sind die in der Tabelle 16 genannten Mindestdämmschichtdicken linear zu interpolieren und auf ganze Millimeter aufzurunden.

Tabelle 16: Bestimmung von Dämmstoffdicken bei Einhaltung der Mindestanforderung der Energieeinsparverordnung (EnEV) – 50 %-Anforderung

| Kupferrohre, Cu nach DIN EN 1057 | | | Stahlrohre, Fe DIN EN 10255 (Mittlere Reihe) | | | | Mindestdicke nach EnEV bezogen auf eine Wärmeleitfähigkeit von 0,035 W/(m·K) (50 %) | Wärmedurchgangskoeffizient[a] | Mindestdicke der Dämmschicht, bezogen auf eine Wärmeleitfähigkeit in W/(m·K) von | | | | |
|---|---|---|---|---|---|---|---|---|---|---|---|---|---|
| Nennweite | Rohraußendurchmesser | Rohrinnendurchmesser max. | Nennweite | Nennaußendurchmesser | Gewindegröße | Rohrinnendurchmesser max. | | | 0,025 | 0,030 | 0,035 | 0,040 | 0,045 |
| DN | mm | mm | DN | mm | | mm | mm | W/(m·K) | | | | | |
| 8 | 10 | 8 | | | | | | | | | | | |
| | | | 6 | 10,2 | 1/8 | 6,2 | 10 | 0,164 | 5 | 7 | 10 | 14 | 18 |
| 10 | 12 | 10 | | | | | 10 | 0,166 | 5 | 7 | 10 | 14 | 18 |
| | | | 8 | 13,5 | 1/4 | 8,9 | 10 | 0,182 | 5 | 8 | 10 | 13 | 17 |
| 10 | 15 | 13 | | | | | 10 | 0,195 | 6 | 8 | 10 | 13 | 17 |
| | | | 10 | 17,2 | 3/8 | 12,6 | 10 | 0,209 | 6 | 8 | 10 | 13 | 17 |
| 15 | 18 | 16 | | | | | 10 | 0,228 | 6 | 8 | 10 | 13 | 16 |
| | | | 15 | 21,3 | 1/2 | 16,1 | 10 | 0,235 | 6 | 8 | 10 | 13 | 16 |
| 20 | 22 | 19 | | | | | 10 | 0,263 | 6 | 8 | 10 | 13 | 16 |
| | | | 20 | 26,9 | 3/4 | 21,7 | 10 | 0,269 | 6 | 8 | 10 | 13 | 16 |
| 25 | 28 | 25 | | | | | 10 | 0,310 | 6 | 8 | 10 | 12 | 15 |
| | | | 25 | 33,7 | 1 | 27,3 | 15 | 0,258 | 9 | 12 | 15 | 19 | 23 |
| 32 | 35 | 32 | | | | | 15 | 0,294 | 9 | 12 | 15 | 19 | 23 |
| | | | 32 | 42,4 | 1 1/4 | 36 | 15 | 0,302 | 9 | 12 | 15 | 19 | 22 |
| 40 | 42 | 39 | | | | | 17,2 | 0,320 | 11 | 14 | 17,2 | 21 | 25 |
| | | | 40 | 48,3 | 1 1/2 | 41,9 | 19,5 | 0,295 | 12 | 16 | 19,5 | 24 | 29 |
| 50 | 54 | 50 | | | | | 20,2 | 0,320 | 13 | 16 | 20,2 | 25 | 30 |
| | | | 50 | 60,3 | 2 | 53,1 | 25 | 0,304 | 16 | 20 | 25 | 31 | 37 |
| | 64 | 60 | | | | | 26,6 | 0,317 | 17 | 21 | 26,6 | 32 | 39 |
| 65 | 76 | 72,1 | | | | | 30 | 0,306 | 19 | 24 | 30 | 37 | 44 |
| | | | 65 | 76,1 | 2 1/2 | 68,9 | 36,1 | 0,307 | 23 | 29 | 36,1 | 44 | 53 |
| 80 | 89 | 84,9 | | | | | 33,6 | 0,322 | 21 | 27 | 33,6 | 41 | 49 |
| | | | 80 | 88,9 | 3 | 80,9 | 42,5 | 0,309 | 27 | 34 | 42,5 | 52 | 62 |
| | | | | | | | 39,5 | 0,324 | 25 | 32 | 39,5 | 48 | 57 |
| 100 | 108 | 103 | | | | | 50 | 0,319 | 32 | 40 | 50 | 61 | 72 |
| | | | 100 | 114,3 | 4 | 105,3 | 50 | 0,332 | 32 | 41 | 50 | 61 | 72 |

Zur Dämmung von Trinkwasserleitungen kalt zum Tauwasserschutz sind in der Tabelle 8 für die Dämmschichtdicken die Faktoren Umgebungstemperatur, Mediumtemperatur, Luftfeuchte und die unterschiedlichen Rohrnennweiten berücksichtigt.

Bei diesen Angaben handelt es sich um Mindest-Dämmschichtdicken.

Für besondere Fälle sollte der Hersteller der Dämmstoffe hinsichtlich der Dämmschichtdicken zur Tauwasservermeidung befragt werden. Einige Hersteller bieten für ihre Dämmstoffe Tauwasserdiagramme an, aus denen die Dämmschichtdicken unter Berücksichtigung der unterschiedlichen Faktoren ermittelt werden können.

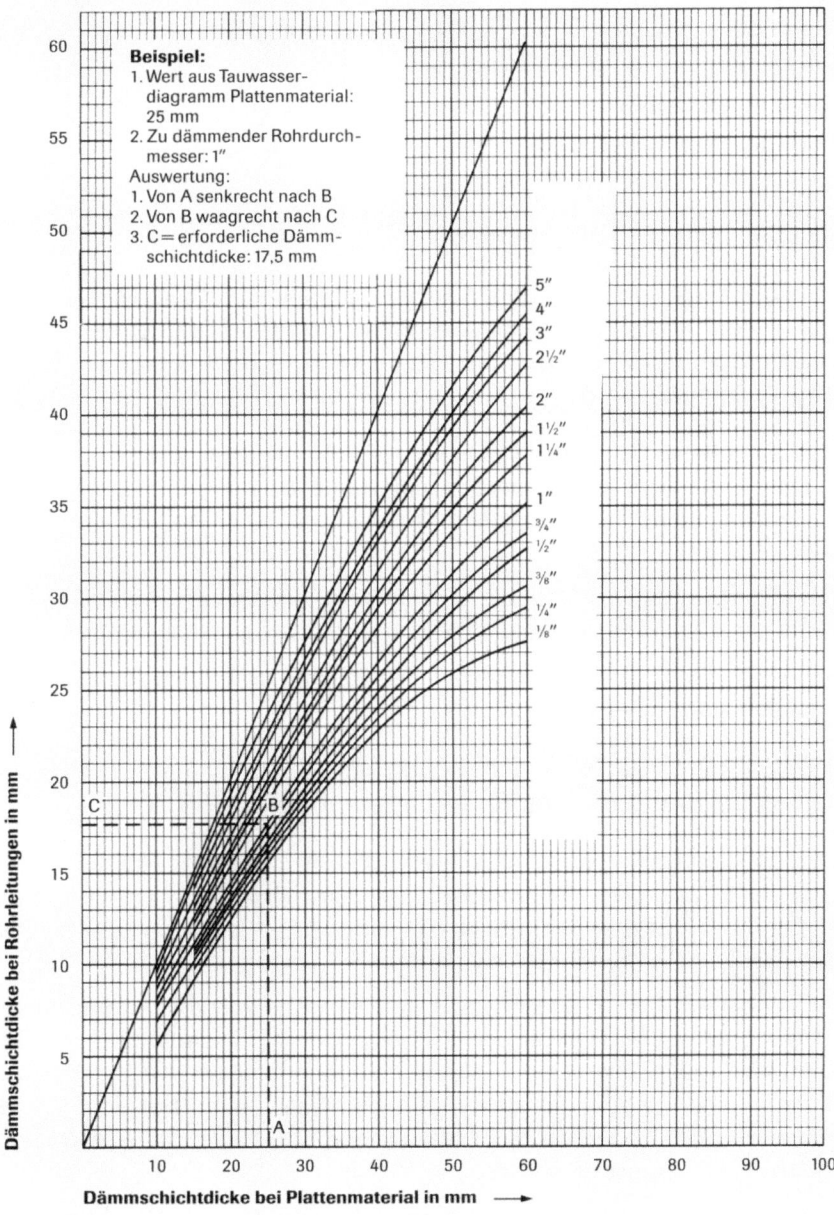

**Bild 129:** Ermittlung der Dämmschichtdicke für Rohrleitungen aus Tauwasserdiagrammen (Werkbild: Missel)

Dämmstoffe und Umhüllungen sind nach den technischen Erfordernissen, den physikalischen Gegebenheiten und den Bedingungen am Einbauort auszuwählen. Hierzu gehören z. B.:
- Betriebstemperatur,
- Betriebsweise der Anlage,
- statische und dynamische Lasten,
- Kälte-/Wärmeverluste,
- Tauwasserverhütung,
- Schallemission,
- Anforderungen an den baulichen Brandschutz,
- Brandverhalten,
- chemisches Verhalten der Dämmstoffe,
- Standort,
- zu Verfügung stehender Raum,
- Umgebungstemperatur und relative Luftfeuchte,
- Aggressivität der Atmosphäre,
- ökologisches Verhalten, z. B. Recycling.

### 14.2.2 Wärmedämmung    DIN 1988-200

Die Dämmwirkung ist insbesondere abhängig von der Dämmschichtdicke und der Wärmeleitfähigkeit des Dämmstoffes. Durchfeuchtung von Dämmstoffen verschlechtert ihre Dämmeigenschaften. Faserige Dämmstoffe sollten eine fest mit dem Dämmstoff verbundene Außenhaut besitzen.

Eine Wärmedämmung soll den Durchgang von Wärmeenergie möglichst weit reduzieren. Bei Trinkwasserleitungen warm dient die Wärmedämmung zur Reduzierung von Wärmeverlusten an eine kalte Umgebung und bei Trinkwasserleitungen kalt soll der Eintrag von Umgebungswärme vermindert werden.

Nicht nur die Rohrleitungen, sondern auch die zugehörigen Formstücke, wie z. B. Bögen und T-Stücke sowie Armaturen, müssen gegen zu hohe Energieverluste gedämmt werden.

Nach der EnEV besteht für zugänglich verlegte ungedämmte Trinkwasserleitungen warm sowie deren Armaturen eine Nachrüstpflicht.

### 14.2.3 Dämmung bei Brandschutzanforderungen    DIN 1988-200

Dort, wo Brandschutzanforderungen bestehen, dürfen Leitungen durch Wände, Decken usw. nur dann hindurchgeführt werden, wenn eine Übertragung von Feuer und Rauch nicht zu befürchten ist oder Vorkehrungen hiergegen getroffen sind (Musterbauordnung [10] bzw. Bauordnungen der Bundesländer).

Diese Voraussetzungen können als erfüllt angesehen werden, wenn die Anforderungen der M-LAR [11] bzw. LAR oder RbALei der Bundesländer durch die Wahl geeigneter Werkstoffe, Abschottungen, Dämmungen, Mindestabstände zwischen nebeneinander liegenden Durchführungen und entsprechender allgemeiner bauaufsichtlicher Zulassung (ABZ), allgemeinem bauaufsichtlichem Prüfzeugnis (ABP) oder Europäischer Technischer Zulassung (ETA) erfüllt werden.

Es dürfen nur Dämmstoffe, nicht brennbar, Baustoffklasse A1 und A2, schwer entflammbare Baustoffe B1 oder normal entflammbare Baustoffe B2 verwendet werden. Leicht entflammbare Baustoffe B3 dürfen nicht verwendet werden. Es dürfen nach DIN EN 13501-1 nur Baustoffe der Brandklassen A bis E verwendet werden. Baustoffe der Brandklasse F sind nicht zulässig.

Wand- und Deckendurchführungen, einschließlich Durchführungen durch Schachtwände, unterliegen je nach Bundesland und abhängig vom Gebäudetyp unterschiedlichen Brandschutzanforderungen. Die Leitungsanlagen-Richtlinien der Länder sind zu beachten. Die Hersteller von Rohrleitungssystemen sowie die Hersteller von Durchführungen bieten entsprechende zugelassene Lösungen. Hierbei ist zu beachten, dass neben Brandschutzanforderungen auch Wärmeschutz- und Schallschutzanforderungen bestehen können.

Bei gedämmten Rohrleitungen mit nicht brennbaren weiterführenden Dämmungen wird die Gefahr der erhöhten Wärmeleitung durch den Rohrwerkstoff und das Medium im Brandfall erheblich reduziert.

Aus diesem Grund wurde der Abstand b bei weiterführenden Dämmungen aus nichtbrennbaren Dämmstoffen (A1/A2) auf b $\geq$ 50 mm zwischen Wand- und Deckendämmungen (Durchführungsdämmung Schmelzpunkt > 1 000 °C) festgesetzt.

Geringere Abstände lassen sich nur noch mit geprüften und nachgewiesenen Systemen (mit ABP/ABZ) erreichen.

Die nichtbrennbare Dämmung stellt dabei sicher, dass im Brandfall mit Wärmeleitung über das Rohr auf der dem Brand abgewandten Seite kein Feuer durch Wegschmelzen der Dämmung entsteht.

Durch eine günstige Anordnung der Leitungen zueinander kann eine wesentliche Reduzierung der Durchbruchabmaße erreicht werden.

Mit nichtbrennbaren Dämmstoffen können grundsätzlich auch geringere Abstände b erreicht werden, wenn die Dämmstoffhersteller die Eignung durch ein ABP/ABZ nachweisen, z. B. R-klassifizierte Rohrdurchführungen inkl. der erforderlichen Dämmungen.

# Planung

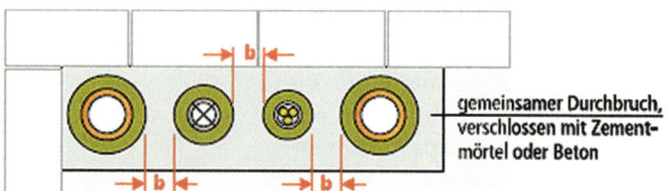

gemeinsamer Durchbruch, verschlossen mit Zementmörtel oder Beton

a) ⊛ elektrische Leitungen
b) ◯ nichtbrennbare Rohrleitungen bis d ≤ 160 mm
c) ⊗ brennbare Rohrleitungen bis d ≤ 32 mm und durchgängige Leerrohre d ≤ 32 mm

b = Abstandsregelung bei gedämmten Leitungen untereinander oder gegenüber ungedämmten Leitungen neben einer gedämmten Leitung.
**Der Abstand b gilt zwischen den Durchführungsdämmungen/-verschlüssen.**

| Leitungstyp und mögliche Kombinationen | | | Abstände b mit weiterführender Dämmung an beiden Rohren 2), | | |
|---|---|---|---|---|---|
| a) ⊛ d ∞, 1) | b) WD d ≤ 160 mm | c) WD d ≤ 32 mm | Variante 1 WD 1 und WD 2 nichtbrennbar A1/A2 | Variante 2 2) WD 1 nichtbrennbar A1/A2, WD 2 brennbar B1/B2 | Variante 3 3) WD 1 und WD 2 brennbar B1/B2 mit Blechummantelung L ≥ 500 mm |
| ⊛ — b — ◯ | | | b ≥ 50 mm | b ≥ 50 mm | b ≥ 50 mm |
| ⊛ — b — ⊗ | | | b ≥ 50 mm | b ≥ 50 mm | b ≥ 50 mm |
| ohne WD — b — ◯ — b — ⊗ — b — ohne WD | | | b ≥ 50 mm | b ≥ 50 mm | b ≥ 50 mm |
| ◯ — b — ◯ — b — ⊗ — b — ◯ | | | b ≥ 50 mm | b ≥ 50 mm | b ≥ 50 mm |

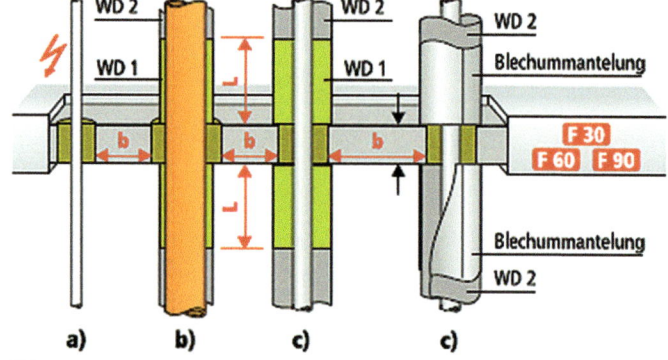

Mindestbauteildicke der Decke oder Wand entsprechend der geforderten Feuerwiderstandsdauer

1) Für elektrische Leitungen gibt es keine Durchmesserbegrenzung.
2) Wenn WD 2 brennbar (B1/B2) ist, gilt für die nichtbrennbare Dämmung WD 1 eine Mindestlänge von L ≥ 500 mm.
3) Werden brennbare Dämmungen WD 1 (B1/B2) direkt am Bauteil bzw. innerhalb L ≥ 500 mm montiert, muss eine Blechummantelung (Stahl verz.) montiert werden.

**Bild 130:** Dämmung von Rohrleitungen bei Brandschutzanforderungen bei Decken oder Wanddurchführungen (M. Lippe, J. Wesche, D. Rosenwirth, „Kommentar und Anwendungsempfehlung zur Muster-Leitungsanlagen-Richtlinie (MLAR)", Heizungsjournal Verlags GmbH)

### 14.2.4 Umhüllung zum Korrosionsschutz DIN 1988-200

Als Korrosionsschutz bei metallenen Rohrwerkstoffen dürfen z. B. Kunststoffummantelungen, Polyethylen-Umhüllungen, Korrosionsschutzbinden oder Schrumpfmaterialien verwendet werden.

Zusätzlich zur notwendigen Dämmung können bei frei verlegten Außenleitungen oder erdverlegten Leitungen auch Umhüllungen gegen Eindringen von Feuchte oder Erdalkalien zum Schutz der Dämmung und des Rohrwerkstoffes erforderlich sein.

Korrosionswahrscheinlichkeiten metallener Werkstoffe, die in Kontakt mit einem Korrosionsmedium (z. B. einer wässrigen Elektrolytlösung) gelangen, das ständig oder nur zeitweise auf die Außenflächen der Bauteile oder Rohre einwirkt, sind in DIN 50929-1 bis -3 festgelegt. Dabei kann es sich um Installationsbauteile in Gebäuden oder außerhalb von Gebäuden handeln, die Korrosionswahrscheinlichkeiten ausgesetzt sind.

Die Korrosionswahrscheinlichkeit einer Installation oder eines Bauteils wird sowohl durch die Eigenschaft des Werkstoffes und des Korrosionsmediums, als auch durch fremde äußere elektrische oder konstruktive Einflussgrößen bestimmt.

In DIN 50929-2 sind die Korrosionswahrscheinlichkeit und der Korrosionsschutz für Installationsteile innerhalb von Gebäuden beschrieben.

Die wichtigste Maßnahme für einen Korrosionsschutz ist das Verhindern des Einwirkens von Feuchtigkeit durch eine wirksame Umhüllung der Rohre und Bauteile. Bevor aufwendige Umhüllungen zum Korrosionsschutz vorgesehen werden, ist zu prüfen, ob die Installation der Rohrleitungen nicht außerhalb von Bereichen, in denen Feuchtigkeit vorhersehbar ist (wie z. B. in Bodenbereichen von Schwimmbädern oder Wäschereien), vorgenommen werden kann.

Wenn dies nicht möglich ist, sind Korrosionsschutzmaßnahmen wie bei erdverlegten Rohrleitungen vorzusehen.

Für erdverlegte Außenleitungen gilt neben der DIN 50929-3 die DIN 30675-1 „Äußerer Korrosionsschutz von erdverlegten Rohrleitungen". Wenn Umhüllungen zum Korrosionsschutz verwendet werden, sind in Anlehnung an DIN 30670 (Stahlrohroberflächen) die nachfolgenden Anforderungen auch für andere Werkstoffe grundsätzlich zu beachten:

- hoher Reinheitsgrad der Oberfläche, damit die Umhüllung gut haftet
- Mindestschichtdicke (je nach Rohrdurchmesser 1,8 – 3,5 mm)
- Porenfreiheit der Umhüllung
- hoher Schälwiderstand (Maß für die Haftung der Umhüllung auf dem Rohr)
- gute Schlagbeständigkeit
- hoher Eindruckwiderstand (bei 10 N/mm$^2$ nicht mehr als 0,3 mm Eindringtiefe)
- hohe Reißdehnung (d. h. hohe Elastizität)
- dauerbeständig, hoher spezifischer (elektrischer) Umhüllungswiderstand
- hohe Alterungsbeständigkeit
- ausreichende Beständigkeit gegen Lichtalterung (UV-Strahlung)

Nichtrostende Stahlrohre und Verbindungen müssen bei der Verlegung im Erdreich einen zusätzlichen Korrosionsschutz haben, weil Stoffe aus Erdalkalien die Werkstoffoberfläche schädigen können.

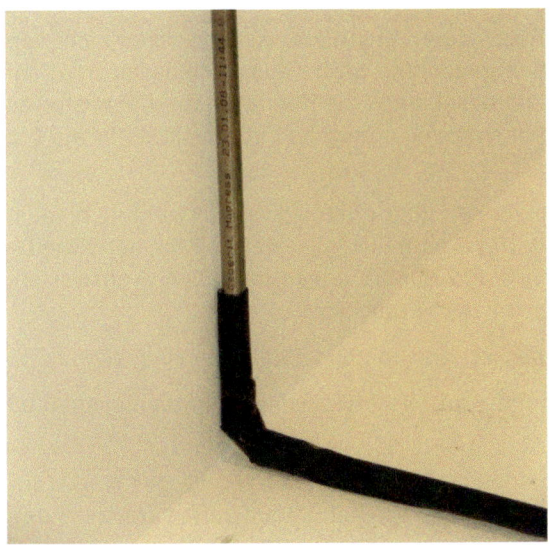

**Bild 131:** Nichtrostendes Stahlrohr mit Korrosionsumhüllung (Werkbild: Geberit)

Ein Korrosionsschutz bei Kupferrohren mit einer Stegmantelumhüllung ist neben den anderen Korrosionsschutzmöglichkeiten für erdverlegte Leitungen zulässig.

**Bild 132:** Kupferrohr mit Stegmantelumhüllung (Werkbild: Wieland)

### 14.2.5 Verträglichkeit mit Rohrwerkstoffen DIN 1988-200

> Verwendete Dämmstoffe und Umhüllungen dürfen den Rohr-, Armatur-, Bauteil- und Gerätewerkstoff nicht schädigen.
>
> Dämmstoffe und Umhüllungen für Kupferwerkstoffe müssen nitritfrei (Massenanteil < 0,01 %) sein und dürfen einen Massenanteil an Ammoniak von nicht mehr als 0,2 % enthalten. Dämmstoffe und Umhüllungen für Rohre aus nichtrostenden Stählen dürfen einen Massenanteil an wasserlöslichen Chlorid-Ionen von 0,05 % nicht überschreiten.
>
> Der Hersteller von Dämmstoffen und Umhüllungen hat in den Produktunterlagen etwaige Verwendungseinschränkungen zu benennen.

Kupferrohre können eine Außenkorrosionsschädigung durch Spannungsrisskorrosion erleiden, wenn in Gegenwart von Feuchtigkeit Stickstoffverbindungen, insbesondere Nitrite und Ammoniak, chemisch wirksam werden können. Als Folge kommt es unter Mitwirkung von Zugspannungen zu plötzlichen Rissen und damit zu Wanddurchbrüchen.

Da Zugspannungen in Form von Eigen-, Betriebs- oder Konstruktionsspannungen nicht vermeidbar sind, muss die Verwendung der oben genannten Stoffe ausgeschlossen bzw. auf ein unkritisches Maß reduziert sein. Damit sind besonderes die Hersteller von Dämmstoffen gefordert, nur nitritfreie Vormaterialien mit einem Ammoniakgehalt von nicht mehr als 0,2 Massenprozent zu verarbeiten.

Wasserlösliche Chloridionen in Dämmstoffen können über die Feuchtigkeitswirkung hinausgehend die Korrosionsvorgänge stimulieren. Dazu enthalten die Merkblätter der Arbeitsgemeinschaft Industriebau AGI Q 15 und AGI Q 135 Ausführungen bezüglich Grenzwerten, Bestimmungsverfahren und Kennzeichnungen auf der Verpackung.

Die lochfraßfördernde Wirkung der Chloridionen auf nichtrostende Stähle ist zu beachten.

Demzufolge sind auch die Gehalte der Dämmstoffe an wasserlöslichen Chloridionen auf 0,05 Massenprozent zu begrenzen.

Die für die Installation geeigneten molybdänlegierten nichtrostende Stähle der Werkstoffnummern 1.4401 und 1.4571 sind gegenüber den aus solchen Dämmstoffen freisetzbaren Chloridionen beständig.

Einige Dämmstoffhersteller haben z. B. bei der Forschungs- und Materialprüfungsanstalt Baden-Württemberg „Otto-Graf-Institut Chemisch-Technisches Prüfamt, Stuttgart" die Eignung der Dämmung für alle bauüblichen Rohrwerkstoffe prüfen lassen. In den Datenblättern für die einzelnen Dämmwerkstoffe ist hierzu dann etwa die folgende Festlegung getroffen:

„Eine schädliche chemische Beeinflussung von Installationsmaterialien ist nicht zu erwarten."

### 14.2.6 Dämmung und Umhüllung von Trinkwasserleitungen kalt
DIN 1988-200

Trinkwasserleitungen kalt sind vor Tauwasserbildung und vor Erwärmung bei erhöhten Umgebungstemperaturen zu schützen. Auf Tauwasserschutz kann verzichtet werden, wenn keine Beeinträchtigungen auf den Baukörper oder Einrichtungen zu erwarten sind.

Rohrleitungen sind in Abhängigkeit von der Temperatur und dem Feuchtegehalt der Umgebungsluft so zu dämmen, dass eine Tauwasserbildung vermieden wird.

Rohrleitungen mit Kontakt zum Baukörper (z. B. unter Putz, in Estrichkonstruktionen oder innerhalb von Vorwandtechnik verlegt) sind mindestens mit einer Umhüllung (z. B. Rohr-in-Rohr-Führung) nach 14.2.1 zu versehen. Ein zusätzlicher Schutz vor Tauwasserbildung durch Dämmung ist hier nicht erforderlich.

Bei üblichen Betriebsbedingungen und Rohrleitungsführungen im Wohnungsbau gelten die Werte für die Mindestdämmschichtdicken nach Tabelle 8 als Richtwerte. Bei längeren Stagnationszeiten kann auch eine Dämmung keinen dauerhaften Schutz vor Erwärmung bieten.

Die Angaben nach Tabelle 8 können auch unter der Annahme einer Trinkwassertemperatur von 10 °C für den Schutz gegen Tauwasserbildung auf der äußeren Dämmstoffoberfläche verwendet werden.

**Tabelle 8 — Richtwerte für Schichtdicken zur Dämmung von Rohrleitungen für Trinkwasser kalt**

| Nr. | Einbausituation | Dämmschichtdicke bei $\lambda = 0{,}040$ W/(m · K)[a] |
|---|---|---|
| 1 | Rohrleitungen frei verlegt in nicht beheizten Räumen, Umgebungstemperatur $\leq 20$ °C (nur Tauwasserschutz) | 9 mm |
| 2 | Rohrleitungen verlegt in Rohrschächten, Bodenkanälen und abgehängten Decken, Umgebungstemperatur $\leq 25$ °C | 13 mm |
| 3 | Rohrleitungen verlegt, z. B. in Technikzentralen oder Medienkanälen und Schächten mit Wärmelasten und Umgebungstemperaturen $\geq 25$ °C | Dämmung wie Warmwasserleitungen Tabelle 9, Einbausituationen 1 bis 5 |
| 4 | Stockwerksleitungen und Einzelzuleitungen in Vorwandinstallationen | Rohr-in-Rohr oder 4 mm |
| 5 | Stockwerksleitungen und Einzelzuleitungen im Fußbodenaufbau (auch neben nichtzirkulierenden Trinkwasserleitungen warm)[b] | Rohr-in-Rohr oder 4 mm |
| 6 | Stockwerksleitungen und Einzelzuleitungen im Fußbodenaufbau neben warmgehenden zirkulierenden Rohrleitungen[b] | 13 mm |
| [a] | Für andere Wärmeleitfähigkeiten sind die Dämmschichtdicken entsprechend umzurechnen; Referenztemperatur für die angegebene Wärmeleitfähigkeit: 10 °C. | |
| [b] | In Verbindung mit Fußbodenheizungen sind die Rohrleitungen für Trinkwasser kalt so zu verlegen, dass die Anforderungen nach 3.6 eingehalten werden. | |

Grundsätzlich sind alle Trinkwasserleitungen kalt entsprechend den Vorgaben der Tabelle 8 von DIN 1988-200 zu dämmen. Die in Tabelle 8 festgelegten Mindestdämmschichtdicken sind Richtwerte, die dann gelten, wenn die Vorgaben der Norm zur Verlegung von Trinkwasserleitungen kalt sowie ein bestimmungsgemäßer Betrieb eingehalten werden. Kann dies nicht gewährleistet werden, müssen unter anderem größere Dämmschichtdicken oder Dämmstoffe mit geringerer Wärmeleitfähigkeit verwendet werden. Allerdings lässt sich auch mit einer noch so dicken Wärmedämmung bei längeren Stagnationszeiten eine Erwärmung des Trinkwassers auf über 25 °C nicht immer vermeiden, weil diese sowohl von den Temperaturunterschieden zwischen Kaltwasser- und Umgebungstemperaturen und der Verweilzeit des Trinkwassers in den Rohrleitungen als auch von der Wärmeleitfähigkeit des Dämmstoffes abhängt.

Tauwasserbildung auf Trinkwasserleitungen kalt kann in aller Regel durch Einhaltung der Dämmschichtdicken der Tabelle 8 und durch Wahl geeigneter diffusionsdichter Dämmstoffe vermieden werden. An die Dämmung von Trinkwasserleitungen kalt sind nicht die gleichen Anforderungen zu stellen wie an die Dämmung von Kaltwasserleitungen in Kälteanlagen. Hier werden hinsichtlich der Vermeidung von Durchfeuchtungen höhere Anforderungen gestellt (s. a. DIN 4140).

Gemäß Tabelle 8 dieser Norm sind die jeweiligen Einbausituationen und damit die zu erwartenden Umgebungstemperaturen maßgeblich für die erforderlichen Dämmschichtdicken. Tauwasserschutz ist darüber hinaus überall dort geboten, wo ein entsprechender Feuchtigkeitsgehalt der Umgebungsluft über einen ausreichend langen Zeitraum an ungedämmten Bauteilen kondensieren und zu Feuchteschäden führen kann. Dies betrifft nicht Stockwerksleitungen im Fußbodenaufbau oder in einer Vorwandinstallation, weil

- hier die Umgebungsluft nicht den dafür erforderlichen Feuchtegehalt hat
- in entsprechenden Hohlräumen kein Austausch mit der Außenluft gegeben ist
- solche Rohrleitungen in der Regel keine Entnahmestellen versorgen, die länger als 15 Minuten betrieben werden und nur kurzzeitig Trinkwasser kalt mit Temperaturen < 10 °C führen.

Anders zu bewerten sind dagegen alle Leitungsabschnitte, bei denen die Einbausituation die zuvor beschriebenen Bedingungen nicht erfüllt. Dazu zählen Hauptverteilungsleitungen insbesondere in Räumen mit Frischluftzufuhr, zum Beispiel für die Heizungsanlage oder einen Wäschetrockner. Kritisch sind auch alle Verteilungsleitungen, die gemäß Tab. 1, Zeile 3 zum Beispiel in abgehängten Decken mit hohen Wärmelasten verlegt werden. Hier ist dann auch eine fachgerechte Dämmung der Absperrarmaturen unerlässlich (Bild 133).

**Bild 133:** Absperrarmatur mit vorgefertigter Dämmschale für Trinkwasser kalt und warm (Werkbild: Viega)

Auf eine Dämmung von Trinkwasserleitungen kalt kann dann verzichtet werden, wenn keine Erwärmung durch Umgebungstemperaturen zu erwarten ist und eine Tauwasserbildung nicht stattfindet oder keine Beeinträchtigung auf den Baukörper oder die Einrichtung zur Folge haben kann.

Diese Voraussetzung kann z. B. in Waschküchen von Mehrfamilienhäusern, wo Waschmaschinen aufgestellt sind, gegeben sein. Dort kann dann auf die Dämmung der Trinkwasserleitungen kalt verzichtet werden.

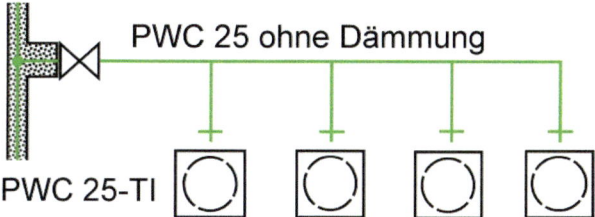

**Bild 134:** Trinkwasserleitungen kalt ohne Dämmung bei Waschmaschinenanschlüssen in Waschküchen

Damit Rohrleitungen keinen direkten Kontakt zum Baukörper bekommen, sind sie mindestens mit einer Umhüllung zu versehen. Die Umhüllung können Dämmstoffe mit Dämmdicken nach DIN 1988-200, Tabelle 8 sein. Als Alternative können aber auch Rohr-in-Rohr-Systeme oder werksseitig kunststoffummantelte Metallrohre verwendet werden, die auch als Umhüllung zur Vermeidung von Kontakten zum Baukörper und zum Tauwasserschutz gelten.

**Bild 135:** Rohr-in-Rohr-System (Werkbild: Viega)

Damit eine Wärmeübertragung bei Absperrarmaturen vermieden wird, sind auch im Kaltwassersystem Absperrarmaturen zu dämmen. Hierfür werden von Herstellern von Absperrarmaturen passende Dämmschalen angeboten.

 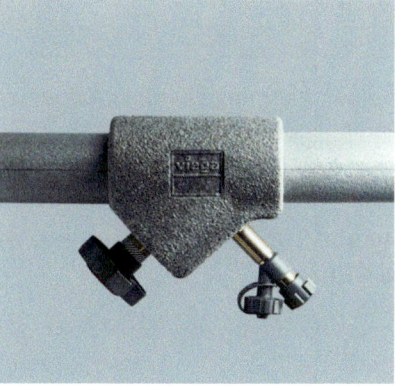

**Bild 136:** Dämmschalen für Absperrarmaturen (Werkbild: Viega)

Die Referenztemperatur von 10 °C gemäß Tabelle 8, Fußnote a hat keinerlei Bezug zur tatsächlichen Temperatur des Trinkwassers kalt im bestimmungsgemäßen Betrieb einer Anlage. Sie dient lediglich als Bezugsgröße zur Klassifizierung des Wärmewiderstandsbeiwertes des Dämmstoffs.

In Tabelle 8, Fußnote b wird die Verlegung einer Trinkwasserleitung kalt im Fußbodenaufbau in Verbindung mit einer Fußbodenheizung nur dann zugelassen, wenn entsprechend Abschnitt 3.6 von DIN 1988-200 maximal nach 30 s und dem vollen Öffnen einer Entnahmestelle die Kaltwassertemperatur 25 °C nicht übersteigt.

Diese Festlegung wurde aus hygienischen Gründen getroffen, weil durch Wärmeübertragung einer Fußbodenheizung die Kaltwasserleitung im Fußbodenaufbau beeinflusst werden kann, auch wenn die Kaltwasserleitung in verlegefreien Zonen der Fußbodenheizung installiert wird.

Gängige Baupraxis ist, dass innerhalb einer Wohnung eine bedarfsabhängige Abrechnung der Wasserkosten erfolgt und deshalb an einer Stelle der Wohnung ein Wohnungswasserzähler installiert wird. Der Aufwand, mehrere Wasserzähler in einer Wohnung zu installieren, wird aus Kosten- und Abrechnungsgründen bei Neuinstallationen in aller Regel vermieden.

Nur aus Gründen der derzeitigen Grundrissgestaltungen, die der Planer nicht beeinflussen kann, wurde mit der Fußnote b zur Tabelle 8 eine Möglichkeit geschaffen, dass von einer zentralen Stelle in der Wohnung, wo der Wohnungswasserzähler installiert ist, entfernter gelegene Entnahmestellen, wie z. B. in einem Gäste-WC oder in einer Küche mit einer Trinkwasserleitung, die über den Fußboden im Randbereich einer Fußbodenheizung versorgt werden kann.

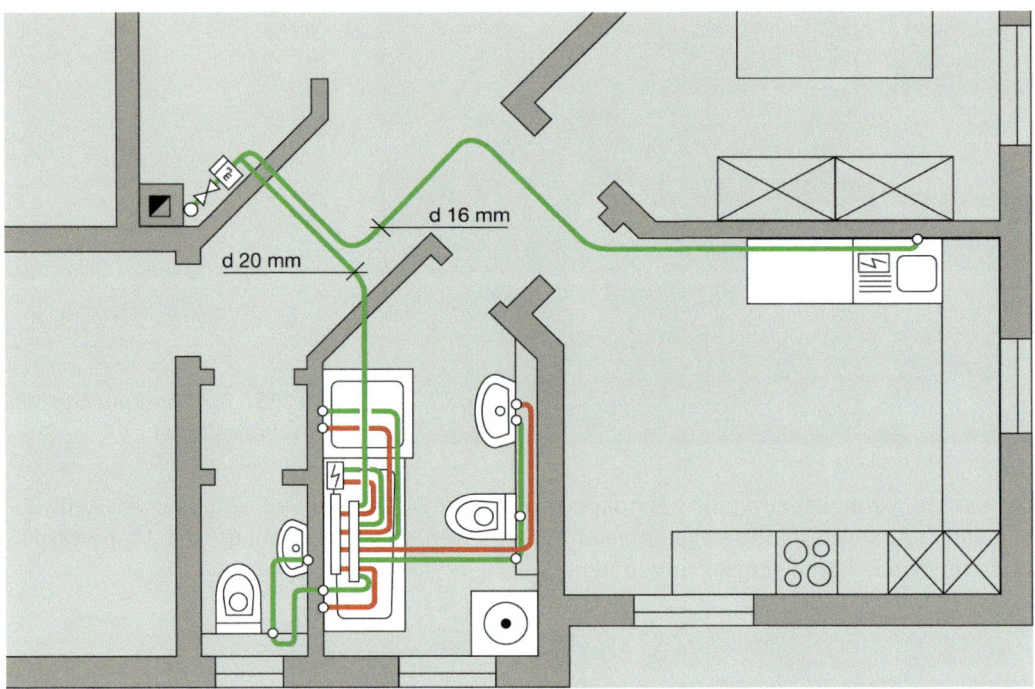

**Bild 137:** Grundriss einer Wohnung mit einer Kaltwasserleitung im Fußbodenaufbau zu einer Entnahmestelle in einer Küche (Werkbild: Viega)

### 14.2.7 Dämmung von Trinkwasserleitungen warm sowie Armaturen
DIN 1988-200

> Zur Begrenzung der Wärmeabgabe von Trinkwasserleitungen warm, die entweder in das Zirkulationssystem einbezogen oder mit einem Temperaturhalteband ausgestattet sind, sind diese mit Dämmschichtdicken nach Tabelle 9 zu dämmen. Die Mindestdämmschichtdicken beziehen sich auf den Innendurchmesser der Rohrleitungen.

**Tabelle 9 — Mindestdämmschichtdicken zur Wärmedämmung von Rohrleitungen für Trinkwasser warm**

| Nr. | Einbausituation | Dämmschichtdicke bei $\lambda = 0{,}035$ W/(m · K)[a] |
|---|---|---|
| 1 | Innendurchmesser bis 22 mm | 20 mm |
| 2 | Innendurchmesser größer 22 mm bis 35 mm | 30 mm |
| 3 | Innendurchmesser größer 35 mm bis 100 mm | Gleich Innendurchmesser |
| 4 | Innendurchmesser größer 100 mm | 100 mm |
| 5 | Leitungen und Armaturen nach den Einbausituationen 1 bis 4 in Wand- und Deckendurchbrüchen, im Kreuzungsbereich von Leitungen, an Leitungsverbindungsstellen, bei zentralen Leitungsnetzverteilern | Hälfte der Anforderungen für Einbausituationen 1 bis 4 |
| 6 | Trinkwasserleitungen warm, die weder in den Zirkulationskreislauf einbezogen noch mit einem Temperaturhalteband ausgestattet sind, z. B. Stockwerks- oder Einzelzuleitungen mit einem Wasserinhalt ≤ 3 l | Keine Dämmanforderungen gegen Wärmeabgabe[b] |

[a] Für andere Wärmeleitfähigkeiten sind die Dämmschichtdicken entsprechend umzurechnen; Referenztemperatur für die angegebene Wärmeleitfähigkeit: 40 °C.
[b] Bei Unterputzverlegung ist eine Dämmung erforderlich (z. B. Rohr-in-Rohr oder 4 mm als mechanischer Schutz oder Korrosionsschutz).

Die Mindestdämmschichtdicken nach Tabelle 9 dürfen vermindert werden, wenn eine gleichwertige Begrenzung der Wärmeabgabe auch mit anderen Bauformen von Dämmungen sichergestellt ist. Die Gleichwertigkeit ist vom Hersteller mit einer allgemein bauaufsichtlichen Zulassung (ABZ) nachzuweisen.

Hier ist grundsätzlich zwischen zwei Kategorien zu unterscheiden. Zur **ersten Kategorie** (Tabelle 9, Zeile 1–4) zählen alle Kellerverteil-, Steige- und Zirkulationsleitungen sowie Stockwerksleitungen, wenn diese in den Zirkulationskreis einbezogen oder mit Begleitheizung ausgestattet sind. Alle Rohrleitungen dieser Kategorie für Trinkwasser warm sind mindestens mit den dort angegebenen Dämmschichtdicken gegen Wärmeverluste zu dämmen. Dies gilt auch für Absperrarmaturen (Bild 133 und Bild 136). Gemäß Tabelle 9, Zeile 5 ist es jedoch erlaubt, diese Dämmschichtdicken für Leitungsabschnitte zum Beispiel in Kreuzungsbereichen auf bis zu 50 % der Anforderungen der Zeilen 1–4 zu reduzieren.

Die Referenztemperatur 40 °C gemäß Fußnote a hat keinerlei Bezug zur tatsächlichen Temperatur des Trinkwassers warm im bestimmungsgemäßen Betrieb einer Anlage. Sie dient lediglich als Bezugsgröße zur Klassifizierung des Wärmewiderstandsbeiwertes des jeweiligen Dämmstoffs.

Bestimmte Dämmstoffe, z. B. aus Polyethylenschaum, verfügen über eine höhere Wärmeleitfähigkeit als 0,035 W/mK, so dass die Dämmschichtdicken über denen aus Tabelle 9 liegen. Andere Dämmstoffe aus Hartschaum zählen wiederum zur besseren Wärmeleitgruppen, wodurch kleinere Außendurchmesser erzielt werden. Mit Bezug auf Tabelle 9, Fußnote a besteht generell die Möglichkeit, Dämmschichtdicken für Dämmstoffe mit anderer Wärmeleitfähigkeit zu ermitteln. Dafür ist das in VDI 2055 beschriebene Verfahren anzuwenden.

Die Anforderungen gemäß Tabelle 9, Zeile 6 betreffen die **zweite Kategorie**. Dabei handelt es sich um Leitungsabschnitte oder Stockwerksleitungen, die nicht in den Zirkulationskreis einbezogen sind. Nach den allgemein anerkannten Regeln der Technik sind diese auf einen Wasserinhalt von ≤ 3 Liter – bezogen auf den jeweiligen Fließweg – begrenzt. Dieses Leitungsvolumen wird in der Praxis jedoch nur selten erreicht, weil entsprechende Ausstoßzeiten nicht die gewünschten Komfortkriterien erfüllen.

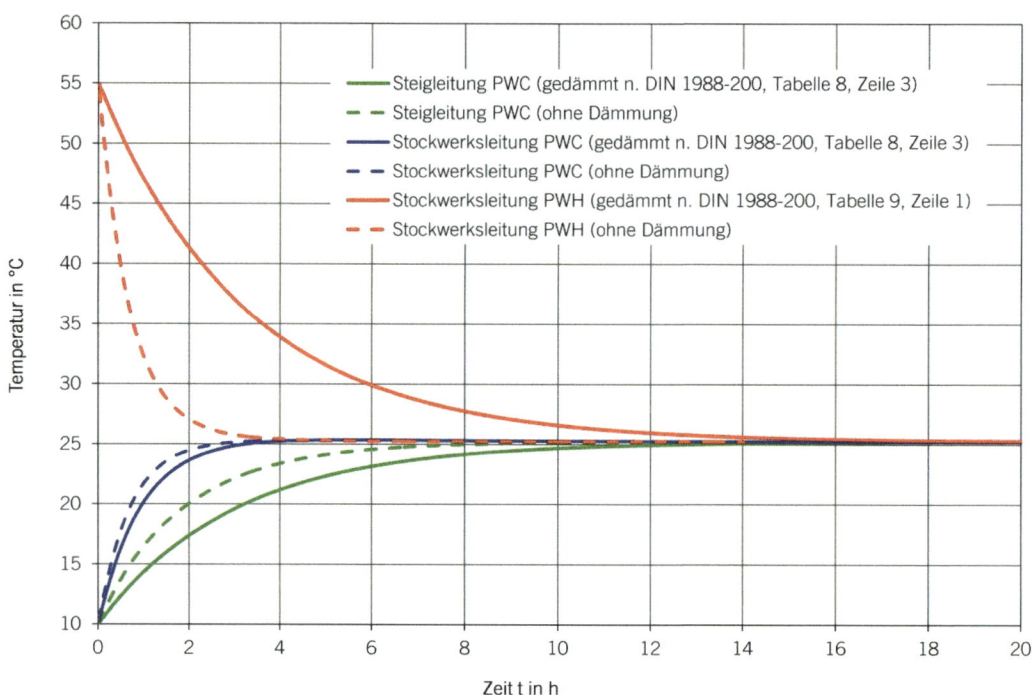

**Bild 138:** Abkühl- und Erwärmungszeiten von stagnierendem Trinkwasser in Kupferrohren bei einer Umgebungstemperatur im Installationsschacht bzw. in einer Vorwandinstallation (Steigleitungen DN 25, Stockwerksleitungen DN 12) von 25 °C

Die Abkühl- und Erwärmungszeiten gemäß Bild 138 wurden bezogen auf eine Umgebungstemperatur von 25 °C berechnet. Dabei zeigt sich, dass selbst eine Dämmung gemäß Tabelle 2, Zeile 1 (100 %) eine relativ schnelle Abkühlung des Warmwassers in einer Stockwerks- oder Einzelzuleitung nicht verhindern kann. Da Entnahmestellen für Trinkwasser warm durchschnittlich im Laufe eines Tages nur kurzzeitig genutzt werden, lassen sich solche Wärmeverluste in den zuvor beschriebenen Leitungsteilen, die nicht in den Zirkulationskreis einbezogen sind, durch Dämmmaßnahmen nicht verhindern. Diese sind im Vergleich zu Rohrleitungen der Kategorie 1 ohnehin vernachlässigbar.

Gemäß Fußnote b ist jedoch generell eine Dämmung erforderlich, auch wenn diese nicht dazu dient, Wärmeverluste zu reduzieren. Insbesondere Stockwerksleitungen, die im Fußbodenaufbau, in gefrästem Mauerwerk oder innerhalb einer Vorwandinstallation fest in den Baukörper eingebunden werden, müssen zur Vermeidung von Schallübertragung und gegebenenfalls von Korrosion zuverlässig vom Baukörper entkoppelt werden. Dazu zählt eine geeignete Umhüllung (z. B. ein Schutzrohr, Rohr-in-Rohr oder ein Dämmschlauch), eine fachgerechte Verlegung, die eine schadensfreie Längenausdehnung infolge Erwärmung ermöglicht sowie eine sichere Befestigung, die die Längenänderungen der Rohrleitungen nicht einschränkt und so keine Knackgeräuschen verursacht. Knackgeräusche sind in der Baupraxis häufig Auslöser für beträchtliche Regressforderungen. Aus diesem Grund werden häufig Rohr-in-Rohr-Installationen bevorzugt, weil damit die genannten Mängel in Verbindung mit Rohrbefestigungen aus Kunststoff konstruktiv ausgeschlossen werden können.

Die erforderlichen Dämmschichtdicken für Trinkwasser warm haben entscheidenden Einfluss darauf, ob Stockwerksleitungen in den vom Architekten vorgesehenen Fußbodenaufbau fach- und normgerecht integriert werden können. Stockwerksleitungen, die in die Zirkulation einbezogen werden, sind im Regelfall aufgrund ihres Platzbedarfs nicht im Fußbodenaufbau unterzubringen. Eine frühzeitige Abstimmung zwischen Architekt und Fachplaner bzw. Installateur zu dieser Thematik wird generell empfohlen.

## 14.2.8 Mindestabstände zwischen den Dämmungen  DIN 1988-200

> Bei der Planung und Ausführung ist darauf zu achten, dass ausreichende Abstände zwischen den zu dämmenden Rohrleitungen, Armaturen oder Apparaten sowie zum Baukörper nach den Angaben der Dämmstoffhersteller eingehalten werden.

In DIN 4140 „Dämmarbeiten an betriebstechnischen Anlagen in der Industrie und in der technischen Gebäudeausrüstung – Ausführung von Wärme- und Kältedämmungen" vom März 2007 sind Mindestabstände zwischen gedämmten Objekten und anderen Bauteilen, wie z. B. Rohrleitungen und Flanschen, von 100 mm angegeben.

Anders als bei Dämmarbeiten an betriebstechnischen Anlagen in der Industrie zeigt die Praxis, dass in der technischen Gebäudeausrüstung die Dämmabstände bei der überwiegenden Anzahl der Installationen aus Platzgründen nicht einzuhalten sind. Außerdem lassen andere baurechtlich eingeführte anerkannte Regeln der Technik, wie z. B. die Muster-Leitungsanlagen-Richtlinie oder allgemeine bauaufsichtliche Zulassungen, ausdrücklich kleinere Abstände zu.

Nach VOB DIN 18299 Abschnitt 0.2.2 und DIN 18421 Abschnitt 0.12 müssen Erschwernisse (nach DIN 4140 sind kleinere Dämmabstände als 100 mm „Erschwernisse") im Leistungsverzeichnis angegeben werden.

Maßgebliches Kriterium in der VOB ist jedoch, dass die als Erschwernis charakterisierten Umstände „besonders", also ungewöhnlich sind.

Die Unterschreitung eines Mindestabstands von 100 mm in der technischen Gebäudeausrüstung erfüllt dieses Kriterium nicht. Sie ist durchaus üblich, also kann es sich nicht um eine Erschwernis handeln.

Deswegen kann die Anforderung der DIN 4140, generell Abstände zwischen Dämmoberflächen von ≥ 100 mm festzulegen, als praxisfremd, ungebräuchlich und nicht als anerkannte Regel der Technik angesehen werden.

Wenn eine Dämmung ohne Behinderung aufgebracht werden kann, sind die Anforderungen an die Ausführung nach den allgemein anerkannten Regeln der Technik erfüllt, weil dies bei der Mehrheit der ausgeführten haustechnischen Anlagen praktiziert wird.

In der Norm wird auf die Verlegeanleitungen der Hersteller von Dämmstoffen für mögliche Verlegeabstände hingewiesen. Diese sind jedoch in aller Regel allgemein gehalten und haben keine Maßvorgaben.

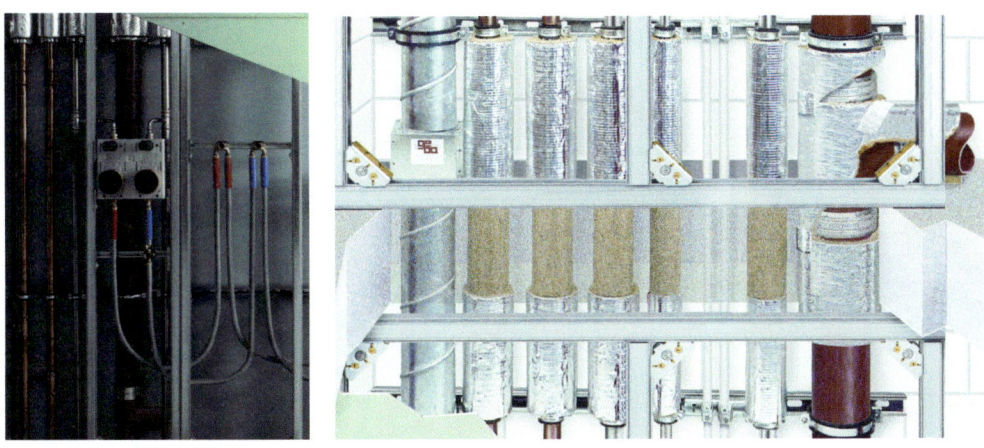

**Bild 139:** Schachtbelegung in der technischen Gebäudeausrüstung (Werkbild: Viega)

## 15 Druckerhöhung     DIN EN 806-2

### 15.1 Allgemeines

Eine Druckerhöhung kann dann notwendig sein, wenn unter normalen Bedingungen der Versorgungsdruck für einen ausreichenden Druck an den Entnahmestellen nicht ausreicht.

Der Einsatz von Druckerhöhungspumpen sollte durch die optimale Nutzung so gering wie möglich gehalten werden, z. B. durch Versorgung der unteren Geschosse mit Versorgungsdruck und Versorgung über Druckerhöhungsanlage nur für jene Geschosse, wo der Versorgungsdruck nicht ausreicht.

### 15.2 Planungsgrundsätze

#### 15.2.1 Druckerhöhung

Eine Druckerhöhungsanlage ist nur dann erforderlich, wenn der Mindest-Versorgungsdruck (SPLN) kleiner ist als die Summe aus:

- Druckverlust aus geodätischem Höhenunterschied;
- dem Mindestfließdruck an der höchsten Entnahmestelle ($p_{minFl}$);

und der Summe der Druckverluste aus:

- Rohrreibung und Einzelwiderständen $\Sigma(I \times R + \Delta p_F)$;
- dem Wasserzählerwiderstand
- und den Apparatewiderständen, z. B. Filter, Dosiergeräte.

Bild 3 zeigt beispielhaft Druckverhältnisse, bei denen wegen des niedrigen Mindest-Versorgungsdruckes die Anordnung einer Druckerhöhungsanlage notwendig ist.

#### 15.2.2 Druckminderung

Ein Druckminderer ist einzubauen, wenn der maximale Versorgungsdruck oder der Betriebsdruck auf der Enddruckseite einer Druckerhöhungsanlage über den höchsten Systembetriebsdruck (PMA) von Apparaten, Armaturen und weiteren Bauteilen ansteigen kann.

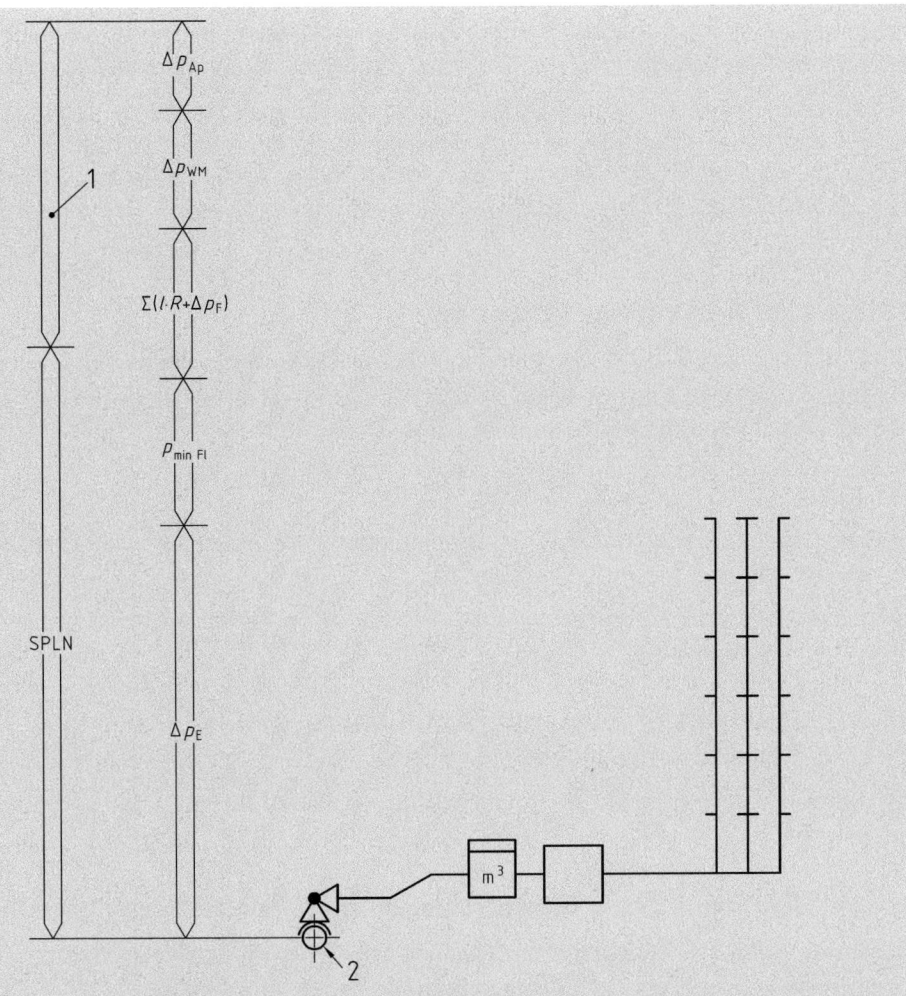

**Legende**

| | |
|---|---|
| 1 | Differenzdruck, der durch die erforderliche Druckerhöhungsanlage erbracht wird |
| 2 | Versorgungsleitung |
| $\Delta p$ | Druckverlust aus geodätischem Höhenunterschied |
| SPLN | Mindest-Versorgungsdruck |
| $\Delta p_E$ | Druckverlust von Apparaten |
| $\Delta p_{WM}$ | Druckverlust des Wasserzählers |
| $\Sigma(l \times R + \Delta p_F)$ | Summe der Druckverluste aus Rohrreibung und Einzelwiderständen |
| $p_{min\,Fl}$ | Mindestfließdruck |

**Bild 3 — Schematische Darstellung der Druckverlustanteile in einer Trinkwasseranlage**

### 15.2.3 Druckminderung und Druckerhöhung

Ist die Differenz zwischen Mindest-Versorgungsdruck und dem maximalen Versorgungsdruck eines Grundstücks oder eines Gebäudes groß (für Installation Typ A größer als 100 kPa), kann es erforderlich sein, sowohl Druckerhöhungsanlagen als auch Druckminderer anzuordnen.

## 15.3 Druckerhöhungsanlagen

### 15.3.1 Allgemeines

Druckerhöhungsanlagen sind so auszulegen, zu betreiben und zu unterhalten, dass die ständige Betriebssicherheit der Wasserversorgung gegeben ist und weder die öffentliche Wasserversorgung noch andere Verbrauchsanlagen störend beeinflusst werden. Eine nachteilige Veränderung der Trinkwassergüte muss ausgeschlossen sein.

Es ist zu untersuchen, ob die Druckerhöhungsanlage für ein ganzes Gebäude erforderlich wird, oder ob sie nur für Stockwerke in Frage kommt, die mit dem Mindest-Versorgungsdruck nicht ständig versorgt werden können. Im Grenzfall ist die Notwendigkeit einer Druckerhöhungsanlage durch eine differenzierte Berechnung nachzuweisen (siehe prEN 806-3).[N1]

### 15.3.2 Festlegung der Druckzonen

Sind verschiedene Druckzonen einzurichten, sind folgende Ausführungsarten möglich:

- Einbau mehrerer Druckerhöhungsanlagen, so dass jeder Druckzone eine eigene Druckerhöhungsanlage zugeordnet werden kann.
- Eine Druckerhöhungsanlage mit einem zentralen Druckminderer für jeweils eine Druckzone.
- Eine Druckerhöhungsanlage mit Druckminderern an den Abzweigen der unteren Geschosse.

Beim Einbau von Druckerhöhungsanlagen sollten Maßnahmen zur Energieeinsparung berücksichtigt werden.

### 15.3.3 Druckerhöhungsanlagen für Versorgungs- und Feuerlöschzwecke

Als Förderstrom der Druckerhöhungsanlage ist der größere Zahlenwert von beiden anzusetzen.

### 15.3.4 Ermittlung des Förderdruckes der Druckerhöhungsanlage

Der Förderdruck der Druckerhöhungsanlage ergibt sich aus der Summe von:

- Druckverlust aus geodätischem Höhenunterschied;
- Mindestfließdruck an der hydraulisch ungünstigsten Entnahmestelle;
- Druckverlust aus Rohrreibung und Einzelwiderständen;
- Druckverlust des Wasserzählers;
- Druckverlust von Apparaten, z. B. Filter, Dosiergeräte,

und dem

- Mindest-Versorgungsdruck.

Die Berechnung setzt voraus, dass die Daten der Bauteile, z. B. Werkstoff und Nennweite der Rohre, bekannt sind.

---

[N1] In DIN EN 806-3 wird lediglich ein vereinfachtes Berechnungsverfahren beschrieben und bezüglich der differenzierten Berechnung auf nationale Verfahren, für Deutschland DIN 1988-3, verwiesen.

# DRUCKERHÖHUNG

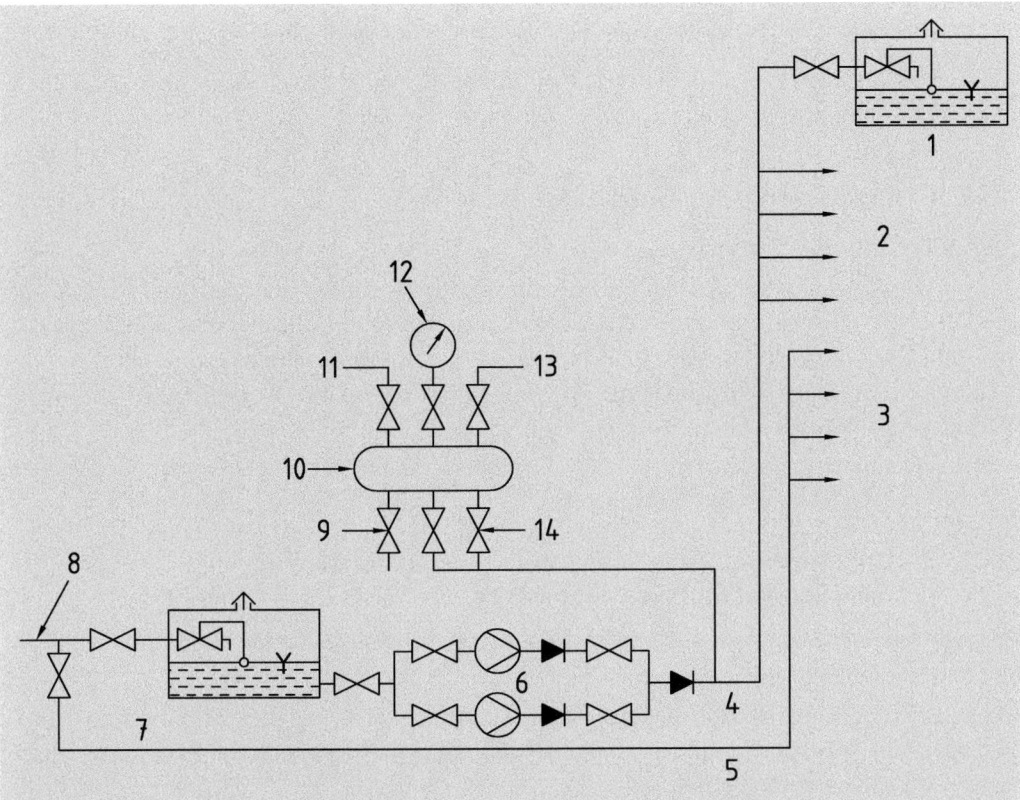

**Legende**

1. Wasserbehälter (falls erforderlich)
2. Trinkwasserentnahmestellen in der Leitung mit dem Druck der Druckerhöhungsanlage
3. Entnahmestellen mit dem Druck aus der Versorglungsleitung bei ausreichendem Versorgungsdruck
4. Leitung mit Druck der Druckerhöhungsanlage
5. Leitung mit Versorgungsdruck
6. Druckerhöhungsanlage mit zwei Pumpen
7. Vorbehälter, falls erforderlich
8. Anschlussleitung
9. Entleerung
10. Druckbehälter, falls erforderlich
11. zum Druckschalter
12. Druckmessgerät
13. Druckluft aus dem Kompressor
14. Druckminderer

**Bild 4 — Beispiel einer Druckerhöhungs-Installation**

In der Regel werden die Nennweiten der Verbrauchsleitungen nach der Druckerhöhungsanlage erst ermittelt, wenn Art und Größe der Druckerhöhungsanlage festgelegt sind und der zur Verfügung stehende Druck nach der Druckerhöhungsanlage bekannt ist. Hierzu sind Angaben über den Werkstoff und die Nennweite der Anschlussleitung, den Druckverlust des Wasserzählers sowie den Mindest-Versorgungsdruck vom zuständigen Wasserversorgungsunternehmen zu erfragen.

Es empfiehlt sich, den Förderdruck der Druckerhöhungsanlage aus der Druckdifferenz zwischen

- dem bei Spitzendurchfluss erforderlichen Betriebsdruck nach der Druckerhöhungsanlage ($p_{nach}$)

    und

– dem vor der Druckerhöhungsanlage bei Spitzendurchfluss verfügbaren Betriebsdruck ($p_{vor}$)

zu berechnen.

### 15.3.5 Festlegung der Anschlussart

#### 15.3.5.1 Allgemeines

Je nach Anschlussart muss die Fließgeschwindigkeit in der Anschlussleitung und der zur Druckerhöhung führenden Verbrauchsleitung auf bestimmte Höchstwerte begrenzt werden. Dadurch wird erreicht, dass

– die Versorgung benachbarter Verbraucher wegen zu hohen Druckabfalls nicht unzumutbar gestört wird und

– unzulässige Druckstöße in der Anschlussleitung sowie in den Leitungen der öffentlichen Versorgung vermieden werden.

#### 15.3.5.2 Unmittelbarer Anschluss (wenn nach nationalen oder örtlichen Vorschriften zugelassen)

Der unmittelbare Anschluss ist die direkte Verbindung der Druckerhöhungsanlage mit der Verbrauchsleitung.

Da in einem geschlossenen System eine gesundheitliche Beeinträchtigung des Trinkwassers von außen nicht zu befürchten ist, ist der unmittelbare Anschluss dem mittelbaren Anschluss vorzuziehen.

Die Anlage kann ohne Druckbehälter auf der Vordruckseite der Pumpen betrieben werden, wenn:

a) der durch das Ein- und Ausschalten jeder Pumpe oder Armatur der Druckerhöhungsanlage erzeugte maximale Unterschied der Fließgeschwindigkeit in der Anschlussleitung und in der zur Druckerhöhungsanlage führenden Verbrauchsleitung unter 0,15 m/s liegt. Damit unzulässige Druckstöße auch bei Stromausfall vermieden werden, darf bei Ausfall aller Betriebspumpen der verursachte Unterschied in der Fließgeschwindigkeit 0,5 m/s in der Anschlussleitung und in der zur Druckerhöhungsanlage führenden Verbrauchsleitung nicht überschreiten;

oder

b) sichergestellt ist, dass beim

– Anlaufen der Pumpen der Mindest-Versorgungsdruck SPLN um nicht mehr als 50 % unterschritten wird und 100 kPa oder höher bleibt;

– Abschalten der Pumpen der Druckanstieg $\Delta p_2$ nicht mehr als 100 kPa über dem zulässigen Betriebsdruck am abnehmerseitigen Ende der Anschlussleitung während der Betriebsruhe der Druckerhöhungsanlage liegt.

#### 15.3.5.3 Mittelbarer Anschluss

Der mittelbare Anschluss ist die indirekte Verbindung der Druckerhöhungsanlage mit der von der Versorgungsleitung abzweigenden Anschlussleitung über einen Vorbehälter, der mit der Atmosphäre ständig in Verbindung steht und dem das Wasser über eine oder mehrere wasserstandabhängig gesteuerte Armaturen zuläuft. Die Anschlussbedingungen nach 15.3.5.1 sind auch hier einzuhalten.

Sofern nicht durch nationale oder örtliche Vorschriften anders festgelegt, ist der mittelbare Anschluss nur notwendig, wenn:

a) infolge der maximalen Entnahme durch die Druckerhöhungsanlage der erforderliche Mindestfließdruck an der höchsten Entnahmestelle benachbarter Anlagen unterschritten wird,

b) Trinkwasser aus der öffentlichen Versorgung mit einer Eigenwasserversorgung zusammengeführt werden soll.

### 15.3.6 Aufstellung und Unterbringung der Druckerhöhungsanlage

Die Druckerhöhungsanlage ist in einem frostfreien, gut belüfteten, abschließbaren und vorzugsweise in einem anderweitig nicht genutzten Raum unterzubringen. Schädliche Gase sollten nicht in den Aufstellraum eindringen können. Ein ausreichend bemessener Entwässerungsanschluss ist erforderlich. Druckbehälter müssen so aufgestellt sein, dass sie möglichst allseitig in Augenschein genommen werden können, für die innere Prüfung zugänglich sind und das Fabrikschild gut erkennbar ist.

Für die Unterbringung der Druckerhöhungsanlage sollte ein Raum gewählt werden, der nicht in unmittelbarer Nähe von Schlaf- und Wohnräumen liegt. Eine schallgedämmte Aufstellung der Druckerhöhungsanlage ist zu empfehlen. Werden Kompensatoren zur Schwingungsdämpfung eingesetzt, so ist deren Dauerstandfestigkeit zu beachten. Sie müssen leicht austauschbar sein.

Für die Planung und Ausführung von Druckerhöhungsanlagen wurden die Anforderungen aus DIN 1988-5 vom Dezember 1988 ohne weitere Überarbeitung in diesen Abschnitt übernommen. Die Grundlage für DIN 1988-5 war damals das DVGW-Arbeitsblatt W 314 „Druckerhöhungsanlagen in Grundstücken; Technische Bestimmungen für Auslegung, Ausführung und Betrieb" vom März 1974. Diese Anlagentechnik für Druckerhöhungsanlagen mit Pumpen mit konstanter Drehzahl führt im Betrieb zu Druckschwankungen und erfordert in der Regel Membrandruckbehälter auf der Vor- und Enddruckseite. Im Bild 5 dieses Abschnitts der Norm sind eine Darstellung und eine Legende dazu aufgenommen, in denen noch auf einen Druckbehälter und Druckluft aus Kompressor hingewiesen wird.

Diese Ausführungsarten sind veraltet und entsprechen nicht mehr den heutigen hygienischen Anforderungen an Trinkwasserinstallationen. Bei solchen Druckerhöhungsanlagen im Bestand ist zu prüfen, ob sie den heutigen Komfortanforderungen genügen und nicht zu Fehlfunktionen führen. Des Weiteren ist durch die Entnahme von Wasserproben hinter der Druckerhöhungsanlage zu überprüfen, ob sie hygienisch unbedenklich sind.

Diese veralteten Anlagen sind insgesamt gegen Anlagen, die der DIN 1988-500 „Druckerhöhungsanlagen mit drehzahlgeregelten Pumpen" entsprechen, auszutauschen.

**Bild 140:** Druckerhöhungsanlagen mit Druckluftkompressor und Undichtheiten an der Pumpe und der Druckluftanlage

PLANUNG

## 15 Druckerhöhungsanlagen DIN 1988-200

Druckerhöhungsanlagen mit drehzahlgeregelten Pumpen müssen die Anforderungen nach DIN 1988-500 einhalten.

Die Planungs- und Ausführungsanforderungen in der nationalen Norm DIN 1988-500 „Druckerhöhungsanlagen mit drehzahlgeregelten Pumpen" vom Februar 2011 ermöglichen die Umsetzung der erhöhten Anforderungen an Komfort, Hygiene und Energieeffizienz. Mit dieser zeitgerechten und modernen Anlagenkonzeption kann z. B. auf Membrandruckbehälter verzichtet und ein konstanter Druck innerhalb des Kennlinienbereiches eingehalten werden.

**Bild 141:** ZVSHK/Beuth-Kommentar zur DIN 1988-500

Anfang der 1990er Jahre wurden elektronisch drehzahlgeregelte Pumpen, die in einer Kaskade angeordnet sind, entwickelt. Diese Form der Druckerhöhungsanlagen hat in der Trinkwasserinstallation die anderen Techniken nahezu vollständig abgelöst.

Deshalb wird in DIN 1988-200 auch ausschließlich auf die Anwendung der DIN 1988-500 hingewiesen.

**Bild 142:** Druckerhöhungsanlagen mit drehzahlgeregelten Pumpen (Werkbild: Wilo)

## 16 Druckminderer  DIN EN 806-2

### 16.1 Allgemeines  DIN EN 806-2

Druckminderer sind z. B. erforderlich:

- wenn der Ruhedruck an den Entnahmestellen über 500 kPa steigt;
- zur Begrenzung des Betriebsdruckes in den Verbrauchsleitungen, wenn der höchstmögliche Ruhedruck an beliebiger Stelle in der Trinkwasseranlage den maximalen zulässigen Betriebsdruck erreicht oder überschreitet oder wenn Apparate und Einrichtungen angeschlossen werden, die nur einem geringeren Druck ausgesetzt werden dürfen;
- wenn der Ruhedruck vor einem Sicherheitsventil 75 % seines Ansprechdruckes überschreiten kann. Der Druckminderer ist so einzubauen, dass im Kaltwassersystem und Warmwassersystem gleiche Druckverhältnisse herrschen;
- bei der Versorgung von Hochhäusern über eine einzige Druckerhöhungsanlage, wenn mehrere Druckzonen erforderlich sind. In solchen Fällen werden die Druckminderer entweder in die Zonensteigleitung oder in die Stockwerksleitung eingebaut.

Druckminderer in Feuerlöschleitungen sollten vermieden werden. Sind diese unumgänglich, so sind die örtlichen Bestimmungen des Brandschutzes zu beachten.

Druckminderer dürfen nicht nach der Nennweite der Leitung ausgewählt werden, sondern nach dem erforderlichen Durchfluss.

## 16 Druckminderer  DIN 1988-200

### 16.1 Allgemeines  DIN 1988-200

Druckminderer müssen DIN EN 1567 und DVGW W 570-1 entsprechen.

Aufgabe eines Druckminderers ist es einen vorgegebenen Druck auf der Ausgangsseite sicherzustellen und unabhängig vom Volumenstrom in zulässigen Grenzen auf Dauer zu halten. Schwankende ungleichmäßige Eingangsdrücke beeinflussen den ausgangsseitigen Druck und die Größe des Volumenstroms nur unwesentlich.

Es sind Regelarmaturen ohne Hilfsenergie, welche die zur Regelung erforderlichen Kräfte dem Durchflussmedium entnehmen. Sie schützen die nachgeschalteten Einrichtungen vor zu hohem Versorgungsdruck, vermindern Fließgeräusche, garantieren geregelten Ausgangsdruck auch bei schwankenden Vordrücken und senken den Wasserverbrauch. In den Regelwerken wird darauf hingewiesen, dass auf eine sparsame Wasserverwendung geachtet werden soll.

Es handelt sich um Sicherheitsarmaturen nach DIN EN 806-1, Ziffer 5.4.10.

Es dürfen – auch gemäß AVBWasserV § 12 – nur Geräte installiert werden, die den allgemein anerkannten Regeln der Technik entsprechen. Diese Anforderung wird erfüllt, wenn Druckminderer ein DIN/DVGW-Kennzeichen aufweisen.

Die allgemein anerkannten Regeln der Technik sind zum einen die Produktnorm DIN EN 1567, in der die mechanisch-hydraulischen Eigenschaften definiert werden und zum anderen das DVGW Arbeitsblatt W 570-1, in dem die Hygiene definiert wird, für die Kunststoffe und Elastomere die KTW-Leitlinien des Umweltbundesamtes und die Anforderungen nach DVGW-Arbeitsblatt W 270 sowie für die Metalle die Anforderungen nach DIN 50930-6. Die nach Produktnorm optionale Druckmessstelle und der Schmutzfänger müssen nach DVGW-Arbeitsblatt W 570-1 in Deutschland generell vorhanden sein.

In Feuerlöschleitungen mit Wandhydranten Typ S sind evtl. erforderliche Druckminderer nicht in die gemeinsame Zuleitung zur Trinkwasserinstallation einzubauen (siehe DIN 1988-600 Kapitel 4.2.3).

Druckminderer sind Regelorgane und bedürfen einer regelmäßigen Wartung (siehe DIN EN 806-5).

**Bild 143:** Druckminderer (Werkbild: Syr)

## 16.2 Einbau　　DIN EN 806-2

Der Einbau von Druckminderern erfolgt in der Regel in die Kaltwasserleitung hinter der Wasserzähleranlage.

Die Anweisungen des Herstellers sind zu beachten. Für die Einregulierung und Wartung müssen vor und nach dem Druckminderer Absperrmöglichkeiten und Anschlussstellen für Druckmessgeräte vorhanden sein. Um Rückwirkungen auf den Druckminderer zu vermeiden, sollte an seiner Ausgangsseite als Nachlaufstrecke in gleicher Nennweite eine Rohrstrecke mit einer Mindestlänge des fünffachen Innendurchmessers angeordnet werden.

Befinden sich auf der Ausgangsseite Anlagenteile, die bei unvollkommenem Abschluss des Druckminderers durch einen unzulässig hohen Druck überlastet werden, so ist ein Sicherheitsventil einzubauen. Der Ausgangsdruck des Druckminderers ist in diesen Fällen mindestens 20 % unter dem Ansprechdruck des Sicherheitsventils einzustellen.

Ist aus betrieblichen Gründen eine Umgehungsleitung erforderlich, so ist diese ebenfalls mit einem Druckminderer zu versehen. Die Druckminderer sind entsprechend den jeweiligen Betriebsverhältnissen auszuwählen und so einzustellen, dass beide durchströmt werden.

## 16.2 Einbau　　DIN 1988-200

Zur dauerhaft einwandfreien Funktion ist es erforderlich, vor dem Druckminderer einen mechanisch wirkenden Filter nach DIN EN 13443-1 und DIN 19628 einzubauen. Dies kann auch durch eine Gerätekombination (Filter – Druckminderer) erfolgen.

Die Einbaulage der Druckminderer ist nach Angaben der Hersteller vorzunehmen. Ein spannungsfreier Einbau muss sichergestellt sein.

Auf der Ausgangsseite wird in DIN EN 806-2 eine Beruhigungsstrecke – eine gerade Rohrstrecke – von mindestens dem fünffachen Rohrinnendurchmesser gefordert. Das Weglassen von Beruhigungsstecken kann im Einzelfall zu extremer Geräuschentwicklung führen, da die Strömungsturbulenzen rückwirkend sogenannte Resonanzschwingungen im Druckminderersystem erzeugen können.

## 16.3 Bestimmung der Nennweite　　DIN 1988-200

Druckminderer dürfen nicht nach der Nennweite der Rohrleitung ausgewählt werden, sondern nach dem erforderlichen Durchfluss.

Die Auswahl von Druckminderern ist im Rahmen der Rohrnetzberechnung unter Berücksichtigung der Herstellerangaben nach den Tabellen 10 und 11 und den Schallschutzanforderungen nach Reihe DIN 4109 entsprechend vorzunehmen.

Tabelle 10 — Nennweiten der Druckminderer für Anlagen, in denen die Schallschutzbestimmungen nach DIN 4109 zu erfüllen sind (z. B. Wohnbauten)

| Nennweite DN | Spitzenvolumenstrom $\dot{V}_s$ bei Fließgeschwindigkeit 2 m/s | |
|---|---|---|
| | l/s | m³/h |
| 15 | 0,5 | 1,8 |
| 20 | 0,8 | 2,9 |
| 25 | 1,3 | 4,7 |
| 32 | 2 | 7,2 |
| 40[a] | 2,3 | 8,3 |
| 50[a] | 3,6 | 13 |
| 65[a] | 6,5 | 23 |
| 80[a] | 9 | 32 |
| 100[a] | 12,5 | 45 |
| 125[a] | 17,5 | 63 |
| 150[a] | 25 | 90 |
| 200[a] | 40 | 144 |
| 250[a] | 75 | 270 |

[a] z. Z. noch keine Prüfzeichen hinsichtlich des Geräuschverhaltens.

Tabelle 11 — Nennweiten der Druckminderer für Anlagen, die nicht den Schallschutzbestimmungen nach DIN 4109 unterliegen (z. B. gewerbliche Anlagen)

| Nennweite DN | Spitzenvolumenstrom $\dot{V}_s$ bei Fließgeschwindigkeit 3 m/s | |
|---|---|---|
| | l/s | m³/h |
| 15 | 0,5 (0,35 [a]) | 1,8 (1,3 [a]) |
| 20 | 0,9 | 3,3 |
| 25 | 1,5 | 5,4 |
| 32 | 2,4 | 8,6 |
| 40 | 3,8 | 13,7 |
| 50 | 5,9 | 21,2 |
| 65 | 9,7 | 35 |
| 80 | 15,3 | 55 |
| 100 | 23,3 | 83 |
| 125 | 34,7 | 125 |
| 150 | 52,8 | 190 |
| 200 | 92 | 330 |
| 250 | 139 | 500 |

[a] Sicherheitsarmaturengruppe

Die Größenbestimmung von Druckminderern richtet sich nach dem berechneten Spitzenvolumenstrom $V_S$ nach DIN 1988-300, sie darf nicht nach der Nennweite der Rohrleitung dimensioniert werden. Hinsichtlich des Schallschutzes unterscheidet die Norm, in welchen Anlagen der Schallschutz eine wichtige Rolle spielt (Tabelle 10) und welche, die nicht den Schallschutzbestimmungen nach DIN 4109 unterliegen, z. B. gewerbliche Anlagen (Tabelle 11).

Bei der Schallschutzprüfung wird zwischen Armaturengruppe I und Armaturengruppe II unterschieden.

Druckminderer der Armaturengruppe I und deren Wasserleitungen dürfen an einschalige Wände mit einer flächenbezogenen Masse von mindestens 220 kg/m² angebracht werden. Druckminderer der Armaturengruppe II und deren Wasserleitungen dürfen nicht an Wänden angebracht werden, die im selben Geschoss, in den Geschossen darüber oder darunter an schutzbedürftige Räume grenzen (s. a. Kommentar zu DIN 1988-200 Abschnitt 13.1 und Bild 115) und dürfen außerdem nicht an Wänden angebracht werden, die keine flächenbezogene Masse von mindestens 220 kg/m² haben.

# 17 Kombinierte Trinkwasser- und Feuerlöschanlagen
## DIN EN 806-2

### 17.1 Allgemeines

Wo nach nationalen oder örtlichen Vorschriften kombinierte Leitungsanlagen für Trinkwasser-Entnahmestellen und für Feuerlöschzwecke zugelassen sind, sind diese Anlagen wie folgt zu planen:

### 17.2 Planung

#### 17.2.1 Allgemeine Anforderungen

##### 17.2.1.1 Verantwortung von Planern, Anlagenerrichtern und Betreibern

Vor Errichtung von Brandschutzanlagen mit Anschluss an die öffentliche Versorgung ist die Zustimmung des zuständigen Wasserversorgungsunternehmens einzuholen. Dazu sind dem Wasserversorgungsunternehmen die zur Beurteilung der Anlage notwendigen Unterlagen (Zeichnungen, Berechnungen) vorzulegen. Darüber hinaus sind insbesondere die den Brandschutz betreffenden baurechtlichen Vorschriften und Auflagen zu beachten.

Feuerlöschanlagen innerhalb von Gebäuden dienen dem Schutz von Objekten und/ oder Leben. Der Lieferumfang von Wasser richtet sich nach der Gefährdungsklasse und den Planungsvoraussetzungen und es ist mit dem Wasserversorgungsunternehmen abzusprechen, ob dieser Lieferumfang zur Verfügung steht oder nicht.

##### 17.2.1.2 Hygiene und Sicherheit

Feuerlöschanlagen werden für die Brandbekämpfung während ihrer Lebensdauer selten betrieben. Sind sie ständig mit Wasser gefüllt, so besteht die Gefahr, dass das stagnierende Wasser zu einer Gesundheitsgefährdung führen kann. Sind solche Anlagen mit der Trinkwasserversorgungsanlage verbunden, so können sie eine Beeinträchtigung der Trinkwassergüte darstellen. Bei Planung, Bau und Betrieb von Feuerlöschanlagen muss daher darauf geachtet werden, dass stagnierendes Wasser und Verunreinigung des Trinkwassers verhindert werden (siehe EN 1717).

##### 17.2.1.3 Anschlussleitung

Wo Löschwasser- und Verbrauchsleitungen über eine gemeinsame Anschlussleitung versorgt werden, sollte die Größe der Anschlussleitung beiden Bedürfnissen gerecht werden. Die Planung ist so auszuführen, dass eine ausreichende Erneuerung des Wassers in der Anschlussleitung erfolgt, wenn über die Verbrauchsleitungen Wasser entnommen wird.

### 17.2.1.4 Direkter Anschluss an die Versorgungsleitung

Unmittelbar nach der Wasserzähleranlage oder in dieser selbst ist eine Sicherungseinrichtung einzubauen (nach EN 1717), auch wenn das Wasser für den Brandschutz nicht gezählt wird.

### 17.2.1.5 Anschluss an die Trinkwasser-Installation

Feuerlöschanlagen, die direkt an die Trinkwasser-Installation angeschlossen sind, werden mit Trinkwasser gespeist. Daher ist es notwendig, Armaturen zur Rückflussverhinderung einzubauen (siehe EN 1717). Um die Einspeisung von Nichttrinkwasser (z. B. Wasser aus Tanks, Flüssen, Feuerlöschteichen und Brunnen) in diese Feuerlöschanlagen zu vermeiden, sind Anschlüsse für derartige Einspeisungen nicht zulässig.

Für die Planung von kombinierten Trinkwasser- und Feuerlöschanlagen sind im Abschnitt 17 dieser Norm lediglich die grundlegenden Anforderungen aufgenommen. Mit diesen Anforderungen kann weder der Bereich der Trinkwasserinstallation bis zur Löschwasserübergabestelle noch der Bereich der Feuerlösch- und Brandschutzanlagen hinter der Löschwasserübergabestelle geplant werden.

Deshalb wird im Abschnitt 17.1 „Allgemeines" dieser Norm auf die nationalen oder örtlichen Vorschriften in den einzelnen Ländern verwiesen.

Bis zu den Überarbeitungen der Normen DIN 1988-6 „Feuerlösch- und Brandschutzanlagen" und DIN 14462 „Löschwassereinrichtungen" wurden wie selbstverständlich Feuerlöschleitungen an Trinkwasserinstallationen angeschlossen. Auch die vorzuhaltenden Löschwassermengen und die sich daraus ergebenden Rohrweiten standen in keinem vertretbaren Verhältnis zu den benötigten Trinkwassermengen. Bei den Bemessungen der Rohrnennweiten und der beantragten Wassermengen bei dem zuständigen Wasserversorgungsunternehmen wurden die Trinkwasser- und Löschwassermengen addiert und bildeten die Grundlagen für die Nennweite der Anschlussleitung, die Größe des Wasserzählers und die Nennweite der Trinkwasserinstallation.

Die sich hieraus ergebenden Risiken für die Trinkwasserhygiene wurden bei der Überarbeitung der neuen technischen Regeln für die Bereiche Trinkwasser und Löschwasser berücksichtigt.

## 17 Feuerlösch- und Brandschutzanlagen DIN 1988-200

Für die Planung, Errichtung, Betrieb, Änderung und Instandhaltung der Trinkwasser-Installation von der Anschlussstelle bis zur Übergabestelle an die Feuerlösch- und Brandschutzanlage gilt DIN 1988-600.

Für die Planung und Errichtung der Feuerlösch- und Brandschutzanlagen gilt insbesondere DIN 14462.

In diesem Abschnitt wird eindeutig auf die beiden unterschiedlichen Anforderungsbereiche der technischen Regelwerke für die Trinkwasserinstallation und eine angeschlossene Feuerlösch- und Brandschutzanlage hingewiesen. Mit dem Titel von DIN 1988-600 „Trinkwasser-Installationen in Verbindung mit Feuerlösch- und Brandschutzanlagen" wird schon eindeutig auf eine separate Betrachtungsweise beider Bereiche hingewiesen.

In DIN 1988-600 vom Dezember 2010 wurde mit einer Löschwasserübergabestelle (LWÜ) erstmalig eine eindeutig definierte Schnittstelle zwischen der Trinkwasserinstallation und einer an die Trinkwasserinstallation angeschossenen Feuerlösch- und Brandschutzanlage festgelegt.

Mit der Löschwasserübergabestelle endet die Trinkwasserinstallation und es beginnt die Feuerlösch- und Brandschutzanlage. Mit der LWÜ wird der Schutz des Trinkwassers sichergestellt und Rückwirkungen aus der Feuerlösch- und Brandschutzanlage auf die Trinkwasserinstallationen werden ausgeschlossen.

Hinter der Löschwasserübergabestelle beginnt die Feuerlösch- und Brandschutzanlage. Hierfür gelten die Anforderungen von DIN 14462 „Löschwassereinrichtungen – Planung, Einbau, Betrieb und Instandhaltung von Wandhydrantenanlagen und Über- und Unterflurhydrantenanlagen".

**Bild 144:** ZVSHK/Beuth-Kommentar und Norm zu DIN 1988-600

**Bild 145:** Beuth-Kommentar und Norm zu DIN 14462

## 18 Vermeiden von Schäden durch Korrosion
DIN EN 806-2

## 18 Vermeiden von Schäden durch Korrosion
DIN 1988-200

Zielsetzung des Kommentars ist, die Einflussgrößen für Korrosionsvorgänge an Trinkwasserinstallationsanlagen in allgemeinverständlicher Weise zu erläutern. Darüber hinaus soll gezeigt werden, dass der Informationsstand zu den Schadensursachen weitreichend ist. Durch die Anwendung der Kenntnisse lässt sich das Schadensrisiko auf ein für die Praxis unbedeutendes Minimum absenken.

## 18.1 Allgemeines DIN EN 806-2

> Dieser Abschnitt beinhaltet Hinweise zur Verhinderung oder zur Minimierung des Risikos von Schäden in der Trinkwasser-Installation durch Korrosion und gibt diesbezüglich Informationen zu:
> - den Korrosionseigenschaften der verwendeten metallenen Werkstoffe;
> - den Wassereigenschaften;
> - Planung, Bau und Betriebsbedingungen der Trinkwasser-Installation.
>
> Korrosionserscheinungen ereignen sich in der Trinkwasser-Installation als Folge der Wechselwirkung zwischen metallenen Werkstoffen und dem Wasser, beeinflusst durch die vorgenannten Parameter. Oft erzeugt Korrosion eine Schutzschicht und führt daher nicht zwangsläufig zu einem Korrosionsschaden.

Die Veränderungen an metallischen Werkstoffen durch Korrosion sind in der europäischen Normenreihe DIN EN 12502 Teile 1-4 beschrieben. Ergänzend hierzu ist in der nationalen Norm DIN 50930-6 die Veränderung der Beschaffenheit des Trinkwassers bei Kontakt mit metallischen Werkstoffen festgelegt. Wenn die Anforderungen von DIN 50930-6 in Verbindung mit DIN EN 15664-1 bis -2 bei Einsatz von metallischen Werkstoffen, die mit Trinkwasser in Berührung kommen, eingehalten werden, gelten die Grenzwerte der Trinkwasserverordnung als erfüllt. Zur Auswahl geeigneter Werkstoffe steht die Materialliste des Umweltbundesamtes unter

www.umweltbundesamt.de/.../liste_trinkwasserhygienisch_geeignete_metallene_werkstoffe_entwurf.pdf

zum Download zur Verfügung. Die hier gelisteten Werkstoffe erfüllen die Anforderungen der oben aufgeführten Normen. Bauteile, die aus diesen Werkstoffen hergestellt sind und ein DVGW-Zeichen tragen, dürfen in der Trinkwasserinstallation eingesetzt werden.

Wenn in bestehenden Installationssystemen als Folge ungünstiger Wasserbeschaffenheit und Betriebsbedingungen oder unsachgemäßer Werkstoffauswahl die gesetzlichen Anforderungen an die Trinkwasserbeschaffenheit nicht einzuhalten sind, kann durch Schutzmaßnahmen einer Veränderung der Trinkwasserbeschaffenheit entgegengewirkt werden.

Schutzmaßnahmen sind in der Regel Wasserbehandlungsmaßnahmen, die auf die Wasserbeschaffenheit und die eingesetzten Werkstoffe abgestimmt sein müssen. Außer zur Vermeidung von Korrosionsschäden sind die technisch wirksamen Wasserbehandlungsmaßnahmen zur Vermeidung oder Verminderung der Steinbildung beschrieben.

Damit während der fiktiven Betriebsdauer der Trinkwasserinstallation (s. a. Kommentar zu Abschnitt DIN 1988-200 Abschnitt 3.4.2) die Wahrscheinlichkeit des Auftretens von Korrosionsschäden vermindert wird, sind bei der Planung, Erstellung und Inbetriebnahme die Anforderungen dieser Norm einzuhalten.

Des Weiteren ist bekannt, dass das Verhalten einiger metallischer Werkstoffe von der Bildung schützender Deckschichten in der ersten Betriebszeit abhängt. Wenn sich unter günstigen Bedingungen schützende Schichten bilden, haben spätere kritische Abweichungen der Wasserbeschaffenheit und/oder der Betriebsbedingungen im Allgemeinen einen geringen oder keinen Einfluss. In der nachfolgenden Tabelle 9 werden die Faktoren, die die Korrosionswahrscheinlichkeit beeinflussen, aufgeführt.

**Tabelle 9:** Faktoren, die die Korrosionswahrscheinlichkeit beeinflussen

| Werkstoffeigenschaften | Wasserbeschaffenheit | Plaung und Ausführung | Dichtheitsprüfung und Inbetriebnahme | Betriebsbedingungen |
|---|---|---|---|---|
| – Chemische Zusammensetzung/Gefüge<br>– Oberflächenbeschaffenheit | – Physikalische und chemische Eigenschaften<br>– Feststoffe | – Geometrie<br>– Mischinstallation<br>– Verbindungen<br>– Zugspannungen | – Spülung<br>– Entleerung<br>– Desinfektion/ Nachspülung | – Temperatur und Temperaturveränderungen<br>– Strömungsverhältnisse<br>– Desinfektion |

Eine Voraussage für einen möglichen Korrosionsablauf im Hinblick auf Korrosionsschutz oder Schadensrisiko kann in der Regel als Korrosionswahrscheinlichkeit bewertet werden. Die im Verlauf der fiktiven Betriebsdauer auf eine Trinkwasserinstallation einwirkenden Einflüsse sind hinsichtlich der Wirkung auf den Korrosionsablauf nicht uneingeschränkt vorab kalkulierbar.

Zur Bewertung der Korrosionswahrscheinlichkeit eines bestimmten metallischen Werkstoffes in einer Trinkwasserinstallation müssen alle in Tabelle 9 aufgeführten Einflussfaktoren und deren mögliche Wechselwirkungen in Betracht gezogen werden. Diese Bewertung muss gesondert für alle Korrosionsarten durchgeführt werden, die für das jeweilige Korrosionssystem von Bedeutung sind. Aufgrund der Komplexität der Einflussfaktoren und ihrer Wechselwirkung ist in den meisten Fällen eine qualitative Bewertung nur durch ausgebildete und erfahrene Fachkundige möglich.

**Begriffe, Symbole und Kurzzeichen**

Die Feststellung einheitlicher Bezeichnungen und Fachbegriffe ist die wichtigste Voraussetzung für eine klare und eindeutige Sprachregelung, die technische Regeln zu verstehen hilft und Missverständnissen bei der Anwendung der Norm vorbeugt.

Die Fachbegriffe für die Korrosion von Metallen und Legierungen sind als Grundlage in DIN ISO 8044 festgelegt.

In den fachspezifischen Normen für die Korrosionswahrscheinlichkeiten in Böden sind in DIN EN 12501-1 und -2 sowie in Wasserleitungssystemen in DIN EN 12502-1 bis -4 für die Werkstoffe Kupfer, feuerverzinkte und nicht rostende Eisenwerkstoffe die korrosionsrelevanten Begriffe und Symbole enthalten.

So sind zum Beispiel in DIN EN 12502-1 die Begriffe

– gleichmäßiger Flächenabtrag: Korrosionserscheinung, die durch Flächenkorrosion verursacht wird
– Lochfraß: Korrosionserscheinung, die durch Lochkorrosion verursacht wird

und in DIN EN 12502, Teile 2 und 3, die Symbole definiert, die zur Beschreibung von Korrosionsschäden erforderlich sind, z. B.:

$c(HCO_3^-)$     Konzentration von Hydrogencarbonat-Ionen in mmol/l
$c(Cl^-)$     Konzentration von Chlorid-Ionen in mmol/l
$c(SO_4^{2-})$     Konzentration von Sulfat-Ionen in mmol/l
$c(NO_3^-)$     Konzentration von Nitrat-Ionen in mmol/l
$c(Ca^{2+})$     Konzentration von Calcium-Ionen in mmol/l
$c(O_2)$     Konzentration von Sauerstoff in mmol/l

Die allgemeinen Begriffe der Wasserverwendung sind in DIN 4046 beschrieben. Die speziellen Fachbegriffe, Symbole und Kurzzeichen für die Trinkwasserinstallation sind jedoch in DIN EN 806-1 festgelegt, siehe hierzu Kommentar zur DIN EN 806-1.

In den weiteren Normen der Reihe DIN EN 806, DIN EN 1717 und den Ergänzungsnormen der Normenreihe DIN 1988 sind zum jeweiligen Themenbereich zusätzliche Begriffe zu finden.

## 18.1 Kombination verschiedener Werkstoffe (Mischinstallationen)
DIN 1988-200

> Die Verwendung verschiedener Werkstoffe in einer Trinkwasser-Installation entspricht den Regeln der Technik. So können beispielsweise Rohre aus Kupfer, innenverzinntem Kupfer und nichtrostendem Stahl miteinander kombiniert werden.
>
> Die Kombination von Bauteilen und Rohren aus unterschiedlichen Werkstoffen kann jedoch die Korrosionswahrscheinlichkeit einzelner Komponenten beeinflussen. Es gelten die Anforderungen nach DIN EN 806-2 und DIN EN 806-4.

In der Trinkwasserinstallation kommt es im Regelfall zum Zusammenbau mehrerer verschiedener Metalle, einer so genannten Mischinstallation.

Bei Nichteinhaltung der so genannten Fließregel (siehe 5.3) können durch die unterschiedliche Höhe der elektrochemischen Potentiale der einzelnen Werkstoffe elektrochemische Prozesse ausgelöst werden, welche zu Lochkorrosion und somit zu Undichtheiten durch Lochfraß und in dessen Folge zu Bauwerksschädigungen führen können.

Die DIN EN 12502-1 „Korrosionsschutz metallischer Werkstoffe – Hinweise zur Abschätzung der Korrosionswahrscheinlichkeit in Wasserverteilungs- und speichersystemen – Teil 1: Allgemeines" führt dazu in der Einleitung aus:

„Die betrachteten Wasserverteilungs- und -speichersysteme bestehen aus verschiedenen Metallen und Legierungen in Form von Rohrleitungen und anderen Komponenten, wie z. B. Pumpen, Ventilen und Wärmeübertragern. Wasserseitige Korrosion führt bei diesen Systemen normalerweise zum Aufbau von Schichten von Korrosionsprodukten, die, in Abhängigkeit von den jeweilgen Bedingungen, korrosionsschützend sein können oder nicht. In manchen Fällen führt die Korrosion zu einer Beeinträchtigung der Funktion des Systems, d. h. zu einem Korrosionsschaden."

### Kombination von Rohren und Fittings/Armaturen aus unterschiedlichen Metallen

Im Gegensatz zum Heizungswasser ist im Trinkwasser stets gelöster Sauerstoff enthalten. Kupfer reagiert hiermit und bildet im Normalfall zunächst eine Schutzschicht aus Kupferoxid, welche an der rotbraunen Färbung der Rohrinnenoberfläche zu erkennen ist. Anschließend bildet sich in der Regel eine Deckschicht aus Verbindungen des Kupfers mit Wasserinhaltsstoffen, welche in den meisten Fällen grün ist und Patina genannt wird. Bei beiden Vorgängen werden Kupferionen in das Wasser abgegeben und weiter transportiert. Kommt dieses gelöste Kupfer dann mit verzinktem Stahl in Kontakt, so „zementiert" es dort aus. Dabei geht das unedlere Zink und Eisen in Lösung. In solchen nachgeschalteten Leitungsteilen kann es zu Lochkorrosion kommen.

Für die Praxis gilt daher der Leitsatz:

In Kalt- und Warmwasserrohrnetzen für den Transport von Trinkwasser dürfen Kupferbauteile niemals in Fließrichtung vor verzinkten Stahlrohren oder innenverzinkten Stahlbehältern eingebaut werden.

Dies gilt auch für innenverzinnte Kupferrohre, da eine Abgabe geringster Mengen von Kupferionen an das Trinkwasser nicht bei allen Trinkwasserbeschaffenheiten auszuschließen ist.

Bei der grünen Deckschicht auf der Kupferrohrinnenoberfläche handelt es sich nicht, wie oft fälschlicherweise behauptet, um Grünspan, denn Grünspan entsteht nur aus der Kombination Kupfer und Essigsäure. Da Trinkwasser keine Essigsäure enthält, kann sich in einer Kupfer-Trinkwasserinstallation kein giftiger Grünspan bilden.

Die Kombinationen von Kupfer und Kupferlegierungen wie Messing und Rotguss mit nichtrostendem Stahl sind in der Praxis unproblematisch.

### Mischinstallationen im Neubau

Im Neubaubereich wird die Werkstoffkombination verzinkter Stahl mit Kupfer meist vermieden. Wird die komplette Trinkwasserinstallation ausschließlich mit Kupferrohren realisiert, kann es lediglich bei den Verteileranschlüssen, den Absperrarmaturen oder den Fittings zu einem Wechsel auf Messing oder Rotguss kommen. Diese Form der Mischinstallation ist unkritisch, da beide Werkstoffe überwiegend aus Kupfer bestehen.

Der Einsatz von z. B. Absperrarmaturen aus Messing oder Rotguss in Leitungsabschnitten aus verzinktem Stahlrohr ist grundsätzlich ebenfalls meist unproblematisch. Hier wirkt sich der geringe Oberflächenanteil des edleren Werkstoffs im Verhältnis zum unedleren verzinkten Stahlrohr risikominimierend aus.

Allerdings gilt in solchen Fällen dennoch eine besondere Sorgfaltspflicht. So dürfen die bereits vorliegenden Erfahrungen mit den verwendeten Werkstoffen am Einsatzort nicht außer Acht gelassen werden. Im Zweifelsfalle sind der örtliche Wasserversorger, die Rohrhersteller oder ggf. Installationsunternehmen mit örtlicher Erfahrung zu befragen.

**Rohrleitungen und Trinkwassererwärmer mit unterschiedlichen Werkstoffen**

Bei Trinkwasser-Härtegraden > 15 °dH sollten beim Anschluss von unterschiedlichen Rohrwerkstoffen und Trinkwasserspeicherwerkstoffen Isolierverschraubungen installiert werden, um Kontaktkorrosion und Verkrustungen an den Anschlüssen der Trinkwasserspeicher zu vermeiden.

**Bild 146:** Isolierverschraubungen (Werkbild: Viega)

Werden für den Speicheranschluss Isolierverschraubungen verwendet, darf der Speicher selbst nicht mit in den Potenzialausgleich einbezogen werden.

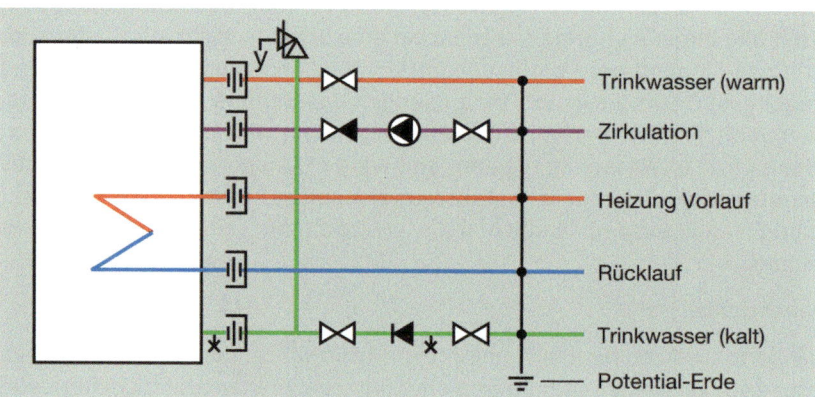

**Bild 147:** Trinkwassererwärmeranschluss mit Isolierverschraubungen und Potenzialausgleich (Werkbild: Viega)

# Vermeiden von Schäden durch Korrosion

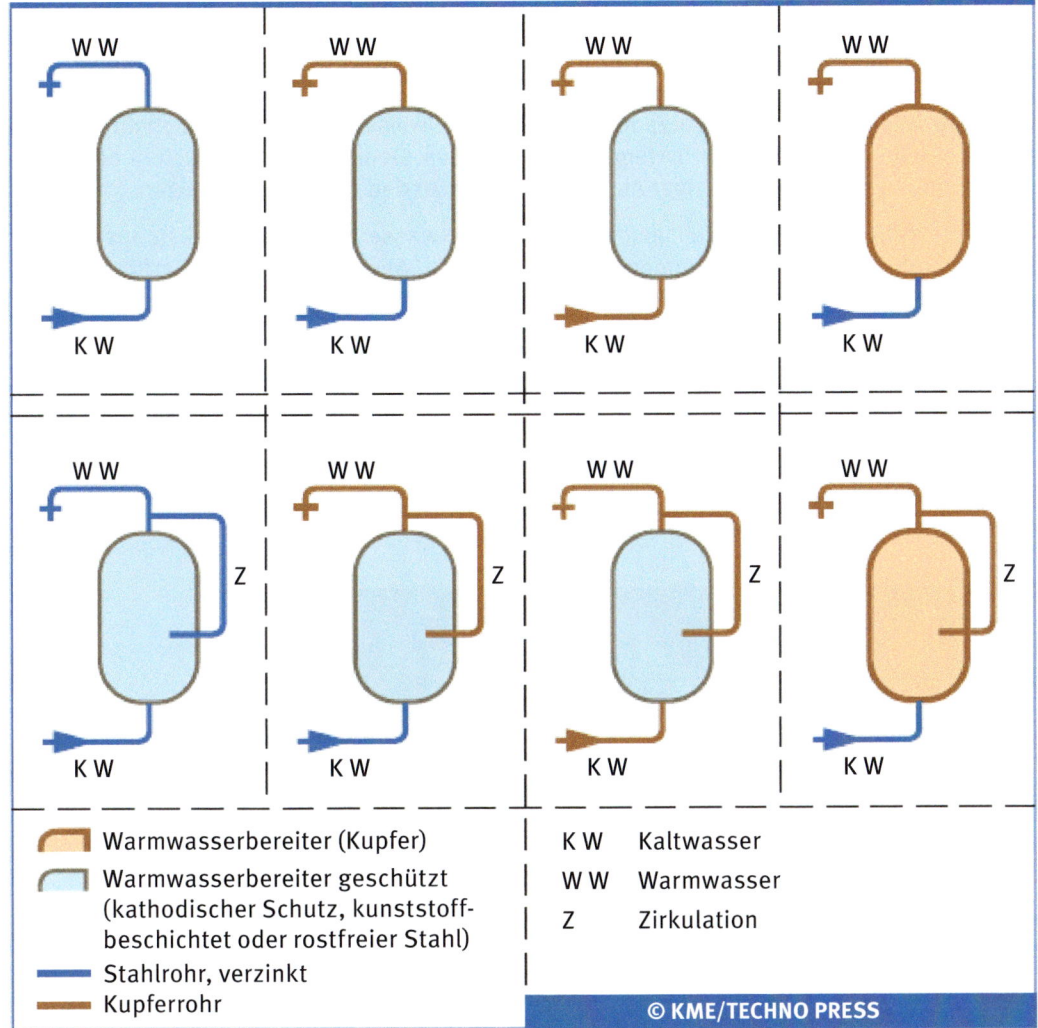

**Bild 148:** Zulässige Mischinstallationen in der Warmwasserinstallation (Werkbild: KME)

### Trinkwasserleitungen kalt

Wenn Kellerverteilleitungen und Steigleitungen aus verzinktem Stahl bestehen, können nur die nachgeschalteten Stockwerksleitungen bis zu den Zapfstellen in Kupfer oder innenverzinntem Kupfer ausgeführt werden. Eine Rezirkulation aus den Kupferabschnitten in die Bereiche aus verzinktem Stahl ist auszuschließen.

Geeignete Maßnahme ist z. B. die Verwendung von Rückflussverhinderern in Fließrichtung hinter den verzinkten Stahlbauteilen.

### Trinkwasserleitungen warm

Im Neubau ist die Verwendung von verzinkten Stahlrohren nicht mehr Stand der Technik und bildet somit keine Gefahr für die Entstehung von Lochkorrosion durch falsch installierte Mischinstallationen.

### Zirkulationsleitungen

In Zirkulationsleitungen darf bei Einsatz von Kupferrohren nur dann ein Trinkwassererwärmer aus Stahl verwendet werden, wenn dieser durch eine Innenbeschichtung und eine Opferanode gegen Korrosion geschützt ist. In diesem Fall darf die Trinkwasserzuleitung zum Trinkwassererwärmer sowohl aus Kupfer als auch aus verzinktem Stahlrohr bestehen.

### Mischinstallation im Altbau

Für den Altbaubereich gelten grundsätzlich dieselben Regeln wie für Neuinstallationen. Sind also in einer sanierungsbedürftigen Trinkwasserinstallation verzinkte Stahlrohre oder innenverzinkte Stahlbehälter im Einsatz, dürfen bei einer teilweisen Erneuerung durch Kupferrohre keine Zwischenstücke aus verzinktem Stahl verbleiben. Damit muss z. B. auch in der Stockwerksverteilung ein durchgängiger Austausch bis hin zu den Zapfstellen erfolgen.

Eine Beschränkung auf eine Teilsanierung einer Trinkwasserwasserleitung kalt aus verzinktem Stahlrohr ist aus Kostengründen natürlich möglich. Allerdings müssen hierfür die Werkstoffe aller Fließwege innerhalb der Installation zweifelsfrei festgestellt werden können, um problematische Werkstoffkombinationen ausschließen zu können.

### Sanierung von Rohrleitungen in Mischinstallationen

Werden Teile des Rohrnetzes saniert, muss nach Abschluss der Arbeiten der Potenzialausgleich wiederhergestellt werden. Beim Einsatz von Isolierverschraubungen bei Trinkwasser mit einem Härtegrad > 15 °dH ist die Teilstrecke mit einem Erdungsleiter NYM-J 1×6 mm² zu überbrücken.

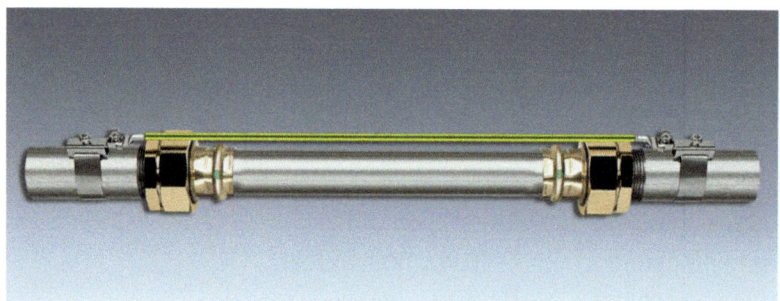

**Bild 149:** Isolierverschraubungen und Potenzialausgleich (Werkbild: Viega)

Die eingesetzte Teilstrecke zwischen den Isolierverschraubungen ist gemäß DIN 1988-200 zu dämmen. Sie ist so nach DIN VDE 0100 „kein fremdes leitfähiges Teil" und braucht damit auch nicht in den Potenzialausgleich einbezogen zu werden.

### Fließregel

Die Fließregel lautet:

**Bei Trinkwasserinstallationen mit zwei oder mehreren Metallen muss in Fließrichtung gesehen erst der unedlere und dann der edlere Werkstoff eingesetzt werden.**

In der Praxis sind damit Installationen aus verzinktem Stahlrohr oder Stahlbehältern (unedel) sowie Kupferrohren und Armaturen aus Kupferlegierungen wie Messing oder Rotguss (edel) gemeint, d. h. Stahl darf in Fließrichtung gesehen nur vor Kupfer installiert werden, nicht hinter Kupfer. Der Anschluss darf hierbei nicht direkt erfolgen, sondern es muss ein Übergang (z. B. Gewindeübergang) vorhanden sein.

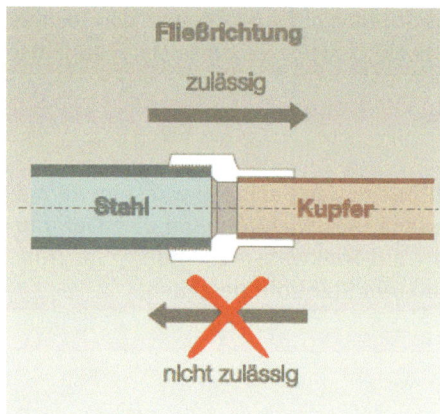

**Bild 150:** Fließregel (Werkbild: Wieland)

Die Kombination von Buntmetallen untereinander, z. B. eine Kombination Kupfer/Messing oder Kupfer/Rotguss, ist beliebig möglich. Ebenso unkritisch ist die Kombination von Kupfer und Kupferlegierungen mit innenverzinnten Kupferrohren und nichtrostendem Stahl (mit Passiveigenschaften).

## 18.2 Werkstoffauswahl    DIN EN 806-2

> Der Planer hat praktische Erfahrungen mit dem verteilten Wasser zu verwerten. Liegen keine Erfahrungen vor, hat sich der Planer an das örtliche Wasserversorgungsunternehmen zu wenden, um anhand einer Wasseranalyse eine Bewertung durchführen zu können. Die benötigten Werte der Wasseranalyse und die Verfahren der Bewertung finden sich in der Normenreihe EN 12502. Außerdem sollte das Wasserversorgungsunternehmen bezüglich Erfahrungen mit bestimmten Werkstoffen und über zu erwartende Änderungen in der Wasserbeschaffenheit angesprochen werden.

## 18.2 Kathodischer Korrosionsschutz    DIN 1988-200

> Maßnahmen zum kathodischen Korrosionsschutz in der Trinkwasser-Installation werden nur für Speicher-Trinkwassererwärmer eingesetzt (siehe DIN 4753-10). Die kathodischen Korrosionsschutzverfahren erfordern bei Planung, Installation, Betrieb und Wartung besondere Beachtung der Herstelleranweisung.

Korrosionsschutzmaßnahmen durch kathodischen Korrosionsschutz werden in der Trinkwasserinstallation nur bei Speicher-Trinkwassererwärmern ergriffen. Siehe auch DIN 4753-1 „Trinkwassererwärmer, Trinkwassererwärmungsanlagen und Speicher-Trinkwassererwärmer - Behälter mit einem Volumen über 1000 l"

Zur Bewertung und zu Anforderungen beim Einsatz kathodischer Korrosionsschutzmaßnahmen sollten die Angaben nach DIN 50927 „Planung und Anwendung des elektrochemischen Korrosionsschutzes für die Innenflächen von Apparaten, Behältern und Rohren (Innenschutz)" berücksichtigt werden.

Die Einsatz- und Verarbeitungshinweise der Hersteller sind zu beachten.

## 18.3 Planung    DIN EN 806-2

> Der Planer muss die Bauteile und Apparate nach den entsprechenden Produktnormen auswählen. Wo Normen fehlen, sind nur solche Produkte zu verwenden, für die ein ausreichender Eignungsnachweis auch bezüglich des Korrosionsschutzes vorliegt.
>
> Um Stagnation zu vermeiden, ist die Installation so zu planen, dass unter normalen Betriebsbedingungen eine regelmäßige Erneuerung des Trinkwassers erfolgt.

### Anlagenplanung und -ausführung zur Vermeidung von Schäden durch Innenkorrosion

Dieser Teil des Kommentars befasst sich mit der Innenkorrosion von Trinkwasserinstallationen. Im Vordergrund stehen dabei die Bemühungen zur Vermeidung von Korrosionsschäden. Dazu werden in den nachfolgenden Abschnitten Einflussgrößen, ihre Auswirkungen und mögliche Vorkehrungen beschrieben.

### Allgemeines

Für den Einsatz von schmelztauchbeschichteten Leitungen und Bauteilen ist eine Beschränkung der Einsatztemperatur auf 60 °C nicht mehr ausreichend. Der Einsatz von schmelztauchverzinkten Leitungen und Bauteilen in warmgehenden Leitungen ist wegen der erhöhten Korrosionswahrscheinlichkeit nicht zulässig.

## Werkstoffwahl; Allgemeines

Bauteile und Apparate der Trinkwasserinstallation unterliegen der Bauproduktenverordnung und müssen dementsprechend gekennzeichnet sein. Liegen für diese Teile harmonisierte Europäische Normen vor, so müssen die Teile mit dem CE-Kennzeichen versehen werden. Andernfalls muss die Kennzeichnung den nationalen Normen oder dem DVGW-Regelwerk entsprechen. Für Rohrleitungen gibt es bisher keine harmonisierten europäischen Normen. Deswegen müssen Rohre und Verbinder mit DVGW-Kennzeichnung versehen sein. Bei dem CE-Kennzeichen handelt es sich lediglich um ein Freihandelszeichen, während das DVGW-Kennzeichen ein Qualitätskennzeichen ist.

Im Nachfolgenden werden dem Planer Informationen gegeben, die die Werkstoffauswahl, insbesondere bei Rohrleitungen, erleichtern sollen.

Der Planer ist vorzugsweise gehalten, seine am Ort gesammelten Erfahrungen für die Werkstoffwahl zu nutzen. Wenn er nicht über eigene Erfahrungen verfügt, muss er Auskünfte beim Wasserversorgungsunternehmen einholen.

Die bestimmende Einflussgröße für die Werkstoffwahl ist die anstehende Trinkwasserzusammensetzung. Sie ist, abgesehen von den Wasserbehandlungsmaßnahmen, die in Abschnitt 12 und 18.4 kommentiert werden, nicht veränderlich.

Die Schwankungsbreiten in der Wasserzusammensetzung sind zu beachten. Da die Wasserversorgungsunternehmen oftmals Wässer aus verschiedenen Gewinnungsgebieten zusammenführen und auch die Lieferung von Trinkwässern mit zeitlich wechselnder Zusammensetzung nicht vermeiden können, ist vom WVU in Erfahrung zu bringen, ob Überschreitungen der nach DVGW-Arbeitsblatt W 216 vorgegebenen Grenzbereiche zu erwarten sind. Die Wasserversorgungsunternehmen erteilen dazu Auskünfte. Ebenso stellen sie Wasseranalysen nach DIN 50930-6 auf Anfrage zur Verfügung, die als Bewertungsgrundlage zur Auswahl geeigneter Rohrwerkstoffe dienen.

Darüber hinaus wird vom Wasserversorgungsunternehmen Auskunft gegeben, ob gesicherte Erfahrungen vorliegen, die von einer Verarbeitung bestimmter Werkstoffe abraten lassen. Weiterhin soll das WVU mitteilen, ob in einem überschaubaren Zeitraum Veränderungen in der Wasserzusammensetzung zu erwarten sind, die für den Planer Anlass sein könnten, einzelne Werkstoffe nicht vorzusehen.

Bei unklarer Situation zur Werkstoffwahl bezüglich der wasserseitig bedingten Einsatzgrenzen bietet DIN EN 12502 Entscheidungshilfen für die verschiedenen Installationswerkstofftypen.

Seit Juni 2005 ersetzt die Normenreihe DIN EN 12502 die Normen DIN 50930 Teil 1 bis Teil 5 wie folgt:

## Korrosionsschutz metallischer Werkstoffe

Hinweise zur Abschätzung der Korrosionswahrscheinlichkeit in Wasserverteilungs- und -speichersystemen

DIN EN 12502-1 Allgemeines

DIN EN 12502-2 Einflussfaktoren für Kupfer- und Kupferlegierungen

DIN EN 12502-3 Einflussfaktoren für schmelztauchverzinkte Eisenwerkstoffe

DIN EN 12502-4 Einflussfaktoren für nichtrostende Stähle

DIN EN 12502-5 Einflussfaktoren für Gusseisen, unlegierte und niedriglegierte Stähle

Da die Wirkmechanismen, die zur Korrosion führen, sehr komplex sind und sich außerdem wechselseitig beeinflussen, werden in der Normenreihe DIN EN 12502 nur Aussagen zur Korrosionswahrscheinlichkeit gemacht.

Die nachfolgenden Erläuterungen sollen zum Verständnis der Normen beitragen. Sie ersetzen aber ein Studium dieser Normen nicht.

**Kupferwerkstoffe**

Für Installationssysteme werden Kupferrohre nach DIN EN 1057 eingesetzt. Sie sind folgendermaßen gekennzeichnet:

- Kennzeichen des Herstellers
- DVGW-Registriernummer (DV...)
- Nennmaße für den Querschnitt: Außendurchmesser × Wanddicke
- EN 1057
- Kennzeichnung des Zustandes, z. B.: R250 (halbhart) durch folgendes Symbol: I-I-I.
- Herstellungsdatum: Jahr und Quartal (I bis IV) oder Jahr und Monat (1 bis 12)
- CE-Kennzeichen

Als Verbinder können Bauteile der Normenreihe DIN EN 1254-1 bis -6 und Pressverbinder nach DVGW W 543 eingesetzt werden.

Durch Flächenkorrosion können Kupferionen in das Wasser übergehen. Die Menge hängt von der Wasserzusammensetzung, der Verweildauer des Wassers in der Leitung und dem Alter der Installation ab (Kupferleitungen bilden mit der Zeit schützende Deckschichten aus). Bei sonst gleichen Betriebsbedingungen wird dieser Effekt vorwiegend vom pH-Wert und dem TOC-Gehalt (gesamter organischer Kohlenstoff) des Wassers bestimmt. DIN 50930-6 gibt die geeigneten Wasserqualitäten zum Einsatz von Kupferrohren vor, ohne dass es üblicherweise zu Erscheinungen der Flächenkorrosion kommt. Hiernach kann Kupfer in Trinkwässern eingesetzt werden, wenn gilt:

- pH ≥ 7,4: uneingeschränkter Einsatz
- pH ab 7,0 und bis < 7,4: Einsatz, wenn TOC < 1,5 g/m$^3$

Innenverzinnte Kupferrohre können in allen Trinkwässern eingesetzt werden.

**Bei Kupferrohr- und innenverzinnten Kupferrohr-Installationen ist die Fließregel zu beachten!**

Fließt Wasser ungeeigneter Qualität (s. o. für geeignete Wasserqualitäten) durch Kupferleitungen, kann dies unter Umständen zur Blaufärbung von Sanitäreinrichtungen führen. Durch Änderung der Betriebsbedingungen oder ggf. Verbesserung der Wasserqualität kann diesem Effekt entgegengewirkt werden.

Besonders wird im Zusammenhang mit der Verwendung von Kupferlegierungen auf die Möglichkeit der Entzinkung in speziellen Wässern (z. B. Chlorid-Gehalt über dem Maximum der Trinkwasserverordnung) hingewiesen. Anfällig für Entzinkung in diesen Wässern sind eher manche Messinglegierungen als die meisten Rotgusslegierungen. Beim Einsatz von Messing ist deshalb besonders auf die Eigenschaft Entzinkungsbeständigkeit zu achten, sollten kritische Wasserverhältnisse vorliegen.

**Verzinkte Eisenwerkstoffe**

Der Einsatz von schmelztauchverzinkten Leitungen und Bauteilen in warmgehenden Leitungen ist wegen der erhöhten Korrosionswahrscheinlichkeit nicht zulässig.

Vom Planer sollen immer die mit dem anstehenden Wasser vorliegenden gesicherten Erfahrungen bei der Werkstoffwahl mitgenutzt werden.

Schmelztauchverzinkte Eisenwerkstoffe bilden unter Mitwirkung des Wassers Deckschichten, die zum Korrosionsschutz beitragen. Mit ihrer Ausbildung ist jedoch kein Ruhezustand erreicht. Vielmehr lösen sich Deckschichtsubstanzen während Stagnationsphasen im Trinkwasser auf. Bei der nachfolgenden Durchströmung des Rohrquerschnittes werden neue Deckschichten gebildet. Dieser Vorgang führt letztendlich zum Zinkabtrag. Einflussgrößen stellen Wasserinhaltsstoffe, Zeit und Fließverhältnisse dar.

Mit Erreichen der eisenreichen Phasen des Zinküberzuges verringert sich die Löslichkeit der Deckschichtsubstanzen sprunghaft. Die nunmehr, oft erst nach vielen Jahren gebildeten, eisenreichen und daher braun gefärbten Schichten übernehmen den eigentlichen Langzeitschutz. So ist die Bezeichnung Rostschutzschicht zu verstehen. Sie entsteht unter den Bedingungen der Trinkwasserinstallation nur in normgerecht verzinkten Stahlrohren.

### Nichtrostende Stähle

Für die Trinkwasserinstallation geeignet sind die Werkstoffe 1.4401, 1.4571, 1.4404, 1.4581, 1.4408 und 1.4521, unter der Voraussetzung der werkstoffgerechten Verarbeitung.

Diese nichtrostenden Stähle können in allen Trinkwässern eingesetzt werden.

Gesondert hingewiesen wird auf Korrosionsgefährdung nichtrostender Stähle, wenn die Rohrwandtemperatur höher ist als die des Trinkwassers. Das kann zu kritischen Verkrustungen führen, unter denen eine Anreicherung von Chloridionen lochfraßauslösend wirken kann. Für sogenannte Begleitheizungen zur Trinkwassererwärmung sind deshalb besonders die Herstelleranweisungen zur Temperaturbegrenzung für die Installationssysteme zu beachten. Gleichermaßen gefährdet sind Leitungen aus nichtrostendem Stahl, wenn auf eine warmgehende Leitung von außen kaltes Wasser tropft und dort verdampft. Dem ist durch gezielte Maßnahmen vorzubeugen.

### Sichtkontrolle auf ordnungsgemäße Bauteilkennzeichnung

Das Vorhandensein einer ordnungsgemäßen Kennzeichnung erleichtert die Überprüfung der angelieferten Bauteile und sichert den Installateur gegen nicht bestellgerechte Lieferung sowie gegen mögliche Gewährleistungsansprüche im Korrosionsschadensfall.

### Vermeidung von Verunreinigungen durch Fremdstoffe

Fremdstoffe können in Rohren aus Kupfer und verzinktem Stahl zu fremdstoffinduzierten Korrosionsschäden in Form von Muldenkorrosion oder Lochkorrosion führen. Sie sind eine häufige Ursache für innenkorrosionsbedingte Schäden in der Trinkwasserinstallation.

Meist liegen Fremdstoffe als Baustellenverunreinigungen in Form von Sand oder als Späne vom Ablängen der Rohre bzw. vom Gewindeschneiden vor.

Unter den abgelagerten Fremdstoffen bilden sich kleine anodische Teilbereiche sogenannter Belüftungs-Korrosionselemente aus, während die umgebende wasserberührte Rohrinnenfläche kathodisch polarisiert ist. Relativ hohe anodische Auflösungs-Korrosionsstromdichten bewirken schnelle örtliche Korrosionsabtragsraten unter Mitwirkung des im Wasser gelösten Sauerstoffs. Damit stehen die anzuwendenden Begriffe Belüftungselement, Sauerstoff-Konzentrationselement und andere mehr in Zusammenhang.

Entnimmt die Untersuchungsstelle im Schadensfall die Korrosionsprodukte, die sich oftmals in 6:00-Uhr-Lage waagerechter Rohre oder der Querschnittserweiterung eines Fittings befinden, so lässt sich durch eine chemische Isolierbehandlung der Fremdstoff freilegen und identifizieren. Damit ist ein sicherer Hinweis auf die Schadensursache möglich. Stahlspäne sind allerdings nach längerer Zeit meist korrosiv in Rost umgesetzt und nicht mehr identifizierbar.

Sorgfältige Reinigung der Bauteile vor dem Zusammenbau und wirksame Spülung der fertigen Installation mit gefiltertem Wasser, zweckmäßig mit Wasser-Luft-Gemischen unter Verwendung geeigneter Verfahren und Geräte, sind sichere Vorbeugungsmaßnahmen gegen diese Schadensform.

**Bei Trinkwasserinstallationen aus Kunststoffrohren ist zu beachten, dass diese immer auch Bauteile aus Metallen enthalten.**

Die Anmerkung weist darauf hin, dass ein nominell aus Kunststoff gefertigtes Installationssystem auch Bauteile aus metallischen Werkstoffen enthält, die Schäden durch Fremdstoffe erleiden können. Auch in solchen Anlagen kann somit nicht auf eine Spülung verzichtet werden.

Zu gleichartigen Korrosionsschäden können Fremdstoffe führen, die aus dem Versorgungsnetz eingeschwemmt werden. Dagegen schützt der Einbau von Filtern nach DIN EN 13443-1 hinter dem Wasserzähler.

### Rohrverbindungen bei Leitungsanlagen aus verzinkten Eisenwerkstoffen

Die fachgerechte Entgratung der Schnittflächen und die normgerechte Gewindefertigung haben korrosionstechnische Bedeutung. So kann hinter Graten die Deckschichtbildung durch Strömungswirkung behindert sein oder die Ausbildung von Belüftungskorrosionselementen an abgelagerten Fremdstoffen begünstigt werden. Die Gewindeschneidmittel müssen nach DVGW-Arbeitsblatt W 521 wasserlöslich und deren Verpackung mit DVGW-Prüfzeichen gekennzeichnet sein, damit in die Rohre eingedrungene Reste bei Spülung und/oder Druckprüfung aus der Rohrleitung ausgewaschen werden. Mineralölhaltige Stoffe bewirken langzeitige hygienische und geschmackliche Beeinträchtigungen des Trinkwassers; zudem können daran Fremdstoffe anhaften, die zu Folgeschäden führen können.

Die Verwendung von DIN/DVGW-registrierten Gewindedichtmitteln nach DIN 30660 soll in Zusammenwirken mit Hanf oder vergleichbaren Stoffen schnittbedingte Unebenheiten der Gewindeflächen ausgleichen. Sie sind sparsam zu verwenden, damit die nutzbare Gewindelänge verschraubt werden kann und die eigentliche Dichtung über die metallische Pressung der anteiligen Gewindeflächen erfolgt. Auf diese Weise werden Gewindespalte vermieden, die im ungünstigen Fall lokale Korrosionsvorgänge einleiten können.

Das Fugenlöten bewirkt als Folge der Erwärmung strukturelle Veränderungen des Zinküberzuges durch Entwicklung eisenreicher Legierungsphasen in der Wärmeeinflusszone der Lötnaht. Für diese Bereiche kann die Korrosionsbeständigkeit etwas beeinträchtigt sein. Fugenlöten von verzinkten Bauteilen sollte daher nur in Ausnahmefällen angewendet werden. Falls es doch notwendig sein sollte, sind die Vorgaben der DIN EN 12502-3 Abschnitt 4.3.3 hinsichtlich der Wasserbeschaffenheit streng zu beachten.

### Rohrverbindungen bei Leitungsanlagen aus nichtrostenden Stählen

Bei Hart- und Weichlötungen kann, insbesondere bei Silberloten und Verwendung von Flussmitteln, eine Korrosionsschädigung der Lötverbindung durch sogenannte Messerschnittkorrosion auftreten. Sie bewirkt, manchmal nach langer Zeit, eine wie mit dem Messer geschnittene Trennung zwischen Rohrwerkstoff und Lot. Aus diesem Grunde sind derartige **Lötverbindungen nicht zulässig!**

Die Schweißverbindung ist für Rohre aus nichtrostenden Stählen nur zulässig, wenn die Ausführungen in DIN EN 12502 Teil 4 Abschnitt 5.2.4 beachtet werden. Für das Korrosionsverhalten ist wesentlich, dass der Zutritt von Luftsauerstoff zum Schweißbereich und damit die Bildung von Anlauffarben vermieden werden. Unter ungünstigen Umgebungsbedingungen können selbst strohgelbe Anlauffarben die Korrosionswahrscheinlichkeit erhöhen.

Weiterhin erhöhen Zunder- und Schlackenreste, nicht durchgeschweißte Wurzellagen sowie unsachgemäße Schleifnachbearbeitung die Korrosionsgefahr. Ebenso nachteilig ist die durch das Wärmeeinbringen mögliche sogenannte Sensibilisierung des nichtrostenden Stahles; sie bewirkt Gefährdung durch Lochkorrosion. Die Schweißung nichtrostender Stähle bleibt speziell geschulten Fachkräften vorbehalten.

Bezüglich der Vermeidung einer Korrosionsgefährdung bei mechanischen Verbindungen sind Einsatz- und Verarbeitungshinweise der Hersteller zu beachten. Hier ist insbesondere beim Ablängen der Rohre auf eine sachgerechte Trennung und Nachbearbeitung der Schnittkanten zu achten.

### Rohrverbindungen bei Leitungsanlagen aus Kupfer und innenverzinntem Kupfer

Trinkwasseranlagen im Abmessungsbereich bis 28 mm Außendurchmesser dürfen gemäß DVGW GW 2 nicht hartgelötet oder warm gebogen werden. Eine Wärmebehandlung zum Aufmuffen und zum Aushalsen ist ebenfalls nicht zulässig.

Kupferrohre sind grundsätzlich rechtwinklig dergestalt abzutrennen, dass keine Einschnürung entsteht. Grate und sonstige Einschnürungen sind zu entfernen, da durch Grate und andere Verformungen des Rohrquerschnitts lokal überhöhte Fließgeschwindigkeiten verursacht werden können.

Beim Löten von Kupferrohren ist darauf zu achten, dass keine überschüssigen Flussmittelreste in das Innere von Rohr und Fitting gelangen.

Bei der Verbindung von innenverzinnten Kupferrohren mittels Weichlöten ist darauf zu achten, dass die Löttemperaturen für das Weichlöten (max. 400 °C) nicht überschritten werden. Ein Überhitzen der Lötstelle kann zur lokalen Schädigung der Zinnschicht führen. Rohrverbindungen an Kupferrohren wie dargestellt dürfen auch in Bestandsanlagen uneingeschränkt ausgeführt werden, da der Werkstoff keinerlei Alterung unterliegt. Das gilt auch dann und ohne besondere Zusatzmaßnahmen, wenn das Alter der Installation die vorgesehene Benutzungsdauer von 50 Jahren um mehrere Jahrzehnte übersteigt.

## 18.3 Vermeidung von Schäden durch Außenkorrosion
DIN 1988-200

### 18.3.1 Allgemeines   DIN 1988-200

> Die wesentliche Ursache für Schäden durch Außenkorrosion liegt im Zutritt von Wasser zur Metalloberfläche (siehe Reihe DIN 50929 [16]).
>
> Um Schäden durch Außenkorrosion zu vermeiden, sind Rohrleitungen wie folgt zu schützen.

Korrosionsschäden, die auf der Außenfläche erdverlegter, freiverlegter oder in Gebäuden installierter Rohrleitungen auftreten, sind bei Anwendung des Standes der Kenntnisse einfach zu vermeiden. In DIN 50929 sind dazu in Teil 1 die allgemeinen Informationen enthalten, in Teil 2 werden die Vorgänge in Gebäuden behandelt, in Teil 3 die an erdverlegten Rohrleitungen möglichen Korrosionsschäden und ihre ursächlichen Zusammenhänge. In allen drei Normteilen sind die Erfordernisse zur Schadensvermeidung herausgestellt.

Die Außenkorrosion ist sowohl der atmosphärischen als auch der Korrosion in Wässern zuzuordnen. Vorbedingung ist die Gegenwart von Wasser und Luftsauerstoff; dabei wird Eisen in Rost umgewandelt. An der Atmosphäre steuert der Wasserzutritt zur Stahloberfläche die Korrosionsgeschwindigkeit. In Wässern ist hingegen der Zutritt von Luftsauerstoff, der im umgebenden Wasser in unterschiedlicher Menge gelöst vorliegt, geschwindigkeitsbestimmend für den Korrosionsvorgang.

Bei erd-, frei- und gebäudeverlegten Rohren kann der Luftzutritt nicht vermieden werden. Folglich bedeutet Außenkorrosionsschutz die Vermeidung des nicht bestimmungsgemäßen Wasserzutritts zur Rohroberfläche. Bei erdverlegten Rohrleitungen werden dazu die Schutzmaßnahmen nach den Abschnitten 18.3.2.1, 18.3.2.2 bzw. 18.3.2.3 angewendet. In Gebäuden ist es zu vermeiden, dass Feuchtigkeit, die über die normale Baufeuchte hinausgeht, zu den Rohren gelangt.

Die hier zu behandelnden Korrosionsvorgänge sind elektrochemischer Natur. Unter Mitwirkung von Wasser als Elektrolytlösung entstehen auf den Rohren, als Folge örtlich unterschiedlicher Umgebungsbedingungen, anodisch und kathodisch polarisierte Teilflächen. An der „unedleren" Anode, beispielsweise einer Schadensstelle in einer Rohrumhüllung, erfolgen die korrosionsbedingten Auflösungsvorgänge der Werkstoffe; an einer „edleren" Kathode wird der in der Elektrolytlösung gelöste Luftsauerstoff reduziert.

Die Korrosionsvorgänge können bei Stahlrohren auch durch Elementströme stimuliert werden, deren Kathodenflächen näher oder weiter entfernt liegen (siehe Kommentar zu 18.3.2.5); dazu zählen unter anderem Fundamenterder aus Kupfer. Von Beton, Zement- oder Kalkmörtel umhüllter Stahl wird durch die alkalischen Umgebungsbedingungen passiviert; das ist ein Zustand, der auch nach dem Abbinden der Baustoffe erhalten bleibt. Es bilden sich dünne, oxidische, korrosionsschützende Schichten aus.

Korrosionsreaktionen bilden die Ursache für die meisten Außenkorrosionsschäden. Kennzeichnend sind metallreine Schadensstellen ohne Belag mit Korrosionsprodukten. Manchmal gefundene geringe Nachrostungen können nach Ausbau des Schadensstückes entstanden sein.

Die Korrosionsvorgänge sind also auf fließende Gleichströme zurückzuführen; sie entstammen jedoch nicht fremden Anlagen, sondern Korrosionselementen. Ausnahmen sind möglich, wenn Streuströme aus Gleichstromanlagen (Galvanobetriebe, Batterieladegeräte) wirksam werden können, die sich im gleichen Gebäudekomplex befinden (siehe auch VDE 0150 entsprechend DIN 57150).

Es ist müßig, in Verkennung der Elementbildung nach Fremdstromquellen als Korrosionsursache zu suchen. Anlass zu einer Verunsicherung mögen korrosionshistorische Berichte über streustrombedingte Korrosionsschäden an erdverlegten Rohrleitungen im Bereich gleichstrombetriebener Bahnen bieten. Korrosionsschäden an Installationen stehen mit solchen Streuströmen nie in Zusammenhang. Gleichfalls bilden benachbart zu Rohrleitungen verlegte Klingel-, Fernsprech- oder andere Elektroinstallationsleitungen keinesfalls die Korrosionsursache.

Da die unterschiedlichen Elektrodenpotentiale und die metallenleitende Verbindung bei erd- und gebäudeverlegten Rohrleitungen unvermeidbar sind, lassen sich Korrosionsschäden durch Elementbildung nur durch gesicherte Vermeidung der elektrolytisch leitenden Verbindung verhindern. Das bedeutet hochwertige Feuchtigkeits- und damit wirkungsvolle elektrische Isolierung durch normgerechte Rohrumhüllungen, ferner befeuchtungsgesicherte Leitungsführung in Gebäuden, sinngemäß die Vermeidung des Wasserzutritts an der Rohraußenfläche.

### 18.3.2 Erdverlegte Rohrleitungen    DIN 1988-200

#### 18.3.2.1 Stahlrohrleitungen    DIN 1988-200

- Polyethylen-Umhüllung nach DIN 30670;
- Bitumen-Umhüllung nach DIN EN 10300;
- Epoxidharz-Beschichtung nach DIN EN 10289;
- Umhüllung mit Polyurethan-Teer nach DIN EN 10290;

Ferner sind die Anwendungsempfehlungen nach DIN 30675-1 zu beachten.

Die Einbeziehung der Anschlussleitungen in den kathodischen Korrosionsschutz des Rohrnetzes ist möglich, wenn diese von der Gebäudeinstallation durch ein z. B. mit DVGW-Zertifizierungszeichen gekennzeichnetes Isolierstück DIN 3389 – W elektrisch getrennt sind.

Hinweis auf Normen:

| | |
|---|---|
| DIN 30673 | ersetzt durch DIN EN 10300 „Umhüllung und Auskleidung von Stahlrohren, -formstücken und -behältern mit Bitumen" |
| DIN 30671 | ersetzt durch DIN EN 10289 „Stahlrohre und -formstücke für On- und Offshore-verlegte Rohrleitungen - Umhüllung (Außenbeschichtung) mit Epoxi- und epoximodifizierten Materialien" |
| DIN EN 10290 | „Stahlrohre und -formstücke für On- und Offshore-verlegte Rohrleitungen – Umhüllung (Außenbeschichtung) mit Polyurethan und polyurethanmodifizierten Materialien" |
| DIN 30676 | ersetzt durch DIN EN 12954 „Kathodischer Korrosionsschutz von metallischen Anlagen in Wässern und Böden - Grundlagen und Anwendung für Rohrleitungen" |

Die Einzelheiten zu den Beschichtungsstoffen und Applikationsverfahren, zur Nachisolierung der Verbindungsbereiche und zu den Einsatzgebieten sind den aufgeführten Normen zu entnehmen. Die Korrosionsschutzbeschichtungen werden zumeist werksseitig aufgebracht. Die Auswahl der Beschichtungsstoffe ergibt sich aus den erdbodenabhängigen Beanspruchungsklassen, die nach DIN 50929 Teil 3 zu ermitteln sind, sofern nicht bereits gesicherte Vor-Ort-Erfahrungen vorliegen. Darüber hinaus bietet DIN 30675 Teil 1 Entscheidungshilfen für die Anwendung einer Beschichtungsmaßnahme (siehe auch Abschnitt Nachträglicher Korrosionsschutz).

Sind die Stahlrohrleitungen so verbunden, dass metallene elektrische Längsleitfähigkeit besteht, lassen sich Anschlussleitungen in den mancherorts angewendeten kathodischen Korrosionsschutz des Rohrnetzes nach DIN EN 12954 einbeziehen. Allerdings muss in solchen Fällen die elektrische Trennung der Anschlussleitung von der Gebäudeinstallation erfolgen. Damit wird nicht auszuschließenden Folgewirkungen des kathodischen Schutzes auf die Installation und umgekehrt vorgebeugt.

# Planung

### 18.3.2.2 Rohrleitungen aus duktilem Gusseisen  DIN 1988-200

- Polyethylen-Umhüllung nach DIN EN 14628;
- Zementmörtel-Umhüllung nach DIN EN 15542;
- Zink-Überzug mit Deckbeschichtung nach DIN 30674-3;
- Beschichtung mit Bitumen nach DIN 30674-3;
- Polyethylen-Folienumhüllung nach DIN 30674-5.

Ferner sind die Anwendungsempfehlungen nach DIN 30675-2 zu beachten.

Hinweis auf Normen:

DIN 30674-1   ersetzt durch DIN EN 14628 „Rohre, Formstücke und Zubehörteile aus duktilem Gusseisen – Polyethylenumhüllung von Rohren – Anforderungen und Prüfverfahren"

DIN 30674-2   ersetzt durch DIN EN 15542 „Rohre, Formstücke und Zubehörteile aus duktilem Gusseisen – Zementmörtelumhüllung von Rohren – Anforderungen und Prüfverfahren"

Die genormten Korrosionsschutzverfahren sind aufgelistet. Zur Verfahrensauswahl bieten DIN 50929-3 und die Anwendungsempfehlungen nach DIN 30675-2 Hilfen.

Rohrleitungen aus duktilem Gusseisen finden nur für die erdverlegten Hausanschlussleitungen und als Verbindungsleitungen zwischen Gebäuden auf einem Grundstück Anwendung. Da diese Rohrleitungen wegen ihrer Verbindungssysteme nicht sichere, metallene elektrische Längsleitfähigkeit aufweisen, können Betrachtungen zum kathodischen Korrosionsschutz entfallen.

### 18.3.2.3 Kupferrohrleitungen  DIN 1988-200

Zur Vermeidung von Elementbildung und daraus entstehenden Schäden an anderen metallenen Werkstoffen ist bei Kupferrohren eine Umhüllung mit Kunststoffen vorzusehen (siehe entsprechende Teile der Reihe DIN 50929 [16]).

Für den werksseitigen Korrosionsschutz von Kupferrohren sind Kunststoffummantelungen in den Anforderungen nach DIN 30672 für die Belastungsklasse B anzuwenden. Dabei müssen folgende Anforderungen erfüllt sein: Porenfreiheit, spezifischer Umhüllungswiderstand, Eindruckwiderstand, Schlagbeständigkeit, Reißdehnung und Reißfestigkeit.

Hinweise auf Normen:

DIN EN 13349   Kupfer und Kupferlegierungen – Vorummantelte Rohre aus Kupfer mit massivem Mantel (DVGW GW 392)

ETA-08/0272   Kupferrohr mit fest haftendem Polyethylene-Mantel für Sanitär und Heizungsanwendung (DVGW VP 652)

DIN 30672   Organische Umhüllungen für den Korrosionsschutz von in Böden und Wässern verlegten Rohrleitungen für Betriebstemperaturen bis 50 °C ohne kathodischen Korrosionsschutz – Bänder und schrumpfende Materialien

DIN 50929-3   Korrosion der Metalle; Korrosionswahrscheinlichkeit metallischer Werkstoffe bei äußerer Korrosionsbelastung; Rohrleitungen in Böden und Wässern

Üblicherweise werden als erdverlegte Kupferrohrleitungen Kupferrohre nach DIN EN 13349 oder ETA-08/0272 verwendet und eventuelle Verbindungsstellen gemäß DIN 30672 umhüllt. Es sind Umhüllungen nach Belastungsklasse B (korrosive Böden) zu verwenden. Zur Verfahrensauswahl bietet DIN 50929-3 Hilfe.

#### 18.3.2.4 Nachträglicher Korrosionsschutz DIN 1988-200

Für Stahlrohre, Druckrohre aus duktilem Gusseisen, Kupferrohre und deren Rohrverbindungen sind Korrosionsschutzbinden und Schrumpfschläuche nach DIN 30672 wie folgt anzuwenden:

- Belastungsklasse C für Stahlrohre;
- Belastungsklassen B und C für Druckrohre aus duktilem Gusseisen;
- Belastungsklasse A (nichtkorrosive Böden) oder B (korrosive Böden) für Kupferrohre;
- Belastungsklassen A und B, Schrumpfschläuche auch Klasse C, für Armaturen, Rohrverbindungen und Formstücke (unabhängig vom Werkstoff).

Der Korrosionsschutz erdverlegter Rohre aus den in vorstehenden Abschnitten behandelten Werkstoffen kann, wenn sie nicht mit Werksumhüllungen geliefert wurden, mittels Korrosionsschutzbinden und/oder Schrumpfschläuchen nach DIN 30672 aufgebracht werden. Das gilt sinngemäß für eingeerdete Armaturen und die Verbindungsbereiche; sie bedürfen der Nachisolierung in der Werkstatt oder auf der Baustelle. In Abhängigkeit von den Werkstoffen und den Erdböden sind die zu beachtenden Beanspruchungsklassen aufgeführt.

Rohre aus nichtrostenden Stählen sind hier nicht aufgeführt, da sie üblicherweise keine Anwendung für erdverlegte Leitungen finden. Sollte das im Sonderfall in Erwägung zu ziehen sein, wären zur Information die Ausführungen zum Abschnitt Kupferrohrleitungen heranzuziehen.

#### 18.3.2.5 Vermeidung von Elementbildung mittels Isolierstücken DIN 1988-200

Zum Schutz vor Elementbildung zwischen Fremdkathoden (z. B. Stahlbetonfundamente) und damit elektrisch leitend verbundene erdverlegte durchgehend metallenen Leitungen ist in diese sowohl nach der Einführung in ein Gebäude als auch vor dem Austritt aus einem Gebäude jeweils ein Isolierstück DIN 3389 – W einzubauen.

Die Gefahr der Bildung von Korrosionselementen mit Fremdkathoden wurde zu Abschnitt 7 erläutert. Es kann sich bei diesen sowohl um Kupfer-Fundamenterder als auch um Stahlbetonfundamente mit im alkalischen Zementmilieu passivierten Stahloberflächen handeln. Dabei kann es sich, wie die Praxiserfahrung zeigt, durchaus auch um entfernt liegende Objekte handeln. Sie können über den Potentialausgleich oder andere metallenleitende Verbindungen, oft über weite Wege, Kontakt zur anodischen Teilfläche haben. Deshalb wird die Forderung verständlich, dass wie bei der DVGW-TRGI 2008 erdverlegte Rohrleitungen nach Eintritt in ein und vor Austritt aus einem Gebäude mittels Einbau von Isolierstücken nach DIN 3389 elektrisch von der Gebäudeinstallation zu trennen sind (s. a. Kommentar zu Abschnitt 8.4).

### 18.3.3 Freiverlegte Außenleitungen DIN 1988-200

Freiverlegte Außenleitungen sind bei besonderer äußerer Korrosionsbelastung, z. B. durch ammoniak-, schwefelwasserstoff- oder salzhaltige Medien, mit einem Korrosionsschutz zu versehen. Außerdem sind sie gegen Frosteinwirkung sowie gegen mechanische Einwirkungen zu schützen.

Freiverlegte Außenleitungen benötigen Schutz gegen mechanische Beschädigung, Frostschutz, Wärmedämmung und Schutz vor Witterungseinflüssen. Dazu kommen werkstoffabhängige Maßnahmen in Betracht, wie sie auch im Abschnitt „Nachträglicher Korrosionsschutz für erdverlegte Leitungen" beschrieben worden sind.

Besonders zu beachten ist die Alterungsbeständigkeit des Korrosionsschutzes gegen Licht-, Wärme- und Frosteinwirkung. Werden Korrosionsschutzbinden oder Schrumpfschläuche eingesetzt, so ist mit ihnen wie im Abschnitt „Nachträglicher Korrosionsschutz" zu verfahren. Für freiverlegte Stahlrohrleitungen kann alternativ eine Schmelztauchverzinkung nach DIN EN 10240 eingesetzt werden.

Darüber hinaus können für Stahl und schmelztauchverzinkten Stahl die üblichen Korrosionsschutz-Beschichtungsverfahren angewendet werden, die in DIN 50928 genormt sind. Darin werden Oberflächenvorbereitungen, Beschichtungsstoffe und Mehrschichtsysteme sowie die Beschichtungsverfahren informativ beschrieben. Bei großen Objekten werden sich Planer und Auftragnehmer über die Anforderungen zum Korrosionsschutz von Stahlbauten (dazu zählen auch freiverlegte Rohrleitungen) durch Beschichtungen informieren müssen.

### 18.3.4 Rohrleitungen in Gebäuden    DIN 1988-200

> Bei Vorliegen korrosiver Medien gilt 18.3.3 sinngemäß. Bauseitig ist dafür zu sorgen, dass Rohrleitungen nicht über längere Zeit mit Feuchtigkeit in Berührung kommen können (siehe entsprechende Teile der Reihe DIN 18195 [15]). Soweit Gebäudeteile bestimmungsgemäß feucht sind, sind besondere Maßnahmen zur wassersperrenden Feuchtigkeitsisolierung zu treffen. Im Unterschied zu Korrosionsschäden, ausgehend vom Innern von Bauteilen, kann bei Anwesenheit von Feuchtigkeit eine Beaufschlagung mit Wechselstrom den Korrosionsangriff an der Außenoberfläche verstärken.
>
> Werden verzinkte Stahlrohre auf Betondecken verlegt, ist zusätzlich zur Rohrumhüllung nach 18.3.2 zwischen Betonboden und Stahlrohr eine etwa 1 m breite Sperrfolie anzuordnen.
>
> Dämmstoffe bzw. Umhüllungen für Kupferwerkstoffe müssen nitritfrei sein und dürfen einen Massenanteil an Ammoniak von nicht mehr als 0,2 % enthalten. Dämmstoffe bzw. Umhüllungen für Rohre aus nichtrostenden Stählen dürfen einen Massenanteil an wasserlöslichen Chlorid-Ionen von 0,05 % nicht überschreiten.
>
> Bei der Verlegung von Leitungen in Bodenkanälen muss bauseitig sichergestellt sein, dass die Kanäle gegen Eindringen von Wasser gesichert sind. Über die übliche Baufeuchte hinausgehende Feuchtigkeitsansammlung ist zu vermeiden.
>
> In Sonderfällen, in denen ein Korrosionsschutz durch Beschichtung erforderlich ist, muss diese dickschichtig, poren- und verletzungsfrei sowie ausreichend wärme- und alterungsbeständig sein.

Dieser Abschnitt ergänzt die Ursachenbeschreibungen in DIN 1988-200 Abschnitt 18.3 um spezielle Erläuterungen zu Außenkorrosionsschäden an Installationssystemen in Gebäuden. Sie verursachen die meisten außenkorrosionsbedingten Wanddurchbrüche. Deshalb sind sie auf jeden Fall zu vermeiden. Die beste Vorbeugung besteht darin, den Feuchtigkeitszutritt zur Rohraußenoberfläche zu verhindern. Dazu werden in DIN 18195 die bauseitig erforderlichen Schritte dargestellt. Planer und Installateur werden darüber hinaus die Leitungsführung so gestalten, dass die Rohre, nach Abbindung bzw. Trocknung der Baufeuchte, gegen Wasserzutritt gesichert sind.

Besondere Beachtung gilt der Verlegung der Rohrleitungen in Bodenkanälen; sie müssen konstruktiv die Voraussetzungen zur Trockenhaltung erfüllen.

Werden jedoch Rohrinstallationen in bestimmungsgemäß feuchten Gebäudeteilen eingebaut, dann müssen Korrosionsschutzmaßnahmen in Anlehnung an Abschnitt 18.3.2 angewendet werden. Dabei ist zu beachten, dass mit passiviertem Stahl in Zementumgebung als Kathodenfläche bereits kleine Fehlstellen in den Rohrumhüllungen relativ schnell zu Wanddurchbrüchen führen können.

Um der Elementbildung prinzipiell entgegenzuwirken, ist bei verzinkten Stahlrohren, die auf Betondecken verlegt werden, zur Erhöhung des elektrischen Widerstandes in der möglichen Elektrolytlösung, zwischen Kathodenfläche (Bewehrungsstahl im Beton) und Anodenbereich (Fehlstelle in der Rohrummantelung), eine Kunststoff-Sperrfolie (beispielsweise 0,2 mm dicke Polyethylenfolie) anzuordnen. Sie soll nicht etwaige Feuchtigkeit vom Rohr abhalten, sondern das Fließen des elektrischen Korrosionsstromes behindern. Dazu muss die Folie unter dem Rohr auf den Betongrund so aufgelegt werden, dass sie nach jeder Seite etwa 50 cm übersteht. Es ist unkritisch, wenn sich beispielsweise einzelne Sandkörner durch die Folie drücken, da der elektrische Widerstand dadurch nur unerheblich gemindert wird. Es handelt sich bei dieser Maßnahme um einen zusätzlichen Schutz zur Rohrumhüllung.

Kupferrohre insbesondere im Festigkeitszustand hart, also im Abmessungsbereich ab Außendurchmesser 35 mm, können eine Außenkorrosionsschädigung durch Spannungsrisskorrosion erleiden, wenn in Gegenwart von Feuchtigkeit Stickstoffverbindungen, insbesondere Nitrite und Ammoniak, chemisch wirksam werden können. Als Folge kommt es unter Mitwirkung von Zugspannungen zu Rissen und damit zu Wanddurchbrüchen.

Da Zugspannungen in Form von Eigen-, Betriebs- oder Konstruktionsspannungen nicht vermeidbar sind, müssen die oben genannten Stoffe ausgeschlossen bzw. auf ein Minimum reduziert sein. Damit sind insbesondere die Hersteller von Dämmstoffen gefordert, nur nitritfreie Vormaterialien mit einem Ammoniakgehalt von nicht mehr als 0,2 Massenprozent zu verarbeiten.

Wasserlösliche Chloridionen in Dämmstoffen können, über die Feuchtigkeitswirkung hinaus, die Korrosionsvorgänge stimulieren. Dazu enthält das Merkblatt der Arbeitsgemeinschaft Industriebau AGI Q 135 Ausführungen bezüglich Grenzwerten, Bestimmungsverfahren und Kennzeichnung.

Die lochfraßfördernde Wirkung der Chloridionen auf nichtrostende Stähle wurde in Abschnitt 18.3 kommentiert. Demzufolge sind auch die Gehalte der Dämmstoffe an wasserlöslichen Chloridionen zu begrenzen. Der Grenzwert ist mit 0,05 Massenprozent gegenüber dem der AGI-Merkblätter erweitert. Diese Grenzwerterweiterung wurde durch praxisnahe Untersuchungsergebnisse begründet. Die für die Installation geeigneten molybdänlegierten nichtrostenden Stähle 1.4401, 1.4404, 1.4408, 1.4571 und 1.4581 sind gegenüber den aus solchen Dämmstoffen freisetzbaren Chloridionen beständig.

Bei der Über- oder Unterputzverlegung von Rohren aller Installationswerkstoffe ist, wenn nicht besondere Erfordernisse wegen möglichen Wasserzutritts vorliegen, kein Korrosionsschutz erforderlich. Gegen die bestimmungsgemäß auftretenden Korrosionsbelastungen sind die Werkstoffe an sich bereits beständig.

In der Vergangenheit häufig aufgetretene Außenkorrosionsschäden mit Wanddurchbrüchen standen mit der Verwendung von Gips zum Anheften der verzinkten Stahlrohre in Mauerschlitzen in Zusammenhang. Obwohl bereits in der DIN 1988 von 1962 untersagt, hat erst die nachträgliche Aufklärung bewirkt, diese „Gipskorrosion" zu vermeiden. Sie ist auf elektrochemische Ursachen zurückzuführen, wobei unter der Gipsheftstelle der anodische Teilbereich eines Korrosionselementes wirksam wird. Anstelle von Gips sind gipsfreie Schnellbinder oder Mauerhaken zu verwenden. Bei Unvermeidbarkeit von Gipsmörtel sind die Rohre an den Heftstellen durch geeignete Umhüllungen zu schützen.

In der Anmerkung wird auf chloridinduzierte Korrosionsschäden hingewiesen, die auf eine Verarbeitung von frostschutzhaltigem Mörtel zum Einputzen von Rohren aus verzinktem oder nichtrostendem Stahl in Mauerschlitzen zurückgeführt werden müssen. Das ist zwar Angelegenheit des Bauhandwerks, im Schadensfall wird jedoch zunächst der Installateur in Anspruch genommen. Deshalb sollte er vorbeugend Einfluss nehmen.

Für das statisch beanspruchte Bauwerk selbst gelten bei Winterbaumaßnahmen Zulassungsvorschriften für die Betonzusatzstoffe und Kennzeichnungspflicht. Nur solche zugelassenen Zusatzstoffe sollten im Bedarfsfall für die Mörtel zum Einputzen der Rohre in Mauerschlitzen verwendet werden.

Liegen für warmgehende Rohrleitungen aus nichtrostenden Stählen Umgebungsbedingungen mit alternierend oder langzeitig feuchten chloridhaltigen Baustoffen vor, so besteht die Gefahr von Lochfraß oder Spannungsrisskorrosion. Durch Abdampfen von Wasser erfolgt an der Rohroberfläche eine Aufkonzentration der Chloridionen in der Restflüssigkeit bis zu einer schadenskritischen Höhe. Liegen solche Voraussetzungen vor, sind entweder sichere Rohrumhüllungsmaßnahmen nach Abschnitt 18.3 vorzusehen oder es ist die Gegenwart von Chloridionen und/oder Feuchtigkeitszutritt zu vermeiden.

## 18.4 Wasserbehandlung    DIN EN 806-2

> Verbleibt offensichtlich ein Risiko von Schäden durch Korrosion, hat der Planer zu prüfen, ob dieses Risiko durch Wasserbehandlung nach der Normenreihe EN 12502 gemindert werden kann (siehe auch Abschnitt 12).

Im Abschnitt 12.3 dieser Norm werden die Anforderungen zur Wasserbehandlung beschrieben und kommentiert.

**Korrosionsschutzmaßnahmen durch Wasserbehandlung**

DIN EN 806-2 lässt zwar Verfahren zur Trinkwasserbehandlung bezüglich der Reduzierung der Korrosionswahrscheinlichkeit zu, DIN 1988-200 beschreibt jedoch in Abs. 5.1, dass nur Rohre und Bauteile aus Werkstoffen zu verwenden sind, die für die jeweilige Trinkwasserbeschaffenheit geeignet sind. Dies bedeutet im Umkehrschluss, dass Werkstoffe ausgewählt werden müssen, bei deren Einsatz Korrosionsschutzmaßnahmen durch Trinkwasserbehandlung nicht notwendig sind.

DIN 50930 führt dazu in Abschnitt 7 „Schutzmaßnahmen"; Abschnitt 7.1 „Allgemeines" folgendes auf:

**„Werkstoffe für neue Installationssysteme müssen grundsätzlich so ausgewählt werden, dass Schutzmaßnahmen nicht erforderlich sind.**

Schutzmaßnahmen können Schäden mindern, die als Folge einer nicht normgerechten Werkstoffauswahl oder bei nicht bestimmungsgemäßem Betrieb der Trinkwasserinstallation entstanden sind. Eine Behandlung von Trinkwasser mit dem Ziel einer Veränderung der Trinkwasserbeschaffenheit darf nur mit den nach der Trinkwasserverordnung (§ 11-Liste) zugelassenen Zusatzstoffen und unter Verwendung von zertifizierten Apparaten erfolgen. Die entsprechenden Parameterwerte dürfen nicht überschritten werden."

**Steinbildung**

Falls auf Grund der Wasserbeschaffenheit Steinbildung zu erwarten ist, können Geräte zur Wasserenthärtung durch Ionenaustausch oder Chemikaliendosierung eingesetzt werden, wenn diese vom DVGW zertifiziert sind. Die Größe der verwendeten Geräte und die entsprechenden Dosiermengen sind nach dem ermittelten Berechnungsdurchfluss der Trinkwasserinstallation und dem zu erwartenden monatlichen Wasservolumen auszulegen. Die Dosierung von Chemikalien darf nur mit zertifizierten Dosiergeräten erfolgen.

**Schwebstoffe**

Schwebstoffe können zu Funktionsbeeinträchtigung und Verstopfung von Bauteilen führen. Daher sind DVGW-zertifizierte mechanisch wirkende Filter einzubauen.

**Mechanische Filter**

Es sind in jede Trinkwasserinstallation mechanisch wirkende Filter einzubauen, die eine DVGW-Zertifizierung haben und DIN EN 13443-1 und DIN 19628 entsprechen.

Die Auslegung des Filters richtet sich nach dem Spitzendurchfluss, ermittelt nach DIN 1988-300.

Es sollten rückspülbare Filter verwendet werden.

## 18.5 Lagerung und Montage    DIN EN 806-2

> Alle Bauteile sind durch den Anlagenerrichter so zu lagern, dass eine Verschmutzung der inneren Oberflächen vermieden wird. Wenn notwendig, sind Rohrbauteile und Zubehör zu reinigen und lose Bestandteile zu entfernen (z. B. Sand, Erde, Metallspäne). Beim Zusammenbau ist sorgfältig darauf zu achten, dass das Eindringen von Verunreinigungen vermieden wird.

Rohre und Bauteile sind so zu lagern, dass keine Verschmutzung der Innenoberfläche erfolgen kann.

Bei der Installation/Montage ist darauf zu achten, dass keine Fremdkörper (z. B. Sand, Erde, Metallspäne, Fasern, etc.) eingetragen werden, da diese Korrosion auslösen können.

## 18.6 Rohrverbindung DIN EN 806-2

> Die vom Planer ausgewählte Art der Rohrverbindung muss den Empfehlungen der Rohrhersteller entsprechen.

Angaben der Rohrhersteller sind zu beachten.

## 18.7 Schutz vor Schäden durch Außenkorrosion DIN EN 806-2

> Um den Kontakt der Außenoberflächen mit Feuchtigkeit über eine längere Zeitspanne zu vermeiden, sind auf der Baustelle Schutzmaßnahmen zu ergreifen. Leitungen in Räumen mit hoher Luftfeuchte sind vor dieser zu schützen. Das Schutzmaterial darf nicht aggressiv gegenüber metallenen Leitungen sein.
>
> Isoliermaterial für Kupferleitungen muss nitritfrei sein und der Massenanteil an Ammonium darf 0,2 % nicht überschreiten. Der Massenanteil an wasserlöslichen Chloridionen im Isoliermaterial darf für Rohre aus nichtrostendem Stahl 0,05 % Massenanteil nicht überschreiten.
>
> Bei der Verlegung von verzinkten Stahlleitungen in Betonböden ist zusätzlich zur Rohrumhüllung zwischen Betonboden und Stahlrohr eine etwa 1 m breite Sperrfolie anzuordnen.
>
> Das Befestigen von verzinkten Stahlleitungen mittels Gips ist nicht zulässig. Außerdem dürfen sie nicht an Stellen verlegt werden, wo sie mit chloridhaltigem Mörtel in Berührung kommen.
>
> Bei der Verlegung von metallenen Rohren in Bodenkanälen muss bauseits sichergestellt sein, dass die Kanäle gegen Eindringen von Wasser sowie gegen Überflutung geschützt sind oder belüftet und sicher entwässert werden können.
>
> Im Allgemeinen ist ein Korrosionsschutz von vor oder in Wänden verlegten Leitungen nicht notwendig, wenn zwischen Rohr und Wand ausreichend Abstand vorhanden ist.

Siehe Kommentar zu Abschnitt 18.3 „Vermeidung von Schäden durch Außenkorrosion".

# 19 Zusätzliche Anforderungen für offene Systeme für kaltes und erwärmtes Wasser DIN EN 806-2

## 19.1 Anlagen für kaltes Trinkwasser

### 19.1.1 Entnahmestellen für Trinkwasser

> Außer für Wohngebäude richtet sich die Art der Versorgung nach Größe und Art der Benutzung des Gebäudes sowie nach Anzahl der zu versorgenden Apparate.
>
> In Büros und anderen gewerblichen Gebäuden sollten Trinkwasserentnahmestellen in Bereichen für die Zubereitung und den Verzehr von Speisen zusätzlich zu Räumen für die Zubereitung von Getränken vorgesehen werden. Wo Vorrichtungen zur Getränkezubereitung nicht vorgesehen sind, sollten Entnahmestellen für Trinkwasser in der Nähe von, aber nicht in den Toilettenräumen angeordnet werden. Wo sich ein Trinkwasserspender innerhalb des Toilettenbereichs befindet, sollte dieser so weit als möglich von Klosetts und Urinalen entfernt angeordnet werden. Diese Entnahmestelle sollte mit einem verdeckten Auslauf versehen sein und oberhalb des Beckenrandes ausmünden.

### 19.1.2 Art der Versorgung

> Wo immer möglich, ist Trinkwasser direkt aus der Versorgungsleitung kommend zu verwenden oder, wenn besondere Umstände dies nicht gestatten, aus einem abgedeckten Behälter nach 19.1.3.

Abhängig vom verfügbaren Druck, den Gegebenheiten der Wasserspeicherung, der Art der zu versorgenden Apparate und der Verwendung von Entnahmearmaturen mit hohem oder mit niedrigem Druckverlust kann der Wasserbedarf eines Gebäudes aus der öffentlichen Wasserversorgung (unter Druck der Versorgungsleitung), aus den Verteilungsleitungen (aus dem Behälter gespeist), über eine Druckerhöhungsanlage oder durch eine Kombination von vorgenannten Möglichkeiten erfolgen.

Liegen Entnahmestellen über einer Höhe, zu der die öffentliche Wasserversorgung nicht in der Lage ist oder nicht verpflichtet ist zu versorgen, z. B. in mehrstöckigen Gebäuden, sind die Entnahmestellen für Trinkwasser über einen nach 19.1.3 abgedeckten Behälter oder, wo zugelassen, direkt aus einem von einer Druckerhöhungsanlage gespeisten Verteiler zu versorgen.

### 19.1.3 Trinkwasserbehälter

Für häusliche Zwecke dürfen Trinkwasserbehälter und die Abdeckungen das Trinkwasser nicht in Geschmack, Farbe, Geruch oder durch giftige Stoffe beeinträchtigen und weiterhin darf das Wachstum von Mikroorganismen weder begünstigt noch gefördert werden.

Behälter für Trinkwasser für häusliche Zwecke müssen wasserdicht sein und außerdem:

a) mit einer steifen, dicht schließenden, fest angebrachten Abdeckung versehen sein, die zwar nicht luftdicht, aber Licht und Insekten von dem Behälter fernhält, eng um eine Belüftungsleitung liegt, aus einem Werkstoff gefertigt ist, der bei Bruch weder zersplittert noch zerfällt und der durch auf seiner Unterseite entstehendes Kondenswasser nicht beeinträchtigt wird;

b) wo notwendig, mit einem für das Trinkwasser zugelassenen Werkstoff ausgekleidet oder beschichtet sein;

c) gegen Frost und Wärme gedämmt sein;

d) mit Wasser aus der öffentlichen Versorgungsleitung oder über eine Pumpe aus einem Behälter gespeist werden, der ebenso wasserdicht sein muss und ähnlich Vorgenanntem, ausgerüstet und versorgt wird;

e) bei einem Nutzvolumen von mehr als 1 000 l so gefertigt sein, dass der Innenraum leicht überprüft und gereinigt werden kann und die Schwimmerventile eingestellt und gewartet werden können, ohne die Abdeckung oder die Gesamtanordnung der Abdeckung, falls sie aus zwei oder mehr Teilen besteht, zu entfernen; und

f) mit einer entsprechenden Alarm- und Überlaufleitung ausgerüstet sein, die so angeordnet und gebaut ist, dass das Eindringen von Insekten ausgeschlossen ist.

### 19.1.4 Größe der Trinkwasserbehälter

Tabelle 6 gibt Empfehlungen für die Größe von Trinkwasserbehältern in Abhängigkeit der Art des Verbrauches. Diese Empfehlungen sind lediglich als Hinweis zu betrachten.

Bei der Ermittlung der notwendigen Größe des Trinkwasserbehälters für ein Anwesen sind zu berücksichtigen:

a) die Notwendigkeit, Stagnation zu verhindern, indem man die Verweildauer des Trinkwassers im Behälter so kurz als möglich hält; und

b) die Anforderungen an das gesamte Installationszubehör, besonders wenn Versorgungsunterbrechungen Schäden am Eigentum oder Unannehmlichkeiten für den Verbraucher verursachen.

**Tabelle 6 — Empfohlene kleinste Speichervolumen für häusliche Zwecke (Kalt- und Warmwasserentnahme)**

| Art des Gebäudes oder der Nutzung | Kleinstes Speichervolumen in l |
|---|---|
| Wohnheim | 90 je Bett |
| Hotel | 200 je Bett |
| Bürogebäude: mit Kantine | 45 je Beschäftigten |
| : ohne Kantine | 40 je Beschäftigten |
| Gaststätte | 7 je ausgegebenem Essen |
| Tagesheim: für Kleinkinder und Grundschüler | 15 je Schüler |
| : ältere Schüler | 20 je Schüler |
| Schülerinternat | 90 je Schüler |
| Kinderheim oder stationäre Pflege | 135 je Bett |
| Schwesternheim | 120 je Bett |
| Pflege- oder Erholungsheim | 135 je Bett |

Das wahrscheinliche Verbrauchsmuster (Entnahmearmaturendurchflüsse und Dauer der Entnahme) sollte ermittelt werden und ebenso sind örtliche Bedingungen, wie geringer Versorgungsdruck, der die Füllzeit bei Spitzenverbrauch beeinträchtigen kann, zu berücksichtigen.

Die Aufteilung des Speicherinhaltes auf zwei oder mehrere Behälter sollte die Wasserverteilung erleichtern, wobei die Ein- und Ausläufe so angeordnet werden sollten, dass ein Kurzschluss der Fließwege innerhalb der Behälter verhindert wird.

Vor abschließender Ermittlung der Speicherkapazität für Hotels, Wohnheime, Büroanlagen (mit oder ohne Kantinen), Schulen (Tagesschule oder Internat) oder andere besondere Einrichtungen sollte mit dem Wasserversorgungsunternehmen Rücksprache genommen werden.

Für die meisten Wohngebäude, bei denen eine gleichmäßige Versorgung bei ausreichendem Druck gesetzlich vorgeschrieben ist, sollte sich ein Ansatz von maximal 80 l je Bewohner als ausreichend erweisen. Ein größerer Ansatz basierend auf 130 l je Bewohner wäre geeignet, wenn die Behälterauffüllung während der Nacht durchgeführt wird.

### 19.1.5 Werkstoffe

Der Werkstoff für Behälter muss korrosionsbeständig sein oder ist innen mit einer korrosionsbeständigen und nachgewiesen nicht toxischen Beschichtung zu versehen. Behälter und Abdeckung müssen ausreichende Festigkeit besitzen, um einen Betrieb ohne übermäßige Verformung sicherzustellen.

### 19.1.6 Auflager

Der Behälter ist auf eine ausreichend tragfähige Grundplatte zu stellen, die das Gewicht des bis zum Rand gefüllten Behälters aufnehmen kann. Jeder Behälter aus Kunststoff ist mit seiner gesamten Grundfläche auf eine biegesteife ebene Grundplatte zu stellen.

### 19.1.7 Aufstellort

Für Wartung ist unter und um den Behälter ausreichender Zugang vorzusehen und der Auslauf jeder Überlaufleitung muss oberhalb der Rückstauebene sein.

# Planung

Jeder Trinkwasserbehälter muss vor dem Eindringen von Verunreinigungen geschützt sein.

In den Boden eingelassene Behälter müssen Messvorrichtungen haben, die Undichtheiten erkennen lassen.

### 19.1.8 Steuerung des Wassereinlaufs

Mit Ausnahme von kommunizierenden Behältern ist jede Zulaufleitung mit einem Schwimmerventil oder mit einer Einrichtung gleicher Wirkungsweise auszustatten.

Folgende Merkmale sollten bei Schwimmerventilen oder bei anderen den Zulauf steuernden Armaturen, Spülkästen eingeschlossen, vorhanden sein:

a) Regelung des Zuflusses in einen Behälter oder Apparat, die im geschlossenem Zustand dauerhaft dicht sind; und

b) wo anwendbar, ein austauschbarer Ventilsitz mit Dichtung, die gegenüber Wasser korrosions- und erosionsbeständig sind, oder eine ähnlich geartete Vorrichtung mit mindestens gleicher Effektivität; und

c) wo anwendbar, ein Schwimmer aus einem Material, das bei jeder möglichen Wassertemperatur dicht bleibt, mit einer Auftriebskraft, die bei halbem Eintauchen ausreicht, das Ventil bei dem 1,5fachen des maximalen Betriebsdrucks tropfdicht zu halten; und

d) ein Arbeitshub, der bei geschlossenem Ventil bei zweifacher normaler Belastung kein Verbiegen oder Verwinden hervorruft und für die Anschlussgröße G ½ das Einstellen eines oberen Betriebswasserspiegels ohne Verbiegen des Schwimmerhebels gestattet; und

e) in Behältern für Nichttrinkwasser sollte die Vorrichtung so ausgebildet sein, dass bei Anstieg des Wasserspiegels bis zur Achse des Schwimmerventils Rückfließen verhindert wird.

Jedes Schwimmerventil muss fest an dem versorgten Behälter montiert sein und, wo notwendig, abgestützt sein, um zu verhindern, dass durch Kräfte des Schwimmkörpers Einwirkungen auf den Schließvorgang des Ventils entstehen und somit der Betriebswasserspiegel, der den Wasserzufluss absperrt, beeinträchtigt werden kann. Der Abstand zwischen Wasserspiegel und Unterkante der Alarmleitung muss mindestens 25 mm betragen, bei fehlender Alarmleitung mindestens 50 mm zur Unterkante der Überlaufleitung.

Vor jedem Schwimmerventil ist möglichst in dessen Nähe ein Absperrventil einzubauen.

### 19.1.9 Behälterausläufe

Verteilungsleitungen für kaltes Trinkwasser zu sanitären Einrichtungsgegenständen sind am tiefsten Punkt des Behälters anzubringen.

Anschlüsse für Verteilungsleitungen zu Trinkwasser-Erwärmern sind mindestens 25 mm über den Anschlüssen für kaltes Trinkwasser anzubringen und dürfen keine anderen Entnahmestellen versorgen.

Mit Ausnahme von Verteilungsleitungen zu Behältern für Primärkreisläufe muss in jede Entnahmeleitung in der Nähe des Behälters ein Absperrventil eingebaut werden.

### 19.1.10 Große Behälter

Behälter über 1 000 l Inhalt müssen mit folgenden zusätzlichen Einrichtungen ausgerüstet sein:

Um bei Reparaturen oder Wartungsarbeiten eine Unterbrechung der Wasserversorgung zu vermeiden, sind die Behälter zu unterteilen oder ein Parallelbehälter vorzusehen.

Eine Reinigungsleitung darf nicht mit der Entwässerungsleitung verbunden werden, sondern muss mindestens 150 mm über dem Entwässerungsgegenstand enden.

### 19.1.11 Alarm- und Überlaufleitungen

Jeder Behälter mit einem Inhalt (gerechnet bis zur Unterkante Überlaufleitung) bis zu 1 000 l ist nur mit einer Alarmleitung auszurüsten und bedarf keiner zusätzlichen Überlaufleitung. Behälter über 1 000 l Inhalt sind mit einer oder mehreren Überlaufleitungen zu versehen. Bei Inhalten bis zu 5 000 l hat die unterste Überlaufleitung die Funktion der Alarmleitung. Für Behälter zwischen 5 000 l und 10 000 l Inhalt muss entweder die unterste Leitung die Alarmleitung sein oder es ist eine Vorrichtung vorzusehen, die anzeigt, wenn der Wasserspiegel sich der Unterkante der untersten Überlaufleitung bis auf 50 mm genähert hat. Für Behälterinhalte über 10 000 l muss die unterste Überlaufleitung eine Alarmleitung sein oder es ist eine Vorrichtung einzubauen, die akustisch oder sichtbar anzeigt, dass der Wasserstand den Überlauf erreicht. Diese Vorrichtung muss unabhängig von der Regelung des Wasserzulaufs wirken.

Überlauf- und Alarmleitungen sind aus starrem, korrosionsbeständigem Werkstoff zu fertigen; Schläuche dürfen weder ganz oder als Teil für die Überlauf- und Alarmleitung verwendet werden. Wird nur eine Überlaufleitung verwendet, so muss der Innendurchmesser größer als jener der Zulaufleitung sein, aber mindestens 19 mm betragen.

Alarm- und Überlaufleitungen dürfen nicht über das Niveau des Behälters geführt werden.

Bei Erreichen des Überlaufwasserspiegels muss jede Alarmleitung ansprechen und das Wasser in unübersehbarer Weise ableiten, wo dies möglich ist vorzugsweise außerhalb des Gebäudes.

Zulässig ist das Zusammenfassen mehrerer Alarmleitungen von verschiedenen Behältern oder WC-Spülkästen zu einer, wenn sichergestellt ist, dass der Ort des Überlaufs festgestellt werden kann und kein Behälter in einen anderen entleert. Bei WC-Druckspülern ist keine Alarmleitung vorzusehen.

Die hier beschriebenen offenen Systeme für kaltes Wasser werden in der Regel bei dem Installationstyp B nach DIN EN 806-1 eingesetzt. Dieser Installationstyp B wird hauptsächlich in England verwendet.

Unter dem Gesichtspunkt der Trinkwasserhygiene ist der Installationstyp B bedenklich und sollte gar nicht oder nur in begründeten Ausnahmefällen eingesetzt werden.

Wenn in Ausnahmefällen offene Systeme gemäß Installationstyp B nach DIN EN 806-1 realisiert werden, sind sie so zu bauen und anzuschließen, dass sich der Behälterinhalt durch die Betriebsverhältnisse regelmäßig erneuert (Vermeidung von Stagnationswasser). Dann sind die Planungsgrundlagen dieses Abschnittes einzuhalten. Aus Gründen des Schutzes des Trinkwassers vor Verunreinigung ist dem unter Betriebsüberdruck stehenden Behälter der Vorzug zu geben. Nur wenn aus betrieblichen Gründen (z. B. Bevorratung, hygienische Absicherung, Vermeiden von Druckschwankungen und Verbinden von zwei verschiedenen Versorgungssystemen) der Einbau von unter Betriebsdruck stehenden Behältern nicht möglich ist, darf ein druckloser Behälter verwendet werden.

Diese drucklosen Trinkwasserbehälter werden in Deutschland in der Regel nur als Vorbehälter bei Druckerhöhungsanlagen mit drehzahlgeregelten Pumpen nach DIN 1988-500 eingesetzt.

Bei diesen Anwendungsfällen werden industriell gefertigte Trinkwasserbehälter installiert, die in der Regel aus hygienisch unbedenklichen Werkstoffen, wie z. B. nichtrostender Stahl, gefertigt werden (Bild 151). Die Einbauanleitungen sowie die Bedienungs- und Wartungsanleitungen der Hersteller sind zu beachten.

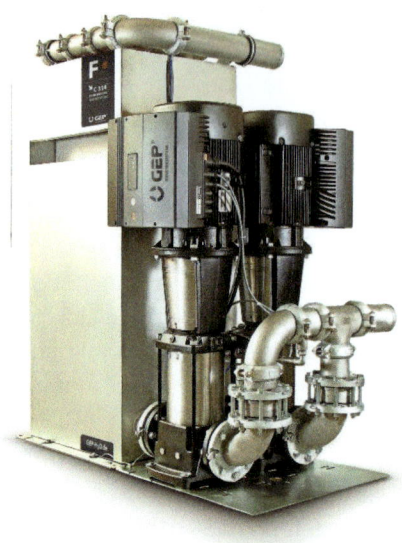

**Bild 151:** Trinkwasserbehälter aus nichtrostendem Stahl als mittelbarer Anschluss für Feuerlöschanlagen (Werkbild: GEP)

## 19.2 Anlagen für erwärmtes Trinkwasser   DIN EN 806-2

### 19.2.1 Grundsätzliches

Die Warmwasserversorgung ist so auszulegen, dass der Betreiber an allen Entnahmestellen erwärmtes Trinkwasser in erforderlicher Menge und Temperatur erhält.

### 19.2.2 Offenes System

Die häusliche offene Warmwasserversorgung ist mit kaltem Trinkwasser aus einem Behälter zu speisen, der über der höchsten Entnahmestelle liegen muss, damit ausreichender Druck vorhanden und die Aufnahme des Expansionswassers bei der Erwärmung möglich ist. Vom obersten Punkt des Trinkwassererwärmers muss eine Entlüftungsleitung über den Trinkwasserbehälter führen, in den diese Leitung entlüftet. Durch die Belüftung und den Behälter ist ohne mechanische Vorrichtung ein Schutz vor Explosionen gegeben.

### 19.2.3 Unmittelbar und mittelbar beheizte Systeme

Unmittelbar beheizte Systeme sind so zu bauen, dass sie mit direkter Erwärmung aus einer Wärmequelle im Trinkwassererwärmer oder über Schwerkraftzirkulation zwischen Wärmequelle und Trinkwasserspeicher arbeiten.

Mittelbare Systeme sind so zu bauen, dass sie mit zirkulierendem Wasser entweder durch Schwerkraft- oder Pumpenantrieb zwischen Wärmequelle und einem Wärmeüberträger im Trinkwasserspeicher arbeiten.

Mittelbare Systeme sind vorzusehen, wo:
a) häusliches erwärmtes Trinkwasser und Zentralheizung aus demselben Wassererwärmer kommen, oder
b) das ankommende Trinkwasser hart ist und zu Ablagerungen neigt, oder
c) die Fälle a) und b) gleichzeitig gegeben sind.

### 19.2.4 Offener Primärkreislauf mit zwei Einspeisungen

In einem indirekt beheizten Warmwassersystem mit einem Primärkreislauf und zwei Einspeisungen muss der Primärkreislauf unabhängig vom Sekundärkreislauf versorgt werden.

Offene Primärkreisläufe müssen über einen Belüftungsstrang verfügen, der den Beginn des Vorlaufs mit dem Auslauf oberhalb des Ausdehnungsspeichers verbindet, sowie eine Einspeiseleitung, beginnend nahe dem Boden des Ausdehnungsgefäßes und am Anschluss des Rücklaufs am Wassererwärmer endend. Mit Ausnahme der Festlegungen in diesem Abschnitt müssen diese Stränge unabhängig voneinander sein. Beide Stränge dürfen Bestandteil des Vor- und Rücklaufs sein, der Belüftungsstrang darf jedoch keine Ventile, Pumpen oder andere Fließhindernisse enthalten. Wo es die Konstruktion des Primärkreislaufes zwingend vorschreibt, ist es zulässig, eine Zirkulationspumpe und zugehörige Ventile für den Pumpenwechsel in die Einspeiseleitung einzubauen.

Der Ausdehnungsspeicher für einen zweifach gespeisten Primärkreislauf muss 4 % Ausdehnungswasser, bezogen auf den Inhalt des gesamten Kreislaufes, aufnehmen können. Mit Ausnahme der Zirkulationspumpe, der zugehörigen Ventile für den Pumpenwechsel und einer Wartungsarmatur, beide nur nach den hier beschriebenen Anforderungen eingebaut, darf der Speisestrang keine Ventile, Pumpen oder andere Fließhindernisse enthalten.

Im häuslichen Bereich beträgt der Mindest-Innendurchmesser für die Belüftungsleitung 19 mm. Erfolgt der Anschluss der Belüftungsleitung nicht am höchsten Punkt des Primärkreislaufes, ist an dieser Stelle ein Entlüftungsventil vorzusehen.

Ist eine Heizanlage kombiniert sowohl für Zentralheizung als auch häusliche Warmwasserversorgung ausgelegt und der Kreislauf für die Zentralheizung enthält eine Umwälzpumpe, während der parallele Kreislauf für die Trinkwasser-Erwärmung mit Schwerkraft betrieben wird, sind die Rückläufe beider Kreisläufe getrennt am Heizkessel anzuschließen oder sie müssen mit einer injektorartigen Vorrichtung nahe am Heizkessel zusammengeführt werden.

### 19.2.5 Offener Primärkreislauf mit Einzeleinspeisung

In einem mittelbar beheizten Warmwasserversorgungssystem mit Primärkreislauf mit Einzeleinspeisung wird der Primärkreislauf mit Wärme aus dem Sekundärkreislauf über einen Wärmetauscher im Trinkwassererwärmer versorgt. Dieses System ist nur zulässig, wenn beide Kreisläufe als offenes System ausgelegt sind.

Bei Verwendung eines mittelbar beheizten Systems mit Einzeleinspeisung ist zu beachten:

a) Der Wärmeüberträger des Primärkreislaufes innerhalb des Trinkwassererwärmers muss eine Ausdehnungskammer und Belüftung enthalten; das System ist nach den Anweisungen der Hersteller des Wassererwärmers und Zubehörs zu installieren.

b) Bei Anwendung einer Umwälzpumpe im Primärkreislauf darf der maximale Pumpendruck nicht den zulässigen Betriebsdruck übersteigen.

c) In den Primärkreislauf dürfen keine Inhibitoren zum Korrosionsschutz oder sonstige Additive beigegeben werden.

d) Die Anweisungen der Hersteller des Heizkessels und der Radiatoren über den fachgerechten Einsatz ihrer Produkte sind zu befolgen.

### 19.2.6 Zuleitung des kalten Trinkwassers

Die Zuleitung von Kaltwasser zum Warmwasserspeicher oder Trinkwassererwärmer ist nach Abschnitt 3 auszuführen. Sie muss in der Nähe des Bodens des Trinkwassererwärmers einmünden. Bei einer Versorgung aus einem Behälter darf die Zuleitung keine andere Entnahmestellen versorgen. Eine eigene Zuleitung aus einem gesonderten Ausdehnungsspeicher ist am untersten Punkt des offenen Primärkreislaufes eines mittelbar beheizten Systems vorzusehen, falls nicht ein Warmwasserspeicher mit einer Einzelzuleitung Anwendung findet.

Ein Freistrom- oder Absperrventil mit festem Ventilteller ist an leicht zugänglicher Stelle in jeder Kaltwasserzuleitung vorzusehen, mit Ausnahme derer, die zu einem offenen Primärkreislauf führen. Diese Zuleitungen bedürfen eines Absperrventils nur, wenn der Inhalt des Ausdehnungsspeichers 18 l übersteigt.

In unmittelbar beheizten Systemen sind für die Zuleitung und den Rücklauf gesonderte Anschlüsse am Trinkwassererwärmer vorzusehen.

### 19.2.7 Belüftungsleitung

Die Belüftungsleitung in einem Warmwasserspeichersystem ist an der obersten Stelle des Wasserspeichers oder an der höchsten Stelle der Warmwasserverteilungsanlagen anzuschließen und zu einem Punkt oberhalb des einspeisenden Trinkwasserbehälters zu führen.

Falls nicht ein Warmwasserspeicher mit Einzelzuleitung verwendet wird, muss in einem offenen Primärkreislauf die Belüftungsleitung vom höchsten Punkt des Primärkreislaufes so weit zu einer Stelle oberhalb des Einspeise- und Ausdehnungsspeichers führen, dass die Höhe ausreicht, um bei normalen Betriebsbedingungen aus der Belüftungsleitung den Austritt von Wasser und/oder Lufteinschlüssen unter Berücksichtigung des Pumpendruckes einer Umwälzpumpe zu verhindern. Bei Schwerkraftzirkulationssystemen beträgt diese Höhe mindestens 150 mm zusätzlich 40 mm für jeden Meter des vertikalen Abstandes zwischen Überlaufhöhe und unterstem Punkt der Einspeiseleitung.

In die Belüftungsleitung dürfen keine Absperrarmaturen eingebaut werden und die Leitungsführung muss kontinuierlich steigend vom Anschluss an das Warmwassersystem bis zum Ende verlaufen; Ausnahme bildet nur der abwärtsgerichtete Auslauf. Der Mindest-Innendurchmesser von Belüftungsleitungen beträgt 19 mm.

Eine Leitung darf nicht gleichzeitig der Belüftung und der Einspeisung dienen, es sei denn, die zugehörigen Systeme oder Kreisläufe enthalten die für geschlossene Systeme festgelegten geeigneten Schutzeinrichtungen.

Die gleichen Aussagen wie für kaltes Trinkwasser gelten auch für erwärmtes Trinkwasser.

Offene Systeme sowohl für kaltes als auch für erwärmtes Trinkwasser sind aus hygienischen Gründen zu vermeiden.

# Anhang A
(informativ)

## Verzeichnis zugelassener Werkstoffe (nicht vollständig) DIN EN 806-2

### A.1 Kupfer und Kupferlegierungen

Nachfolgende Bauteile dürfen verwendet werden:

a) Rohre aus Kupfer;

b) Kapillarlötfittings aus Kupfer und Kupferlegierungen für Weich- und Hartlöten;

c) Press- und Klemmverbinder sowie Durchgangs- und Entnahmearmaturen aus Kupferlegierung;

d) Rohrbogen aus Kupfer, zum Einschweißen;

e) vorgefertigte Bauteile aus Kupfer oder Kupferlegierung, geschweißt, weich- oder hartgelötet;

f) hartgelötete Fittings aus Kupfer und Kupferlegierung.

Liefert die örtliche Wasserversorgung oder könnte ein Versorgungsverband ein Wasser einspeisen, das zu Entzinkung neigt oder bestehen Zweifel darüber, dürfen mit Ausnahme für Entnahmearmaturen Fittings aus entzinkungsgefährdetem Werkstoff nicht verwendet werden.

Fittings aus Messing können der Spannungsrisskorrosion unterliegen, wenn

– Teile des Fittings einer gewissen Spannung unterliegen und

– ein Medium vorherrscht, das eine Anfälligkeit für Spannungsrisskorrosion bietet.

Ein Verfahren zur Prüfung der Spannungsrisskorrosion wird in EN ISO 6509 beschrieben.

### A.2 Werkstoffe aus Eisen

#### A.2.1 Allgemeines

Nachfolgende Bauteile dürfen verwendet werden:

a) Verzinkte Stahlrohre (HDGS) mit geeignetem, nichtmetallenem äußeren Überzug zum Schutz gegen Korrosion;

b) Rohre aus nichtrostendem Stahl;

c) geschweißte oder gelötete vorgefertigte Installationsteile und -einheiten, zusammengesetzt aus verschiedenen Bauteilen z. B. Rohre, Fittings und Flansche, nachträglich verzinkt;

d) verzinkte Tempergussfittings als Rohrverbinder für verzinkte Gewindestahlrohre (HDGS);

e) Verbinder für Stahlrohre mit glatten Enden, wenn der innere Korrosionsschutz beim Einbau nicht beschädigt wird;

f) mechanische Rohrverbinder aus nichtrostendem Stahl für Rohre aus nichtrostendem Stahl. Bei ausreichendem Schutz können sie auch für verzinkte Stahlrohre verwendet werden.

#### A.2.2 Verzinkter Stahl und Temperguss

Verzinkte Stahlrohre (HDGS) sind vorzugsweise mit verzinkten Tempergussfittings mit Gewinde zu verbinden. Nur bei Vorliegen besonderer Umstände dürfen diese Rohre geschweißt oder gelötet werden, da anderenfalls dies den Zinküberzug beschädigen würde. Das Biegen von verzinkten Rohren auf der Baustelle beschädigt ebenfalls den Schutzüberzug. Für Richtungsänderungen sind daher verzinkte Tempergussfittings zu verwenden.

### A.2.3 Nichtrostender Stahl

Als Rohrverbinder können Press-, Klemm- oder andere mechanische oder Kapillarlötfittings aus nichtrostendem Stahl, Kupfer oder Kupferlegierungen verwendet werden.

## A.3 Duktiles Gusseisen

Nachfolgende Bauteile dürfen verwendet werden:

a) Duktile Gussrohre mit oder ohne Muffen;

b) Fittings aus duktilem Gusseisen mit Schutzüberzügen.

Anforderungen des Wasserversorgungsunternehmens an Schutzüberzüge oder -auskleidungen nach den Europäischen Normen sollten erfragt werden.

## A.4 Kunststoff

### A.4.1 Allgemeines

Kunststoffrohre dürfen nicht in der Nähe von Wärmequellen verlegt werden, wenn ihre Festigkeit dadurch beeinträchtigt wird.

### A.4.2 Kunststoffe für Anlagen für kaltes Trinkwasser

#### A.4.2.1 Weichmacherfreies Polyvinylchloride (PVC-U)

Die Verwendung und das Verlegen von Rohren aus PVC-U in der Trinkwasserversorgung sollte nach EN 1452-1 erfolgen. EN 1452-2 enthält die Anforderungen an Rohre und EN 1452-3 die Anforderungen an Rohrverbinder und zugehörige Klebstoffe.

Rohre aus PVC-U können verbunden werden mit:

- PVC-U-Klebverbindern, gefertigt durch Eingießen oder Aufbringen auf das Rohr;
- Muffenrohren für Klebverbindung;
- PVC-U-Fittings mit Ringdichtung, gefertigt durch Eingießen oder Aufbringen auf das Rohr;
- mechanischen Rohrverbindern, gefertigt aus geeigneten metallenen Werkstoffen.

#### A.4.2.2 Polyethylen (PE-HD, PE-MD)

Rohre aus PE-HD und PE-MD können verbunden werden mit:

- PE-HD-Schweißmuffen-Fittings;
- PE-HD-Fittings für Stumpfschweißen;
- PE-MD-Fittings für Stumpfschweißen;
- PE-HD-Elektroschweißmuffen;
- mechanischen Rohrverbindern aus Kunststoff oder geeigneten metallenen Werkstoffen.

#### A.4.2.3 Polyoxymethylen (POM)

Im Bereich von kaltem Trinkwasser können Fittings aus Polyacetal verwendet werden.

### A.4.3 Kunststoffe für Warm- und Kaltwasseranlagen

#### A.4.3.1 Vernetztes Polyethylen (PE-X)

Rohre aus PE-X können mittels Klemmverbinder aus geeigneten metallenen Werkstoffen oder aus Kunststoff verbunden werden.

### A.4.3.2 Polybutylen (PB)

Rohre aus Polybutylen können verbunden werden mit:

- PB-Schweißmuffenfittings;
- PB-Elektroschweißmuffenfittings;
- mechanischen Rohrverbindern aus Kunststoff oder geeigneten metallenen Werkstoffen.

### A.4.3.3 Propylen, Copolymer (PP-H, PP-R)

Rohre aus Propylen können verbunden werden mit:

- PB-Schweißmuffenfittings;
- PB-Elektroschweißmuffenfittings;
- mechanischen Rohrverbindern aus Kunststoff oder geeigneten metallenen Werkstoffen.

### A.4.3.4 Chloriertes Polyvinylchlorid (PVC-C)

Schraub- und Steckverbindungen sind anwendbar.

Rohre aus PVC-C können verbunden werden mit:

- PVC-C-Klebverbindern;
- mechanischen Rohrverbindern aus Kunststoff oder geeigneten metallenen Werkstoffen.

### A.4.3.5 Kunststoff-Metall-Verbundrohre (z. B. PE-HD—AL—PE-X oder andere)

Kunststoff-Metall-Verbundrohre können verbunden werden mit:

- Pressverbindungen aus geeigneten Kunststoffen oder metallenen Werkstoffen;
- Klemmverbindern aus geeigneten Kunststoffen oder metallenen Werkstoffen;
- Gewindeverbindern aus geeigneten metallenen Werkstoffen.

# Anhang A
(normativ)
## Verzeichnis geeigneter Werkstoffe    DIN 1988-200

Neben den Anforderungen nach DIN EN 806-2 kommen für Rohre und Rohrverbinder in Trinkwasser-Installationen die in Tabelle A.1 aufgeführten Werkstoffe, Verbindungstechniken und die z. Z. gültigen technischen Regeln in Betracht.

Tabelle A.1 — Werkstoffe, Verbindungstechnik und zugehörige technische Regeln

| Rohrwerkstoff | Gängige Verbindungstechnik | Technische Regeln | |
|---|---|---|---|
| | | Rohre | Rohrverbindungen |
| Schmelztauchverzinkte Eisenwerkstoffe[c] | Gewindeverbindung | DIN EN 10255 in Verbindung mit DIN EN 10240 | DIN EN 10241 DIN EN 10242 DVGW W 534 |
| | Klemmverbindung | | DVGW W 534 |
| Nichtrostender Stahl | Pressverbindung | DVGW GW 541 | DVGW W 534 |
| | Klemmverbindung | | — |
| Nichtrostender Stahl mit fest haftendem Kunststoffmantel | Pressverbindung | DVGW VP 653 | DVGW W 534 |
| Kupfer und innenverzinntes Kupfer | Hartlötverbindung > 28 mm[b] Weichlötverbindung Schweißverbindung[b] Pressverbindung Klemmverbindung metallisch dichtend Steckverbindung | DIN EN 1057 DIN EN 13349 DVGW GW 392 DVGW VP 652 | Reihe DIN EN 1254 DVGW GW 2 DVGW GW 6 DVGW GW 8 DVGW W 534 |
| Kupfer mit fest haftendem Kunststoffmantel | Pressverbindung | DVGW VP 652 | DVGW VP 652 DVGW W 534 |
| Wellrohre | Befestigungsgewinde nach DIN EN ISO 228-1 | DVGW GW 354 | DVGW W 534 |
| PE-RT (Polyethylen erhöhter Temperaturbeständigkeit) | Klemmverbindung Pressverbindung Steckverbindung (Metall und Kunststoff) | DIN 16833 DIN 16834 DVGW W 544 | DVGW W 534 |

**Tabelle A.1** *(fortgesetzt)*

| Rohrwerkstoff | Gängige Verbindungstechnik | Technische Regeln | |
|---|---|---|---|
| | | Rohre | Rohrverbindungen |
| PE-X (vernetztes Polyethylen) | Klemmverbindung<br>Pressverbindung<br>Steckverbindung<br>(Metall und Kunststoff)) | DIN 16892<br>DIN 16893<br>DVGW W 544 | DVGW W 534 |
| PE-MDX (vernetztes Polyethylen mittlerer Dichte) | Klemmverbindung<br>Pressverbindung<br>Steckverbindung<br>(Metall und Kunststoff)) | DIN 16894<br>DIN 16895<br>DVGW W 544 | DVGW W 534 |
| PP (Polypropylen) | Schweißverbindung | DIN 8077<br>DIN 8078<br>DVGW W 544 | Reihe DIN 16962<br>DVGW W 534 |
| PB (Polybuten) | Schweißverbindung<br>Klemmverbindung<br>Steckverbindung | DIN 16968<br>DIN 16969<br>DVGW W 544 | DIN 16831<br>DVGW W 534 |
| PVC-C (chloriertes Polyvinylchlorid) | Klebverbindung | DIN 8079<br>DIN 8080<br>DVGW W 544 | Reihe DIN 16832<br>DVGW W 534 |
| Verbundrohre[a]<br><br>PE-MDX / PE-MDX<br>PE-RT / PE-RT<br>PE-HD Al PE-X<br>PE-X / PB<br>PB / PP<br>PP | Pressverbindung<br>Klemmverbindung<br>Steckverbindung<br>(Metall und Kunststoff) | DIN 16836<br>DVGW W 542 | DVGW W 534 |

[a] Schichtaufbau von außen (- - -), nach innen (——).

[b] Hartlöt- und Schweißverbindungen sind für innenverzinntes Kupfer nicht zulässig.

[c] In warmgehenden Systemen ist auf den Einsatz von Rohrleitungen und Bauteilen aus schmelztauchverzinkten Werkstoffen wegen der erhöhten Korrosionswahrscheinlichkeit (z. B. Lochkorrosion und Rostwasserbildung) zu verzichten.

In der Tabelle A.1 sind die in Deutschland zugelassenen Rohrwerkstoffe und Rohrverbindungen mit den zugehörigen technischen Regeln aufgeführt. Grundsätzlich sollten in Trinkwasserinstallationen nur mit einem DVGW-Zertifizierungszeichen versehene Rohre und Rohrverbindungen bzw. Systeme verwendet werden.

# Anhang B
(informativ)
## Aspekte zur Behandlung von Trinkwasser
### DIN EN 806-2

### B.1 Korrosion

Angaben zur Korrosion finden sich in EN 12502-1 bis -5 über den „Schutz metallener Werkstoffe gegen Korrosion, Korrosionsschutz in wasserführenden Systemen".

Trinkwasserbehandlungen wie:

- mechanische Filterung;
- Chemikaliendosierung;
- Nitratentfernung;
- eletrolytische Prozesse;
- Neutralisierung-Aufhärtung und
- Umkehrosmose und andere Membranprozesse

können im Hinblick auf Reduzierung der Korrosionswahrscheinlichkeit, die sonst zu Schäden führen kann, eingesetzt werden.

### B.2 Steinbildung

Steinbildung in der Trinkwasser-Installation beruht hauptsächlich auf der Ablagerung von Calciumcarbonaten auf den vom Wasser benetzten Oberflächen. Diese Ablagerungen können die Funktion von Armaturen und Apparaten wie z. B. von Trinkwasser-Erwärmern, Brauseköpfen, Handbrausen usw. beeinträchtigen.

Diese Erscheinung kann sich auch bei nicht aggressiven Wässern bei bestimmten Temperaturen ereignen. Die Bedingungen, wann Ablagerungen entstehen, sind schwer zu bestimmen. Der Sättigungsindex nach Langelier kann einen Anhalt über das Risiko einer Steinbildung geben.

Für den Fall, dass Steinbildung zu erwarten ist, sollte eine Trinkwasserbehandlung in Betracht gezogen werden, z. B. Wasserenthärtung durch Ionenaustausch oder durch Dosierung von Chemikalien.

### B.3 Schwebstoffe

Schwebstoffe, ohne Berücksichtigung ihrer Natur oder ihres Ursprungs, lagern sich in den Rohren ab. Sie können dadurch in den Rohren unterschiedlich belüftete Bereiche erzeugen, bei denen das mit der Ablagerung bedeckte Metall als Anode wirkt. Ablagerungen können ebenso das Wachstum von Mikroorganismen begünstigen.

Beide Erscheinungen können Korrosion hervorrufen, die unerkannt bleibt und zur Rohrperforation führen kann.

Schwebstoffe können ebenso zu Funktionsstörungen und Verstopfung angeschlossener Apparate führen.

Wenn es als notwendig erachtet wird, dem Eindringen von Schwebstoffen und den damit verbundenen Risiken vorzubeugen, sollte der Einbau eines geeigneten mechanischen Filters am Beginn der Hausinstallation in Betracht kommen.

### B.4 Mechanische Filter
#### B.4.1 Allgemeines

Es ist zwischen rückspülbaren und nicht rückspülbaren Filtern zu unterscheiden.

Die hier behandelten Filter umfassen nicht Siebe, wie sie in Wasserzählern oder Entnahmearmaturen verwendet werden.

Als Filter am Beginn der Hausinstallation sollten solche nach EN 13443-1 verwendet werden.

### B.4.2 Anwendungsbereich

Das Einschwemmen kleiner Feststoffpartikel wie Rostteilchen oder Sandkörner in die Trinkwasser-Installation muss verhindert werden. Diese Teilchen können die einwandfreie Funktion wie z. B. von Trinkwasser-Erwärmern, Brauseköpfen usw. behindern oder durch Lochfraß zu Korrosionsschäden in der Installation führen.

Ist ein mechanischer Filter erforderlich, sollte dieser vorzugsweise am Eingang zur Installation eingebaut werden.

### B.4.3 Bedingungen für Auswahl und Größe

Die Größe des mechanischen Filters richtet sich nach dem Druckverlust, dem Turnus der Rückspülungen und Reinigungen und den erforderlichen Wartungsarbeiten.

Die Durchflussrichtung des Filters sollte dauerhaft und erkennbar markiert sein.

### B.4.4 Bedingungen für den Einbau

Zur Kontrolle des Verschmutzungsgrades sollte eine Einrichtung vorgesehen werden, damit automatisch oder von Hand das Rückspülen durchgeführt oder der Filtereinsatz erneuert wird.

Rückspülbare Filter sollten einen freien Auslauf nach EN 1717 haben.

Mechanische Filter am Eingang der Hausinstallation sollten nach der Wasserzähleranlage eingebaut werden.

## B.5 Chemikaliendosierung

### B.5.1 Allgemeines

Dosiergeräte können für die kontrollierte Zugabe von chemischen Lösungen zum Trinkwasser eingesetzt werden. Die Auswahl und Menge der entsprechenden zuzugebenden Chemikalien richten sich nach den notwendigen Maßnahmen, der Beschaffenheit des eingespeisten Trinkwassers, den Werkstoffen und den zu erwartenden Betriebsbedingungen.

### B.5.2 Anwendungsbereich

Je nach Art der Chemikalie dienen Dosiergeräte zur:
- Desinfektion des Trinkwassers;
- Vermeidung von Korrosionserscheinungen;
- Schutzschichtbildung auf den Werkstoffoberflächen in Kontakt mit dem Trinkwasser;
- Vermeidung von Steinbildung (Härtestabilisierung).

### B.5.3 Bedingungen für die Auswahl und Größe

Die Größe des Dosiergerätes richtet sich nach dem ermittelten Berechnungsdurchfluss in der Trinkwasser-Installation und dem monatlich zu erwartenden Wasservolumen, das behandelt werden soll.

Die Menge des Dosiermittelvorrates sollte so gewählt werden, dass die Zeitspanne zwischen zwei Auffüllvorgängen nicht die vom Hersteller vorgeschriebene Zeitspanne überschreitet, damit annehmbare Wartungsintervalle erreicht werden.

Bei der Auswahl des Dosiermittels ist zu überprüfen, ob die maximale Temperatur und die Verweildauer des Wassers in der Trinkwasser-Installation nicht das Risiko von Degradation bergen (Hydrolyse).

### B.5.4 Bedingungen für den Einbau

Das Dosiergerät sollte über eine Einrichtung verfügen, die das Einsetzen und den Ausbau ermöglicht.

Ein Sichtglas oder eine andere geeignete Vorrichtung sollte vorgesehen werden, damit der Flüssigkeitsstand des Dosiermittels im Vorratsbehälter erkennbar ist.

Dosiergeräte sollten so konstruiert und eingebaut werden, dass die Ansammlung von Luft oder anderen Gasen während des Betriebes vermieden wird und nicht die Dosiergenauigkeit beeinträchtigt.

## B.6 Enthärtung durch Ionenaustausch

### B.6.1 Allgemeines

Enthärtungsanlagen arbeiten nach dem Prinzip des Austausches der Kationen. Es werden die Calcium- und Magnesium-Ionen im Trinkwasser durch ein Natrium-Ion ersetzt und es entsteht dadurch ein vollenthärtetes Wasser, das nicht mehr zur Steinbildung neigt.

Verschneidevorrichtungen (intern oder extern) sollten kombiniert mit dem Enthärter vorgesehen werden, um eine Resthärte des enthärteten Wassers innerhalb der Richtwerte nationaler oder regionaler Vorschriften zu halten oder um sicherzustellen, dass die Natriumkonzentration den Wert von 200 mg/l nicht überschreitet (siehe EU-Richtlinie 98/83 EU).

### B.6.2 Anwendungsbereich

Enthärtungsanlagen nach dem Prinzip des Ionentausches werden zur Reduzierung oder vollkommenen Entfernung der Wasserhärte eingesetzt, wenn das Wasser Steinbildung erwarten lässt.

### B.6.3 Bedingungen für Auswahl und Größe

Um übermäßiges Wachstum von Mikroorganismen durch ein zu langes Wartungsintervall zwischen zwei Regenerationen zu vermeiden, ist eine Arbeitsweise nach dem Prinzip „niedrige Kapazität – häufige Regeneration" vorzuziehen. Die Zeitspanne zwischen zwei Regenerationen sollte einige Tage nicht überschreiten, wie in nationalen oder lokalen Regelungen festgelegt.

Der Inhalt des Salzbehälters sollte mindestens 5 Regenerationen bis zum Wiederauffüllen gestatten.

Für weitere Anforderungen siehe prEN 14743.

### B.6.4 Bedingungen für den Einbau

Falls erforderlich, sollte die Installation über eine geeignete Möglichkeit zum Einstellen der Resthärte des enthärteten Wassers verfügen.

Für die Desinfektion der Enthärtungsanlage vor der Übergabe sollten nur solche Mittel verwendet werden, die mit den Werkstoffen der Hausinstallation verträglich sind.

Das Regeneriersalz (Natriumchlorid) sollte EN 973 entsprechen.

Enthärtungsanlagen sollten im Gebrauch von Salz und Wasser sparsam sein.

## B.7 Nitratentfernung durch Ionenaustausch

Die Anwendung von Ionenaustauschern zur Entfernung von Nitrat ist vergleichbar mit den Enthärtungsanlagen und die in 12.2 angegebenen Festlegungen gelten gleichermaßen.

## B.8 Elektrolytische Prozesse

### B.8.1 Begriff

Elektrolytische Prozesse beruhen auf der Auflösung einer Opferanode hauptsächlich zur Vermeidung von Korrosionserscheinungen. Sie arbeiten mit oder ohne Fremdstromanschluss.

Es gibt zwei Arten:
- Die Anti-Korrosionsanlage verwendet eine Magnesiumanode innerhalb einer galvanischen Magnesium/Messing-Zelle ohne Stromanschluss.
- Die Antikorrosionsanlage mit, unter besonderen Bedingungen, zusätzlicher Wirkung zur Vermeidung von Steinbildung verwendet eine Aluminiumanode, die sich unter Einwirkung von Stromzufuhr durch Elektrolyse auflöst. Die Stromzufuhr richtet sich nach den Wassereigenschaften und dem Durchfluss.

Elektrolytische Prozesse mit Stromzufuhr sollten eine Vorrichtung haben, die eine Reduzierung von Nitrat zu Nitrit verhindert.

### B.8.2 Anwendungsbereich

Elektrolytische Prozesse können zum Schutz der Trinkwasser-Installation vor Korrosionsschäden eingesetzt werden.

### B.8.3 Bedingungen für Auswahl und Größe

Der Behälter mit den Anoden sollte ein Volumen haben, das gleich oder größer als ein Viertel des maximalen Stundendurchsatzes ist.

Die maßgebenden Parameter des eingespeisten Wassers, wie pH-Wert und elektrische Leitfähigkeit, sollten innerhalb der zulässigen Bereiche nach Angaben der Hersteller liegen.

Elektrolytische Prozesse sind unverträglich mit der Zugabe von Inhibitoren wie Silikate, Polyphosphate und Phosphate. Diese beiden Wasserbehandlungsverfahren sollten niemals miteinander kombiniert werden. Für weitere Anforderungen siehe EN 14095.

### B.8.4 Bedingungen für den Einbau

Elektrolytische Anlagen bedürfen des regelmäßigen Entfernens von Schlamm. Dies kann von Hand oder automatisch über ein Entleerventil am tiefsten Punkt des Behälters erfolgen. Die Nennweite des Entleerventils sollte so groß wie möglich gewählt werden.

## B.9 Neutralisation – Aufhärtung

### B.9.1 Allgemeines

Bei der Aufhärtung durchströmt das Wasser ein Bett aus Calcium- und/oder Magnesiumcarbonat, das sich proportional der aggressiven Kohlensäure im Wasser auflöst. Als Folge davon wird die Aggressivität des Wassers vermindert und die Härte sowie der pH-Wert werden erhöht.

### B.9.2 Anwendungsbereich

Aufhärtung kann zur Verminderung der Aggressivität und zur Anhebung des pH-Wertes angewandt werden.

## B.9.3 Bedingungen für Auswahl und Größe

Die Anlagengröße ergibt sich unter Berücksichtigung der Häufigkeit des Wiederauffüllens, wobei als Zeitabstände praktikable Wartungsintervalle gewählt werden sollten; weitere Kriterien sind der durchschnittliche Wasserdurchsatz während dieser Zeit und die entsprechende Menge der gelösten Mineralien. Der Druckverlust der Anlage sollte ebenfalls berücksichtigt werden.

Um ein übermäßiges Wachstum von Mikroorganismen im Mineralienbett sowie einen zu großen Druckverlust durch Verschmutzung zu vermeiden, sollte, sofern möglich, das Intervall zwischen zwei Rückspülungen vier Tage nicht überschreiten.

## B.10 Desinfektion durch ultraviolette Strahlung (UV)

### B.10.1 Allgemeines

In UV-Desinfektionsanlagen wird das Wasser einer intensiven ultravioletten Strahlung im Wellenlängenbereich von 250 nm bis 260 nm ausgesetzt.

### B.10.2 Anwendungsbereich

Ziel des UV-Prozesses ist es, die bakterielle Qualität des Trinkwassers in der Trinkwasser-Installation zu erhalten, z. B. nach einem Speicherbehälter, oder es für spezielle Anwendung zu verbessern.

### B.10.3 Bedingungen für Auswahl und Größe

Um eine ausreichende Desinfektion des Trinkwassers zu erreichen, sollte es einer Mindeststrahlendosis von 16 $mJ/cm^2$ ausgesetzt werden, wobei der Weg eines Teilchens durch die Strahlungskammer mit der geringsten UV-Strahlungsintensität bei mittlerer Verweildauer zugrunde gelegt ist.

In Anlagen mit Kreisläufen, wo das Wasser insgesamt oder teilweise zur Desinfektion zurückfließt, sollten diese noch für den Mindest-Strahlungspegel bei maximalem Durchfluss ausgelegt werden.

Der kleinste Strahlungsübertragungsfaktor sollte 0,9 je cm betragen. Ist im Wasser ein geringerer Wert zu erwarten, sollten Verbesserungen wie der Einbau eines Vorfilters oder andere Maßnahmen durchgeführt werden.

### B.10.4 Bedingungen für den Einbau

Die Anlage sollte mit einer werkseitig eingestellten, nicht verstellbaren Vorrichtung ausgestattet sein, die eine Begrenzung des maximalen Durchflusses ermöglicht.

UV-Anlagen sollten ohne Umgehungsleitung eingebaut werden. Absperrventile sollten für Wartungsarbeiten angeordnet werden.

Bei der Anwendung zur Desinfektion sollte für den Fall einer Unterbrechung oder einer Verminderung der Wirksamkeit der ultravioletten Strahlung der Wasserzulauf automatisch unterbrochen oder umgeleitet werden.

## B.11 Umkehrosmose oder andere Membranprozesse

### B.11.1 Allgemeines

Umkehrosmose ist ein Prozess, der die Reduzierung der im Wasser gelösten Salze gestattet. Dies erfolgt mittels spezieller halbdurchlässiger oder osmotischer Membranen, die bedingt durch ihre Selektiermöglichkeit den Durchtritt des Wassers gestatten, während nahezu alle gelösten Salze zurückbleiben und Mikroorganismen und organische Moleküle zurückgehalten werden.

Aufgrund der sehr kleinen speziellen Mikroporosität der osmotischen Membranen ist ein Mindest-Überdruck des eingespeisten Wassers nach den Angaben der Hersteller notwendig, um eine annehmbare Leistung zu erreichen.

Um Ansammlungen oder Ablagerungen der von der osmotischen Membran zurückgehaltenen Substanzen zu vermeiden, werden die Module (Vorrichtungen zum Stützen der Membranen) ständig mit zusätzlichem Wasser, das abgeleitet werden sollte, gespült. Der Nutzungsgrad ist das Verhältnis von durchtretender Wassermenge zur eingespeisten Wassermenge. Das Zulaufwasser kann vor dem Membranprozess vorbehandelt werden, abhängig von seiner Zusammensetzung, dem verwendeten Membrantyp und den Betriebsbedingungen der Umkehrosmose-Anlage.

Andere Trennverfahren mittels Membranen, weniger selektiv als Umkehrosmose, arbeiten nach dem gleichen Prinzip (z. B. Kreuzflussfiltration). Ihre Wirksamkeit hängt von den speziellen Eigenschaften der Membranen und den Betriebsbedingungen ab (Nanofiltration, Ultrafiltration und Mikrofiltration).

### B.11.2 Anwendungsbereich

Umkehrosmose und andere Membran-Prozesse verringern selektiv die im Wasser gelösten Stoffe.

### B.11.3 Bedingungen für Auswahl und Größe

Bei Membranprozessen steigt und fällt der Volumenstrom des behandelten Wassers mit der Temperatur. Daher sollte bei der Größenbestimmung die geringste im Jahr auftretende Temperatur berücksichtigt werden.

Bei der Umkehrosmose oder ähnlichen Systemen kann der Anschluss der Trinkwasser-Installation auf zwei Wegen erfolgen: Entweder direkt von der Anlage oder über einen Behälter, in dem das behandelte Wasser gesammelt wird. Die notwendige Anlagenleistung sollte entsprechend bemessen werden.

Erfolgt die Versorgung über einen Behälter oder ist mit mikrobiellem Aufwuchs zu rechnen, ist das Trinkwasser vor der Einspeisung in die Installation zu desinfizieren.

Es kann notwendig sein, den Wasserbedarf mit dem Wasserversorgungsunternehmen zu vereinbaren, falls die verfügbare Wassermenge überschritten wird.

### B.11.4 Bedingungen für den Einbau

Umkehrosmoseanlagen sollten nur in das Kaltwassersystem eingebaut werden oder eine Temperaturregelung sorgt dafür, dass die vom Hersteller angegebenen maximalen Temperaturen nicht überschritten werden.

Wird das aus einer Umkehrosmoseanlage mittels Druckerhöhungspumpe gelieferte Wasser in einem Behälter gesammelt, sollte es bei atmosphärischem oder diesem angenäherten Druck gehalten werden, und der Behälter ist auf jeden Fall in gleicher Höhe und in der Nähe der Umkehrosmoseanlage anzuordnen.

Das Prozesswasser ist über eine Ablaufvorrichtung bei atmosphärischem Druck abzuführen (siehe EN 1717).

## B.12 Kompositfilter

### B.12.1 Allgemeines

Kompositfilter enthalten Adsorbermaterial, Ionenaustauschmaterial oder chemisch aktives Material, welches Wasserinhaltsstoffe durch chemische Reaktion oder auf Grund von Ionenladung oder anderer Oberflächenaktivität entfernt oder signifikant reduziert. Kompositfilter können einzeln oder in Kombination mit einem weiteren Kompositfilter oder anderen Wasserbehandlungsverfahren wie mechanische Filter, Umkehrosmose usw. angewendet werden.

### B.12.2 Anwendungsbereich

Aufgabe der Kompositfilter ist die Entfernung von Geschmack, Geruch, Färbung oder geringfügigen anderen organischen und anorganischen Inhaltsstoffen usw.

### B.12.3 Bedingungen für Auswahl und Größe

Die wirksame Lebensdauer eines Kompositfilters sollte vom Hersteller angegeben werden.

### B.12.4 Bedingungen für den Einbau

Es sind keine zusätzlichen Bedingungen zu erfüllen (siehe B.11.4).

Dieser informative Teil der europäischen Norm wurde in DIN 1988-200 normativ im Abschnitt 12 Behandlung von Trinkwasser aufgenommen und kommentiert.

# Anhang B
## (normativ)
## Begriffe   DIN 1988-200

Für die Anwendung dieses Dokuments gelten die folgenden Begriffe.

### B.1
**bestimmungsgemäßer Betrieb**

Betrieb der Trinkwasser-Installation mit regelmäßiger Kontrolle auf Funktion sowie die Durchführung der erforderlichen Instandhaltungsmaßnahmen für den betriebssicheren Zustand unter Einhaltung der zur Planung und Errichtung zugrunde gelegten Betriebsbedingungen

ANMERKUNG  Eine über einen längeren Zeitraum (7 d nach DIN EN 806-5) nicht genutzte Trinkwasser-Installation ist eine nicht bestimmungsgemäß betriebene Trinkwasser-Installation.

### B.2
**Stagnation**

Aufenthalt des Trinkwassers in der Trinkwasser-Installation bei fehlender Entnahme

ANMERKUNG  Bei längerem Aufenthalt kann die Trinkwasserbeschaffenheit durch in Lösung gehende Werk- und Betriebsstoffe sowie durch Vermehrung von Mikroorganismen beeinträchtigt werden.

### B.3
**Wasseraustausch**

vollständiger Wechsel des in dem jeweiligen Leitungsabschnitt enthaltenen Wasservolumens durch Entnahme oder Ablaufen lassen

### B.4
**Raumbuch**

mit allen Beteiligten (Betreiber, Architekt, Planer der Trinkwasser-Installation usw.) abgestimmtes Dokument für ein Gebäude, welches die Nutzungsbeschreibungen der einzelnen Räume sowie den erforderlichen Umfang der Trinkwasser-Installation unter besonderer Berücksichtigung der Bedarfsermittlung enthält

### B.5
**Hygieneplan**

Erweiterter Instandhaltungsplan, der Angaben und Hinweise für die erforderlichen Instandhaltungsmaßnahmen und Maßnahmen bei Störfällen enthält

Die hier aufgeführten Begriffe werden seit Jahren von Fachleuten und in den technischen Regelwerken immer wieder verwendet, jedoch gab es bisher keine klaren Definitionen über die Regelsetzer DIN, DVGW und VDI hinweg. Diese wurden jetzt unter Beteiligung der genannten Regelsetzer beschrieben und sollen zukünftig in allen Regelwerken, die neu erstellt werden, wie in diesem Abschnitt beschrieben übernommen werden. Diese Begriffsdefinitionen, die allesamt mit der Hygiene in der Trinkwasserinstallation in Verbindung stehen, sind notwendig, damit alle beteiligten Planer, Installateure und Betreiber über ein und dieselbe Sache reden.

## Literaturhinweise    DIN EN 806-2

[1] EN 671-2, *Ortsfeste Löschanlagen — Wandhydranten — Teil 2: Schlauchanlagen mit Flachschläuchen*

[2] EN 1213, *Gebäudearmaturen — Absperrventile aus Kupferlegierungen für Trinkwasseranlagen in Gebäuden — Prüfungen und Anforderungen*

[3] EN 1452-4:1999, *Kunststoff-Rohrleitungssysteme für die Wasserversorgung — Weichmacherfreies Polyvinylchlorid (PVC-U) — Teil 4: Armaturen und Zubehör*

[4] EN 1567, *Gebäudearmaturen — Druckminderer und Druckmindererkombinationen für Wasser — Anforderungen und Prüfungen*

[5] EN 12499, *Kathodischer Korrosionsschutz für die Innenflächen von metallischen Anlagen*

[6] ISO 7-1, *Pipe threads where pressure-tight joints are made on the threads — Part 1: Dimensions, tolerances and designation*

[7] ISO 7-2, *Pipe threads where pressure-tight joints are made on the threads — Part 2: Verification by means of limit gauges*

[8] EN ISO 228-1, *Rohrgewinde für nicht im Gewinde dichtende Verbindungen — Teil 1: Maße, Toleranzen und Bezeichnungen (ISO 228-1:2000)*

[9] EN ISO 228-2, *Rohrgewinde für nicht im Gewinde dichtende Verbindungen — Teil 2: Prüfung mittels Grenzlehren (ISO 228-2:1987)*

[10] 75/33/EWG, *Richtlinie des Rates vom 17. Dezember 1974 zur Angleichung der Rechtsvorschriften der Mitgliedstaaten über Kaltwasserzähler*

[11] 76/767/EWG, *Richtlinie des Rates vom 27. Juli 1976 zur Angleichung der Rechtsvorschriften der Mitgliedstaaten über gemeinsame Vorschriften für Druckbehälter sowie über Verfahren zu deren Prüfung*

[12] 79/830/EWG, *Richtlinie des Rates vom 11. September 1979 zur Angleichung der Rechtsvorschriften über Warmwasserzähler*

[13] 89/336/EWG, *Richtlinie des Rates vom 3. Mai 1989 zur Angleichung der Rechtsvorschriften der Mitgliedstaaten über die elektromagnetische Verträglichkeit*

[14] 98/83/EU, *Richtlinie des Rates vom 3. November 1998 über die Qualität von Wasser für den menschlichen Gebrauch*

## Literaturhinweise    DIN 1988-200

[13] DIN EN 806-2:2005-06, *Technische Regeln für Trinkwasser-Installationen — Teil 2: Planung*

[14] DIN 18012, *Haus-Anschlusseinrichtungen — Raum- und Flächenbedarf — Planungsgrundlagen*

[15] Reihe DIN 18195, *Bauwerksabdichtungen*

[16] Reihe DIN 50929, *Korrosion der Metalle — Korrosionswahrscheinlichkeit metallischer Werkstoffe bei äußerer Korrosionsbelastung*

[17] DIN 18195-9, *Bauwerksabdichtungen — Teil 9: Durchdringungen, Übergänge, An- und Abschlüsse*

[18] ZVSHK-Merkblatt „Spülen, Desinfizieren und Inbetriebnahme von Trinkwasser-Installationen"[4)]

[19] ZVSHK-Merkblatt und Fachinformation „Schallschutz"[4)]

[20] VDI 6024 Blatt 1, *Wasser sparen in der Sanitärtechnik — Anforderungen an Planung, Ausführung, Betrieb und Instandhaltung*

[21] VDI 6026, *Planen, Bauen, Betreiben — Inhalte von zugehörigen Planungs-, Ausführungs- und Revisionsunterlagen der technischen Gebäudeausrüstung*

---

[4)] Zu beziehen durch: ZVSHK, Rathausallee 6, 53757 Bonn

# Beteiligungen

Den beteiligten Herstellern wird für die aktive und ideelle Unterstützung bei der Erstellung des Kommentars gedankt.

August Brötje GmbH
August-Brötje-Straße 17
26180 Rastede
Tel.: 04402 80-0
www.broetje.de

GEP Industrie-Systeme GmbH
Brückenstraße 11
08297 Zwönitz
Tel.: 037754 3361-0
www.gep-H$_2$O.de

Gebr. Kemper GmbH + Co. KG
Metallwerke
Harkortstraße 5
57462 Olpe-Biggesee
Tel.: 02761 891-0
www.kemper-olpe.de

# oventrop

Oventrop GmbH & Co.KG
Paul-Oventrop-Straße 1
59939 Olsberg
Tel.: 02962 82-0
www.oventrop.de

Roth Werke GmbH
Am Seerain
35232 Dautphetal-Buchenau
Tel.: 06466 922-0
www.roth-werke.de

Viega GmbH & Co. KG
Viega Platz 1
57439 Attendorn
Tel.: 02772 61-0
www.viega.de

Geberit Vertriebs GmbH
Theuerbachstraße 1
88630 Pfullendorf
Tel.: 07552 934-01
www.geberit.de

# grünbeck
WASSERAUFBEREITUNG

Grünbeck Wasseraufbereitung GmbH
Industriestraße 1
89420 Höchstädt
Tel.: 09074 41-0
www.gruenbeck.de

KME Germany AG & Co. KG
Klosterstraße 29
49074 Osnabrück
Tel.: 0541 3214329
www.kme.com

REHAU AG + Co
Ytterbium 4
91058 Erlangen
Tel.: 09131 92-50
www.rehau.de

Hans-Sasserath & Co. KG
Mühlenstraße 62
41352 Korschenbroich
Tel.: 2161 6105-0
www.syr.de

Wilo SE
Nortkirchenstraße 100
44263 Dortmund
Tel.: 0231 4102-0
www.wilo.de